信息技术应用

主编　齐晓明

HEUP 哈尔滨工程大学出版社

内 容 简 介

本书主要介绍了计算机的基础知识、中文 Windows 7 操作系统的基础知识、中文 Word 2010 的应用、中文 Excel 2010 的应用、中文 PowerPoint 2010 的应用、Outlook 的使用、计算机网络知识、计算机安全保护与病毒防治知识,并简单介绍了小学信息技术教学方法研究和信息技术与课程整合的知识。本书注重知识的实用性,重视理论概念与操作应用的结合,结构清晰,内容翔实,每章都配有相应的习题,体现以学生为本的教育理念;体现思想性、科学性、师范性和整体性。

本书适用于三年制(高中起点)和五年制(初中起点)大学专科初等(学前)教育专业的学生,包括普师、音乐、美术、体育、英语、双语、计算机各类专业的学生,其他专业的学生也可参考使用。

图书在版编目(CIP)数据

信息技术应用/齐晓明主编. —哈尔滨:哈尔滨工程大学出版社,2015.7

ISBN 978 – 7 – 5661 – 1054 – 1

Ⅰ.①信⋯ Ⅱ.①齐⋯ Ⅲ.①电子计算机 – 高等学校 – 教材 Ⅳ.①TP3

中国版本图书馆 CIP 数据核字(2015)第 162559 号

责任编辑 丁 伟
封面设计 恒润设计

出版发行	哈尔滨工程大学出版社
社 址	哈尔滨市南岗区东大直街 124 号
邮政编码	150001
发行电话	0451 – 82519328
传 真	0451 – 82519699
经 销	新华书店
印 刷	黑龙江省地质测绘印制中心印刷厂
开 本	787mm × 1 092mm 1/16
印 张	28.25
字 数	731 千字
版 次	2015 年 8 月第 1 版
印 次	2015 年 8 月第 1 次印刷
定 价	59.00 元

http://www.hrbeupress.com

E-mail:heupress@ hrbeu.edu.cn

序　言

国家的兴盛在教育,教育的基础在教师。《中共中央国务院关于深化教育改革全面推进素质教育的决定》《国务院关于基础教育改革与发展的决定》及教育部颁发的《基础教育课程改革纲要》对教师教育提出了新的更高的要求。辽宁省的教师教育已在"九五"计划期间进行了规模、布局和结构调整,平稳地由三级师范过渡为二级师范,大学专科初等(学前)教育专业已经成为辽宁省培养小学、幼儿园师资的主要阵地。

但是,适合培养大学专科程度小学、幼儿园教师的培养模式还在探索中,适合这种模式的课程体系还在构建中,特别是适应这个专业的教材体系也在开发之中。

为适应形势的需要,在省教育厅的关怀指导下,辽宁省教育学会师范专业委员会联合全省17所院校共同发起成立了辽宁省师范(高职高专)院校初等(学前)教育专业教材编写委员会,联合编写大学专科初等(学前)教育专业系列教材,供辽宁省大学专科初等(学前)教育专业各学科选用。

这套系列教材编写的指导思想是以"教育要面向现代化,面向世界,面向未来"为指针,以国家教育部下发的《关于加强专科以上学历小学教师培养工作的几点意见》为依据,以目前专科学历小学、幼儿园教师培养的研究与教学实践为基础,积极适应基础教育课程改革,吸引借鉴国内外小学、幼儿园教师教育新成果,构建具有先进性、时代性的初等(学前)教育专业的教材体系。新教材要体现改革精神;体现以学生为本的教育理念;体现思想性、科学性、师范性和整体性,树立精品意识。

本套系列教材的编写人员绝大部分是省内外师范高等专科学校的学科带头人,他们具有丰富的大专教学经验和较高的学术水平。全部书稿都经过了知名专家的审定。

本书适用于三年制(高中起点)和五年制(初中起点)大学专科初等(学前)教育专业的学生,包括普师、音乐、美术、体育、英语、双语、计算机各类专业的学生,其他专业的学生也可参考使用。

在教材编写的过程中,得到了省教育厅有关领导、省教育厅基础教育与教师教育处有关领导和省内有关学校的大力支持,在此一并表示诚挚的谢意。

辽宁省师范(高职专)院校

初等(学前)教育专业教材编写委员会

2005 年 1 月

编 写 说 明

21 世纪,人类社会正处在由工业化向信息化飞速发展的重要时期。信息时代的到来不但极大地改变着人们的生产方式和生活方式,而且极大地改变着人们的思维方式和学习方式,并促进学校教育越来越走向网络化、国际化、虚拟化和个性化。一种全新的教育理念、全新的教育形式、全新的基础教育课程改革,正有力地推动着现代教育技术向纵深发展。如今,教育的实践领域不断拓宽,教育的手段日趋先进,教育的知识和内容丰富多彩,教学设备的综合、人机对话的结合、教师素质的整合,已引发应用现代教育技术的新的浪潮。对传统的教育方式既是严峻的挑战,又是千载难逢的发展机遇。新时期对教师的素质和教师的能力提出了更高的期盼,本书就是在新一轮基础教育改革伊始、适应教育发展的新形势而编写的。

本书力求紧密结合教育现代化的现状,针对教育技术的教学目标、学生职前教育的需要、学生具备的知识基础及接受能力的实际情况,科学地选择、编排了教学内容。教材阐述力求简明具体,文字表达力求通俗易懂,既注重了前瞻性、科学性、师范性的特点,又注重了普及性、实用性和可操作性的统一。

本书是在辽宁省教育厅基础教育教师教育处和省教育学会师范专业委员会指导下编写的,供全省大学本科和专科小学教育专业教学使用,同时也可作为普通计算机教学和中小学教师自学的参考资料。

本书主要介绍有关学习计算机技术的基本要求、计算机技术的基础知识和实训练习、信息技术教学常见方法及课程整合的相关内容。

参加本书编写的有(按所编章节先后为序):第 1 章由高建光、王淼编写,第 2 章由李萃编写,第 3 章由张德吉、高飞编写,第 4 章由邢容编写,第 5 章由齐晓明编写,第 6 章由张圣宇、陈磊编写,第 7 章由齐晓明编写,第 8 章由李萃编写,第 9 章由张德吉、高飞编写,第 10 章由齐晓明编写,第 11 章由席桂梅编写。全书由齐晓明统稿。

在编写本书的过程中,参考了国内外有关计算机技术的书籍和资料,得到了辽宁省教育厅基础教育教师教育处、辽宁省教育学会师范专业委员会及部分师院的大力支持,在此一并表示衷心的感谢。

由于编写时间仓促,难免存在错误和疏漏,恳请专家、同仁赐教指正。

辽宁省教育学会师范专业委员会

现代教育技术学科组教材编委会

2015 年 1 月

目　　录

第1章 绪 论

本章要点

* 了解信息化社会的特征。
* 掌握信息技术的教育功能和应用。
* 理解掌握信息技术教育的性质、目的和意义。

进入 21 世纪,人类正以惊人的速度步入信息时代。信息时代的到来不但改变着人们的生产方式和生活方式,而且改变着人们的思维方式和学习方式。这是对教育的严峻挑战,也为教育的改革发展提供了千载难逢的历史机遇。在信息化时代,社会发展越来越依赖基于知识的信息产业,信息和知识爆炸将成为时代的一个突出特征。以多媒体计算机和网络通信为主要标志的信息技术已渗透到社会生活的各个领域,最终将影响和改变我们的生活,从而促进人类社会的进步和发展。

1.1 信息化社会特征

信息社会需要新型人才,缺乏数字化、信息化方面的知识和能力的人,将成为信息时代的文盲。不仅无法适应激烈竞争的需要,无法适应日常的工作学习,甚至生活都要处处碰壁。21 世纪不是知识拥有的世纪,知识本身不是最重要的,最重要的是获取知识的能力、学习的能力。以往社会的文化基础有阅读、写作、计算三大支柱,而在信息社会里,信息能力成为了社会文化基础的第四大支柱。

在信息化社会,人们将面临两大挑战:一是高科技,特别是信息技术挑战;二是高文化、高情感的挑战。信息技术两个重要手段——多媒体和网络——犹如两个技术杠杆,把人类工业文明引向信息文明。多媒体技术的出现,把文字、声音、图像、三维动画全部变成数字信息,它全方位拓展了人的视觉、听觉甚至触觉,是人的视觉和听觉的延伸。多媒体将计算机语言、图形界面(人机友好界面)有机结合,将声音、图像、动画融为一体,有效延伸了人的智力。多媒体计算机成为信息时代不可缺少的伙伴和工具。伴随着多媒体技术的成熟,掌握多媒体技术的人和多媒体计算机共同构成了信息时代的细胞,这就是信息社会的细胞。网络把这种细胞连成一体,它不仅是计算机的联网,不只是技术的联网,而是人类智慧的联网。多媒体和信息高速公路在以惊人的速度改变着我们的工作、交流、学习、思维和生活。我国把信息技术教育作为推进素质教育的基本内容和基本途径,在"面向 21 世纪教育振兴行动计划"中对教育信息化提出了具体的目标、任务和策略。国务院《关于深化教育改革,全面促进素质教育决定》中指出:大力提高教育技术手段的现代化水平和教育信息程度。最终目标就是在教育教学的各个领域中积极开发并充分利用信息技术和信息资源,培养适应信息社会需要的人才。

思考与练习

1. 信息化社会特征都有哪些？试就有关特征举例分析。（对两个或两个以上的特征展开分析）

2. 如何理解计算机技术与当代社会发展的联系？

1.2　信息时代的前沿教育

从教育史上看，教育的进步离不开科学技术的支持。语言的发展、文字的诞生、印刷术的发明，每一次新技术的出现都促进了教育的革命。当前多媒体计算机和网络已经形成人类有史以来世界上最大的"机器"，以此为标志的计算机技术将带来整个教育的革命。

1.2.1　计算机技术改变着传统教育

1. 对教育观念的冲击

在信息化教育环境中，学生足不出户就可在家庭计算机上接受优秀教师的教育和辅导，或利用信息资料库查找有关信息。开放性的中小学远程教育模式，可使不同地区的教师和学生在"虚拟教室"中进行学习和讨论。

2. 使教育目标发生变化

计算机技术使全球高度一体化，国际竞争更趋激烈，因而信息社会需要有高度创造性、有很强的自学能力与信息检索、获取、分析和处理能力的新型个性化人才。

3. 信息技术使教学方式、方法、学习活动更加灵活多样

利用计算机技术，知识可以用文字、图像、声音、动画、视频、图形等多媒体表示，丰富多彩的世界可以被模拟仿真。在计算机、多媒体、网络等技术条件下，因材施教、个别化教学、小组协作学习、远程实时交互多媒体教学、在线学习和在线讨论等才有可能真正实现。

4. 计算机技术将改变教师的角色

由于计算机技术为教育提供了多元化的信息渠道，在课堂教学中，教师由知识的讲解者、传递者变成学生意义建构的帮助者、指导者、促进者，部分教师将由直接教学变成间接教学，由幕前转为幕后，成为教育软件的编制者、管理者和服务者。

5. 信息社会将改变学生学习活动的性质

联合国教科文组织提出 21 世纪教育的四大支柱：学会求知、学会做事、学会做人、学会共处。而网上学习则利用多媒体与网络建立"知识—能力—情操"三维课堂目标，充分发挥学生的探究精神，进行探索式的主动学习。

计算机技术引起传统教育三大基石（读、写、算）的裂变。仅就阅读方式来说，将从文本阅读向超文本阅读，发展到多媒体电子读物，并能在电子资料库中进行快速检索式阅读。

1.2.2　计算机技术的教育功能

1. 教学信息显示多样化

多媒体技术的集成性改善了信息的表达方式，使人们把多种感官有机地组合起来获取

信息。

2. 教学过程的交互性

多媒体技术可使传播信息和接收信息之间进行实时通信和交换。

3. 教学信息组织的超文本方式

利用超文本或超媒体特性,可实现多媒体信息的非线性呈现。网络(网络媒体)的出现是传播领域的又一次拓展,它节省资源,直接参与性强,信息量大、来源广,可选择性强。网络化教育可提供教育教学资源共享、信息交流、网上教学和远程教育。

1.2.3 计算机技术在小学教学中的应用

1. 作为学习的对象

教会小学生计算机技术的知识和能力。小学信息技术教育要注意培养学生的信息素养;培养学生学习和应用技术的兴趣和意识;帮助他们掌握计算机基础知识和基本操作技能;教会学生收集、利用、交换、共享、制作和保护信息;使学生能适应信息社会的学习、生活和工作。

2. 作为传统教育的辅助工具

强调计算机技术与各门课程的整合,找到它在课程的哪些地方能增强学习效果,能使教师和学生做到利用其他方法做不到或不容易做到的事情。另外,也不容忽视信息技术的负面影响,要反对片面强调信息技术作用的观点。信息技术对教育的挑战不是传统教育的全盘否定,两者要走向协同和整合。

3. 构建新的学习模式

创造新的信息化学习环境和教学环境,探讨新的学习模式,体现学生学习的主体性,强调探究式、问题解决式、合作式的学习方式,突出多样化、个性化的个体学习行为。

4. 促进教育改革

基于计算机的技术应用,使教育模式、组织形式等方面出现根本性的变革。

(1)多媒体教室 多媒体教室是实现多媒体组合教学的必备条件,它可使教师边讲边操作,结合教学内容展示事例、创设情境、呈现过渡、提供示范。在多媒体电子教室里任何形式的信息,如 CD-ROM、CAI 课件、计算机应用程序、教学录像、录音、投影、实物等均能实时播放;实现教学演示、示范、讲解功能,可分组教学、分层教学、探究式教学等,形式多种多样。

(2)校园闭路电视双向控制系统 在闭路电视基础上,增加若干多媒体计算机及控制设备,赋予每个教室多媒体综合教室的功能,实现多媒体组合教学。教师可在校园网上方便地查询、浏览、存取网上资料,进行教学设计和课件制作,或调用网上资源进行课堂教学;也可利用网络对学生的学习进行指导和考查;也可方便地查询和浏览网上资源,实现远程学习,进行个别学习和协作式学习,进而实现教学和办公管理的自动化。

思考与练习

1. 举例说明计算机技术如何改变了传统教育。

2. 在教育的过程中,计算机技术的功能都体现在哪些方面?浅谈你自己的观点。

1.3　小学开设信息技术课的必要性

1.3.1　信息技术课程在小学教育中的地位

小学信息技术教育是一项面向未来的现代化教育,是小学素质教育的重要内容,它对于提高小学生适应信息社会的能力,对于转变教育思想和观念,促进教学内容、教学方法、教学体系和教学模式的改革,加速教育手段和管理手段的现代化,提高等师范资队伍的素质,对于深化基础教育改革,全面提高教育质量和效益,促进由"应试教育"向素质教育发展都具有重要的意义。小学计算机教育是现代信息社会对基础教育的要求,是适应21世纪挑战的需要,也是当前教育教学改革与发展的需要。

小学信息技术课程是计算机教育的一个重要组成部分,是培养学生对计算机的兴趣和意识、提高其科学文化素质、帮助他们掌握计算机基础知识和基本技能的重要途径。让学生认识计算机在现代社会中的地位、作用以及对人类社会的影响;培养学生学习和使用计算机的兴趣;培养学生用现代化的工具和方法去处理信息的意识;让学生初步掌握计算机的基础知识和基本操作技能;培养学生分析问题、解决问题的能力,发展学生的思维能力和创造能力;培养学生实事求是的科学态度、良好的计算机职业道德以及与人共事的协作精神。

1.3.2　小学信息技术教学的性质

计算机课程具有很强的综合性,兼有基础文化课程、劳动技术教育的特点,也兼有学科课程、综合课程和活动课程的特点。在小学阶段,主要是用计算机,而不是学计算机,是以计算机为工具,与其他学科或活动整合在一起,其综合性非常强。因此,有人提出要"淡化"计算机课程的"学科性",强调计算机课程的"综合性",让计算机成为小学生获取信息、接受信息的工具,成为学生学习的工具。小学生掌握了一定的计算机技术,就可以在教师的指导下进行学习和自学。

1.3.3　小学信息技术课程的教学目的

在小学开设信息技术课程的总目标是培养学生对信息技术的兴趣和意识,让学生了解或掌握计算机技术基本知识和技能,使学生具备获取信息、处理信息和应用信息的能力,形成良好的科学文化素质,为他们适应信息时代的学习、工作和生活打下必要的基础。信息技术课程的教学目的是一切教学活动的出发点和归宿,具有强烈的指向作用、激励作用和标准作用。

1. 相对稳定的计算机基础知识

在《中小学计算机课程指导纲要(修订稿)》中规定的很多教学内容都是基础知识,它包括计算机的一些常识、简单工作原理和工作过程,常用软硬件的概念、构成、功能、特点,这些都是学好计算机的前提,是训练技能和发展能力的基础。信息技术课程教学的目的是使学生具有一定的信息科学技术常识,使之能够基本上阅读有关的通俗科普信息文章和参加有关的讨论,谈论信息技术的发展与应用。

2. 计算机基本技能

技能是对一系列行动方式的概括,是计算机知识运用过程的熟练化,在小学计算机教学中所指技能是基本操作技能。技能是在知识简单应用的基础上形成的,在技能训练中又能加深对知识的理解,它又是形成能力的重要途径。但对具体的计算机技能有哪些还没有一致的见解,一般指软、硬件操作等技能。

3. 计算机应用能力

计算机应用能力是人们顺利完成计算机活动的本领,是在计算机知识学习和基本技能训练的基础上逐渐内化,在人的大脑中形成一种比较稳定的行为倾向。计算机课程所培养的能力主要包括动手操作能力、创造能力、想象能力以及利用计算机获取信息、分析信息和处理信息的能力和分析问题、解决问题的能力。

4. 个性品质培养

个性品质是人的一种非智力因素。在人的认识活动中非智力因素对学生的认识、记忆和应用计算机知识的全过程起着不可忽视的作用。良好的个性品质主要包括正确的学习目的、浓厚的学习兴趣、顽强的学习毅力、实事求是的科学态度、独立思考和勇于创新的精神、与人共事的协作精神、良好的学习习惯和计算机使用道德、强烈的信息意识等。

思考与练习

1. 谈谈你所认识到的计算机技术课程在小学教育中的地位,提出你对小学开设信息技术课程的希望。

2. 试述小学信息技术课程的教学性质和教学目的。(列举事例,谈出自己的想法)

1.4 高等师范开设计算机技术课程的现实意义

高等师范开设计算机技术课程是教育现代化的必然要求,是教育改革的必然要求,是教育信息化的必然要求,对推动基础教育信息技术发展、促进小学信息技术教学有着重要的现实意义。

1.4.1 培养学生的计算机技术系统知识

由于计算机网络通信的迅速发展,计算机网络通信已成为我国小学信息技术课程的重要内容之一。学生掌握了 Internet 知识,可以通过网络查询、浏览有关信息,在线讨论有关话题,开阔视野等,培养小学生获取信息、分析信息和处理信息的能力。

师范生不仅要在课堂上学习信息技术的系统知识,还要利用信息化的教育资源环境,通过多元化的信息渠道分析、获取、加工、处理学科专业知识,才能构建扎实的专业基本功。

随着小学信息技术教育的普及和"校校通"工程的实施,小学信息化环境日益完善。新型的小学课堂教学模式,不但要求教师充分利用幻灯、投影、电视录像及多媒体计算机等手段优化教学,而且要求未来教师能够提供小学生在信息化学习环境中所需要的各种指导和服务;从提高等师范范生素质入手,加强师范行业特色教育。计算机技术教育作为面向信息社会、具有时代特色的一门新兴学科,应当作为师范行业特色学科加以重视和发展。

1.4.2　培养学生的信息技术基本素养

信息素养既是教师文化修养的一项内容,更是教师对受教育者施加身心影响所必备的条件。教师作为未来社会成员,信息素养将成为教师适应社会生活环境的基本条件之一。重要的是,由于承担着培养人的责任,要对受教育者施加影响,使之成为具有一定信息素养的人,教师必须先具备一定的信息素养。

教师是教学活动的设计者、组织者、管理者,是学生学习活动的引导者、指导者。然而,传统教学支持的是统一步调、整齐划一的班级教学方式,对于学生来说教师掌握着重要资源——知识,几乎是学生知识的唯一来源。这样的角色,造成在教学实践中教师与学生关系的不平等,教师的主导地位被强化,学生的主体地位被削弱,形成了事实上的师生关系错位。现代信息技术环境下,计算机网络技术、通信技术、多媒体技术的运用,拓宽了学生获取知识的渠道,有利于构建一个以学生为中心的个性化学习环境,帮助学生完成自主学习。教师除了仍担负传授知识的任务以外,其学习组织者和协调者的作用将更多地得到体现,其信息技术素养也应得到很好的体现。

教师的信息意识可以通过教学活动、与学生交流和对学生学习进行指导潜移默化地传递给学生。教师的行为示范有十分积极的作用。在信息技术教育过程中,教师可能是以传授信息知识和技能为主要形式。然而,要达到使学生形成信息意识,使知识技能得到内化的目的,教师只能将自身的信息意识体现在其行为之中。在信息社会中,人们的生活方式、交流方式将与传统社会有明显差异,如何在这样一种环境中与学生沟通交流,是一个必须要解决的问题。作为教育教学改革最主要的实践者,教师应充分认识信息技术在现代教育中的地位和作用,应用信息技术进行教学,建立现代教育思想和观念,具备信息技术素养是十分重要的。

1.4.3　培养学生计算机技术执教能力

高等师范计算机技术教学的目的是为基础教育培养合格的信息技术教育的师资。高等师范不但要培养学生计算机技术的基础知识、训练学生信息技术的基本技能,而且要指导学生了解小学信息技术课程的体系,掌握小学信息技术课程的性质、内容、特点。信息技术教育有着特定的知识范畴,师范学生不仅要具备信息技术基础知识,还应该懂得如何利用恰当的教育方法优化教学的效果。并能利用学习理论、教学理论和传播理论进行教学设计,通过实践活动,提高等师范范学生信息技术的执教能力。

思考与练习

1. 请你从一名师范院校学生的角度,谈谈你所理解的高等师范开设计算机技术课程的现实意义。(可以仅就一个方面做深入探讨)

2. 通过本节课及本章内容的学习,你觉得计算机技术给教育带来了什么?计算机技术的应用和发展又能对教育产生哪些影响?你学习计算机技术这门课程想要获取哪些知识、增添哪些技能?简要说明你的想法。

第 2 章　计算机的基础知识

本章要点

* 了解计算机的发展过程和在各个领域的应用。
* 了解计算机内部的编码方法。
* 掌握计算机系统的结构。
* 掌握键盘的布局和中英文输入技术。

2.1　计算机的发展及应用

电子计算机是一种能执行高速算术运算和逻辑运算的具有记忆功能的自动电子装置。

电子计算机最重要的奠基人是英国科学家艾兰·图灵(Alan Turing)和美籍匈牙利科学家约翰·冯·诺伊曼(John Von Neuman)。图灵的贡献是建立图灵机的理论模型,发展了可计算性理论和提出了定义机器智能的图灵测试,奠定了人工智能的基础。冯·诺伊曼的贡献是首先提出了在电子计算机中存储程序的概念,确立了现代电子计算机硬件的基本结构,即电子计算机由运算器、控制器、存储器、输入和输出设备五个部分组成,一直沿用至今。人们总是把冯·诺伊曼称为计算机鼻祖。

2.1.1　电子计算机的诞生和发展

电子计算机的发展异常迅速,通常以构成计算机的电子器件的不断更新为标志,划分不同的发展阶段。

1. 第一代电子计算机(电子管时代　1946—1957 年)

1946 年美国宾夕法尼亚大学莫尔学院和陆军阿伯丁弹道研究所共同制造了一部完全电子化的计算机,称为埃尼阿克(ENIAC,电子数值积分器和计算器,1946 年 2 月通过验收并使用到 1955 年),如图 2 – 1 所示,重达 30 t,共用 1.8 万个电子管(图 2 – 2),占地 170 m^2,每秒可做 5 000 次加法运算。这种以电子管为逻辑开关元件,存储器使用水银延迟线、静电存储管、磁鼓等,外部设备采用纸带、卡片、磁带,使用机器语言(后来使用汇编语言),没有操作系统的第一代电子计算机,体积庞大、笨重、耗电多、可靠性差、速度慢、维护困难,主要应用于军事和科研。

2. 第二代电子计算机(晶体管时代　1957—1964 年)

随着晶体管(图 2 – 3)的出现,将晶体管用于计算机,以晶体管为元件的计算机,体积小、质量轻、发热少、耗电少、寿命长、可靠性强,运算速度也提高了。使用磁芯作为主存储器,辅助存储器采用磁盘和磁带,开始使用操作系统,出现高级语言(Fortran 和 Cobol 等)。其代表为 IBM 的 7090 和贝尔的 TRADIC。

3. 第三代电子计算机(集成电路时代 1964—1969 年)

1964 年,晶体管技术开始成熟,加上集成电路(图 2-4)的发明,诞生了第三代电子计算机,开始使用半导体存储器,容量达到 1~4 兆字节,辅助存储器仍以磁盘和磁带为主,操作系统更加完善,高级语言增多,体积大幅缩小,处理速度也更快,达到每秒 200 万次,准确度也更高,软件有了很大发展,出现了结构化、模块化程序设计方法。主要应用于科学计算、数据处理以及过程控制,其代表为 IBM360 系列 Honeywell 6000 系列等。

4. 第四代电子计算机(超大规模集成电路时代 1970 年至今)

由于超大规模集成电路研制成功,使得计算机的体积越来越小,速度越来越快,容量越来越大,其功能逐渐走向轻、薄、短、小的境界,数据通信、计算机网络已有很大发展,微型计算机异军突起,遍及全球。

图 2-1 ENIAC 计算机

图 2-2 电子管

图 2-3 晶体管

图 2-4 集成电路

2.1.2 计算机的分类

计算机分类有多种方法。根据计算机的规模大小、功能强弱可以分成如下几类:

1. 巨型机

巨型机通常运算速度为每秒千亿次以上,是为少数部门的特殊需要而设计的,通常用于天气预报、航天技术、核工业生产等部门,以满足其对计算时间、速度、存储容量的极高要求,数量不多。

2. 大中型机

大中型机通常运算速度为每秒几千万次,是针对那些要求计算量大、信息流通多、通信能力高的用户而设计的,主要特点是运算速度快、存储量大、外部设备丰富、软件系统功能强大等。

3. 小型机

小型机通常运算速度为每秒几百万次。小型机与微型机的差异已逐渐消除,最终将被微型机所取代。

4. 微型机

微型机也称个人计算机,简称微机,运算速度可达到每秒百万次以上,是今天应用最广泛的一类计算机。其核心部件是微处理器,再配以存储器和输入输出接口电路及若干外部设备。

2.1.3　计算机的应用领域

计算机的应用非常广泛,涉及人类社会的各个领域和国民经济的各个部门,概括起来主要有以下几个方面:

1. 科学计算

科学计算是计算机最重要的应用之一。在基础科学和应用科学的研究中,计算机承担庞大的计算任务。它不但可以很快地得出计算结果,而且精度高,这就大大地缩短了科研、生产的时间,把人们从烦琐而重复的计算中解放出来。例如:人类基因组计划的实施、气象预报、导弹轨道的计算等,由于计算量大,速度和精度要求十分高,离开计算机根本无法完成。

2. 信息处理

信息处理主要是指对大量的信息进行分析、分类和统计等的加工处理。通常用在企业管理、文档管理、财务统计、各种实验数据分析、物资管理、信息情报检索以及报表统计等领域。

3. 过程控制

过程控制也称为实时控制,它要求及时地搜集检测数据,按最佳值进行自动控制或自动调节控制对象。它是实现生产自动化的重要手段。在生产操作十分复杂的大型钢厂或大型炼油厂等生产部门里,由于产品质量受到很多因素影响,用人工方法来控制生产过程,在时间上是来不及的,利用计算机处理才能实现最佳的控制。现在,用计算机进行实时控制已广泛应用于电网、远距离输油输气、空中交通控制、发射导弹、宇宙飞船的飞行轨道、各种产品的自动化生产线等各个方面,它极大地提高了生产效率,对社会化生产也将产生深远的影响。

4. 计算机的辅助功能

目前常见的计算机辅助功能有辅助设计(CAD)、辅助制造(CAM)、辅助教学(CAI)和辅助测试等。

5. 人工智能

人工智能主要是研究如何利用计算机去“模仿”人的智能,也就是使计算机具有“推理”“学习”的功能,这是近年来计算机应用的新领域。

6. 网络应用

在网络时代,可以通过计算机实现资源共享,并且可以传送文字、数据、声音和图像等。例如:可以通过 Internet 给远在海外的朋友发电子邮件。另外它还具有 WEB 浏览、IP 电话、电子商务等功能。民航、铁路、海运等交通部门的计算机联网以后，人们可以随时查询航班、车次与船期的消息，并且实现网上购票等。

2.2　计算机的体系与结构

计算机系统是由硬件系统和软件系统两部分组成。硬件系统一般指用电子器件和机电装置组成的计算机实体；软件系统一般指为计算机运行工作进行服务的全部数据和各种程序。计算机系统的组成如图 2-5 所示。

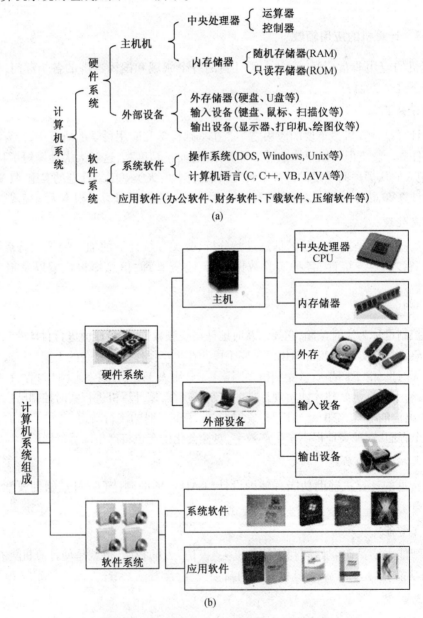

(a)

(b)

图 2-5　计算机系统组成示意图与结构实物图
(a)计算机系统组成示意图；(b)计算机系统组成结构实物图

2.2.1　计算机硬件系统及构成

各种类型的计算机在规模、性能、结构、应用等方面存在着很大的差别,但在基本硬件结构方面总是沿袭着冯·诺伊曼的结构框架,一个计算机系统的基本结构如图 2-6 所示。

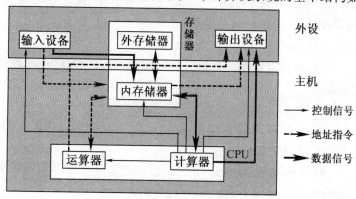

图 2-6　计算机系统的基本结构

计算机的工作过程:首先将指挥计算机进行工作的程序和原始数据通过输入设备送到存储器;然后计算机从存储器中按程序取出每一条指令进行译码,并按指令要求对指定的数据进行运算和逻辑操作等处理;再将处理结果送到存储器或通过输出设备进行输出,如此这样地取指令、分析指令、执行指令,循环往复,直至程序运行完毕。

计算机在处理信息中,有三种信号在总线上流动:一种是数据流,包括原始数据、中间结果在内存中的存入和读出,取指令,最终结果的输出等;另一种是地址信号,指明 CPU 和哪个内存单元或接口传送数据;第三种是控制信号,控制各个部件在规定时间的各种操作。

计算机的硬件系统由 CPU、存储器和输入输出设备组成,其核心部件是 CPU,CPU 再配以集成电路的主存储器构成微型计算机的主机,主机通过接口电路配上输入输出设备就构成了微机系统的基本硬件结构。

用户把表示计算步骤的程序和计算中需要的原始数据,在控制器输入命令的作用下,通过输入设备送入计算机的存储器,当计算开始时,在取指令命令的作用下把程序指令逐条送入控制器,控制器向存储器和运算器发出存数、取数命令和运算命令,经过运算器计算并把计算结果存放在存储器内,在控制器取数和输出命令的作用下,通过输出设备输出计算结果。

1.中央处理器的组成及功能

硬件系统的核心是中央处理器(CPU,Central Processing Unit),主要由控制器、运算器等组成,采用超大规模集成电路工艺制成芯片,又称微处理芯片,它的主要任务是取出指令、解释指令并执行指令,为此,每种处理器都有自己的一套指令,称为指令集或指令系统。

(1)运算器(算术逻辑单元,ALU)　是计算机对数据进行加工处理的部件,提供算术运算(加、减、乘、除等)和逻辑运算(与、或、非、比较等)。

(2)控制器　负责从存储器中取出指令,向各部件发出控制信号,保证各部件协调一致工作,主要由寄存器、译码器、计算器等组成。

CPU 品质的高低决定了计算机系统的级别,它可以处理的数据位数和主频是 CPU 重要的品质标志,如 APPLE2 等 8 位机是早期的微机产品,IBM PC/AT 与各种 286 微机则是 16 位机,而当今流行的高档微机通常采用的是 32 位和 64 位 CPU。

2.存储器的分类和功能

存储器是计算机中存储程序和数据的部件,指标有容量、速度和价格。存储器主要分为两大类:一是内部存储器;二是外部存储器。

(1)内存储器(内存,主存)

内存储器由半导体器件构成,用于存储计算机正在运行的程序、原始数据、中间结果及最终结果等。它通常以 8 个二进制位(bit)即一个字节(Byte)作为一个存储单元,每个存储单元都有一个唯一的编号,称为地址,按地址存取数据。

字节(Byte)是用来度量存储器大小的基本单位,1 024 B = 1 KB,1 024 KB = 1 MB,1 024 MB = 1 GB,1 TB = 1 024 GB。

从功能上分类,内存储器分为随机存取存储器(读写存储器,RAM,Random Access Memory)和只读存储器(ROM,Read Only Memory)两种:

①读写存储器(RAM)　读写存储器用于存放现场程序和数据,其中的内容可随时按地址进行存、取。因 RAM 中的信息是由电路的状态表示的,所以断电后信息一般会立即丢失。

②只读存储器(ROM)　只读存储器是一种用专用设备才能写入的可擦可编程存储芯片,用户只能读取其中的内容,不能修改,断电后其中的数据也不会消失,芯片装配到系统主板上。

(2)外存储器(外存,辅存)

外存是主存的后备和补充,特点是存储容量大、成本低、速度慢,可永久脱机保存信息。常用的外存主要有软磁盘(已淘汰)、硬磁盘、U 盘(USB 闪存盘)和光盘。

①软盘(Floppy Disk)和软盘驱动器　软盘是一个由柔软的聚酯材料制成的塑料圆盘作底片,上面涂一层磁性材料,被封装在保护外套里或硬塑料盒中,软盘都有一个写保护口,处于保护状态时,里面的信息只能读出来,不能进行写操作。软盘的每一面都包含许多同心圆,称为磁道(最外为 0 磁道),在径向上又划分了许多扇区,扇区是软盘(也是硬盘)的基本存储单位,通常每扇区能存 512 字节(Byte)。常用的软盘有 5.25 in①(高密度盘有 80 个磁道,15 个扇区,容量为 1.2 MB)和 3.5 in(高密度盘有 80 个磁道,18 个扇区,容量为 1.44 MB)两种。能够读写软盘的设备称为软盘驱动器。

②硬盘(Hard Disk)和硬盘驱动器　硬盘和软盘的工作原理基本相同,其特点是存储容量大、速度快,它是由若干硬盘片固定在一个公共转轴上,构成盘片组,采用温彻斯特技术,把硬盘、驱动电机、读写磁头等组装并密封在一起,外形有 3.5 in、5.25 in 等多种,容量从几太字节(TB)到几十兆字节(MB)。

③移动存储器　移动存储器是一种采用 USB 接口,使用快闪内存(Flash Memory)作为存储介质的存储器产品。USB 移动存储器共同的特点是都采用快闪内存作为存储介质,不需要驱动器,无外接电源,即插即用,带电插拔,存取速度较快,容量从几十 MB 到几十 GB。

④光盘和光盘驱动器　光盘主要用于存储数据,具有容量大、成本低、可靠性高、易于

---

① 1 in = 0.025 4 m。

保存等特点。光驱主要用来读取光盘上的信息,此外还有播放 CD 的功能。CD 或 VCD 盘片直径为 120 mm,可容纳约 650 MB 的数据,DVD 盘片的大小与 CD 盘片相同,单面单层容量可达 4.7 GB,单面双层容量可达 8.5 GB。DVD 光驱可向下兼容 CD,VCD,CD – ROM 等格式的光盘。

用于计算机系统的光盘和光盘驱动器主要有三种:只读型光盘和光盘驱动器(CD – ROM,DVD – ROM),存在这种光盘上的信息可以读出来使用,但不能写入新的信息;一次写入型光盘和光盘驱动器(CD – R,DVD – R),可由用户写入信息,也可直接读出信息,但是只能写一次;可擦写型光盘和光盘驱动器(CD – RW,DVD – RW),能够重写的光盘,其写入与读出的原理因使用的记录介质而异。

3. 输入输出设备

输入设备是向计算机中输入信息(程序、数据、声音、文字、图形、图像等)的设备。常用的输入设备有键盘、鼠标(机械鼠标、光学鼠标和光学机械鼠标)、扫描仪、话筒、光笔、摄像头、触摸屏等。

输出设备是用来输出在内存中计算机处理的结果的设备。常用的输出设备有显示器、打印机、绘图仪等。

2.2.2 计算机软件系统及构成

软件系统是在硬件系统上运行的各种程序及有关资料,用以管理和维护计算机。一般软件可分为两大类:系统软件和应用软件。

1. 系统软件

系统软件是指控制和协调微机及其外部设备、支持应用软件的开发和运行的软件,一般包括操作系统、计算机语言等。

(1)操作系统　操作系统是用来管理和控制计算机系统中所有的软、硬件资源,使其协调、高效地工作,并为用户提供一个使用计算机制良好运行环境的软件。操作系统的种类很多,如 DOS,Windows 7,Unix 等。

(2)计算机语言　计算机语言是用户和计算机之间进行交流的工具,可分为机器语言、汇编语言和高级语言三种。

①机器语言　机器语言是二进制代码语言,能直接被计算机接受并执行,但用机器语言编写的程序不利于记忆、阅读和书写。由于计算机只能接受以二进制代码表示的语言,所以任何高级语言编写的程序都必须译成二进制代码,才能为计算机所接受并执行。

②汇编语言　用助记符号表示二进制代码的机器语言称为汇编语言,汇编语言指令与机器语言指令有着一一对应的关系。汇编语言易记忆,便于书写,但计算机不能直接识别和执行用汇编语言编写的程序,需用汇编程序将其译成机器语言才能在计算机上运行。

③高级语言　高级语言是同自然语言、数学语言比较接近的计算机程序设计语言,易掌握,编程方便灵活,独立于机器,有一定的通用性,经过解释程序或编译程序译成机器语言的目标程序才能被计算机执行。

2. 应用软件

应用软件是指计算机用户利用计算机的软、硬件资源为某种特定的应用目的而开发的软件。应用软件又可分为应用软件包和用户程序,应用软件包是指生产厂家或软件公司为解决带有通用性问题而研制的程序,如 Office 软件等,用户程序是为解决用户的某一应用问题而编制的程序,如工资管理程序等。

2.2.3 计算机的主要技术指标

目前应用比较普遍的是微型计算机,衡量系统性能的主要技术指标有以下几方面:

1. 字长

字长是指计算机能直接处理的二进制位数。字长直接影响计算机的性能及应用领域。

2. 主频

主频指 CPU 的时钟频率,单位 MHz。主频决定了计算机的运算速度,同一类 CPU 的主频越高,计算机的速度越快。

3. 存储容量

存储容量指的是内存容量,单位为字节,程序和数据须装入内存才能运行。存储容量决定了计算机能否运行较大的程序,并直接影响运行速度。

4. 数据传输率

数据传输率指主机与外部设备间交换数据的速度。传输率高的计算机可以配置高速外部设备。

5. 兼容性

兼容性指运行各种操作、应用软件和在其他类型机器上开发程序的可能性。

6. 运算速度

计算机的运算速度是衡量计算机水平的一项主要指标,它取决于指令执行时间。运算速度通常用单位时间内执行多少条指令来表示。

2.3 计算机编码及信息处理方法

计算机是处理信息的工具,信息包括数字、字母、汉字、符号、图形、声音、视频等,一切信息在计算机内部存放、传输、处理均采用二进制数的形式。二进制是计算机中信息表示及处理的基础。

2.3.1 数制

数制(Number System)是指用一组固定的数字和一套统一的规则来表示数目的方法。常用的有十进制。

1. 基数(Base)

在一种数制中只能使用一组固定的数字来表示数目的大小,具体使用多少个数字符号来表示数目的大小,就称为该数基数。

(1)十进制(Decimal) 基数是 10,即 0,1,2,3,4,5,6,7,8,9。最大数是基数减 1,最小数是 0。

(2)二进制(Binary) 基数是 2,即 0,1。

（3）八进制（Octal）　基数是 8，即 0，1，2，3，4，5，6，7。

（4）十六进制（Hexadecimal）　基数是 16，即 0，1，2，3，4，5，6，7，8，9，A，B，C，D，E，F。其中 A 至 F 表示十进制数中的 10 至 15。

既然有了不同的数制，表示数时就需指明数制，如用下标表示，如 $(1011)_2$，$(1011)_8$，$(1011)_{10}$，$(1011)_{16}$；或用后缀字母表示，如 1011H 表示十六进制。

2. 运算规则

在一种进制中，须有一套统一的运算规则，就是 N 进制，须逢 N 进一。

（1）十进制数，逢十进一，如 $(1010)_{10} = 1 \times 10^3 + 0 \times 10^2 + 1 \times 10^1 + 0 \times 10^0 = (1010)_{10}$

（2）二进制数，逢二进一，如 $(1010)_2 = 1 \times 2^3 + 0 \times 2^2 + 1 \times 2^1 + 0 \times 2^0 = (10)_{10}$

（3）八进制数，逢八进一，如 $(1010)_8 = 1 \times 8^3 + 0 \times 8^2 + 1 \times 8^1 + 0 \times 8^0 = (520)_{10}$

（4）十六进制，逢十六进一，如 $(1010)_{16} = 1 \times 16^3 + 0 \times 16^2 + 1 \times 16^1 + 0 \times 16^0 = (4112)_{10}$

2.3.2　不同数制的转换

1. 其他进制转十进制

（1）二进制转换成十进制

$(1011.101)_2 = 1 \times 2^3 + 0 \times 2^2 + 1 \times 2^1 + 1 \times 2^0 + 1 \times 2^{-1} + 0 \times 2^{-2} + 1 \times 2^{-3} = (11.625)_{10}$

（2）八进制转换成十进制

$(143.65)_8 = 1 \times 8^2 + 4 \times 8^1 + 3 \times 8^0 + 6 \times 8^{-1} + 5 \times 8^{-2} = (99.828125)_{10}$

（3）十六进制转换为十进制

$(32CF.4B)_{16} = 3 \times 16^3 + 2 \times 16^2 + 12 \times 16^1 + 15 \times 16^0 + 4 \times 16^{-1} + 11 \times 16^{-2} = (13007.29296875)_{10}$

2. 十进制转其他进制

（1）十进制转为二进制：整数部分，除 2 取余；小数部分，乘 2 取整。例如：

$(34.625)_{10} = (100010.101)_2$

```
2 | 3 4  (0 ↑          0.6 2 5
2 | 1 7  (1        ×       2     取整
  2 | 8  (0          1.2 5 0  (1
  2 | 4  (0        ×       2
  2 | 2  (0          0.5 0 0  (0
      1  (1        ×       2        ↓
取余                1.0 0 0  (1
```

（2）十进制转为八进制：整数部分，除 8 取余；小数部分，乘 8 取整。

（3）十进转为十六进制：整数部分，除 16 取余；小数部分，乘 16 取整。

3. 非十进制数之间的转换

（1）二进制与八进制互转：一位八进制数相当于 3 位二进制数，以小数点为界，向左向右，一位八进制数用 3 位二进制数取代，不足 3 位用 0 补足。例如：

$(712.521)_8 = (111001010.101010001)_2$

（2）二进制与十六进制互转：一位十六进制数相当于 4 位二进制数，以小数点为界，向

左向右,一位十六进制数用4位二进制数取代,不足4位用0补足。例如:

$$(3D7.A6)_{16} = (0011\ 1101\ 0111.1010\ 0110)_2$$

2.3.3 二进制数的运算

1. 算术运算

(1)加法运算:$0+0=0,0+1=1,1+0=1,1+1=10$。

(2)减法运算:$0-0=0,1-0=1,0-1=1$(向高位借位)。

(3)乘法运算:$0\times0=0,0\times1=0,1\times0=0,1\times1=1$。

(4)除法运算:$0\div1=0,1\div1=1$。

2. 逻辑运算

逻辑变量之间的运算称为逻辑运算,它是逻辑代数的研究内容,也是计算机的基本操作。对于二进制数的1和0赋予逻辑含义,表示"真"与"假"、"是"与"否"、"有"与"无",逻辑运算是以二进制数为基础的。

逻辑运算是按位进行的,位与位之间没有进位和错位的关系。

(1)逻辑加法(或运算):$0\vee0=0,0\vee1=1,1\vee0=1,1\vee1=1$。

(2)逻辑乘法(与运算):$0\wedge0=0,0\wedge1=0,1\wedge0=0,1\wedge1=1$。

(3)逻辑否(非运算):$\bar{0}=1,\bar{1}=0$。

2.3.4 计算机中数值的表示

计算机只能识别二进制数据,对于数值型的数据,可以很方便地用上述方法将其转换成二进制数据。习惯上把最高位为0表示正数,最高位为1表示负数,这样计算机就能识别某数是正数还是负数了。通过原码、反码、补码概念的引入,计算机中的加减乘除运算都可以转为加法运算,所以计算机中只设计一个加法器就可以执行各种算术运算,简化了电路设计。

1. 原码

最高位表示符号位,0表示正数,1表示负数,其余各位是该数的绝对值。

2. 反码

正数的反码和原码相同,负数的反码是对原码除符号位外各位取反。

3. 补码

正数的补码和原码相同,负数的补码是该数的反码加1。

2.3.5 计算机中的字符编码

字符编码就是规定用怎样的二进制码来表示字母、数字以及专门符号。由于这是一个涉及世界范围内有关信息表示、交换、处理、存储的基本问题,因此都以国家标准或国际标准的形式颁布施行。

1. 字符编码

对于大量的非数值型数据,如字母、符号等(大约百个)也要转为二进制数以便被计算机所识别,目前使用最普遍的是ASCII码(美国标准信息交换码)。ASCII码的每个字符用7

位二进制数表示,因此 ASCII 码是由 $2^7 = 128$ 个字符(10 个阿拉伯数字,52 个大小写英文字母,32 个标点符号和运算符,以及 34 个控制码)组成的字符集,而在计算机中一个字符实际上是用 8 位二进制数来表示,因此最高位为 0。后来又有了扩展 ASCII 码,它是用 8 位二进制数表示一个符号,因此有 256 个字符,其最高位并不全是 0。

2. 汉字编码

用计算机处理汉字时,必须将汉字代码化,即对汉字进行编码。西文的基本字符比较少,编码比较容易,而汉字的种类较多,编码较困难,在一个汉字处理系统中,输入、内部处理、存储和输出的要求不尽相同,所用的代码也不同,主要的汉字代码有以下几种:

(1)输入码 中文的字数多、字形杂、音多变,常用的有 7 000 个左右。在计算机系统中使用汉字,首先是如何把汉字输入到计算机中,为了能直接使用键盘进行输入,须为汉字设计相应的编码方法,主要有数字编码、拼音编码和字形码。

①数字编码 用数字代表一个汉字的输入,常用的是国标区位码,它将国家标准局公布的 6 763 个一、二级汉字分成 94 个区,每个区分 94 位,输入一个汉字要用四个十进制数字。无重码,不易记忆。

②拼音码 以汉字读音为基础的输入方法,由于同音字较多,故重码率较高,影响输入速度。

③字形编码 以汉字的形状确定的编码,把汉字按部件或笔画进行拆分,用字母和数字进行编码,依次输入,输入速度快,记忆量大。

(2)机内码 汉字内码是汉字在设备或信息处理系统内部的基本表达形式,是在设备和信息处理系统内部存储、处理、传输汉字用的代码,由于汉字量大,一个字节无法区分,一般用两个字节(16 个二进制数)来存储一个汉字的内码。一个英文字符是 7 位 ASCII,最高位为 0,为使汉字与英文字符区别开,汉字机内代码中的两个字节的最高位均为 1,故有 $2^{14} = 16\ 384$ 个可区别的码。

(3)汉字交换码 国家标准局颁布的《通信用汉字字符集(基本集)及其交换代码》(国标 2312—80),规定了在不同汉字信息管理系统间进行汉字交换时使用的编码,叫汉字交换码。

2.4 键盘与鼠标的应用

2.4.1 键盘的使用

键盘是典型的输入设备,它是程序输入、命令输入和文件输入的重要工具。键盘录入技术是使用计算机的一项基本功。学习开始阶段,一定要严格要求,以养成一个好习惯。正确的姿势有利于提高录入的准确率和速度。

1. 键盘布局

以常用的 101 键盘为例,键盘分为三个区:

(1)主键盘区

主键盘区包括 26 个英文字母、10 个数字及一些常用的符号和特殊键。

【Back Space】键:退格键,光标回退一个字符,即光标向左移动一个位置,并删除此字符,若删除字符后面有字符,则自动左移一个位置。

【Enter】键:回车键,输入完一条指令,按此键,则被执行并把光标移动到下一行开始。

【Tab】键:控制键,跳过若干个空格。

【Caps Lock】键:大小写字母转换键。

【Shift】键:上挡字符控制键,要输入双字符键上的上面字符时,把该键与 Shift 键一起按下。Shift 键与字母键组合时,转换字母的大小写。

【Ctrl】键:控制功能键,与其他键一起组合使用。

【Alt】键:控制功能键,与其他键一起组合使用。

(2)功能键区

【Esc】键:清除命令行内容,用于废除命令。

【Print Screen】键:屏幕打印功能,可把屏幕上的内容打印出来。

【Scroll Lock】键:屏幕滚动控制键,把整个屏幕的字符依次上移。

【Pause/Break】键:暂停/停止功能键,与 Ctrl 键组合。

【F1】~【F12】键:功能键,由系统定义,代替相应的常用命令。

(3)数字/编辑功能小键盘区

【Insert】键:插入功能键,字符插入当前光标处,其他字符后移。

【Homc】键:光标复位键。

【End】键:光标移动键。

【Del】键:删除功能键,删除光标上(后)面的字符,后面的字符左移一格。

【Page Up】键:向前翻页。

【Page Down】键:向后翻页。

【→←↑↓】键:光标移动功能键。

【Num Lock】键:数字/编辑功能转换键,灯亮时可以输入数字,灯灭时则为编辑功能。

2. 键盘操作

(1)打字的姿势

操作者要坐正,座位的高低要适度,以手臂与键盘面相平为宜。操作者坐在椅子上,腰背挺直,两下肢自然下垂,两脚平放在地上,身体微向前倾,人体与计算机的距离为 20 cm 左右,两肩放松,小臂与手腕略向上倾斜。手指略弯曲,自然下垂,轻放在基本键位上,左右手的拇指轻放在空格键上。

(2)标准指法

①基准键位

A,S,D,F 和 J,K,L,;为左右手的基准键位。

②手指分工

		左 手						右 手				
小 指	1	Q	A	Z				0	P	;	/	
无名指	2	W	S	X				9	O	L	.	
中 指	3	E	D	C				8	I	K	,	
食 指	4	R	F	V	5	T	G	B	7 U J M 6 Y H N
大拇指	空格							空格

（3）击键方法

①手腕平直，手臂保持静止，全部动作仅限于手指部分。

②手指保持弯曲，稍微拱起，指尖后的第一关节微成弧形，轻放在字键中央。

③输入时，手抬起，只有要击键的手指才可以伸出击键，击毕立即收回。

④输入过程中，要用相同的节拍轻击字键，不可用力过猛。

2.4.2　鼠标的使用

鼠标是和 Windows 进行对话的最基本工具，它是输入设备之一，在图形界面的 Windows 98中文版，鼠标发挥着重要的作用，离开了鼠标，Windows 上的一些资源（如工具栏）就无法使用。虽然所有的命令都可以通过键盘上的按键来启动，但不如用鼠标来得快速、形象和直接。常用的鼠标操作主要有以下几种：

1. 指向

指向是指将鼠标指针移动到某一操作目标（如图标、按钮等）上。

2. 单击

单击是指用手指对准鼠标上的左键轻轻按下，然后让其自由弹起的操作。

3. 双击

双击是指用手指迅速地连续两次单击鼠标左键的操作，其要求就是两次单击之间的时间间隔非常短暂，并且两次单击之间不能移动鼠标。

4. 右击

右击与单击操作是一样的，只不过一个按左键，一个按右键，右击可以弹出一个快捷菜单，方便用户的操作，在不同的地方右击将出现不同的快捷菜单，在以后的学习中将会不断地体会到这一点。

5. 拖动

所谓的拖动，是指用鼠标指针指向某对象，按住鼠标左键（不要松开），然后移动鼠标，将对象移到所需的另一个位置后再松开鼠标左键。鼠标的这种操作也叫"拖放"。

2.4.3　汉字输入法

汉字输入法，又称中文输入法，是通过 ASCII 字符的组合（又称为编码）或者手写、语音将汉字输入到电脑等电子设备中的方法，常用的编码有形码（如五笔）和音码（如拼音）等，能够完成字、词、句子及特殊符号的输入。

汉语拼音输入法的优点是容易学，不容易忘，只要会汉语拼音，即可输入汉字；但缺点是重码多，无法输入不认识的字。常用的拼音输入法主要有全拼、简拼、智能 ABC、拼音加加、搜狗拼音等，其基本方法都是以拼音为基础进行汉字编码输入，只是在输入时有的方案采用了简化及对应方案使输入时的操作略有不同。

1. 全拼汉字输入法

全拼拼音是我国法定的标准汉语拼音方案，采用标准英文键盘上除【V】键以外的 25 个字母。当在全拼拼音状态下输入汉字时，要逐个字母打入汉语拼音，然后可以从提示行所显示的同音字中选取所需要的汉字。输入汉字时，要注意以下几点：

（1）输入拼音时一律用小写字母。

（2）提示行显示的汉字，用对应的数字键选中，如本页没有，用【＝】键和【－】键或【＜】键和【＞】键或【Page Up】键和【Page Down】键翻页从提示行中寻找。

（3）韵母"ü"用"v"代替。如"女"字，应输入【nv】键即可。

2. 汉字输入方法的启动

在 Windows 中按【Ctrl＋Space】键可以启动或关闭中文输入法，也可以用【Ctrl＋Shift】或【Alt＋Shift】在英文及各种输入法之间切换。

2.5　计算机的基础知识练习题

一、单选题

1. 1946 年世界上第一台计算机诞生了，该机是由　　　　　　　　　　　　（　　）
A. 中国研制的　　　　B. 英国研制的　　　　C. 美国研制的　　　　D. 多个国家研制的

2. 第一台计算机 ENIAC 的逻辑元件的是　　　　　　　　　　　　　　　（　　）
A. 集成电路　　　　B. 电子管　　　　C. 晶体管　　　　D. 超大规模集成电路

3. 第三代计算机采用哪一种电子元件　　　　　　　　　　　　　　　　　（　　）
A. 电子管　　　　B. 晶体管　　　　C. 集成电路　　　　D. 大规模集成电路

4. 目前制造计算机所用的电子元件是　　　　　　　　　　　　　　　　　（　　）
A. 电子管　　　　B. 晶体管　　　　C. 集成电路　　　　D. 超大规模集成电路

5. 对计算机的发展趋势的叙述，不正确的是　　　　　　　　　　　　　　（　　）
A. 内存容量越来越小　　　　　　　　B. 精确度越来越高
C. 运算速度越来越快　　　　　　　　D. 体积越来越小

6. 计算机的分类，如按照计算机处理能力将其分为　　　　　　　　　　　（　　）
A. 微型计算机、小型计算机、大型计算机和智能计算机
B. 微型计算机、台式计算机、大型计算机和超级计算机
C. 微型计算机、小型计算机、大型计算机和超级计算机
D. 微型计算机、笔记本式计算机、大型计算机和超级计算机

7. 下列各项中，属于计算机应用领域的是　　　　　　　　　　　　　　　（　　）
A. 科学计算、过程控制、CAI　　　　　　B. 信息处理、图形处理、CAD
C. Office、解压缩、WWW、E－mail　　　D. A，B，C 都是

8. 办公自动化是计算机的一项应用，按计算机应用的分类，它属于　　　　（　　）
A. 科学计算　　　　B. 实时控制　　　　C. 数据处理　　　　D. 辅助设计

9. 在计算机应用中，计算机辅助设计的英文缩写是　　　　　　　　　　　（　　）
A. CAD　　　　B. CAM　　　　C. CAE　　　　D. CAI

10. 基于冯·诺依曼思想而设计的计算机硬件系统包括　　　　　　　　　（　　）
A. 主机、输入设备、输出设备
B. 控制器、运算器、存储器、输入设备、输出设备
C. 主机、存储器、显示器

D. 键盘、显示器、打印机、运算器

11. 所谓的"裸机"是指　　　　　　　　　　　　　　　　　　　　（　　）

A. 没有配备任何软件的计算机　　　　　B. 只配备操作系统的计算机

C. 单片机　　　　　　　　　　　　　　D. 单板机

12. 应用软件是指　　　　　　　　　　　　　　　　　　　　　　　（　　）

A. 所有的软件系统

B. 能被各应用单位共同使用的某种软件

C. 专门为某一应用目的而编制的软件

D. 用在微型计算机上的各种操作系统和 Office 套件

13. 计算机的部件是通过总线的方式连接在一起的,其中总线的类型有三种,它们是

（　　）

A. 控制总线、数据总线和程序总线　　　B. 控制总线、数据总线和地址总线

C. 程序总线、数据总线和地址总线　　　D. 控制总线、程序总线和地址总线

14. 微型计算机的运算器、控制器和内存储器的总称是　　　　　　　（　　）

A. CPU　　　　　　B. ALU　　　　　　C. MPU　　　　　　D. 主机

15. 下列设备中,既可作为输入设备又可作为输出设备的是　　　　　（　　）

A. 鼠标器　　　　　B. 键盘　　　　　　C. 磁盘　　　　　　D. 打印机

16. CPU 主要由运算器与控制器组成,下列说法中正确的是　　　　　（　　）

A. 运算器主要负责分析指令,并根据指令要求做相应的运算

B. 运算器主要完成对数据的运算,包括算术运算和逻辑运算

C. 控制器主要负责分析指令,并根据指令做相应的运算

D. 控制器直接控制计算机系统的输入与输出操作

17. 内存储器比外存储器　　　　　　　　　　　　　　　　　　　　（　　）

A. 价格便宜　　　　B. 存储容量大　　　C. 读/写速度快　　D. 读/写速度慢

18. 在微型计算机中,微处理器的主要功能是进行　　　　　　　　　（　　）

A. 算术运算　　　　　　　　　　　　　B. 逻辑运算

C. 算术运算和逻辑运算　　　　　　　　D. 算术运算、逻辑运算及全机的控制

19. 微型计算机存储器系统中的 Cache 是　　　　　　　　　　　　　（　　）

A. 只读存储器　　　　　　　　　　　　B. 高速缓冲存储器

C. 可编程只读存储器　　　　　　　　　D. 可擦除的可编程只读存储器

20. 在计算机系统中,VGA 的含义是　　　　　　　　　　　　　　　（　　）

A. 计算机的型号　　B. 显示卡的型号　　C. 键盘的型号　　　D. 打印机的型号

21. 在微型计算机中,内存容量为 128 MB 是指　　　　　　　　　　（　　）

A. 某台计算机所配置的内存储器设备所能容纳的总字节数

B. 计算机字长为 128 MB

C. 一次存储程序的最大容量

D. 输入/输出数据的最大容量

22. 人们习惯上将输入/输出设备简称为　　　　　　　　　　　　　（　　）

A. IO 设备　　　　　B. I/O 设备　　　　C. OI 设备　　　　　D. O/I 设备

23. 用户正在计算机上编辑某个文件,这时突然停电,则全部丢失的是　（　　）

A. ROM 和 RAM 中的信息　　　　　　　　B. RAM 中的信息

C. ROM 中的信息　　　　　　　　　　　　D. 硬盘中的信息

24. DRAM 存储器的中文含义是　　　　　　　　　　　　　　　　（　　）

A. 静态随机存储器　　　　　　　　　　　B. 静态只读存储器

C. 动态随机存储器　　　　　　　　　　　D. 动态只读存储器

25. 速度快、分辨率高的打印机是　　　　　　　　　　　　　　　（　　）

A. 非击打式打印机　　　　　　　　　　　B. 击打式打印机

C. 激光打印机　　　　　　　　　　　　　D. 喷墨打印机

26. 针式打印机术语中,24 针是指　　　　　　　　　　　　　　（　　）

A. 24×24 点阵　　　　　　　　　　　　　B. 信号线插头有 24 根针

C. 打印头内有 24×24 根针　　　　　　　D. 打印头内有 24 根针

27. 针式打印机特有的优势是可以　　　　　　　　　　　　　　（　　）

A. 打印多联纸张　　　　　　　　　　　　B. 打印彩色图像

C. 打印表格　　　　　　　　　　　　　　D. 连续打印

28. 在下列说法中,正确的是　　　　　　　　　　　　　　　　（　　）

A. 计算机体积越大,其功能就越强

B. 在微型计算机的性能指标中,CPU 的主频越高,其运算速度越快

C. 两个显示器屏幕大小相同,则它们的分辨率必定相同

D. 点阵打印机的针数越多,则能打印的字体就越多

29. 如果按字长来划分,微型计算机可分为 8 位机、16 位机、32 位机和 64 位机。所谓 32 位机是指该计算机所用的 CPU　　　　　　　　　　　　（　　）

A. 同时能处理 32 位二进制数　　　　　　B. 具有 32 位寄存器

C. 只能处理 32 位二进制定点数　　　　　D. 有 32 个寄存器

30. CPU 处理数据的基本单位为字,一个字的字长　　　　　　　（　　）

A. 为 8 位二进制数　　　　　　　　　　　B. 为 16 位二进制数

C. 为 32 位二进制数　　　　　　　　　　D. 与 CPU 芯片的型号有关

31. ROM 和 RAM 的主要区别在于　　　　　　　　　　　　　（　　）

A. ROM 可以永久保存信息,RAM 在掉电后信息会丢失

B. ROM 在掉电后,信息会丢失,RAM 则不会

C. ROM 是内存储器,RAM 是外存储器

D. RAM 是内存储器,ROM 是外存储器

32. 在微型计算机中,CMOS 属于　　　　　　　　　　　　　（　　）

A. 顺序存储器　　　　　　　　　　　　　B. 只读存储器

C. 高速缓冲存储器　　　　　　　　　　　D. 随机存储器

33. 在计算机工作时,内存储器用来存储　　　　　　　　　　　（　　）

A. 程序和指令　　　B. 数据和信号　　　C. 程序和数据　　　D. ASCII 码

34. 现市场上的光盘类型有多种,其中 CD – ROM 是一种　　　（　　）

A. 可重写型光盘　　B. 只读型光盘　　　C. 只读存储器　　　D. 可写一次光盘

35. 硬盘工作时应特别注意避免　　　　　　　　　　　　　　　（　　）

A. 噪声　　　　　　B. 震动　　　　　　C. 潮湿　　　　　　D. 日光

36. 衡量计算机运行速度的指标是 （　　）

A. 存取周期和运算周期 　　　　　　　　B. 存取速度和运算速度

C. 存取周期和存取速度 　　　　　　　　D. 存取周期和运算速度

37. 下列光盘类型中,可擦写的是 （　　）

A. CD – ROM 　　　　B. Blu – ray Disc 　　　　C. DVD – ROM 　　　　D. DVD + RW

38. 内存中的每一个基本单元,都被赋予一个唯一的编号,这个编号称为 （　　）

A. 字节 　　　　　　　B. 地址 　　　　　　　C. 编号 　　　　　　　D. 容量

39. 计算机主要技术指标通常是指 （　　）

A. 所配备的系统软件的版本

B. CPU 的时钟频率、运算速度、字长和存储容量

C. 显示器的分辨率、打印机的配置

D. 硬盘容量的大小

40. 微型计算机的性能主要取决于 （　　）

A. 内存 　　　　　　　B. 中央处理器 　　　　C. 硬盘 　　　　　　　D. 显示卡

41. 把存储器、微处理器、I/O 接口集成在同一芯片上构成的具有完整的运算功能的计算机称为 （　　）

A. 微处理器 　　　　　B. 微型计算机 　　　　C. 单片计算机系统 　　D. 单片微型计算机

42. 运算器不具备 （　　）

A. 比较功能 　　　　　　　　　　　　　　B. 计算功能

C. 算术运算和逻辑运算功能 　　　　　　　D. 将计算的总和传给外存储器功能

43. 下列操作中,最易磨损硬盘的是 （　　）

A. 在硬盘建立目录 　　　　　　　　　　　B. 向硬盘拷贝文件

C. 高级格式化 　　　　　　　　　　　　　D. 低级格式化

44. 下列几种存储器中,存取周期最短的是 （　　）

A. 内存储器 　　　　　B. 光盘存储器 　　　　C. 硬盘存储器 　　　　D. U 盘存储器

45. CPU 不能直接访问的存储器是 （　　）

A. ROM 　　　　　　　B. RAM 　　　　　　　C. Cache 　　　　　　　D. 外存储器

46. 一个完整的计算机系统应包括 （　　）

A. 主机、键盘、显示器 　　　　　　　　　B. 计算机及其外部设备

C. 系统硬件与系统软件 　　　　　　　　　D. 硬件系统和软件系统

47. 计算机的软件系统包括 （　　）

A. 操作系统 　　　　　　　　　　　　　　B. 编译软件和连接程序

C. 各种应用软件包 　　　　　　　　　　　D. 系统软件和应用软件

48. 把高级语言编写的源程序转换成机器语言的目标程序的软件称为 （　　）

A. 汇编程序 　　　　　　　　　　　　　　B. 编译程序

C. 连接程序 　　　　　　　　　　　　　　D. 数据库应用系统

49. 用高级语言编写的程序代码称为 （　　）

A. 源程序 　　　　　　　B. 编辑程序 　　　　　C. 编译程序 　　　　　D. 连接程序

50. 将用高级语言编写的程序翻译成机器语言程序,采用的两种翻译方式是 （　　）

A. 编译和汇编 　　　　　B. 汇编程序 　　　　　C. 编译和连接 　　　　D. 解释和汇编

51. 计算机唯一能够直接识别和处理的语言是　　　　　　　　　（　　）

A. 机器语言　　　　　B. 汇编语言　　　　　C. 高能语言　　　　　D. 第四代语言

52. 系统软件中的核心软件是　　　　　　　　　　　　　　　　　（　　）

A. 编译系统　　　　　B. 操作系统　　　　　C. 工具软件　　　　　D. 数据库管理系统

53. 在微型计算机中,显示器的主要技术指标之一是　　　　　　　（　　）

A. 分辨率　　　　　　B. 亮度　　　　　　　C. 质量　　　　　　　D. 耗电量

54. 下列不属于计算机外设的是　　　　　　　　　　　　　　　　（　　）

A. 键盘　　　　　　　B. 显示器　　　　　　C. CPU　　　　　　　D. 扫描仪

55. 计算机指令的集合就是　　　　　　　　　　　　　　　　　　（　　）

A. 机器语言　　　　　B. 高级语言　　　　　C. 程序　　　　　　　D. 软件

56. 目前个人计算机的主流 CPU 的字长大部分是　　　　　　　　（　　）

A. 64 位　　　　　　　B. 4 位　　　　　　　C. 16 位　　　　　　　D. 8 位

57. 用 MIPS 为单位衡量计算机的性能,它指的是计算机的　　　（　　）

A. 传输速率　　　　　B. 运算速度　　　　　C. 字长　　　　　　　D. 存储器容量

58. 在衡量计算机的主要性能指标中,字长是　　　　　　　　　　（　　）

A. 8 位二进制数长度

B. 计算机的总线宽度

C. 存储系统的容量

D. 计算机运算部件一次能够处理二进制数据位数

59. 像素深度是　　　　　　　　　　　　　　　　　　　　　　　（　　）

A. 扫描仪的重要性能参数　　　　　　　B. 显示器的重要性能参数

C. 投影仪的重要性能参数　　　　　　　D. 打印机的重要性能参数

60. 标识文件类型的是　　　　　　　　　　　　　　　　　　　　（　　）

A. 文件名　　　　　　B. 扩展名　　　　　　C. 文件内容　　　　　D. 文件长短

61. 彩色显示器色彩的真彩色二进制数位数是　　　　　　　　　　（　　）

A. 8 位　　　　　　　　B. 16 位　　　　　　　C. 24 位　　　　　　　D. 32 位

62. 压缩比率和文件类型相比,一般来说　　　　　　　　　　　　（　　）

A. 文本文件的压缩比率高　　　　　　　B. 图像文件的压缩比率高

C. 音乐文件的压缩比率高　　　　　　　D. 视频文件的压缩比率高

63. 对磁盘进行格式化是　　　　　　　　　　　　　　　　　　　（　　）

A. 磁盘管理软件的功能　　　　　　　　B. 系统优化软件的功能

C. 辅助安全软件的功能　　　　　　　　D. 反病毒软件的功能

64. 清理注册表是　　　　　　　　　　　　　　　　　　　　　　（　　）

A. 磁盘管理软件的功能　　　　　　　　B. 系统优化软件的功能

C. 辅助安全软件的功能　　　　　　　　D. 反病毒软件的功能

65. 3D 显示必须提供　　　　　　　　　　　　　　　　　　　　（　　）

A. 一组相位不同的图像　　　　　　　　B. 两组相位不同的图像

C. 三组相位不同的图像　　　　　　　　D. 四组相位不同的图像

66. 在计算机中数据的表示形式是　　　　　　　　　　　　　　　（　　）

A. 八进制　　　　　　B. 十进制　　　　　　C. 二进制　　　　　　D. 十六进制

67. 图像文件格式 BMP 是　　　　　　　　　　　　　　　　　　（　　）

A. 位图格式　　　　　　　　　　　B. 标记图像文件格式

C. 图像互换格式　　　　　　　　　D. 联合图片专家组格式

68. 通常表示存储容量的基本单位是　　　　　　　　　　　　　　（　　）

A. 位　　　　　　B. 字　　　　　　C. 字长　　　　　　D. 字节

69. 英文 Byte 的中文含义是　　　　　　　　　　　　　　　　　（　　）

A. 位　　　　　　B. 字节　　　　　C. 字　　　　　　　D. 字长

70. 英文 bit 的中文含义是　　　　　　　　　　　　　　　　　　（　　）

A. 二进制位　　　B. 字节　　　　　C. 字　　　　　　　D. 字长

71. 在计算机中,一个字节可以表示的二进制位数是　　　　　　　（　　）

A. 0　　　　　　　B. 1　　　　　　C. 8　　　　　　　D. 随机数

72. 在微型计算机中,存储容量为 2 MB 等价于　　　　　　　　　（　　）

A. 2 × 1 024 B　　　　　　　　　　B. 2 × 1 024 × 1 024 B

C. 2 × 1 000 B　　　　　　　　　　D. 2 × 1 000 × 1 000 B

73. 下列一组数中,最大的是　　　　　　　　　　　　　　　　　（　　）

A. $(10100001)_2$　　　　　　　　　B. $(337)_8$

C. $(539)_{10}$　　　　　　　　　　D. $(2FA)_{16}$

74. 在计算机中,十进制数“ – 63”的反码是　　　　　　　　　　（　　）

A. 00111111　　　B. 10111111　　　C. 11000000　　　D. 11000001

75. 在计算机中,十进制数“ – 63”的补码是　　　　　　　　　　（　　）

A. 00111111　　　B. 10111111　　　C. 11001111　　　D. 11000001

76. 在计算机中,应用最普遍的字符编码是　　　　　　　　　　　（　　）

A. BCD 码　　　　B. ASCII　　　　C. 国标码　　　　　D. 机内码

77. 哪项是符合人体工程学设计的键盘　　　　　　　　　　　　　（　　）

A. 键盘与腕托,超薄 USB 键盘　　　B. 自定义热键式键盘,键盘与腕托

C. 超薄 USB 键盘,分离式键盘　　　D. 键盘与腕托,分离式键盘

78. 鼠标与键盘的最佳摆放位置是　　　　　　　　　　　　　　　（　　）

A. 鼠标应放在与键盘相邻处、处于不同高度

B. 鼠标应放在与键盘相邻处、处于相同高度

C. 鼠标应放在与键盘不相邻处、处于相同高度

D. 鼠标应放在与键盘相邻处、处于不同高度

二、多选题

1. 下列哪两项是计算机设备　　　　　　　　　　　　　　　　　（　　）

A. UNIX　　　　　　　　B. 便携式计算机　　　　　C. 服务器

D. Mac 操作系统　　　　　E. Windows

2. 智能手机可从哪里接收指令　　　　　　　　　　　　　　　　（　　）

A. 用户　　　　　　　　　B. 存储器　　　　　　　　C. 电源

D. 其他计算机系统　　　　　E. 显示器

3. 下列选项中不属于微型计算机主要性能指标的是　　　　　　　（　　）

A. 字长 　　　　　　　B. 内存容量 　　　　　　C. 质量

D. 时钟频率 　　　　　E. 价格

4. 下列设备中,属于多媒体计算机必须具有的设备是　　　　　　　　（　　　）

A. 声卡 　　　　　　　B. 视频卡 　　　　　　　C. 光盘驱动器

D. UPS 电源 　　　　　E. 音箱

5. 计算机在现实中的应用主要有以下哪几项　　　　　　　　　　　　（　　　）

A. 数值计算和信息处理

B. 计算机游戏与视频聊天

C. 过程控制

D. 计算机辅助设计与辅助教学

E. 人工智能

6. 平板计算机的操作系统主要有　　　　　　　　　　　　　　　　　（　　　）

A. IOS 　　　　　　　　B. Android 　　　　　　C. Windows

D. AIX 　　　　　　　　E. Z/OS

7. 下列哪种维护需要专业人员来完成　　　　　　　　　　　　　　　（　　　）

A. 清洁鼠标和键盘 　　B. 升级电源设备 　　　　C. 硬盘碎片整理

D. 更换微处理器 　　　E. 安装一个新的打印机

8. 人数据主要特点是　　　　　　　　　　　　　　　　　　　　　　（　　　）

A. Volume（数据体量巨大） 　　　　　　　　　　B. Variety（数据种类繁多）

C. Velocity（处理速度快） 　　　　　　　　　　　D. Vital（重要性）

E. Value（有商业价值）

9. 中央处理器是一块超大规模的集成电路,包括　　　　　　　　　　（　　　）

A. 运算部件 　　　　　B. 控制部件 　　　　　　C. 高速缓冲存储器

D. 操作部件 　　　　　E. 读写部件

10. 液晶显示器　　　　　　　　　　　　　　　　　　　　　　　　（　　　）

A. 体积小 　　　　　　B. 质量轻 　　　　　　　C. 耗能少

D. 工作电压低 　　　　E. 响应时间短

11. 哪三项是符合人体工程学设计的最佳实践　　　　　　　　　　　（　　　）

A. 防止视觉疲劳 　　　　　　　　　　　　　　　B. 使用直背椅

C. 将显示器以一定角度放置 　　　　　　　　　　D. 减少重复运动受伤

E. 增强经常休息的需求

12. 闪存技术分为　　　　　　　　　　　　　　　　　　　　　　　（　　　）

A. NOR 型闪存 　　　　B. NAND 型闪存 　　　　C. USB 型闪存

D. 多合一型闪存 　　　E. 闪光型闪存

13. 目前,键盘、鼠标常用的接口是　　　　　　　　　　　　　　　（　　　）

A. PS/2 接口 　　　　　B. USB 接口 　　　　　　C. LPT 接口

D. VGA 接口 　　　　　E. HDMI 接口

14. 衡量压缩软件的指标主要有　　　　　　　　　　　　　　　　　（　　　）

A. 压缩比率 　　　　　B. 压缩时间 　　　　　　C. 压缩包大小

D. 压缩文件数量 　　　E. 方便使用

15. Adobe 公司出品的软件有　　　　　　　　　　　　　　　　　（　　　）

A. Adobe Premiere　　　　　B. Adobe Photoshop　　　　C. Adobe Audition

D. Adobe Acrobat　　　　　　E. Adobe Reader

三、判断题

1. 信息技术就是计算机技术。　　　　　　　　　　　　　　　　（　　　）

2. 计算机总线分为数据总线、地址总线和控制总线。　　　　　　（　　　）

3. 计算机性能指标中 MTBF 表示平均无故障工作时间。　　　　　（　　　）

4. 时钟频率和字长常用来衡量计算机系统中内存的性能指标。　　（　　　）

5. 内存储器按工作方式可分为随机存储器、只读存储器两类。　　（　　　）

6. 视频卡是沟通主机和外部音频设备的通道。　　　　　　　　　（　　　）

7. 一个二进制整数从右向左数第 8 位上的 1 相当于 2 的 7 次方。　（　　　）

8. 计算机只能做科学计算。　　　　　　　　　　　　　　　　　（　　　）

9. 输入设备的作用是把信息输入计算机。　　　　　　　　　　　（　　　）

10. 使用在线软件不需要获得软件使用许可证。　　　　　　　　　（　　　）

11. 视频播放软件通常能够播放音乐文件。　　　　　　　　　　　（　　　）

12. 计算机的显示器摆放与窗户尽量成 90°角。　　　　　　　　　（　　　）

13. 3D 打印机的打印材料是墨水和纸张。　　　　　　　　　　　（　　　）

14. 嵌入式计算机的硬件、软件根据应用的需要可以进行添加或删除。（　　　）

15. 台式计算机通风散热好。　　　　　　　　　　　　　　　　　（　　　）

16. 超级计算机用于科学研究,工程计算中的数值计算。　　　　　（　　　）

17. 现代大型机使用特有的处理器指令集、专用的操作系统和应用软件。（　　　）

18. 辅助性安全软件具有一定的安全功能。　　　　　　　　　　　（　　　）

第 3 章　操作系统的基础知识

本章要点

* 了解操作系统概念及其功能与分类。
* 掌握中文 Windows 7 操作系统的基本操作。
* 了解 DOS 操作系统及其常用命令。

3.1　操作系统概述

计算机系统由软件系统和硬件系统两部分组成。把未配置软件系统的硬件系统称为裸机。操作系统是为建立用户与计算机之间的接口,而为裸机配置的一种系统软件。它可以管理和控制计算机系统中所有的软、硬件和数据资源,合理地组织计算机的工作流程,并为用户提供一个良好的工作环境和友好的操作界面。

3.1.1　操作系统及其功能

操作系统(OS,Operating System)是整个计算机系统的控制和管理中心,是用以控制和管理计算机硬件和软件资源,合理地组织计算机工作流程,方便用户充分并有效地利用计算机资源的程序的集合和相应的文档。操作系统是用户与计算机联系的桥梁,用户可以通过操作系统提供的各种命令方便地使用计算机。操作系统在计算机系统中起着特别重要的作用,它是硬件与其他软件的接口,同时又是用户与计算机之间的接口。有了操作系统就可以使一台裸机变成操作方便、灵活的计算机系统。

操作系统的功能可归纳为以下几个方面:

1. 存储器管理

存储器管理实质是对存储"空间"的管理,主要指对主存储器(简称主存或内存)的管理。存储管理负责把内存单元分配给需要内存的程序以便让它执行,在程序执行结束后将它占用的内存单元收回以便再使用。

2. 处理器管理

处理器管理又称为进程管理。不管是常驻程序或者应用程序,它们都以进程为标准执行单位。运用冯·诺依曼架构设计计算机时,每个中央处理器最多只能同时执行一个进程。现代的操作系统即使只拥有一个 CPU,也可以利用多进程(Multitask)功能同时执行复数进程。进程管理指的是操作系统调整复数进程的功能。简而言之,处理器管理的目的是让计算机核心部件有条不紊地工作,对处理器的分配和运行实施有效管理。

3.设备管理

操作系统的设备管理功能主要是分配和回收外部设备以及控制外部设备,按用户程序的要求进行操作等。对于非存储型外部设备,如打印机、显示器等,它们可以直接作为一个设备分配给一个用户程序,在使用完毕后回收以便给另一个需求的用户使用。对于存储型的外部设备,如磁盘、磁带等,则是提供存储空间给用户,用来存放文件和数据。

4.文件管理

文件管理是指有效地支持文件的存储、检索和修改等操作,解决文件的共享、保密和保护问题,并提供方便的用户界面,使用户能实现按名存取。文件管理使得用户不必考虑文件如何保存以及存放的位置,但也要求用户按照操作系统规定的步骤使用文件。

5.作业管理

作业是指用户在一次计算过程或一次事务处理过程中,要求计算机所做工作的集合。一个作业从进入系统到执行结束,分别处于提交、后备、执行和完成四个不同的状态。作业管理的任务是为用户提供一个使用系统的良好环境,使用户能有效地组织自己的工作流程。作业管理包括任务管理、界面管理、人机交互、图形界面、语音控制和虚拟现实等。

3.1.2 操作系统的分类

按照服务功能可以把操作系统大致分成以下六类:

1.单用户操作系统

单用户操作系统的主要特征是一个计算机系统每次只支持一个用户程序的执行,计算机系统的资源每次只有一个用户独自使用。微型机上的操作系统一般是单用户操作系统,如早期的 CP/M,MS – DOS 等。

2.批处理操作系统

批处理操作系统是指操作员将用户提供的若干个作业以"成批"的方式同时交给计算机系统。批处理操作系统能支持多个用户程序同时执行,一般在计算中心的计算机系统上都配置批处理操作系统。它分为单道批处理系统和多道批处理系统。

(1)单道批处理操作系统是操作员把接收到的一批用户作业放在外存,由操作系统自动地一次调用一道作业进入主存运行。

(2)多道批处理操作系统是把多个作业同时放在内存,当某个作业需要输入/输出时,CPU 处理完它的请求后就转向去做另一道作业。这样,第一道作业的执行将与第一道作业的输入/输出并行工作,从而使 CPU 得到充分的利用。

这种系统比较适用于大型的科技计算题目。批处理操作系统的最大优点是能实现对作业的自动化操作,大大节省了人工操作的时间。

3.分时操作系统

分时操作系统支持多个终端用户同时使用计算机系统,分时系统既是操作系统的一种类型,又是对配置了分时操作系统的计算机系统的一种称呼。所谓"分时"是指在一台主机上连接了多个键盘显示终端,每个终端有一个用户在使用。即是把计算机的系统资源(主要是 CPU)在时间上加以分割,形成一个个的时间段,每个时间段称为一个"时间片",每个用户依次使用一个时间片,从而可以将 CPU 工作时间轮流地提供给多个用户使用。用户可以通过各自的终端,以交互作用方式使用计算机,共享主机上所配置的各种硬、软件资源。分时操作能保证用户彼此独立,互不干扰。

4. 实时操作系统

实时是对随机发生的外部事件做出及时响应和处理。实时系统按其使用方式可分为实时控制(如炼钢、医疗诊断等)和实时信息处理(如飞机订票、情报检索等)两大类。

实时系统对响应时间的要求比分时系统更高,一旦向实时系统提出服务请求后,要求系统立即响应并处理,实时系统不具备分时系统那样强的交互式会话能力,但是它对系统的可靠性和安全性要求很高。

5. 网络操作系统

计算机网络是把地理位置上分散的计算机连接起来,构成一个网络,实现资源共享。网络中的计算机可以是相同型号的,也可以是不同型号的,每台计算机上都有自己的操作系统。网络操作系统是网络用户同网络之间的接口,网络用户可通过它来请求网络为之服务。为了让用户能使用计算机网络中的任意一台计算机,计算机网络必须确定在一套全网共同遵守的约定(称之为"协议")上,以实现不同的计算机间、不同操作系统间以及不同用户间的通信。

一般来说,网络中主机(通常称为服务器)的操作系统,除了具备通常操作系统的五种管理功能外,为了实现网络中各级协议,还应配置完善的通信软件和网络控制软件。

6. 分布式操作系统

分布式操作系统是由多台计算机联合起来组成,但它不同于网络系统。分布式系统的各台计算机无主次之分,系统中若干台计算机可以运行同一个程序,可以互相协作来完成一个共同任务。分布式操作系统用于管理分布式系统资源。

目前常见的操作系统有 Dos,Unix,Linux,Netware,Windows 98,Windows 2000,Windows XP,Windows 7,Windows 8.1 等。

3.1.3　MS – DOS,Windows 系统的回顾

DOS 作为早期的磁盘操作系统,从 1981 年的 DOS 1.0 版本发展到 1997 年隐藏在 Windows 95 下的 DOS 7.0 版本,它通常不受机型的限制,在配置很低的电脑中也能使用,从基本的磁盘输入/输出功能发展到拥有网络连接和存储器管理的功能。

Windows 3.1 是微软图形化操作系统的一大进展,它必须依附于 DOS,只有先安装了 DOS,才能再安装 Windows 3.1。但图形化的界面与图标、文件管理器等功能的使用,使原本需要输入命令的操作变为鼠标的操作,微软的 Windows 3.1 为日后 Windows 家族的长足发展奠定了坚实的基础。

Windows 95 是一个 32 位、图形化的操作系统,可以没有 DOS 而直接安装运行,成为名副其实的完全独立的新一代操作系统。

1998 年发布的 Windows 98 做了较多的改进:操作界面更加友好和人性化,集成了资源管理器和 Internet Explorer 浏览器、新的工具栏等;支持 USB,AGP,IEEE1394,Intel TX,BX 芯片组等新的硬件标准和多重显示器;内建的工具程序略有增加,系统的运行速度比较快。

微软公司在 1993 年 7 月 23 日推出了专业技术人员使用的操作平台 Windows NT 第一版,Windows 2000 操作系统中文版于 2000 年 3 月 20 日正式发售。Windows 2000 操作系统

采用 NT 的技术,并做了大量的改进,其强大的多媒体功能、高集成度的网络、更加友善的用户界面使得 Windows 2000 操作系统平台比此前的 Windows 95/98 操作系统平台更加可靠、更易扩展、更易部署、更易管理、更易使用。Windows 2000 包括两大类共四种操作系统:第一类工作站平台 Windows 2000 Professional,该产品作为 Windows 2000 的客户端操作系统替代了 Windows 95,Windows 98,Windows NT Workstation;第二类服务器平台 Windows 2000 Server,Windows 2000 Advanced Server,Windows 2000 Data Center Server。

Windows XP 英文版本是微软公司在 2001 年 10 月 25 日发布的,其后升级到 SP 至 SP3 版本,它采用了 Windows NT/2000 核心技术,提供了独特的界面风格,操作起来更清晰简捷。Windows XP 增强了设备的驱动程序校检,最大限度地确保程序稳定运行。Windows XP 的所有关键的内核数据都是只读的形式,减少了操作系统受到侵害的可能性,并具有系统恢复功能。支持包括红外线连接设备、USB 设备和高速总线设备等最新的硬件标准。程序兼容性更强,系统管理更方便,极大地提高了用户的工作效率。多媒体功能更加完备,支持 DVD,MP3 等多种格式,还可以用 Movie Maker 自编视频剪辑,还可以把多媒体作品刻录成光盘。可多人共享一台计算机,各有各自的操作环境,每位用户可以对某些文件不进行共享设置和压缩加密设置,使别人不会看到自己的文件。Windows XP 一直陪伴用户走过 13 年,2014 年 4 月 8 日,微软宣布停止对 Windows XP 的所有版本的支持与服务。

2009 年 10 月 23 日,微软中国正式在中国发布了新操作系统 Windows 7 操作系统。Windows 7 系统最大的特性就是易用性方面,性能好、速度快、兼容性高都是新系统易用的表现。为了让用户尤其是中小企业用户过渡到 Windows 7 平台时减少程序兼容性顾虑,微软在 Windows 7 中新增了一项 Windows XP 模式,它能够使 Windows 7 用户由 Windows 7 桌面启动,运行诸多 Windows XP 应用程序。

微软公司于北京时间 2013 年 10 月 17 日发布 Windows 8.1 正式版,是 Windows 系列操作系统目前的最新版本。

未来的操作系统发展趋势如下:
(1)比以往更加强大的集成搜索功能;
(2)更加绚丽的桌面 3D 视觉效果及触摸操作;
(3)系统安全度有很大提升。

3.2　中文 Windows 7 基础知识

微软公司 Windows 7 的推出是 Windows 操作系统的又一次飞跃,它包括了系统运行速度更快、更个性化的桌面、智能化的窗口缩放、无缝的多媒体体验,更以全面革新的用户安全机制、超强的硬件兼容性及易用性吸引越来越多的用户。

3.2.1　Windows 7 的启动与退出

1. 开机启动 Windows 7

依次按下计算机显示器和主机的电源按钮,打开显示器并接通主机电源。在启动过程中,Windows 7 会进行自检、初始化硬件设备,如果系统运行正常,则无须进行其他任何操作。如果没有对用户账户进行任何设置,则系统将直接登录 Windows 7 操作系统;如果设置了用户密码,则在【密码】文本框中输入密码,然后按 Enter 键或用鼠标单击按钮,便可登录 Windows 7 操作系统,进入 Windows 7 系统桌面,如图 3－1 所示。

图 3－1　登录 Windows 7 系统桌面

2. 关机退出 Windows 7

退出 Windows 7 前,要结束所有正在运行的应用程序。单击【开始】按钮,在弹出的【开始】菜单中单击【关机】按钮,系统即可自动保存相关信息,弹出正在关机界面。系统退出后,主机的电源会自动关闭,指示灯熄灭。最后,关闭显示器及其他外部设备的电源开关。

3.2.2　Windows 7【关闭】选项的使用

1. 进入睡眠状态

【睡眠】是操作系统的一种节能状态。

在进入睡眠状态时,Windows 7 会自动保存当前打开的文档和程序中的数据,并且使 CPU、硬盘和光驱等设备处于低能耗状态,从而达到节能省电的目的,单击鼠标或敲击键盘上的任意按键,电脑就会恢复到进入"睡眠"前的工作状态。进入睡眠状态的操作步骤如下:

单击 Windows 7 工作界面左下角的【开始】按钮,在弹出【开始】菜单中,单击【关机】按钮右侧的▶按钮,然后在弹出的菜单列表中选择【睡眠】命令,即可使电脑进入睡眠状态。

2. 重新启动

重新启动是指将打开的程序全部关闭并退出 Windows 7,然后电脑立即自动启动并进入 Windows 7 的过程,其操作步骤如下:

单击工作界面左下角的【开始】按钮,在弹出的开始菜单中,单击【关机】按钮右侧的▶按钮,然后在弹出的菜单列表中选择【重新启动】命令,即可重新启动系统。

【重新启动】是在使用电脑的过程中遇到某些故障时,让系统自动修复故障并重新启动电脑的操作。

3. 锁定

当用户需要暂时离开时,但是计算机还在进行某些操作无法停止,也不希望其他人查看或更改计算机里面的信息时,就可以选择【锁定】命令。当锁定了计算机后,再次使用时只有输入用户密码才能开启计算机进行操作。

4. 注销

当多个人使用同一台计算机,应该设置多个用户账户名称,可以通过选择【注销】命令,切换到其他用户账户,而不需要重新启动计算机。在进行注销操作前要保存并关闭当前的任务和程序,否则会造成数据的丢失。

5. 切换用户

【切换用户】是指在不关闭登录用户的情况下切换到另一个用户,用户可以不关闭正在运行的程序,当再次返回时系统会保留原来的状态,而【注销】要求结束程序的操作,并关闭当前登录用户。

3.3 中文 Windows 7 的基础操作

3.3.1 认识 Windows 7 的桌面

计算机屏幕的整个背景区域叫作桌面,如图 3 - 2 所示,桌面是 Windows 7 的工作平台,以 Web 的方式来看桌面相当于 Windows 7 的主页。桌面上一般摆放着一些要经常用到的和特别重要的文件夹与工具,为用户快速启动需要使用的文件夹或工具带来便利。在桌面的左边,有许多个上面是图形、下面是文字说明的组合,这种组合叫图标。图标是一个图像,代表某个程序(如 Microsoft Word,Excel)、文件(如文档、电子表格、图形) 和计算机信息等(如硬盘、软盘驱动器)。由于安装的软件不同或者设置的不同,不同计算机的桌面内容可能会有差异。

图 3 - 2 Windows 7 中文版桌面

1. 桌面图标

桌面图标主要包括系统图标(如 ![系统图标]) 和快捷图标(如 ![快捷图标]) 两部分。其中系统图标指可进行与系统相关操作的图标;快捷图标指应用程序的快捷启动方式,其主要特征是图标左下角有一个小箭头标识,双击快捷图标可以快速启动相应的应用程序。

Windows 7 操作系统默认的桌面图标只有一个,那就是【回收站】图标。用户也可以在桌面中添加其他图标,如【计算机】图标、【控制面板】图标、快捷图标等,这些桌面图标在桌面上的布局也可以自行调整。在 Windows 7 操作系统中,除【回收站】图标外,其他的桌面图标都可以被删除。

2. 桌面的操作

(1)添加系统图标

在桌面空白处单击鼠标右键,在弹出的快捷菜单中选择【个性化】命令,如图 3 - 3 所示,打开【个性化】窗口,单击导航窗格中的【更改桌面图标】超链接,如图 3 - 4 所示,打开【桌面图标设置】对话框,如图 3 - 5 所示,选中需要添加图标所对应的复选框,单击【确定】按钮。

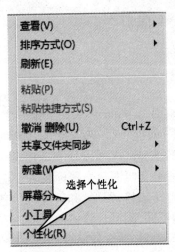

图 3 - 3 选择【个性化】命令　　　图 3 - 4 单击【更改桌面图标】超链接

(2)添加快捷图标

如果需要添加文件或应用程序的桌面快捷启动方式,只需选中目标文件或程序,单击鼠标右键,在弹出的快捷菜单中选择【发送到】命令,再在弹出的子菜单中选择【桌面快捷方式】命令,即可将相应的快捷图标添加到桌面。

(3)排列桌面图标

图标添加到桌面以后,会无顺序地排放在桌面上,为了保持桌面的整洁和美观,用户可以将桌面图标按照名称、大小、项目类型、修改日期等顺序排列到桌面上,这样既美观又方便用户选择。可以右键单击桌面,在快捷菜单中的【排序方式】子菜单中选择某种排列顺序(比如按名称、大小等)。

用户如果对名称、大小、项目类型和修改日期这四种排序方法都不满意,可以通过拖动图标的方式,自定义排列桌面上的图标;还可以根据个人需要,在【查看】菜单项中选择大、中、小三种图标的形式。

(4)删除桌面图标

选择需删除的桌面图标,单击鼠标右键,在弹出的快捷菜单中选择【删除】命令,或将鼠标光标移到需删除的桌面图标上,按住鼠标左键不放,将该图标拖至【回收站】图标上,当出现【移动到回收站】字样时释放鼠标左键,再在打开的提示对话框中单击【是】按钮。

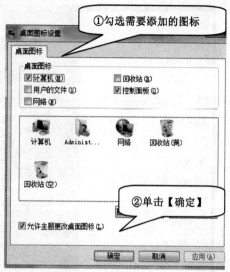

图 3 - 5　选中【桌面图标设置】对话框

(5)重命名图标

单击选择要重命名的图标,单击鼠标右键,在弹出的快捷菜单中选择【重命名】命令,然后输入名称,最后按下【Enter】键确认。

(6)启动程序或窗口

双击桌面上相应的桌面图标对象即可。由此可以看出把重要而常用的应用程序启动图标或文件等摆放到桌面上,这将更加方便用户的操作。

3.3.2　Windows 7 中的【开始】菜单

桌面左下角的【开始】按钮 是 Windows 7 操作系统程序的启动按钮,单击该按钮,弹出【开始】菜单,在【开始】菜单中几乎可以找到已安装的所有应用程序,为用户的操作提供更直观的显示。下面介绍【开始】菜单的主要组成部分,如图 3 - 6 所示。

(1)【用户账户】栏　位于【开始】菜单最顶端右侧,包括用户图片和账户名。双击当前【用户图标】按钮 ,可以设置账户密码、更改图片、更改账户名称、更改用户账户控制设置、管理其他账户等。

(2)快速启动栏　单击快速启动栏中的快捷图标,可以进入到相应的操作页面。在快速启动栏中,有的菜单项右侧有下拉箭头 ,表示该项下面有子菜单,单击该下拉箭头即可查看子菜单项。

(3)【启动】菜单　位于【开始】菜单的右窗格,列出一些经常使用的 Windows 程序链接,如【文档】【图片】【计算机】【控制面板】等。

(4)【所有程序】菜单　所有程序菜单中集合了计算机中的所有程序,单击【所有程序】下拉箭头 ,可以查看所有程序的子菜单项。

(5)【搜索】栏　使用该功能搜索,能够快速地找到计算机上的程序和文件。如果对Windows 7 操作系统默认的搜索范围不满意,那么可以自行设置搜索范围。

(6)【关闭】选项按钮区　位于系统控制区右下角,包括【关机】按钮和【关机选项】 按钮,可进行【关机】【切换用户】【注销】【锁定】和【重新启动】等操作。

图 3-6 【开始】菜单

3.3.3 Windows 7 的窗口

与 Windows XP/98 操作系统一样,Windows 7 操作系统也是用"窗口"形式来区分每个程序的工作区域。在 Windows 7 操作系统中,无论是打开磁盘驱动器、文件夹,还是运行应用程序,Windows 7 操作系统都会打开一个窗口,用于相应的操作。

1. 认识窗口的组成

认识窗口的组成元素,是学习 Windows 7 操作系统的基础。窗口是 Windows 7 图形界面最显著的外观特征,大部分窗口都是由一些相同的元素组成,最主要的元素包括标题栏、地址栏、搜索栏和状态栏等。窗口是屏幕上的一个可以改变大小的矩形区域。如图 3-7 所示的是【音乐】窗口,不同的窗口其结构是不完全相同的,但大同小异,都有下列几个组成部分。窗口又分为应用程序窗口和普通文档窗口,它们的外观及操作方法基本相同。

(1)标题栏　位于窗口的最顶端,不显示任何标题。在标题栏最右端显示窗口控制按钮,通常情况下,可以通过标题栏来移动窗口、改变窗口大小和关闭窗口。在 Windows 7 中,系统中可以同时运行多个应用程序,即可以同时打开多个应用程序窗口。在多个应用程序窗口中,当前正在使用中的应用程序窗口称为当前窗口。一般情况下,当前应用程序窗口的标题以高亮度的颜色显示,而其他窗口标题栏以较暗的颜色显示。

(2)标准按钮　包括【前进】按钮、【后退】按钮。

(3)窗口控制按钮　包括【最小化】按钮、【最大化】按钮和【关闭】按钮。用鼠标单击【最小化】按钮,则该应用程序窗口缩小为一个图标按钮,并排列在任务栏上,反之,单击任务栏上的某个应用程序窗口图标按钮,则该应用程序窗口又恢复出现并显示在原先位置。

如果当前窗口没有填充整个屏幕,则标题栏右上角会有【最大化】按钮,用鼠标单击【最大化】按钮,窗口将填充整个屏幕。如果窗口已经最大化了,则标题栏右上角的【最大化】按钮将变成【还原】按钮,单击【还原】按钮,窗口又恢复到原来的大小。用鼠标单击【关闭】按钮,则关闭该应用程序,同时也关闭应用程序窗口。

(4)菜单栏　菜单是操作应用程序的重要工具,应用程序的所有功能都可以通过菜单完成。可通过单击工具栏上的【组织】按钮,在弹出的下拉列表中选择【布局】→【菜单栏】命令显示或隐藏菜单栏。菜单栏在标题栏的下一行,其中包含与当前应用程序有关的一些菜单名,也可称为菜单。如图 3 - 7 所示,【音乐】窗口中有文件、编辑、查看、工具和帮助五个菜单。一般来说,这里的每个菜单都有下级子菜单。用鼠标单击某个菜单就会弹出它的子菜单。

(5)地址栏　类似于网页中的地址栏,用于显示和输入当前窗口的地址,可以单击右侧的下拉箭头,在弹出的下拉菜单中选择准备浏览的路径显示窗口所在位置(路径)。

(6)工具栏　将一些常用菜单命令做成按钮的形式放置在工具栏上,以便用户通过鼠标单击选择它。工具栏位于地址栏的下方,包括【显示预览窗格】按钮和【获取帮助】按钮等。

(7)搜索栏　能够快速找到计算机中需要的信息。如果对 Windows 7 操作系统默认的搜索范围不满意,也可以自行设置搜索范围。

(8)导航窗格　位于窗口工作区的左侧,包括收藏夹、库、计算机和网络四个部分,通过选择它们方便切换位置和查找文件。

(9)细节窗格　位于窗口底部,用于显示当前操作的状态以及信息提示,或者显示选定对象的详细信息。

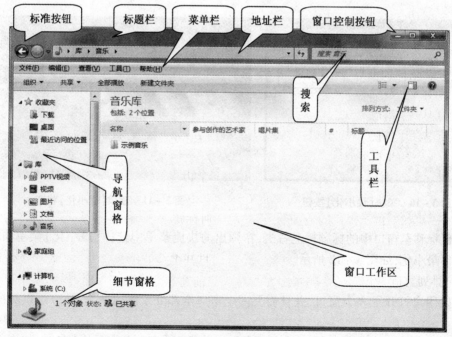

图 3 - 7　【音乐】窗口

(10)窗口工作区　用于显示当前窗口的内容或执行某项操作后显示的内容,是窗口最重要的部分。如果窗口工作区的内容较多,将在其右侧和下方出现滚动条,通过拖动滚动条可查看其他未显示的部分。

2.窗口的操作

窗口的基本操作包括最大化窗口、最小化窗口、排列窗口、移动窗口、调整窗口大小和关闭窗口。

(1)最大化窗口

如果对窗口工作界面不满意,那么可以将窗口最大化。

单击窗口标题栏右侧的【最大化】按钮▢,如图 3 - 8 所示。窗口最大化的状态如图 3 - 9所示。

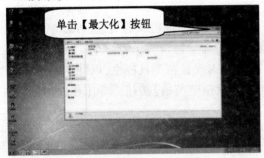

图 3 - 8　单击【最大化】按钮

图 3 - 9　窗口【最大化】状态

(2)最小化窗口

单击窗口标题栏右侧的【最小化】按钮━,如图 3 - 10 所示,窗口最小化的状态如图 3 - 11所示。

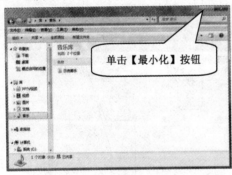

图 3 - 10　单击【最小化】按钮

图 3 - 11　窗口【最小化】状态

把鼠标移至窗口中的标题栏上右击,在弹出的快捷菜单中选择【最小化】菜单项,也可以将窗口最小化,如图 3 - 12 所示。

(3)排列窗口

如果用户打开了多个窗口,并且需要多个窗口全部处于显示状态,那么可以对窗口进行排列。

①任意打开几个窗口,如打开【文档】窗口、【音乐】窗口和【图片】窗口,如图 3 - 13 所示。

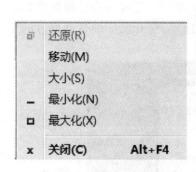

图 3 - 12　【最小化】菜单项　　　　　　　图 3 - 13　任意打开几个窗口

②在 Windows 7 操作系统桌面任务栏中右击,在弹出的快捷菜单中选择【堆叠显示窗口】菜单项,如图 3 - 14 所示。

③通过以上操作,即可排列打开三个窗口,如图 3 - 15 所示。

在 Windows 7 操作系统中,选择了某项排列后,在任务栏快捷菜单中会出现相应的撤销该选项的命令,如选择了【层叠窗口】菜单项,在任务栏快捷菜单中会增加一个【撤销层叠】的菜单项,单击相应的撤销命令,可以撤销上一步的操作。

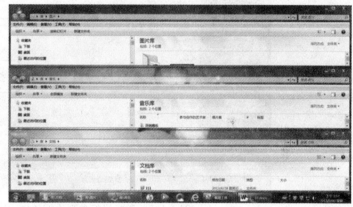

图 3 - 14　选择【堆叠显示窗口】　　　　图 3 - 15　排列打开三个窗口

(4)移动窗口

在桌面上可以同时打开多个窗口。有时用户需要对窗口进行移动操作,将窗口从当前位置移动到新的位置。移动窗口的方法较简单,只要将鼠标指针置于被移动窗口的标题栏上,按下鼠标左键不放并拖动鼠标,可以看到窗口随鼠标移动,当把窗口拖动到指定的位置时再松开鼠标,这样窗口就被移动到新的位置上了。

(5)调整窗口大小

如果窗口中的部分内容因窗口小而无法查看或者对窗口的布局不满意,那么可以通过调整窗口的大小来改善局面。通过拖动窗口边框改变其大小,是实际操作中经常使用到的一种快捷的方法,只需将鼠标光标移到窗口边框,当鼠标光标变成双向箭头时,按住鼠标左键不放,拖动窗口边框,可以任意改变窗口的长或宽。在窗口的四个直角处拖动窗口,可以同时改变窗口的长和宽。

　　打开任意一个窗口,如打开【计算机】窗口,如图 3－16 所示。把鼠标指针移至窗口的边缘,此时指针变为双箭头,按住鼠标左键并拖动,如向右拖动,松开鼠标即是调整过的窗口,如图 3－17 所示。

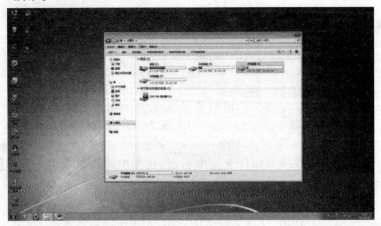

图 3－16　【计算机】窗口

图 3－17　鼠标光标移到边框并拖动鼠标

　　在 Windows 7 中提供一种快捷的方法来改变窗口大小,那就是"拖"。

　　其操作方法是:当窗口最大化时将鼠标光标放在窗口的标题栏上,按住鼠标不放,向下拖动可以还原窗口;还原窗口后按住鼠标不放向上拖动,当鼠标光标与屏幕上边缘接触出现"气泡"时,释放鼠标,窗口将被最大化。

　　(6)关闭窗口

　　在窗口中执行完操作后,可关闭窗口,其方法有以下几种。

　　①使用菜单命令:将鼠标光标移到标题栏,单击鼠标右键,在弹出的快捷菜单中选择【关闭】命令关闭窗口。

　　②单击【关闭】按钮:直接单击窗口右上角的【关闭】按钮关闭窗口。

　　③使用组合键:同时按下【Alt＋F4】组合键,关闭窗口。

　　④使用任务栏:用鼠标右键单击窗口在任务栏中对应的图标,在弹出的快捷菜单中选择【关闭窗口】命令;当打开多个窗口时,选择【关闭所有窗口】命令,将关闭对应的所有

窗口。

3.3.4　Windows 7 的菜单

菜单就是一些程序、命令、文件和文件夹的集合。一个菜单包括多个菜单项,单击任何一个菜单项,可以进入到相应的操作页面。菜单分为两类:一是下拉菜单;二是右键快捷菜单。

1. 菜单标记

菜单标记是在菜单中显示不同标记的菜单项,下面详细介绍菜单标记的组成部分,如图 3－18 所示。

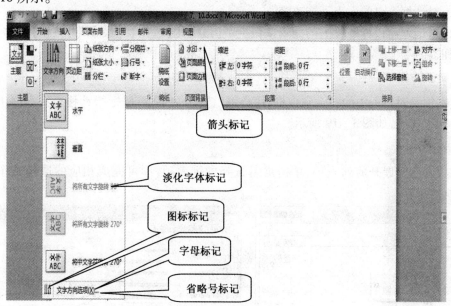

图 3－18　菜单标记

(1)省略号标记　如果选择该标记的菜单项,那么会弹出对话框。

(2)淡化字体标记　表示在当前状态下,无法通过此菜单项进行操作。

(3)箭头标记　选择带有该标记的菜单项,会弹出子菜单。

(4)图标标记　选择带有该标记的菜单项,会弹出对话框或者窗口。

(5)字母标记　在菜单项名称后加有下画线的英文字母。对于主菜单中的项目,需要按【Alt】键的同时再按该字母键;在主菜单打开时,要选择子菜单中的项目,只需按该字母即可执行该命令。

2. 菜单操作

(1)打开菜单

对于窗口上的菜单栏,用单击菜单栏中的菜单名称将某个菜单(称下拉菜单)打开,然后从菜单中选择相应的命令。对于菜单栏中菜单的打开也可以用快捷键,即在按下【Alt】键的同时再按下菜单名右边括号中的英文字母(如打开【查看】菜单用组合键【Alt＋V】)。

对于快捷菜单,用鼠标右键单击对象,就可以打开作用于该对象的快捷菜单,然后再选择其中的菜单项目。

（2）消除菜单

打开菜单后，如果不想从菜单中选择命令或选项，就用鼠标单击菜单以外的任何地方或按 Esc 键均可取消菜单。

3.3.5　Windows 7 中的对话框

对话框是指有交互的参数设置框且在标题栏中只带有【关闭】按钮 X 的界面。对话框是窗口的一种特殊形式，是程序在运行过程中，向用户反馈信息和向用户获取附加信息的窗口。对话框中包括文本框、列表框、下拉列表框、复选框、单选框、命令按钮、微调框、选项卡等，与应用程序窗口相比，对话框有两个明显的不同：

（1）对话框窗口的大小不能改变；

（2）对话框窗口标题栏上的命令按钮少了【最大化】按钮和【最小化】按钮，通常会增加【?】按钮。

1. 文本框

文本框是对话框中的一个空白框，用户可以输入文字，将鼠标指针移至文本框中单击，就可以输入文字，如图 3 – 19 所示。

2. 列表框

它包含已经展开的列表项，单击准备选择的列表项，即可完成相应的选择操作，如图 3 – 20 所示。

图 3 – 19　文本框　　　　　　　　图 3 – 20　列表框

3. 复选框、单选框

复选框可以同时选择多个选项，而单选框只能选中一项，是图形界面上的一种控件。用户选择复选框或单选框，即可完成相应的选择操作，如图 3 – 21 所示。

4. 下拉菜单

它与列表框类似，单击下拉箭头 ▼ ，可以展开下拉列表框，查看下拉列表项，如图 3 – 22 所示。

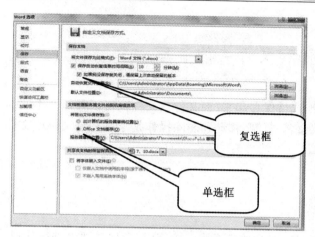

图 3-21 复选框、单选框

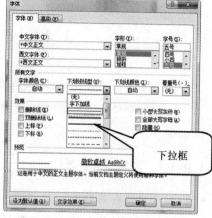

图 3-22 下拉框

5. 命令按钮

命令按钮的外形为一个矩形,在矩形上面有该命令按钮的名称,单击命令按钮即可完成相关的操作,如图 3-23 所示。

6. 微调框

单击微调框右侧的上、下箭头,可以调整数值的大小,如图 3-23 所示。

7. 选项卡

它是设置选项的模块,每个选项代表一个活动的区域,单击准备选择的选项卡,可以完成相关的操作,如图 3-24 所示。

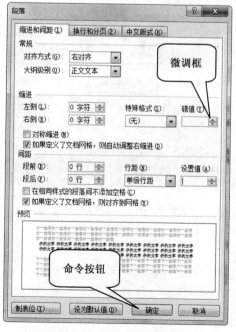

图 3-23 命令按钮、微调框

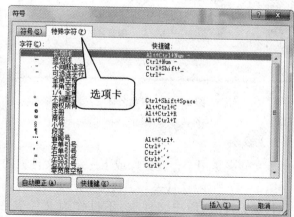

图 3-24 选项卡

3.4　文件和文件夹的管理

电脑中的资料以文件或文件夹的形式被保存起来,而文件或文件夹可以存储在不同的盘符下。掌握文件或文件夹的新建、重命名、复制、移动和删除操作是学好管理文件或文件夹的前提。

3.4.1　文件和文件夹

1.磁盘分区和盘符

计算机中存储信息的主要设备是硬盘,但是硬盘不能直接使用,必须对硬盘进行分割,分割的硬盘区域就是磁盘分区。盘符是 Windows 系统对于磁盘存储设备的标识符,一般使用 26 个英文字符加上一个冒号“:”来标识,如在【计算机】窗口中,把硬盘划分成四个磁盘分区,分别是本地磁盘(C:)、本地磁盘(D:)、本地磁盘(E:)、本地磁盘(F:),如图3−25所示。

2.文件

计算机文件是以计算机硬盘为载体存储在计算机上的信息集合,可以是文本文档、图片、程序等,通常由文件扩展名、文件名、文件图标组成,在 Windows 7 中存在多种不同类型的文件,为了管理和识别的方便,系统为每种类型的文件都设定了图标,通过图标即可辨识出文件的类型,如图3−26所示。

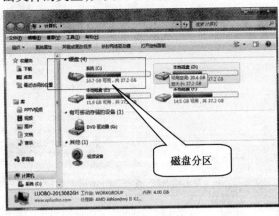
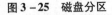

图 3−25　磁盘分区

图 3−26　【文件】图示

3.文件夹

文件夹是用于存放文件或下一级子文件夹的容器,由文件夹名称和文件夹图标组成,如图3−27所示,文件夹几乎使用了同样的图标,有一些特殊的文件夹使用了不同的图标,如收藏文件夹、历史文件夹,不过作为文件夹在本质上是一样的,没有任何不同。在 Windows 操作系统中,双击某个文件夹,即可打开该文件夹并查看所有文件和文件夹。

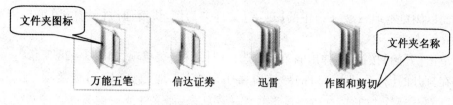

图 3 - 27 【文件夹】图示

4. 文件和文件夹的命名

文件和文件夹通过不同的名字来加以区分。文件名通常由主文件名和扩展名组成,中间以分隔符". "连接。扩展名常用来表示文件的数据类型和性质。完整的文件名的格式是"主文件名. 扩展名",如"myfile. txt"。

Windows 7 操作系统中,文件或文件夹的命名规则如下:

(1)名字最多可以使用 255 个字符。用汉字命名,最多可以有 128 个汉字。

(2)文件名和文件夹名可以由字母、数字、汉字或!、#、$、%、~、@ 等字符组成,但不能有?、/、"、|、*、\、<、> 等字符。

(3)在同一文件夹中不能出现同名文件。

(4)文件和文件夹的名字中可以有多个分隔符和多个空格。

(5)对英文文件名可以保留用户指定的大小写,但不能将大小写不同的文件名区别开来。如文件 myhelp. txt 和 MYHELP. txt 表示的是同一文件。

表 3 - 1 常见类型文件及其扩展名

扩展名	文件类型	扩展名	文件类型
txt	文本文件	rar	WinRAR 压缩文件
exe	可执行文件	docx	Word 2010 文件
html	超文本文件	pdf	图文多媒体文件
bmp	位图图像文件	jpg	图像压缩文件
swf	Flash 文件	sys	系统文件
java	Java 文件	com	命令文件
avi	视频文件	wav	声音文件

3.4.2 文件和文件夹的操作

1. 浏览文件和文件夹

硬盘是存储文件的大容量存储设备,硬盘中可以容纳大量的、各种各样的文件或文件夹。用户在使用计算机的时候总希望查看一下其中有些什么文件,以及文件是如何进行组织的,以便能够更好地使用和利用文件资源。在 Windows 7 中,用户可以使用多种方法来浏览和使用这些文件资源。

(1)通过【计算机】窗口浏览文件和文件夹

在【计算机】窗口中,通过单击窗口左侧导航窗格中的链接,可以快速浏览文件或文件夹。下面以浏览本地磁盘(F:)中的【迅雷】文件夹为例,讲解通过【计算机】窗口浏览文件或文件夹的方法。

①单击【开始】按钮,在弹出的菜单中选择【计算机】菜单项,如图3-28所示。

②在打开的【计算机】窗口的导航窗格中单击【本地磁盘(F:)】链接项,如图3-29所示。

③双击右侧区域中的【迅雷】文件夹,如图3-30所示。

④通过以上操作,即可浏览文件和文件夹,如图3-31所示。

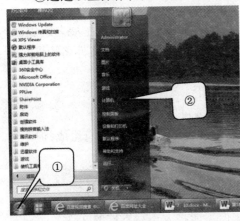

图3-28　单击【开始】按钮

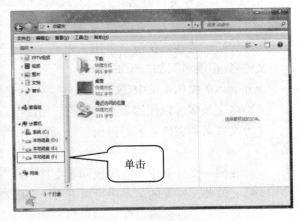

图3-29　单击【本地磁盘(F:)】

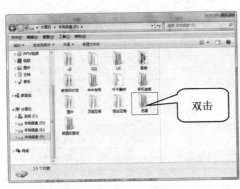

图3-30　双击【迅雷】文件夹

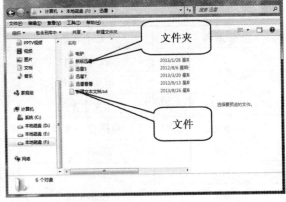

图3-31　浏览文件

(2)通过【资源管理器】窗口浏览文件或文件夹

【资源管理器】是Windows 7中的一个重要管理工具。可以使用户在使用的过程中逐渐了解Windows 7的文件结构。在【资源管理器】中用户可以对文件进行选择、移动、复制和查找等操作,同时还可通过双击某些文件打开相应的应用程序。

下面以浏览【本地磁盘(F:)】中的【迅雷】文件夹为例,讲解通过【资源管理器】窗口浏览文件或文件夹的方法。

①单击【开始】按钮,在弹出的菜单中选择【所有程序】菜单项,如图3-32所示。

②单击【桌面小工具库】菜单项,然后选择【附件】文件夹,如图3-33所示。

③单击【Windows资源管理器】菜单项,如图3-34所示。

④在打开的【资源管理器】窗口中,单击导航窗格中的【本地磁盘(F:)】链接项,如图
3 - 35所示。

图 3 - 32　单击【开始】按钮　　　　　　　　　图 3 - 33　选择【附件】

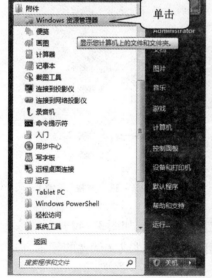

图 3 - 34　单击【Windows 资源管理器】

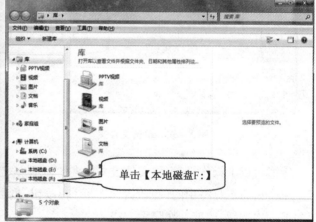

图 3 - 35　单击【本地磁盘(F:)】链接项

⑤双击右侧区域中的【迅雷】文件夹,如图 3 - 36 所示。
⑥通过以上操作,也可浏览文件和文件夹,如图 3 - 37 所示。

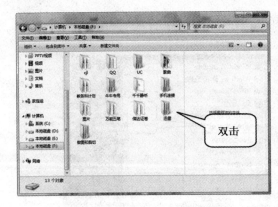

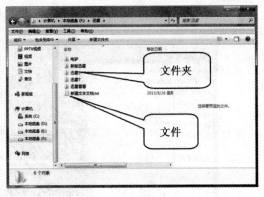

图 3 – 36　双击【迅雷】文件夹　　　　　　　图 3 – 37　浏览文件

（3）设置文件或文件夹的显示方式

如果对文件或文件夹的显示不满意,那么可以自行设置文件或文件夹的显示方式。下面以平铺文件或文件夹的显示方式为例,介绍设置文件或文件夹显示方式的操作方法。

①在已打开的文件或文件夹中,单击任意一个文件或文件夹,如图 3 – 38 所示。

②单击窗口工具栏中的【更改视图】 下拉箭头,在弹出的下拉菜单项中选择【平铺】菜单项,如图 3 – 39 所示。

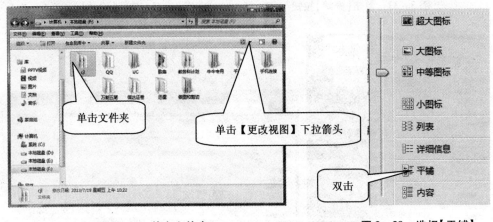

图 3 – 38　单击文件夹　　　　　　　　　图 3 – 39　选择【平铺】

③通过以上操作,即可将文件或文件夹的显示方式设置为平铺,如图 3 – 40 所示。

单击窗口工具栏中的【更改视图图标】 按钮,也可以设置文件或文件夹的显示方式。且每按一次按钮,改变一次显示方式。

2.查看文件或文件夹的属性

文件或文件夹包括三种属性:只读、隐藏和存档。【只读】属性表示对该文件或文件夹不允许更改和删除;如果为【隐藏】属性,则该文件或文件夹在常规显示中将不被看到;若将文件或文件夹设置为【存档】属性,则表示该文件或文件夹已存档,有些程序用此选项来确定哪些文件需做备份。

如果准备查看文件或文件夹的常规、安全和以前的版本等详细信息,可以通过查看文件或文件夹属性的操作来实现。下面以查看文件详细信息为例,介绍查看文件或文件夹属性的操作步骤。

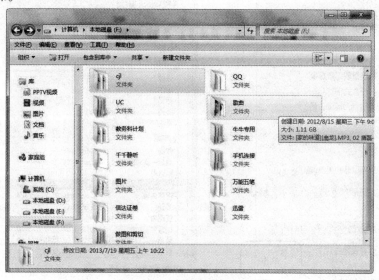

图 3-40　平铺效果

（1）选择准备查看的文件或文件夹，如单击【修改 1. docx】，如图 3-41 所示。

图 3-41　单击【修改 1. docx】

（2）选择【文件】菜单中的【属性】命令，或者右击已选择的文件或文件夹图标，在弹出的快捷菜单中选择【属性】菜单项，如图 3-42 所示。

（3）在打开的【修改 1. docx 属性】对话框中，单击【详细信息】选项卡，然后在【属性值】列表框中选择准备查看的属性值，如选择【版本号】，单击【确定】按钮，如图 3-43 所示。

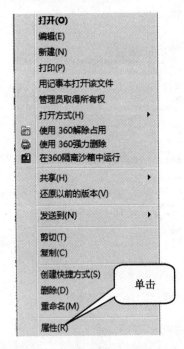

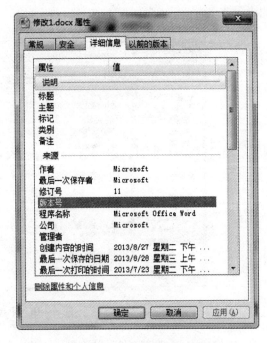

图3-42　右击选择【属性】菜单　　　　图3-43　【文件属性】对话框

（4）通过以上操作，即可在窗口底部查看文件的详细信息，如图3-44所示。

图3-44　查看文件详细信息

3. 新建文件或文件夹

（1）新建文件

如果准备使用文件，那么首先应该新建文件。下面以在【本地磁盘（F:）】中新建文本文档文件为例，讲解新建文件的具体方法。

①单击【开始】按钮,在弹出的菜单中选择【计算机】菜单项,如图 3 – 45 所示。

②在打开的【计算机】窗口中,单击导航窗格中的【本地磁盘(F:)】链接项,如图 3 – 46 所示。

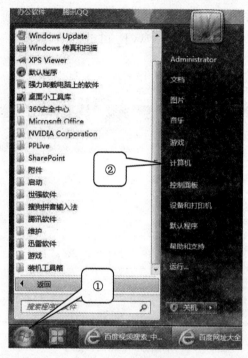

图 3 – 45　单击【开始】按钮　　　　　　　图 3 – 46　单击【本地磁盘(F:)】

③右击【本地磁盘(F:)】空白处,在弹出的快捷菜单中选择【新建】菜单项,然后在其子菜单中选择【文本文档】菜单项,如图 3 – 47 所示。

④通过以上操作,即可新建一个文本文档,如图 3 – 48 所示。

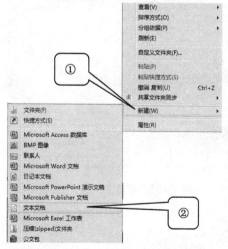

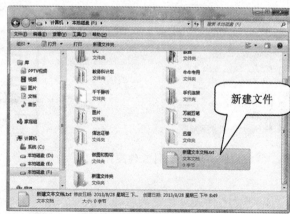

图 3 – 47　选择【文本文档】　　　　　　　图 3 – 48　新建文件

（2）新建文件夹

新建文件夹可以在任何一个文件夹窗口中进行，下面以在【本地磁盘（F：）】中新建文件夹为例，讲解新建文件夹的具体方法。

①单击【开始】按钮，在弹出的菜单中选择【计算机】菜单项，如图3-49所示。

②打开的【计算机】窗口中，单击导航窗格中的【本地磁盘（F：）】链接项，如图3-50所示。

图3-49　单击【开始】按钮

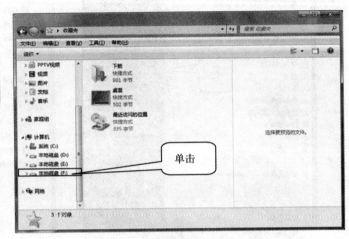

图3-50　单击【本地磁盘（F：）】

③右击【本地磁盘（F：）】空白处，在弹出的快捷菜单中选择【新建】菜单项，然后在其子菜单中选择【文件夹】菜单项，如图3-51所示。

④通过以上操作，即可新建一个文件夹，如图3-52所示。

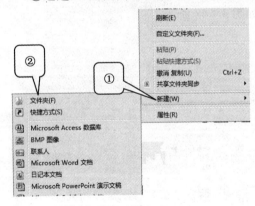

图3-51　选择【文件夹】

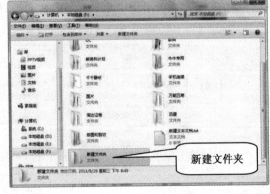

图3-52　新建文件夹

4. 创建文件或文件夹的快捷方式

很多应用程序在安装时都会自动把其快捷方式图标设置在桌面上，当准备使用该应用程序时，就可以通过双击快捷方式图标启动应用程序。用户同样也可以把一些常用的文件或文件夹的快捷方式添加到桌面上，以方便其迅速打开文件或文件夹。

（1）拖曳法

①在准备创建快捷方式的文件或文件夹上按住鼠标右键不松开，如图 3 – 53 所示。

②拖动鼠标指针至桌面上，在弹出的快捷菜单上选择【在当前位置创建快捷方式】菜单项，如图 3 – 54 所示。

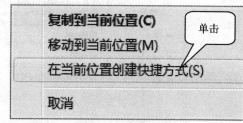

图 3 – 53　右击拖动　　　　　　　　图 3 – 54　选择【在当前位置创建快捷方式】

③通过以上操作，即可创建文件夹的快捷方式，如图 3 – 55 所示。

在创建的【我的文件夹】快捷方式图标上按住鼠标左键不松开，拖动鼠标，可以移动快捷方式图标的位置。

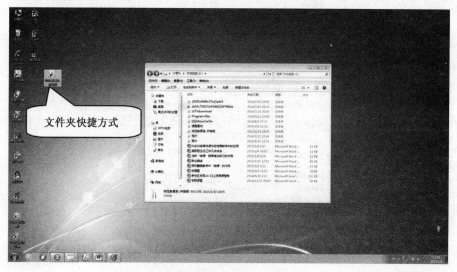

图 3 – 55　文件夹快捷方式

（2）发送法

①右击准备创建快捷方式的文件或文件夹，如图 3 – 56 所示。

②在弹出的快捷菜单中选择【发送到】菜单项，然后在弹出的子菜单中选择【桌面快捷方式】菜单项，如图 3 – 57 所示。

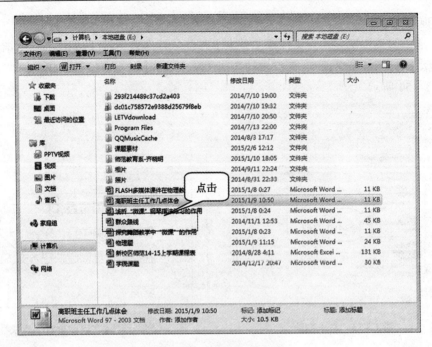

图 3 - 56 右击选择文件

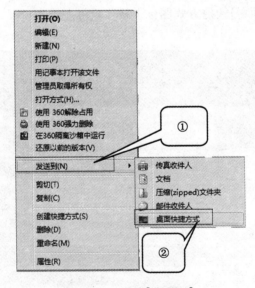

图 3 - 57 选择【发送到】

③通过以上操作,即可创建文件的快捷方式,如图 3 - 58 所示。

5. 选择文件或文件夹

选定文件或文件夹是一个非常重要的操作,因为 Windows 的操作原则是先选定操作的对象,然后再对其进行操作。

(1)选定单个文件或文件夹

单击所要选定的文件或文件夹即可。

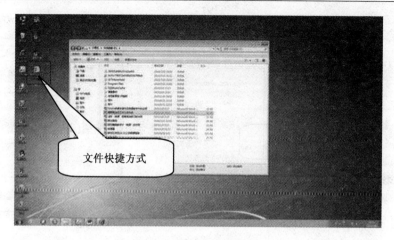

图 3 – 58 文件快捷方式

（2）选定多个连续的文件或文件夹

方法一，单击所要选定连续区域的第一个文件或文件夹，然后按住【Shift】键不放，再单击连续区域中的最后一个文件或文件夹。

方法二，在连续区域的空白边角处按下鼠标左键，拖曳到该连续区域的对角处后，释放鼠标即可。

（3）选择多个不连续的文件或文件夹

单击所要选定的第一个文件或文件夹，然后按住【Ctrl】键不放，再分别单击待选定的其余每一个文件或文件夹。

6. 重命名文件或文件夹

在文件或文件夹创建成功后，用户还可以更改文件或文件夹名称。以将"库\文档"文件夹中的名为"PPTV"文件夹更名为"MYPPTV"为例，来介绍文件或文件夹重新命名的操作步骤。

（1）单击选择"库\文档"文件夹中的"PPTV"文件夹，如图 3 – 59 所示。

（2）选择重命名操作。常用的操作方法有：

方法一，选择【文件】菜单中的【重命名】命令。

方法二，右击选定的文件或文件夹，在弹出的快捷菜单中，选择【重命名】命令。

方法三，再次单击文件或文件夹的名称。

方法四，按键盘上的 F2 键。

方法五，单击工具栏上【组织】按钮，选择其中的【重命名】命令，如图 3 – 60 所示。

（3）键入新名称"MYPPTV"后，在其他位置单击鼠标或按 Enter 键确认重命名操作，如图 3 – 61 所示。

7. 复制和移动文件或文件夹

为避免意外发生，如文件或文件夹感染病毒，有些重要的文件和文件夹应该对其进行备份（复制一份放在其他位置）。

在内存中，有一个临时存放移动或复制信息的地方，称为剪贴板，在应用程序的菜单中，几乎都有一个【编辑】菜单，该菜单中一般都有【剪切】【复制】和【粘贴】三项功能，它是使用剪贴板的三项基本操作。

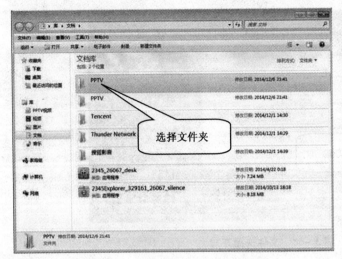

图 3 - 59　选择 PPTV 文件夹

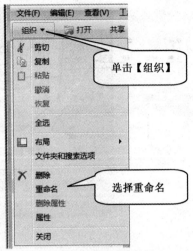

图 3 - 60　【组织】下拉菜单选择
【重命名】

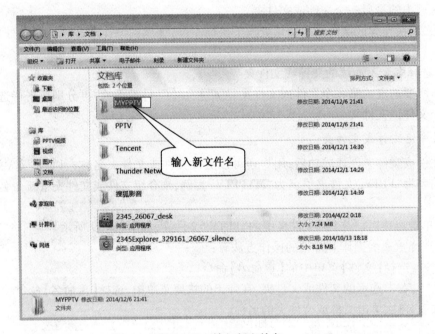

图 3 - 61　输入新文件名

　　移动和复制文件或文件夹有两种方法:一种是用命令的方法;另一种是用鼠标直接拖动的方法。

　　(1)复制文件

　　在管理文件时,如果担心原有的文件被破坏或丢失,那么可以通过复制文件,把文件放到另一地方进行备份。下面以复制文件到桌面为例,讲解复制文件的具体操作步骤。

　　①单击准备复制的文件,如单击【《现代教育技术》课程标准. doc】,然后单击窗口工具栏中的【组织】下拉箭头,在弹出的下拉菜单中选择【复制】菜单项,如图 3 - 62 所示。

　　②在准备复制文件的目标位置右击,如在 Windows 7 操作系统桌面空白处右击,在弹出

的快捷菜单中选择【粘贴】菜单项,如图 3 – 63 所示。

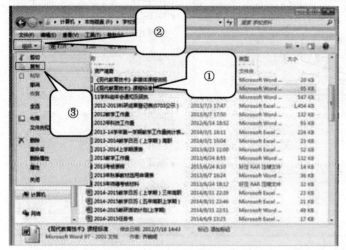

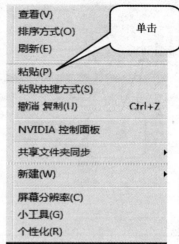

　　　　图 3 – 62　选择【复制】　　　　　　　　　　　图 3 – 63　单击【粘贴】

③通过以上操作,即可将文件复制到桌面,如图 3 – 64 所示。

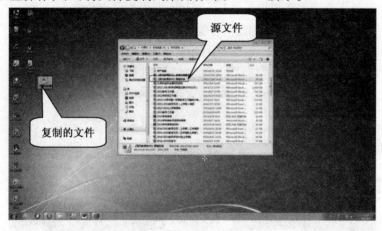

图 3 – 64　复制的文件

　　选择准备复制的文件,按下组合键【Ctrl + C】,再选择准备粘贴文件的目标位置,按下组合键【Ctrl + V】,也可将文件复制到目标位置。

　　(2)复制文件夹

　　在管理文件夹时,如果担心原有的文件夹被破坏或丢失,那么可以通过复制文件夹的操作,把文件夹放到另一个地方进行备份。

　　①单击准备复制的文件夹,如单击【课题素材】,再单击窗口工具栏中的【复制】菜单项,如图 3 – 65 所示。

　　②在准备复制文件夹的目标位置右击,如在 Windows 7 操作系统桌面空白处右击,在弹出的快捷菜单中选择【粘贴】菜单项,如图 3 – 66 所示。

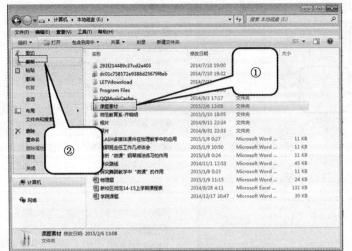

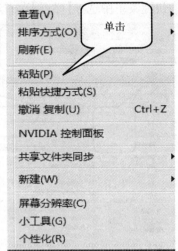

图 3 – 65　单击【复制】　　　　　　　　　　图 3 – 66　选择【粘贴】

③此时,Windows 7 操作系统桌面出现复制进度工作界面,如图 3 – 67 所示。如果对正在复制的文件夹不满意。那么可以单击【取消】按钮,撤销复制操作。

图 3 – 67　复制进度条

④通过以上操作,即可将文件夹复制到桌面,如图 3 – 68 所示。

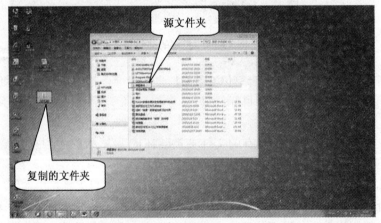

图 3 – 68　复制的文件夹

(3)移动文件或文件夹
①选中需要移动的文件或文件夹。

②将选中的源文件或文件夹剪切到剪贴板。常用的操作方法有：

方法一，选择【编辑】菜单中的【剪切】命令。

方法二，在选定的文件或文件夹图标上右击，在弹出的快捷菜单中选择【剪切】命令。

方法三，单击工具栏上【组织】按钮，选择其中的【剪切】命令。

方法四，按下键盘上的组合键【Ctrl + X】。

③定位到目标位置。

④粘贴。常用的操作方法有：

方法一，选择【编辑】菜单中的【粘贴】命令。

方法二，在目标驱动器或目标文件夹工作区的空白区域上右击，在弹出的快捷菜单中选择【粘贴】命令。

方法三，单击工具栏上【组织】按钮，选择其中的【粘贴】命令。

方法四，按下键盘上的组合键【Ctrl + V】。

使用鼠标拖曳的方法：选择需要移动或复制的源文件或源文件夹，按住鼠标左键不松开，将源文件或源文件夹拖曳到目标文件夹中。

8. 安全使用文件或文件夹

（1）隐藏文件和文件夹

如果电脑中保存了重要的文件和文件夹，那么可以通过隐藏文件和文件夹的操作将其隐藏起来，从而保证文件和文件夹的安全。下面以隐藏【本地磁盘(F:)】中的【课题】文件夹为例，讲解隐藏文件和文件夹的具体方法。

①单击【开始】按钮，在弹出的菜单中选择【计算机】菜单项，如图 3 – 69 所示。

②在打开的【计算机】窗口中，单击导航窗格中的【本地磁盘(F:)】链接项，如图 3 – 70 所示。

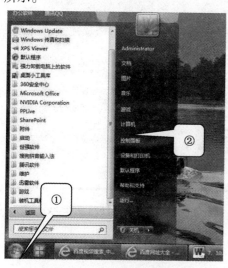

图 3 - 69　选择【计算机】

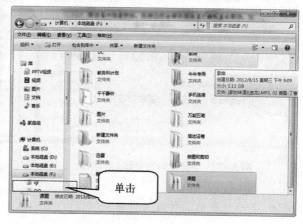

图 3 - 70　单击【本地磁盘(F:)】

③选择准备隐藏的文件或文件夹，如选择【课题】文件夹，右击已选择文件夹，在弹出的快捷菜单中选择【属性】菜单项，如图 3 – 71 所示。

④打开【课题属性】对话框，在【属性】区域中选择【隐藏】复选框，单击【确定】按钮，如

图3－72所示。

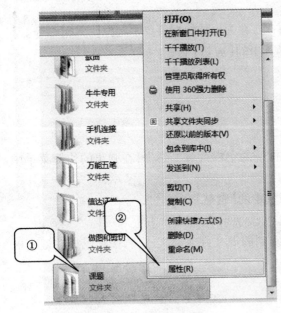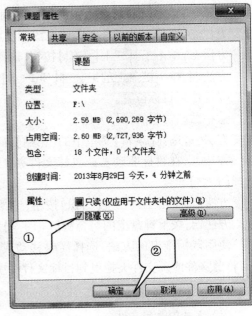

图3－71　选择【属性】　　　　　　　　　图3－72　【课题属性】对话框

⑤打开【确认属性更改】对话框,选择【将更改应用于此文件夹、子文件夹和文件】单选框,单击【确定】按钮,如图3－73所示。

⑥通过以上操作,即可隐藏文件或文件夹,如图3－74所示。选择准备隐藏的文件或文件夹,然后单击窗口工具栏中的【组织】下拉箭头,在弹出的下拉菜单项中选【属性】菜单项,也可以打开【课题属性】对话框。

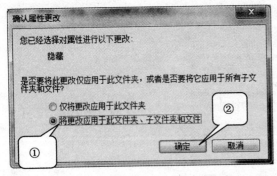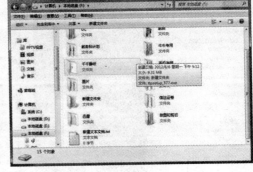

图3－73　【确认属性更改】对话框　　　　　图3－74　隐藏【课题】文件夹

9.显示隐藏的文件或文件夹

如果准备查看隐藏的文件或文件夹,那么可以通过显示隐藏文件或文件夹的操作来完成,下面以显示【本地磁盘(F:)】中的隐藏文件夹【课题】为例,讲解显示隐藏的文件或文件夹的操作步骤。

(1)单击【开始】按钮,在弹出的菜单中选择【计算机】菜单项,如图3－75所示。

(2)在【计算机】窗口中,单击导航窗格中的【本地磁盘(F:)】链接项,如图3－76所示。

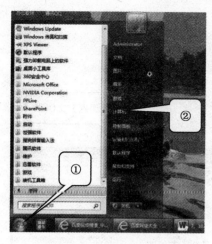

图 3-75 选择【计算机】

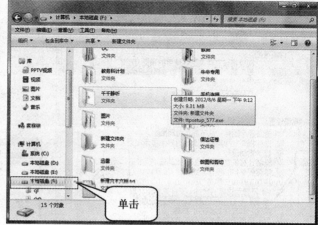

图 3-76 单击【本地磁盘(F:)】

（3）单击窗口工具栏中的【组织】下拉箭头,在弹出的下拉菜单中选择【文件夹和搜索选项】菜单项,如图 3-77 所示。

（4）打开【文件夹选项】对话框,单击【查看】选项卡,向下拖动【高级设置】列表框中的垂直滚动条,在【隐藏文件和文件夹】区域中,选择【显示隐藏的文件、文件夹和驱动器】单选框,然后单击【确定】按钮,如图 3-78 所示。

（5）通过以上操作,即可显示隐藏的文件或文件夹,如图 3-79 所示。

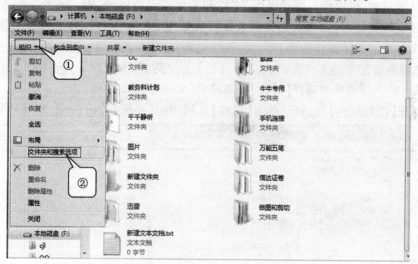

图 3-77 选择【文件夹和搜索选项】

在【文件夹选项】对话框中,单击【高级设置】列表框下面的【还原为默认值】按钮,可以恢复 Windows 7 操作系统默认的设置。在【文件夹选项】对话框中,单击【搜索】选项卡,可以搜索隐藏的文件夹或文件。

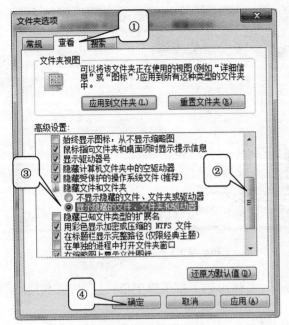

图 3-78 【文件夹选项】对话框

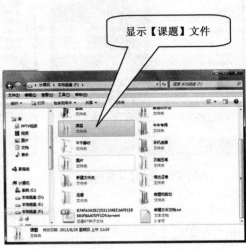

图 3-79 显示【课题】文件夹

10.加密文件或文件夹

登录计算机时,可以设置登录密码,文件和文件夹也不例外,Windows 7 操作系统也可以为文件或文件夹加密,从而防止文件或文件夹被查看。下面以加密文件夹为例,讲解加密文件或文件夹的具体操作步骤。

(1)选择准备加密的文件夹,如选择【课题】文件夹,单击窗口工具栏中的【组织】下拉箭头,在弹出的下拉菜单中选择【属性】菜单选项,如图 3-80 所示。

(2)打开【课题属性】对话框,单击【属性】区域中的【高级】按钮,如图 3-81 所示。

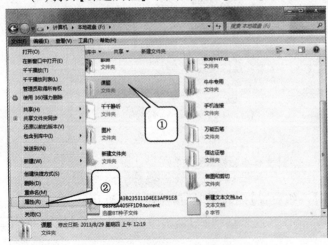

图 3-80 选择【属性】菜单选项

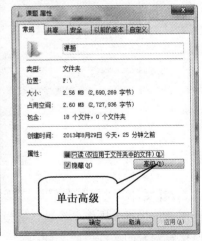

图 3-81 【课题属性】对话框

(3)打开【高级属性】对话框,在【压缩或加密属性】区域中选择【加密内容以便保护数据】复选框,然后单击【确定】按钮,如图 3-82 所示。

(4)返回【课题属性】对话框,单击【确定】按钮,如图3-83所示。

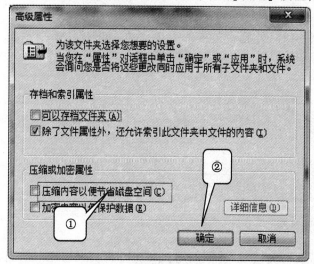

图3-82 【高级属性】对话框

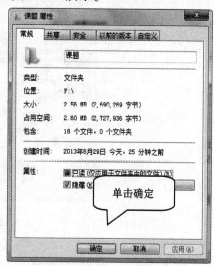

图3-83 单击【确定】

(5)在打开的【确认属性更改】对话框中,选择【将更改应用于此文件夹、子文件夹和文件】单选框,然后单击【确定】按钮,如图3-84所示。

(6)通过以上操作,即可加密文件或文件夹,且被加密的文件名称显示为绿色,如图3-85所示。

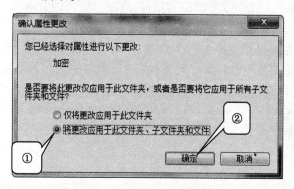

图3-84 【确认属性更改】对话框

图3-85 加密后的文件夹

11. 删除文件或文件夹

当一个文件或文件夹不再需要时,可以将其删除,以释放空间来存放其他内容。文件和文件夹的删除分为两种:一种是逻辑删除(将文件或文件夹从当前位置移到了【回收站】中);另一种是物理删除(将文件或文件夹直接从磁盘的当前位置删除)。删除文件或文件夹的具体操作步骤如下。

(1)选定需要删除的文件或文件夹。如"库\文档"中的"音乐文件夹"。

(2)执行删除操作,常用的操作方法有:

方法一,选择【文件】菜单中的【删除】命令。

方法二,单击工具栏上【组织】按钮,选择其中的【删除】命令。

方法三,右击所选文件或文件夹,在弹出的对话框中,选择【删除】命令。

方法四,按键盘上【Delete】键。

方法五,直接将选定的文件或文件夹,拖放到【回收站】图标上。

(3)确认删除:执行了删除命令后将会弹出【删除文件夹】的对话框,如图3-86所示。

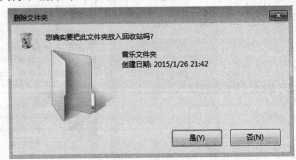

图3-86 【删除文件夹】对话框

在其中选择【是】按钮,所选文件或文件夹被放入【回收站】。若选【否】按钮,则取消刚才的删除操作。

如果在按下【Shift】键时,执行上述的操作,将把文件直接进行物理删除而不放入回收站。

12. 搜索文件或文件夹

通常用户可能知道所要查找的文件或文件夹位于特定的文件夹或库中,此时即可使用【搜索】文本框搜索。【搜索】文本框位于每个文件夹或库窗口的顶部,它根据输入的文本筛选当前的视图。以在C盘中查找后缀为".txt"的相关文件为例,来介绍搜索文件的步骤。

(1)选择搜索位置。在【计算机】窗口左侧导航窗格中选择C盘。

(2)设置搜索条件。在右上位置处的【搜索】文本框输入查找依据,本例输入".txt"。在【搜索】文本框中输入待查找的文件或文件夹的名称,系统自动搜索。

可以输入文件的全名,也可以输入名称的一部分,还可以使用通配符"?"和"＊"。用"＊"代表任意多个字符,用"?"代表任意单个字符。

3.4.3 回收站的使用

回收站是用于存放临时被删除的文件或文件夹的地方,是硬盘的一部分。通过设置可以改变它所占存储空间的大小。在桌面上用鼠标双击【回收站】图标,可以打开回收站的窗口,如图3-87所示。

当删除一个文件或文件夹后,如果还没有执行其他操作,可以选择【编辑】菜单中的【撤销删除】命令,将刚刚删除的文件或文件夹恢复。但如果删除硬磁盘上的文件或文件夹后,又执行了其他的操作,这时要恢复被删除的文件或文件夹,就需要在【回收站】中进行,具体的方法是,在回收站窗口中选择要恢复的文件或文件夹(如音乐文件夹),然后选择【文件】菜单中的【还原】命令,如图3-88所示,或单击工具栏上的【还原此项目】,即可恢复所选的文件或文件夹。

提示:选择【清空回收站】命令,可以将放置在回收站中的文件或文件夹全部快速物理删除。

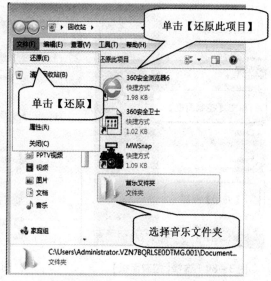

图 3 - 87　【回收站】窗口　　　　　　　图 3 - 88　【还原】音乐文件夹

3.5　设置工作环境

控制面板是 Windows 7 的功能控制和系统配置中心,提供了丰富的专门用于更改 Windows 外观和行为方式的工具。在其中可对鼠标、键盘、显示器、打印机、日期和时间、输入法等进行设置,还可以添加新硬件、添加和删除程序等。

单击选择【开始】菜单中启动菜单项中的【控制面板】命令,将打开【控制面板】窗口,该窗口中的图标均采用超级链接的方式,单击某个图标即可打开某个选项,将鼠标指针放置在图标上,将弹出文字说明框,显示该图标的功能。

3.5.1　Windows 7 的外观和主题

Windows 7 系统自带了很多精美的桌面背景和主题,用户可以通过【个性化】设置窗口,对 Windows 7 系统的外观进行设置,如更换 Windows 7 的主题、修改桌面背景、选择屏幕保护的样式等。

1.更换 Windows 7 的主题

Windows 7 系统自带了多个精美的主题供选择,可以根据自己的喜好对主题进行更换。主题是一套完整的系统外观,其中包括桌面背景、屏幕保护、窗口的颜色、鼠标指针、系统声音、图标等。

(1)单击【开始】按钮,在弹出的【开始】菜单中选择【控制面板】菜单项,如图 3 - 89所示。

(2)打开【控制面板】窗口,在【调整计算机的设置】区域中,单击【外观和个性化】链接项,如图 3 - 90 所示。

图 3-89 选择【控制面板】　　　　　　图 3-90 单击【外观和个性化】链接项

（3）打开【个性化】窗口中，单击【个性化】链接项，如图 3-91 所示。

（4）打开【个性化】窗口，在【Aero】区域中，用户可以单击准备使用的主题，如单击【中国】主题，如图 3-92 所示。

（5）通过以上操作，即可更换 Windows 7 的主题，如图 3-93 所示。

图 3-91 单击【个性化】链接项　　图 3-92 单击【中国】主题　　图 3-93 更换主题后的桌面背景

2.修改桌面背景

在 Windows 7 系统中，用户可以根据自己的喜好对桌面背景进行修改，如将自己喜欢的图片设置成桌面背景，将多个图片设置成桌面背景幻灯片等。

（1）设置"系统自带的图片"为桌面背景

①在桌面上右击，在弹出的快捷菜单中选择【个性化】菜单项，如图 3-94 所示。

②打开【个性化】窗口，在窗口下方单击【桌面背景】链接项，如图 3-95 所示。

③打开【桌面背景】窗口，选择准备使用的图片，单击【保存修改】按钮，如图 3-96 所示。

④返回到桌面，可以看到选择的图片已经被设置成桌面背景，如图 3-97 所示。

（2）设置自定义的图片为桌面背景

①在【桌面背景】窗口中单击【浏览】按钮，如图 3-98 所示。

②打开【浏览文件夹】对话框，选择准备打开的文件夹，如【示例图片】文件夹，单击【确

定】按钮,如图 3 - 99 所示。

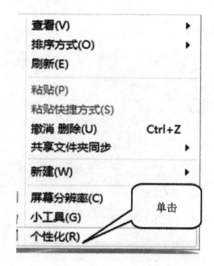

图 3 - 94　选择【个性化】菜单项

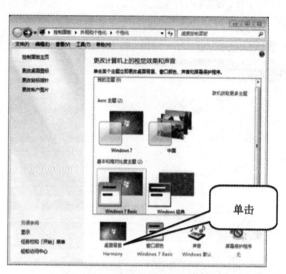

图 3 - 95　单击【桌面背景】链接项

图 3 - 96　【桌面背景】窗口

图 3 - 97　更换后的桌面背景

图 3 - 98　【桌面背景】窗口

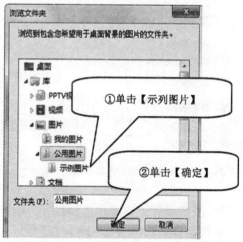

图 3 - 99　【浏览文件夹】对话框

③打开【示例图片】文件夹,单击文件夹中准备使用的图片,然后单击【保存修改】按钮,如图 3 – 100 所示。

通过以上操作,用户可以将自定义的图片设置为桌面背景,如图 3 – 101 所示。

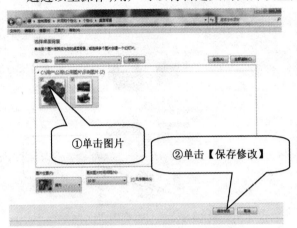

图 3 – 100　【示例图片】文件夹　　　　　图 3 – 101　自定义桌面背景

3. 设置屏幕保护程序

屏幕保护是为了防止电脑因无人操作而使显示器长时间显示同一个画面,导致显示器寿命缩短而设计的一种专门保护显示器的程序。Windows 7 操作系统中的屏幕保护程序能大幅度降低屏幕的亮度,起到省电的作用。

(1)设置屏幕保护程序

①在桌面上右击,在弹出的快捷菜单中选择【个性化】菜单项,如图 3 – 102 所示。

②打开【个性化】窗口,单击【屏幕保护程序】链接项,如图 3 – 103 所示。

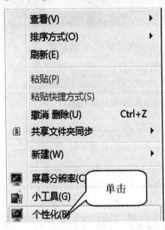

图 3 – 102　单击【个性化】菜单项　　　图 3 – 103　单击【屏幕保护程序】链接项

③打开【屏幕保护程序设置】对话框,在【屏幕保护程序】区域中单击下拉按钮,选择准备使用的屏幕保护效果,如【气泡】,在【等待】微调框中选择需要屏保的时间,如【10 分钟】,设置完成后,单击【确定】按钮,如图 3 – 104 所示。

④通过以上操作,屏幕保护效果将在用户设置的屏保时间下显示,如图 3 – 105 所示。

图 3 - 104　【屏幕保护程序设置】对话框　　　　图 3 - 105　　设置屏幕保护程序后效果

在【屏幕保护程序设置】对话框中,用户可以单击【预览】按钮,观看当前的屏幕保护效果,还可以通过单击【更改电源设置】链接项设置屏幕保护后唤醒时需要的密码,以保证电脑的安全性。

3.5.2　设置显示器分辨率和刷新率

分辨率是指单位面积显示像素的数量,是影响显示效果的重要因素。液晶显示器的物理分辨率是固定不变的,对于 CRT 尺寸显示器而言,只要调整电子束的偏转电压,就可以改变分辨率。当液晶显示器在非标准分辨率下使用时,文本显示效果就会变差,文字的边缘就会被虚化。

刷新率是指电子束对屏幕上的图像重复扫描的次数。刷新率越高,显示内容的闪烁感就越不明显,所显示的图像画面稳定性就越好。由于刷新率与分辨率两者相互制约,因此只有在高分辨率下达到高刷新率,这样的显示器才能称其为性能优良,但是用户需要根据不同的显示器,调节适合显示器的分辨率和刷新率。

1. 设置分辨率

(1)在电脑桌面上右击,在弹出的快捷菜单中选择【屏幕分辨率】菜单项,如图 3 - 106所示。

(2)打开【屏幕分辨率】窗口,在【分辨率】下拉列表框中选择准备使用的分辨率, 如【1 024 × 768】(推荐),单击【确定】按钮,分辨率设置完成,如图 3 - 107 所示。

2. 设置刷新率

(1)在【屏幕分辨率】窗口中,单击窗口右侧的【高级设置】链接项,或双击【更改显示器的外观】区域中的电脑屏幕,如图 3 - 108 所示,打开【通用即插即用监视器】对话框。

(2)在【通用即插即用监视器】对话框中,进行屏幕刷新率的设置。单击【监视器】选项卡,在【屏幕刷新频率】下拉列表框中选择准备使用的刷新率,单击【确定】按钮,刷新率设置完成,如图 3 - 109 所示。

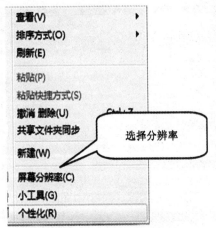

图 3 – 106　选择【屏幕分辨率】菜单项　　　　图 3 – 107　【屏幕分辨率】窗口

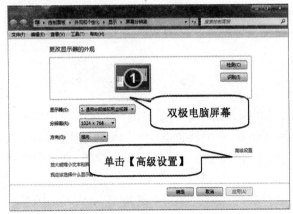

图 3 – 108　【屏幕分辨率】窗口

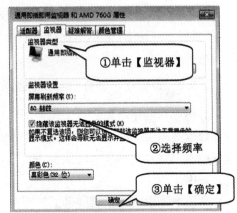

图 3 – 109　设置屏幕刷新率

3.5.3　更改桌面小工具

1. 显示桌面小工具

桌面小工具在 Windows 7 系统的默认状态下都是隐藏的,如果准备使用某个小工具,需要将该工具显示到桌面才可使用。

(1)在桌面上右击,在弹出的快捷菜单中选择【小工具】菜单项,如图 3 – 110 所示。

(2)打开【小工具】对话框,双击【时钟】选项,如图 3 – 111 所示。

(3)通过以上操作,即可将时钟小工具显示在桌面上。

也可以通过单击【小工具】对话框中的【显示详细信息】按钮,查看该工具的名称及作用。如果需要使用多个小工具,将需要使用的小工具逐一双击即可显示在桌面上。还可以单击【小工具】对话框右下方的【联机获取更多小工具】超链接项,下载更多需要的小工具。

2. 设置桌面小工具的效果

用户可以对桌面小工具进行简单的设置, 如设置样式、大小、透明度等。

(1)在时钟小工具上右击,在弹出的快捷菜单中选择【选项】菜单项,如图 3 – 112 所示。

(2)打开【时钟】对话框,单击左◉(右◉)按钮,选择时钟的样式后,单击【确定】按钮,如

图 3 – 113 所示。

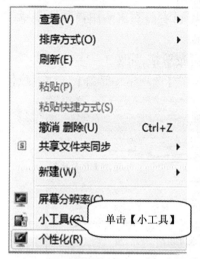

图 3 – 110　选择【小工具】菜单项

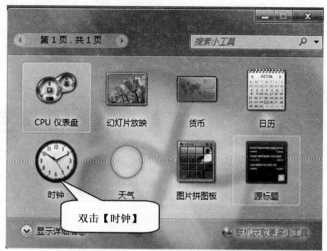

图 3 – 111　【小工具】对话框

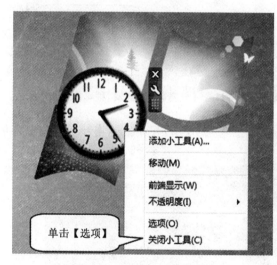

图 3 – 112　选择【选项】菜单项

图 3 – 113　【时钟】对话框

3.5.4　Windows 7 中的任务栏设置

在 Windows 7 操作系统的默认状态下,桌面的最下方有一个被称为【任务栏】的工具条,任务栏包括【开始】按钮、任务按钮区（当前打开的程序）、语言栏（当前输入法语言栏）、系统提示区（包含音量快捷图标、时间快捷图标等）和快速启动区（快速启动区包括 IE 浏览器图标、库图标等）。

任务栏上的按钮显示已打开的窗口,包括被最小化的或隐藏在其他窗口下的窗口。单击任务栏上的按钮,可在不同窗口之间进行切换。

用【开始】按钮几乎可以完成所有的任务,如可以启动程序、打开文档、自定义桌面、寻求帮助、搜索计算机中的项目等。因为每个计算机的设置不同,所以不是所有的【开始】菜单都相同。

1. 自动隐藏任务栏

任务栏中可以存放大量正在运行的程序窗口,而这些窗口有时会影响用户的视觉感或工作进度,用户可以根据需要将任务栏在不使用时进行隐藏。

(1)在任务栏上右击,在弹出的快捷菜单中选择【属性】菜单项,如图3-114所示。

(2)打开【任务栏和「开始」菜单属性】对话框,在【任务栏】选项卡中选择【自动隐藏任务栏】复选框,然后单击【确定】按钮,如图3-115所示。

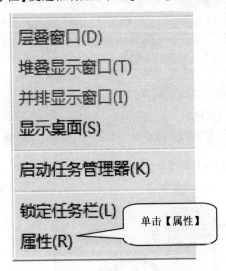

图3-114　选择【属性】菜单项

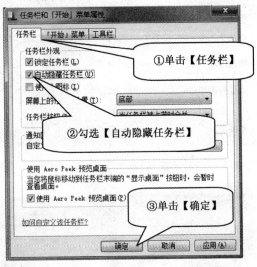

图3-115　【任务栏和「开始」菜单属性】对话框

(3)通过以上操作,即可将任务栏隐藏,如图3-116所示,将鼠标指针移动到屏幕最下方可以显示隐藏的任务栏。

图3-116　隐藏任务栏

在【任务栏和「开始」菜单属性】对话框的【任务栏】选项卡中,通过【屏幕上的任务栏位置】下拉列表框,可以改变任务栏在屏幕上的位置,包括底部、顶部、左侧和右侧四个位置。

　　2.隐藏通知区域图标

　　通知区域是通过各种小图标形象地显示电脑软硬件的重要信息,这些小图标可以根据用户的需要进行隐藏。

　　(1)在任务栏上右击,在弹出的快捷菜单中选择【属性】菜单项,如图3-117所示。

　　(2)打开【任务栏和「开始」菜单属性】对话框,单击【任务栏】选项卡,在【通知区域】区域中,单击【自定义】按钮,如图3-118所示。

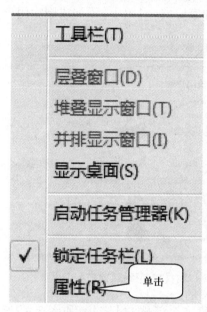

图3-117　选择【属性】　　　　　　　　　图3-118　单击【自定义】按钮

　　(3)打开【通知区域图标】窗口,单击需要隐藏图标的下拉列表框,如单击【网络】图标,选择【隐藏图标和通知】选项,单击【确定】按钮,如图3-119所示。

　　(4)通过以上操作,即可隐藏任务栏通知区域中的图标,如图3-120所示。

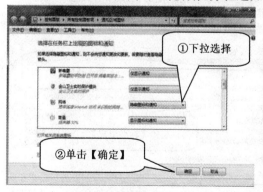

图3-119　选择【隐藏图标和通知】选项　　　　图3-120　隐藏任务栏通知区域中的图标

3.5.5　用户账户管理

Windows 7中允许多用户登录,不同的用户可以使用同一台计算机而进行个性化的设置,各用户在使用公共系统资源的同时,可以设置富有个性的工作空间。系统中有两种类型的可用用户账户:计算机管理员账户和受限制账户。在计算机上没有账户的用户可以使用来宾账户。

1.创建用户账户

安装系统后,默认只有 Administrator 和 Guest 两个账户。现以在系统中添加一个名为 test 的新账户为例,来介绍添加新账户的操作步骤。

(1)单击【开始】按钮,在弹出的菜单中选择【控制面板】,如图 3 – 121 所示。

(2)在打开的【控制面板】窗口中,单击【用户账户和家庭安全】组中【添加或删除用户账户】超链接,打开【管理账户】窗口,如图 3 – 122 所示。

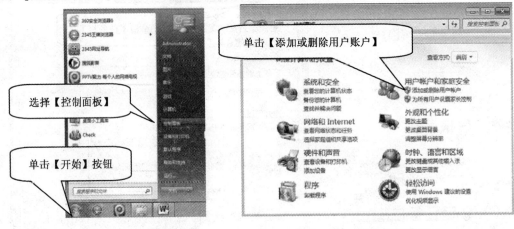

图 3 – 121　选择【控制面板】　　　　　　　图 3 – 122　【控制面板】窗口

(3)在打开的【管理账户】窗口中,单击选择【创建一个新账户】链接,如图 3 – 123 所示。

(4)在打开【创建新账户】窗口中,输入要添加的账户名 test,选择账户类型为【标准用户】,如图 3 – 124 所示。

图 3 – 123　【管理账户】窗口

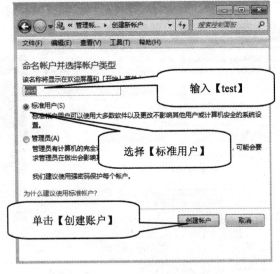

图 3 – 124　【创建新账户】窗口

（5）最后单击【创建账户】按钮,返回到【管理账户】窗口,可以看见新建"test"标准用户,如图 3 - 125 所示。

2.更改用户账户

如果需要修改已建好的用户账户,操作的方法是,在【管理账户】窗口(图 3 - 125)的【选择希望更改的账户】列表中单击要更改的用户,如单击"test"账户,在打开的【更改账户】窗口中,如图 3 - 126 所示,可以更改此账户的用户名称、设置密码、显示图片、账户类型以及删除此账户。

图 3 - 125　【管理账户】窗口

图 3 - 126　【更改账户】窗口

3.5.6　日期和时间设置

更改日期和时间的具体操作步骤如下:

（1）单击任务栏右侧通知区域的数字时钟,或者单击【控制面板】窗口中的【日期和时间】超链接,可显示系统日期和时间。

（2）单击其中的【更改日期和时间设置】链接,打开【日期和时间】对话框,如图 3 - 127 所示。

（3）再单击【日期和时间】对话框中的【更改日期和时间】按钮,打开【日期和时间设置】对话框,如图 3 - 128 所示。需要更改日期使用鼠标在年份和日期上单击完成设置,更改时间需要在左侧的时间区域输入或选择时间。设置完成后,单击【确定】按钮。

3.5.7　鼠标和键盘设置

鼠标和键盘是操作计算机过程中最重要的输入设备,使用极其频繁。用户可以按照个人使用的习惯对鼠标和键盘属性进行设置。

设置鼠标的方法:

（1）单击【开始】按钮,在弹出的菜单中,选择并打开【控制面板】窗口,如图3 - 129所示,单击【硬件和声音】链接项。

（2）在打开的【硬件和声音】窗口中,单击【设备和打印机】组中的【鼠标】链接,如图3 - 130所示。

图 3 – 127 【日期和时间】对话框

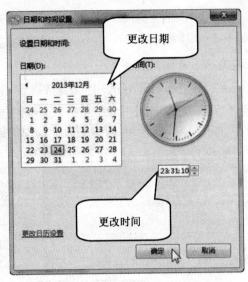

图 3 – 128 【日期和时间设置】对话框

图 3 – 129 【控制面板】窗口

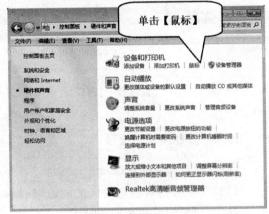

图 3 – 130 【硬件和声音】窗口

(3)在【鼠标属性】对话框中,便可以对鼠标属性进行设置,如图 3 – 131 所示。其中:

【鼠标键】选项卡,主要设置适合于右手还是左手操作和双击的速度。

【指针】选项卡,用于设置不同方案下鼠标指针的显示样式。

【指针选项】选项卡,主要设置鼠标移动的速度,以及在移动时是否保留移动轨迹。

【滑轮】选项卡,用于设置在滚动鼠标滑轮时一次滚动的行数。

键盘设置:

在【控制面板】窗口(图 3 – 132)中,选择【时钟、语言和区域】组的【更改键盘或其他输入法】链接,打开【区域和语言】对话框(图 3 – 133),单击【更改键盘】按钮,打开【文本服务和输入语言】对话框(图 3 – 134),根据需要可以设置键盘模式和输入语言等。

图 3 – 131　【鼠标属性】对话框

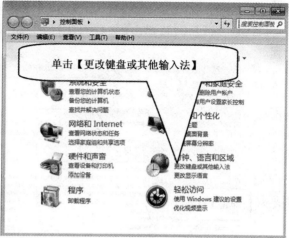

图 3 – 132　【控制面板】窗口

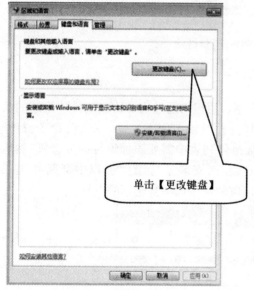

图 3 – 133　【区域和语言】对话框

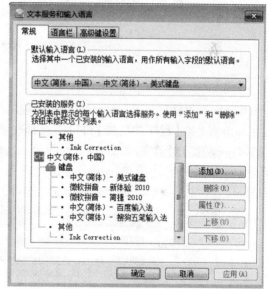

图 3 – 134　【文本服务和输入语言】对话框

3.5.8　卸载或更改安装程序

Windows 7 系统在【控制面板】中提供了【程序和功能】来管理用户计算机上的安装程序和组件。使用该项功能可以卸载不需要的应用程序,以释放硬盘空间,或者对某些应用程序实现升级安装,还可以添加或删除 Windows 组件。

1. 卸载程序

用户在计算机中若安装了很多应用程序,经过一段时间的应用后,想要删除某些应用程序,而有的应用程序本身提供了删除(卸载)功能,有的却没有,这时可利用系统提供的删除程序进行删除。

在【控制面板】窗口单击【程序】组的【卸载程序】超链接,打开如图 3 – 135 所示的【程序和功能】窗口,其中部的列表框中显示了计算机上安装的所有程序。选择要删除的程序,单击【卸载/更改】按钮,弹出【卸载确认】对话框,单击其中的【卸载】按钮,即可完成卸载过程。

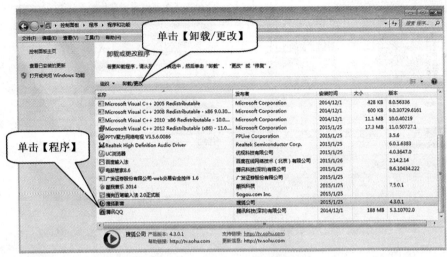

图 3 - 135　【程序和功能】窗口

2. 添加/删除 Windows 组件

Windows 组件就是 Windows 中自带的应用程序。用户可通过安装这些组件使系统的功能更加丰富。在【程序和功能】窗口中选择左侧的【打开或关闭 Windows 功能】命令,打开【Windows 功能】对话框,如图 3 - 136 所示。勾选组件列表中需要添加组件的复选框,然后单击【确定】按钮,随后 Windows 会自动进行安装,而安装某些组件过程中会需要提供 Windows 7 的安装光盘。如果要关闭某些组件,请取消这些选项复选框的选择。

图 3 - 136　【Windows 功能】对话框

3.5.9　声音设置

1. 选择和修改声音方案

（1）打开【控制面板】窗口，单击【硬件和声音】链接项，如图 3 - 137 所示。

（2）在打开的【硬件和声音】窗口中，单击【声音】选项，如图 3 - 138 所示。

|图 3 - 137　【控制面板】窗口|图 3 - 138　【硬件和声音】窗口|

（3）在打开的【声音】对话框中，选择【声音】选项卡，系统采用的是"Windows 默认"声音方案，可以在【声音方案】下拉列表框中选择自己喜欢的声音方案，如图 3 - 139 所示。

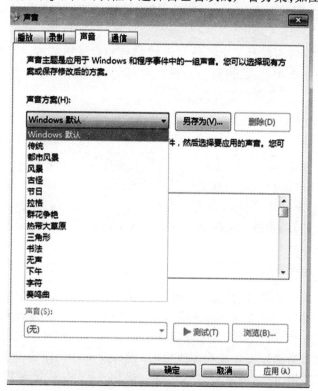

图 3 - 139　【声音】对话框

2. 调节音量

在【声音】对话框中选择【播放】选项卡,可以选择播放设备并调节音量;选择【录制】选项卡,可以选择录制设备并调节音量;选择【通信】选项卡,在使用 PC 拨打电话或接电话时,Windows 可自动调整不同声音的音量。

可以右击桌面任务栏右侧【小喇叭 ◀】图标,在快捷菜单中选择相关命令完成声音设置。

3.6　Windows 7 中的常见附件和娱乐功能

Windows 7 中提供了丰富的附件程序,包括记事本、写字板、画图、计算器、截图工具等,这些小程序可以帮助用户解决很多日常问题。还提供了用来维护系统的常用工具、一些实用的应用软件以及休闲娱乐的工具软件等。

3.6.1　系统工具

1. 查看系统信息

通过 Windows 7 附带的【系统信息】程序,可以了解关于系统的大量信息,包括硬件配置、计算机组件和软件的信息。

打开方法是:选择【开始】→【所有程序】→【附件】→【系统工具】→【系统信息】命令,将会打开【系统信息】窗口。

在【系统信息】窗口左窗格显示了所有系统信息的目录树结构,用户可以单击【+】或【-】来展开或折叠每个类型项,也可以在窗口底部的【查找什么】文本框输入要查找的项目,然后单击【查找】按钮来搜索需要查看的内容。

2. 磁盘清理

【磁盘清理】工具通过在磁盘中搜索可以安全删除的文件,帮助释放硬盘上的空间。可以选择删除部分或全部文件。选择【开始】→【所有程序】→【附件】→【系统工具】→【磁盘清理】,打开【选择驱动器】对话框,在其中选择要进行清理的驱动器,如选择【C:】,然后单击【确定】按钮,在计算完清理该 C 盘需要释放的空间后,便可打开【C:的磁盘清理】对话框,在【要删除的文件】列表框中选择要进行清理的文件,最后单击【确定】按钮即可完成对该磁盘的清理。

3. 磁盘碎片整理

在 Windows 系统中,文件在磁盘中是按块存放的。当要存放一个文件时,操作系统则为此文件在磁盘中寻找空闲块,找到后则将文件存放在此块中,如果此块放不下,则继续寻找下一块,依此类推。因而一个逻辑上连续的文件被分散存放在不同的磁盘块中,从而造成物理上的不连续。当文件被分成很多碎片时,读写此文件将花费大量时间,文件的打开和读写速度将非常缓慢,此时就需要对它们进行优化。Windows 系统提供的【磁盘碎片整理】程序能根据文件使用的频繁程度重新排列磁盘上的文件,使这些分布在不同物理位置上的文件重新组织到一起,从而提高系统的效率。启动【磁盘碎片整理】程序的步骤如下:选择【开始】→【所有程序】→【附件】→【系统工具】→【磁盘碎片整理程序】,打开【磁盘碎片整理程序】对话框,选择需进行整理的磁盘,单击【磁盘碎片整理】按钮即可进行磁盘碎片整理操作。

4. 文件的备份与还原

用户在使用计算机的过程中,文件基本上都是存放在硬盘上的。为了防止各种意外的发生,可以对文件进行复制,也可将文件存储到移动硬盘或 U 盘上,还可利用系统提供的【文件的备份与还原】程序进行备份,适当的时候还可进行恢复,以防止信息的丢失。Windows 7 系统【文件的备份与还原】程序的使用步骤如下:选择【开始】→【控制面板】→【系统和安全】→【备份您的计算机】,打开【备份和还原文件】窗口,单击【设置备份】按钮,根据提示进行备份。

如果已经设置了文件备份,在需要还原时,可以执行【开始】→【所有程序】→【附件】→【系统工具】→【系统还原】命令,按照提示进行操作即可。

3.6.2 应用程序

1. 记事本

记事本是一个小型、简单的文本编辑器,它不是文字处理软件,不提供复杂的排版及打印格式方面的文本处理功能。记事本的优点是操作容易、占用资源少和运行速度快,所以特别适合处理格式简单的简易文本。

单击选择【开始】→【所有程序】→【附件】→【记事本】命令,打开【记事本】程序窗口。在光标所在位置可以直接输入文字,如果输入错误按【Backspace】键删除光标前的字符。通过【编辑】菜单可以对文本进行复制、移动、删除,也可以进行查找和替换。通过【格式】菜单可以对整个文本的【字体】格式进行设置。

2. 写字板

写字板是 Windows 7 操作系统自带的使用简单、功能强大的文字处理程序。写字板程序不仅可以进行文档的编辑,还可以在其中输入并设置文字、插入图片和绘图等操作。

(1)输入汉字

写字板是专为用户编辑文档而设计的,打开写字板程序后,选择要使用的汉字输入法就可以在写字板中输入汉字。

①在 Windows 7 操作系统桌面上单击【开始】按钮,在弹出的菜单中选择【所有程序】菜单项,如图 3 – 140 所示。

②在打开的【所有程序】菜单中选择【附件】菜单项,然后选择其子菜单中的【写字板】程序,如图 3 – 141 所示。

③选择汉字输入法,将需要输入的汉字输入到写字板上,即可在写字板中完成汉字的输入,如"我的祖国",如图 3 – 142 所示。

写字板和 Word 程序相同,具有格式控制等功能,而且保存文件的扩展名也是". doc"。写字板支持字体格式等多种文本设置方案,在写字板中输入并选择文字后,单击【主页】选项卡,利用功能区中的功能选项即可设置文字格式。

(2)插入图片

①打开写字板程序,单击【主页】选项卡,然后单击【插入】区域中的【图片】按钮,如图 3 –143所示。

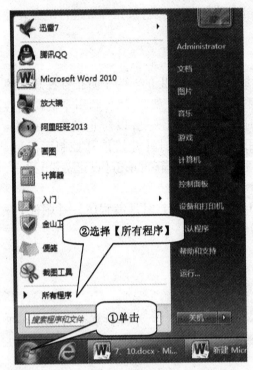

图 3-140　选择【所有程序】菜单项　　　　　图 3-141　选择【写字板】程序

图 3-142　输入"我的祖国"

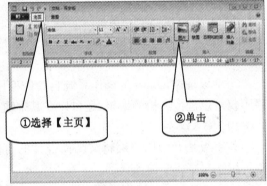

图 3-143　单击【图片】按钮

②打开【选择图片】对话框,在【图片位置】列表框中选择图片的保存位置,选择准备插入的图片,如选择图片【玫瑰】,单击【打开】按钮,如图 3-144 所示。

③通过以上操作,即可在写字板插入图片,如图 3-145 所示。

在【主页】选项卡的【插入】区域中有多个按钮,用户可根据需要自行选择在写字板中插入的对象。如单击【绘图】按钮,在打开的【位图图像在文档中-画图】窗口中绘图后,关闭该绘图窗口,即可将绘制后的图像插入到写字板中。

图 3 – 144　选择图片【玫瑰】　　　　　　图 3 – 145　显示图片【玫瑰】

（3）保存文档

使用写字板工具编辑完文档后，可以将编辑好的文档保存到电脑中，以备日后查看或使用。具体方法如下：

①确认写字板中的内容编辑完成，单击【写字板】按钮，在弹出的菜单中选择【保存】菜单项，如图 3 – 146 所示。

②打开【保存为】对话框，在【保存位置】下拉列表框中选择文档保存的位置，在【文件名】文本框中输入文档准备保存的名称，单击【保存】按钮，如图 3 – 147 所示。

③打开【文档】文件夹，可以看到名称为【文档】的写字板程序已经被保存在该文件夹中，如图 3 – 148 所示。

在标题栏中单击【保存】按钮，也可以打开【保存为】对话框，对文档进行保存，按组合键【Ctrl + S】可以快速保存文档。如果用户想要调整文档的属性，可以选择【另存为】菜单项，对文档的格式进行设置和调整。

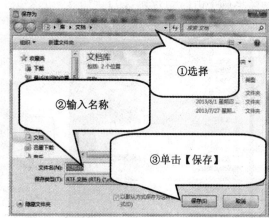

图 3 – 146　选择【保存】菜单项　　　　　图 3 – 147　单击【保存】按钮

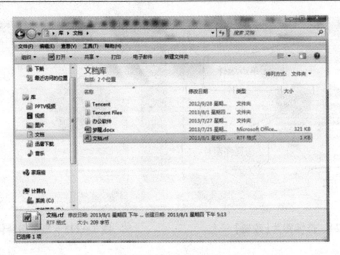

图 3 - 148　保存文档

3. 计算器

在 Windows 7 操作系统中自带了电子计算器工具, 方便用户进行数据的计算和分析。

(1) 使用计算器进行四则运算

在 Windows 7 操作系统中, 启动计算器后即可进行加、减、乘、除四则运算。下面以计算 "8 × 23 + 6 - 3" 为例, 介绍使用计算器进行四则运算的操作方法。

在 Windows 7 操作系统桌面上单击【开始】按钮, 选择【所有程序】→【附件】→【计算器】菜单项, 如图 3 - 149 所示。

①打开【计算器】窗口开始运算, 依次单击【8】按钮、【＊】按钮、【2】按钮、【3】按钮, 如图 3 - 150 所示。

②依次单击【＋】按钮、【6】按钮、【－】按钮、【3】按钮, 如图 3 - 151 所示。

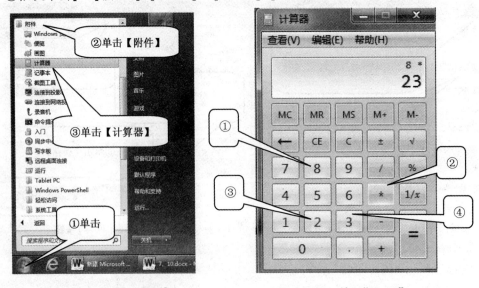

图 3 - 149　单击【计算器】　　　　　图 3 - 150　输入 "8 × 23"

③单击【＝】按钮, 即可在计算器上显示运算结果, 如图 3 - 152 所示。

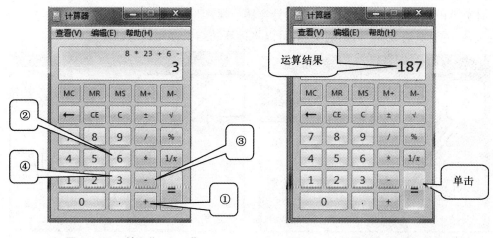

图 3 – 151　输入" + 6 – 3"　　　　　　　图 3 – 152　单击" = "显示运算结果

（2）使用计算器进行科学计算

在系统中启动计算器默认情况下为标准型，用于计算简单的数据，如果需要计算复杂的数据，可以将其转换为科学型。科学型计算器可以进行多种复杂的运算，如统计运算、n 次方和 n 次根运算、数制转换运算、函数运算等。下面以计算"$8^9 + 10^5 - 7!$"为例，介绍使用计算器进行科学计算的方法。

打开计算器工具，单击【查看】菜单项，在弹出的下拉菜单中选择【科学型】菜单项，如图 3 – 153 所示。

进入科学型计算器界面开始运算，依次单击【8】按钮、【x^y】按钮、【9】按钮，如图 3 – 154 所示。

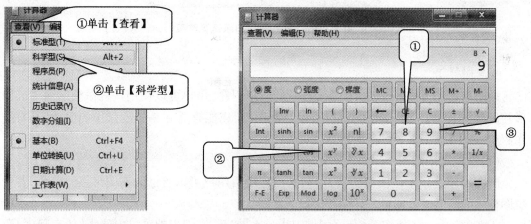

图 3 – 153　选择【科学型】　　　　　　图 3 – 154　输入"8,x^y,9"

①依次单击【 + 】按钮、【5】按钮、【10^x】按钮，如图 3 – 155 所示。

②依次单击【 – 】按钮、【7】按钮、【$n!$】按钮，如图 3 – 156 所示。

③单击【 = 】按钮，即可在计算器中显示出运算结果，如图 3 – 157 所示。

启动计算器后，在键盘上依次按下相应的数字键，也可输入数字进行运算。使用计算器进行计算时，如果输入的数字有错误，则单击【←】按钮，可以依次删除显示栏中的最后一位数字，从而输入正确的数字。

计算器的使用方法与日常生活中的计算器一样,但是电脑中的计算器可以输入高达32位的数值,并且具有复制、粘贴的功能,可以将运算的结果存储到电脑硬盘中。

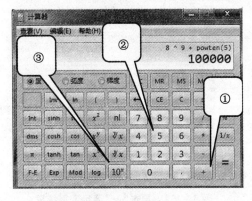 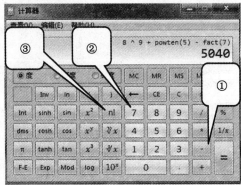

图3-155　输入"+,5,10^x"　　　　　　图3-156　输入"-,7,n!"

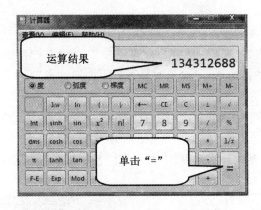

图3-157　单击"="显示运算结果

4.画图程序

画图程序是Windows 7操作系统自带的应用程序,用户可以使用该程序绘制简单的图形并保存在电脑中。画图程序不仅可以绘制图画,还能查看和编辑硬盘中的照片,具有操作简单、易于修改、永久保存等特点。

(1)在电脑中画图

画图程序是一个位图编辑器,启动画图程序后用户可以自己绘制图形,还可以对各种位图格式的图形进行编辑。具体方法如下:

①在Windows 7操作系统桌面上单击【开始】按钮,在弹出的菜单中选择【所有程序】菜单项,如图3-158所示。

在弹出的【所有程序】菜单中选择【附件】菜单项,然后选择【画图】程序,如图3-159所示。

打开【画图】程序界面,开始绘图。单击【颜色】区域中的【颜色1】按钮,在颜色框中选取准备应用的颜色选项,如图3-160所示。

单击【颜色】区域中的【颜色2】按钮,在颜色框中选取准备应用的颜色选项,如图3-161所示。

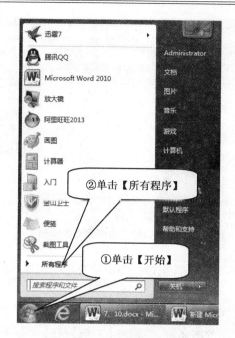

图 3 - 158　单击【所有程序】

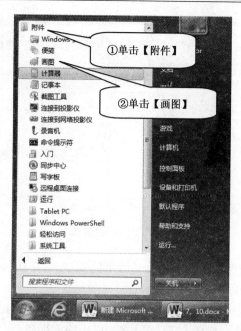

图 3 - 159　选择【画图】程序

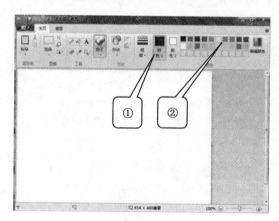

图 3 - 160　单击【颜色 1】按钮

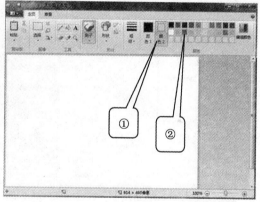

图 3 - 161　单击【颜色 2】按钮

　　单击【粗细】按钮,在弹出的下拉列表中选择宽度为【10px】的线条,如图 3 - 162 所示。

　　移动鼠标指针至画图程序的工作区域,按住鼠标左键并拖动鼠标,使用"颜色 1"在工作区域画图,然后松开鼠标;按住鼠标右键并拖动鼠标,使用"颜色 2"在工作区域画图,再松开鼠标。通过以上操作,即可在电脑中完成图形的绘制,如图 3 - 163 所示。

　　画图程序的功能非常全面,其中【工具】组中有很多工具可以帮助我们更好地绘制图形,如当绘制图形时操作失误或对绘制的图形不满意,可以使用【工具】组中的【橡皮擦】工具,将有错误的部分擦掉。

　　(2)保存图像

　　在画图程序中对于绘制完成的图形,可以将其保存到电脑硬盘中,以便日后查看或使用。具体方法如下:

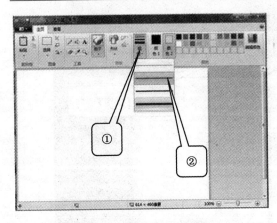

图3-162　单击【粗细】按钮

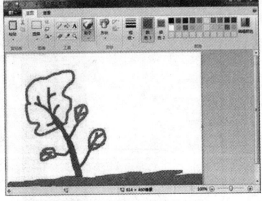

图3-163　绘制完成的图形

在画图程序中,确认图形绘制完成,单击【画图】按钮,在弹出的下拉菜单中选择【保存】菜单项,如图3-164所示。

打开【保存为】对话框,在【保存位置】下拉列表框中选择图片准备保存的位置,如【图片】文件夹;在【文件名】文本框中输入准备保存图片的名称,如输入【大树】;在【保存类型】下拉列表框中选择准备保存图片的类型,如选择格式为【PNG】,单击【保存】按钮,如图3-165所示。

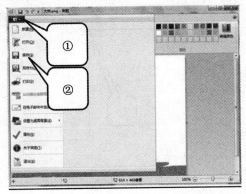

图3-164　选择【保存】菜单项

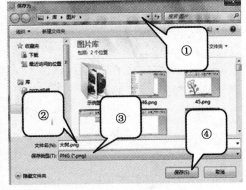

图3-165　单击【保存】按钮

打开【图片】文件夹,可以看到名称为【大树】的画图程序已经被保存在该文件夹中,如图3-166所示。

按组合键【Ctrl+S】也可以保存绘制好的图形,如果文件已经被保存好,准备将绘制好的图形做一个备份,可以单击【画图】按钮,在弹出的下拉菜单中选择【另存为】菜单项。

3.6.3　娱乐工具

1. Windows Media Player 播放器

Windows Media Player 是 Windows 7 系统自带的一款多媒体软件,该程序是一款集影视、音乐播放、图片浏览、游戏等众多功能于一身的综合娱乐平台,为用户提供一体化数字娱乐享受。

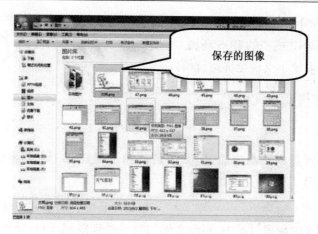

图 3 - 166　保存后效果

单击【开始】→【所有程序】→【Windows Media Player】命令,在打开的窗口中,选择所需要的媒体类型,例如选择【音乐】→【音乐库】选项,然后音乐库界面中默认以【唱片集】来显示媒体库中的歌曲,如果没有播放歌曲,将会提示添加歌曲文件。

2. 录音机

录音机是 Windows 7 提供给用户的一种语音录制设备,使用它可以录制声音并将声音文件保存到磁盘上。单击【开始】→【所有程序】→【附件】→【录音机】命令,打开录音机窗口。在录制之前准备好麦克风(笔记本电脑一般有内置麦克风),单击【开始录制】按钮便可进行录制声音,此时按钮变成【停止录制】按钮,等待录制完成后,单击【停止录制】按钮,打开【另存为】对话框,保存声音文件在磁盘上即可。

＊3.7　DOS 操作系统简述

3.7.1　DOS 系统在不同环境下的启动方式

1. 操作系统为 DOS 时的启动

(1)用软盘启动 MS - DOS 系统(只限安装有软驱的机器使用)

将 MS - DOS 的系统盘插入 A 驱动器,确认微机系统已经设置为 A 驱动器优先启动(CMOS 中可以设置),然后接通主机电源。

微机自检后从软盘上读取系统文件,进入 MS - DOS 环境,此时盘符通常为 A。

这种启动方式几乎在所有的微机上都能使用,只不过可能无法读取有些微机硬盘上的资料。

(2)硬盘启动 MS - DOS 系统

如果硬盘上安装的是 MS - DOS 系统,则开机后的启动过程与软盘启动差别不大,只不过盘符通常为 C。

2. 在 Windows 2010 环境下运行 MS - DOS

在 Windows 2010 中,单击【开始】按钮,指向【所有程序】【附件】,单击【命令提示符】,

出现【MS – DOS 方式】窗口。在这个窗口中可以输入 DOS 命令或者运行 DOS 程序。此时，系统处于 Windows 2010 模拟的 DOS 环境。

Windows 2010 系统不支持全屏运行模式。

3.7.2　目录结构

1. 磁盘根目录

在格式化一个软盘或硬盘之后，DOS 会自动在上面建立一个目录，这个目录叫作根目录。

2. 磁盘子目录

将文件都存放在磁盘根目录下，不但文件的数量受到限制，而且操作极不方便。为此，DOS 开始引入了多级目录管理方法。即在一个目录下，可以定义若干个与文件名形式一样的子目录，每一个子目录都像根目录一样。除了根目录外，其他目录都称为子目录，这种目录结构通常用树形结构表示。在树形结构中，最上层的目录叫根目录。根目录下可存放文件、下一级目录名，下一级目录就叫子目录，即第一级子目录，第一级子目录再下级就叫第二级子目录，树形结构如图 3 – 167 所示。

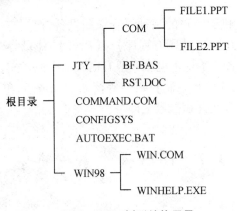

图 3 – 167　树形结构目录

3. 路径

路径是指从根目录或当前目录出发，一直到所要找的文件所在目录，把途经的各目录名连接在一起所形成的描述。两级目录之间或目录与文件之间用反斜杠"\"分隔。

路径分为两种，即绝对路径和相对路径。

绝对路径是指从根目录开始，一直到所要找的文件所在目录，把途经的各目录名连接在一起所形成的描述。

相对路径是指从当前目录出发，一直到所要找的文件所在目录，把途经的各目录名连接在一起所形成的描述。

在绝对路径描述中，必须以反斜杠"\"开始；在相对路径描述中，绝对不能以反斜杠"\"开始。

在任何一级子目录下都存在以下两个子目录：

·表示当前目录；

··表示上级目录。

下面用一个例子来说明绝对路径和相对路径的使用方法。

【例1】　参见图 3 – 167,设当前所在的目录为第一级子目录 JTY,请用绝对路径法和相对路径法对文件 file1.ppt 描述。

绝对路径法：\jty\com\file1.PPt

相对路径法：com\file1.PPt

对一个文件的完整描述应由以下几部分组成：

［盘符：］［路径］＜文件名＞

4. DOS 命令分类

DOS 命令分为两种类型：内部命令和外部命令。

（1）内部命令

当 DOS 装入内存时,内部命令也随之一起装入,所以当用户键入内部命令时能立即执行。在 DOS 盘上看不到内部命令对应的文件名。

（2）外部命令

外部命令作为文件单独驻留在磁盘上,我们可以把外部命令看成是系统实用程序,因此,当键入外部命令时,DOS 必须先从磁盘上将外部命令处理程序读入内存,然后执行。如果磁盘上不存在所键入的外部命令,则外部命令执行失败。

5. DOS 命令的一般格式

用户键入 DOS 命令一定要符合 DOS 的命令格式,否则系统会认为是误操作,从而给出错误信息,DOS 系统中一般的命令格式如下：

［盘符：］［路径］　＜命令＞［＜参数＞……］

3.7.3　DOS 常用命令简介

1. 显示磁盘文件目录命令 DIR（内部命令）

命令格式：DIR［盘符：］［路径］［文件名］［扩展名］［/p］［/w］

功能：显示一个磁盘上的全部或部分文件目录,所显示的信息包括卷标、目录名、文件名、扩展名、文件长度、建立日期和时间、所列文件总数及磁盘的剩余空间等。

说明：

（1）/p 显示一屏后暂停,也称分页显示,按任意键后继续显示。

（2）/w 按每行 5 个文件名的形式显示文件目录。

【例2】　列出 A 盘上全部文件目录。

A:\ ＞ DIR 或 C:\ ＞ DIR　A:

【例3】　横向显示 A 盘上的目录。

A:\ ＞ DIR /w 或 C:\ ＞ DIR　A:/w

2. 建立子目录命令 MKDIR 或 MD（内部命令）

命令格式：MD　［盘符：］＜路径＞

功能：建立新的子目录。

说明：

（1）如果省略盘符,则在当前盘上建立子目录；

(2)路径用以指定目录的路径,用反斜杠"\"连接,最后一个目录是新建子目录。

【例4】　在 C 盘根目录下建立子目录 W12。

C:\＞ MD W12

3.显示和更改当前目录命令 CHDIR 或 CD(内部命令)

命令格式:CD[盘符:][路径]

功能:使指定目录变成当前目录或显示当前目录名。

【例5】　当前目录为 C 盘根目录,更改到第一级子目录 WIN98。

C:\＞ CD WIN98

显示此时 C 盘的当前目录。

C:\＞CD

C:\WIN98

4.删除子目录命令 RMDIR 或 RD(内部命令)

命令格式: RD [盘符:]＜路径＞

功能:删除磁盘上的子目录。

说明:

(1)当盘符省略时,表示要删除当前盘上的子目录;

(2)只有当欲删除的子目录无文件和子目录项时,才可删除;

(3)只有在欲删除子目录的上级子目录或其他子目录时,才可删除。

【例6】　若当前在 C 盘的根目录下,删除图 3 – 167 的子目录 COM。

C:\＞ CD　JTY\COM　　(人第二级子目录 COM)

C:\JTY\COM＞DEL ＊.＊　　(删除 COM 目录下的全部文件)

C:\JTY\COM＞CD..　(退回到 JTY 子目录)

C:\JTY＞RD　COM　(删除 COM 子目录)

5.删除目录树命令 DELTREE(外部命令)

命令格式:[盘符:][路径]DELTREE　[/Y][盘符:]＜路径＞

功能:删除一个目录及其下面的所有子目录和文件。

说明:/Y 使 DELTREE 不出现确认提示,直接删除。

【例7】　若当前目录为 C 盘根目录,删除图 3 – 167 的子目录 COM。

C:\＞DELTREE　JTY\COM

系统出现提示:

Delete　Directory　"JTY\COM" and all its Subdirectories?［y/n］

键入 Y,则删除;键入 N,则不删除。

也可进行如下操作:

C:\＞DELTREE　/Y　JTY\COM

系统出现提示:Deleting "JTY\COM"…　后,自动完成删除工作。

6.路径设置命令 PATH(内部命令)

命令格式:PATH[盘符:]＜路径＞{[;盘符:]＜路径＞……}

功能:为 DOS 文件规定搜索路径。

说明:

（1）PATH 命令可以规定用分号";"分隔驱动器和路径名表。当输入一个在当前目录下找不到的命令时,DOS 就会按照 PATH 规定的路径查找指定目录。

（2）每当用 PATH 命令建立一个新路径时,则取消前次用 PATH 命令建立的路径。

（3）不带参数的 PATH 命令仅显示最近一次设置的查找目录。

（4）PATH 只供 DOS 查找能执行的文件,即扩展名为 COM,EXE 和 BAT 的文件,其他扩展名的文件一概不查找。

【例8】 要求在任何一级目录下,都能访问 C 盘第二级子目录 WIN98\COMMAND 和 TC 的外部命令。

可设置如下搜索路径:

C:\ > PATH C:\WIN98\COMMAND;C:\TC

每当执行 DOS 外部命令时,首先在当前目录中查找,如没有找到,则依次在子目录 WIN98\COMMAND 和 TC 下查找。找到就执行,否则执行失败。

7. 文件更名命令 RENAME 或 REN(内部命令)

命令格式:REN ［盘符:］［路径］<源文件名> <目标文件名>

功能:用目标文件名修改源文件名。

说明:

（1）REN 可以改变一个文件的名字,但不能改变其所在的位置,因此目标文件名前不允许加盘符、路径。

（2）新文件名必须是同一目录中不存在的文件名。

【例9】 将 A 盘当前目录上的 DEC.BAK 更名为 DEC.DOC。

C:\ > REN A:DEC.BAK DEC.DOC

8. 删除磁盘文件命令 DEL(内部命令)

命令格式:DEL ［盘符:］［路径］<文件名>

功能:删除指定磁盘指定目录下的文件。

说明:

（1）当盘符、路径省略时,对当前盘当前路径操作;

（2）文件名中可使用通配符。

【例10】 删除 A 盘根目录下所有以 BAK 为扩展名的文件。

C:\ > DEL A:*.BAK

9. 清屏命令 CLS(内部命令)

命令格式:CLS

功能:清除屏幕上的所有信息,光标置于屏幕左上角。

10. 系统日期命令 DATE(内部命令)

命令格式:DATE

功能:设置或显示系统日期。

11. 系统时间命令 TIME(内部命令)

命令格式:TIME

功能:显示或设置系统时间。

12. 显示 DOS 版本号命令 VER(内部命令)

命令格式:VER

功能:显示当前操作系统的版本。

3.8 操作系统的基础知识练习题

一、单选题

1. 以下哪个选项用于在 Windows 中安装、卸载和重新安装软件 ( )

A. 硬盘驱动器 B. 桌面 C. 控制面板 D. 软件偏好

2. 应用程序锁定时,应使用以下哪个管理器 ( )

A. kill 管理器 B. 任务管理器 C. 进程管理器 D. Windows 管理器

3. 操作系统是( )的接口。

A. 主机与外围设备 B. 系统软件与应用软件

C. 用户与计算机 D. 高级语言与低级语言

4. 管理计算机电量使用方式的硬件和系统设置集合的名是 ( )

A. 使用计划 B. 电源计划 C. 适当计划 D. 电池计划

5. 计算机软件中使用的短语"保留所有权利"指的是 ( )

A. 只有版权所有者才可复制、分发或修订产品

B. 只有销售软件的公司有权复制、分发或修订产品

C. 只有购买者有权复制、分发或修订产品

D. 软件的创建者和购买者都有权复制、分发或修订产品

6. 要记录课程或项目,以下哪个 Microsoft 软件最有效 ( )

A. Excel B. Word C. OneNote D. PowerPoint

7. 以下哪种软件可轻松实现对少量数据进行各种计算以及管理财务数据 ( )

A. 数据库 B. 电子表格 C. 演示文稿程序 D. 文字处理程序

8. 以下关于软件的定义最正确的是 ( )

A. RAM B. USB 驱动器和 CD

C. 连接到计算机的外围设备 D. 计算机运行和执行的一系列指令

9. 当今的信息技术,主要是指 ( )

A. 计算机技术 B. 网络技术

C. 计算机和网络通信技术 D. 多媒体技术

10. 压缩文件的效果是 ( )

A. 创建一个较小的文件 B. 分析正在使用的磁盘空间

C. 将一个文件分成多个 D. 检测可能有病毒的计算机文件

11. 只想使用图片的一小部分,应使用下列哪项操作在图形程序中编辑图片 ( )

A. 裁剪图片 B. 调整图片尺寸 C. 旋转图片 D. 叠放图片

12. 要准确查看报表的打印效果,应使用哪项工具 ( )

A. 报表向导 B. 打印预览 C. 报表工具 D. 报表视图

13. 以下哪个文件包含特定时刻的系统配置信息 　　　　　　　　　　　　（　　）

A. 系统事件　　　　　　B. 系统还原　　　　　　C. 还原数据　　　　　　D. 还原点

14. 下列软件中属于系统软件的是 　　　　　　　　　　　　　　　　　（　　）

A. Windows Media Center　　　　　　　B. Internet Explorer

C. Microsoft Word 2010　　　　　　　　D. Mac OS X

15. 下列软件中属于应用软件的是 　　　　　　　　　　　　　　　　　（　　）

A. Red Flag Linux　　　　　　　　　　B. Sun Solaris

C. Windows Phone　　　　　　　　　　D. Adobe Acrobat Ⅺ

16. 可执行程序的扩展名是 　　　　　　　　　　　　　　　　　　　　（　　）

A. exe　　　　　　　　　B. gif　　　　　　　　C. jpg　　　　　　　　D. docx

17. 文本文件扩展名是 　　　　　　　　　　　　　　　　　　　　　　（　　）

A. tif　　　　　　　　　B. txt　　　　　　　　C. avi　　　　　　　　D. pdf

18. BIOS 是 　　　　　　　　　　　　　　　　　　　　　　　　　　（　　）

A. Boot Loader　　　　　　　　　　　　B. 操作系统登录程序

C. Basic Input Output System　　　　　　D. 操作系统启动后才运行

19. 控制面板的查看方式有多种：类别、大图标和 　　　　　　　　　　　（　　）

A. 小图标　　　　　　　B. 详细信息　　　　　　C. 超大图标　　　　　　D. 列表

20. Windows 7 系统中自带的电源管理几乎包括：平衡、节能和 　　　　　（　　）

A. 高性能　　　　　　　B. 超节能　　　　　　　C. 美观　　　　　　　　D. 高亮度

21. Windows 7 系统包括可使用户与计算机更容易交互的程序：放大镜、屏幕键盘和

　　　　　　　　　　　　　　　　　　　　　　　　　　　　　　　　（　　）

A. 讲述人　　　　　　　　　　　　　　　B. 鼠标大指针设置

C. 高对比度主题　　　　　　　　　　　　D. 语音识别技术

22. 执行管理任务时，需要 　　　　　　　　　　　　　　　　　　　　（　　）

A. 管理员账户的权限　　　　　　　　　　B. 标准用户的权限

C. 普通用户的权限　　　　　　　　　　　D. 特殊用户的权限

23. 用户可以更改现有文件和文件夹，但不能创建新文件和文件夹的权限级别是

　　　　　　　　　　　　　　　　　　　　　　　　　　　　　　　　（　　）

A. 完全控制　　　　　　B. 修改　　　　　　　　C. 读取和执行　　　　　D. 写入

24. 按照更新的类型，Windows 系统更新中修复产品安全相关漏洞的是 　（　　）

A. 安全更新　　　　　　B. 关键更新　　　　　　C. 体验更新　　　　　　D. 扩展更新

25. 要进入安全模式，可在 Windows 系统启动时按下 　　　　　　　　　（　　）

A. F8　　　　　　　　　B. F9　　　　　　　　　C. F10　　　　　　　　D. F11

26. 最新版驱动程序获得可从 　　　　　　　　　　　　　　　　　　　（　　）

A. Internet 下载　　　　　　　　　　　　B. 购买硬件附带

C. Windows 系统自带　　　　　　　　　　D. 自己编写

二、多选题

1. 软件应用程序连续出现问题时应采取以下哪两个步骤 　　　　　　　　（　　）

A. 删除应用程序　　　　B. 卸载应用程序　　　　C. 重新安装应用程序

D. 将应用程序移到回收站　　　　　E. 使用杀毒软件清除病毒

2. 以下哪几项是操作系统　　　　　　　　　　　　　　　　　（　　）

A. Linux　　　　　　B. Android　　　　C. Windows Vista

D. Microsoft Office　E. Skype

3. 以下选项可以在计算机中直接设置为共享状态的有　　　　　（　　）

A. 复印机　　　　　　B. 传真机　　　　　C. 文件夹

D. 扫描仪　　　　　　E. 打印机

4. 更新软件应用程序通常包括哪几项　　　　　　　　　　　　（　　）

A. 漏洞修复　　　　　B. 附件许可证　　　C. 增强的安全性

D. 附件软件内容　　　E. 操作系统更新

5. 操作系统负责　　　　　　　　　　　　　　　　　　　　　（　　）

A. 管理系统的各种资源　　　　　　　B. 控制程序的执行

C. 改善人机界面　　　　　　　　　　D. 为应用软件提供支持

E. 打开各种文件

6. 目前，个人计算机上常见的操作系统有　　　　　　　　　　（　　）

A. Windows 系列　　　B. Linux 系统　　　C. Mac OS 系统

D. AIX 系列　　　　　E. 安卓系统

7. 使用快捷方式可以　　　　　　　　　　　　　　　　　　　（　　）

A. 快速启动程序　　　　　　　　　　B. 快速打开文件或文件夹

C. 快速启动计算机　　　　　　　　　D. 快速切换程序窗口

E. 快速输入文字

8. "注销"命令　　　　　　　　　　　　　　　　　　　　　　（　　）

A. 关闭当前用户运行的程序　　　　　B. 保存当前用户账户信息和数据

C. 结束当前用户的使用状态　　　　　D. 不关闭当前用户运行的程序

E. 保持当前用户的使用状态

9. 文件和文件夹的常用权限级别包括　　　　　　　　　　　　（　　）

A. 完全控制　　　　　B. 修改　　　　　　C. 读取和执行

D. 读取　　　　　　　E. 写入

10. Windows 操作系统的更新包括　　　　　　　　　　　　　（　　）

A. 重要更新　　　　　B. 推荐更新　　　　C. 可选更新

D. 不重要更新　　　　E. 自动更新

11. Windows 操作系统备份工具可提供　　　　　　　　　　　（　　）

A. 数据文件备份　　　B. 系统映像备份　　C. 磁盘空间备份

D. 文件打印备份　　　E. U 盘备份

12. 通常，设备生产厂商发布新版本固件的原因包括　　　　　　（　　）

A. 修正以前版本中存在的错误、漏洞　B. 对固件做了优化，可提升设备性能

C. 使用环境改变，提高其兼容性　　　D. 增加了新的功能

E. 提高用户忠诚度

13. 常见音频文件按格式有　　　　　　　　　　　　　　　　　（　　）

A. WAV　　　　　　　B. APE　　　　　　C. MP3

D. TIF　　　　　　　　E. DOCX

14. 常见视频文件格式有　　　　　　　　　　　　　　　　　　　（　　）

A. AVI　　　　　　B. MKV　　　　　　C. RMVB

D. MP3　　　　　　E. TIF

15. 下列带有通配符的文件名中,能代表文件 ABC. PRG 的是　　　　（　　）

A. ?. ?　　　　　　B. ? BC. ＊　　　　　C. A?. ＊

D. ＊BC. ?　　　　　E. A＊. PRG

三、判断题

1. 若使用 Windows 7"写字板"创建一个文档,当用户没有指定该文档的存放位置,则系统将该文档默认存放在库中的文档文件夹。　　　　　　　　　　　　（　　）

2. 微型计算机包括小型计算机和 PC 两种基本类型。　　　　　　　　（　　）

3. 删除程序最好的方法将其从系统中卸载,因为卸载程序的同时将与该程序相关的所有文件一并删除而不仅仅是删除程序文件。　　　　　　　　　　　　（　　）

4. 在 Windows 7 中,内建的浏览器版本是 IE7。　　　　　　　　　（　　）

5. 只能在应用程序内获得帮助。　　　　　　　　　　　　　　　　　（　　）

6. 关闭一个活动应用程序窗口,可按【Alt + F4】快捷键。　　　　　　（　　）

7. 系统软件处于计算机系统中最靠近硬件的一层,与具体应用领域联系紧密。（　　）

8. "切换用户"命令必须关闭当前用户运行的程序,才能切换到其他用户。（　　）

9. 美观的 Aero 主题要求计算机具有较好的性能。　　　　　　　　　（　　）

10. 用户账户控制可以防止对计算机进行未经授权的更改。　　　　　　（　　）

11. 电源管理的目标是尽可能的节能。　　　　　　　　　　　　　　　（　　）

12. 从高级启动选项菜单中不能正常启动系统。　　　　　　　　　　　（　　）

13. 通常,要求将备份文件保存在本机磁盘上以方便恢复数据。　　　　（　　）

14. 简单设备如鼠标、键盘中没有固件。　　　　　　　　　　　　　　（　　）

四、排序题

1. 将以下在 Windows 桌面上创建和命名新文件夹的步骤按顺序排列。　　（　　）

①指向单击"新建"以显示子菜单。

②输入"已建立文件夹",然后按【Enter】键。

③右键单击桌面的空白区域以显示快捷方式菜单。

④选择"文件夹"命令。

2. 将以下运行在 Windows 操作系统中的程序从计算机中安全删除时的步骤顺序排列。

（　　）

①选择"程序",然后单击卸载。

②打开"控制面板"。

③遵循对话框或卸载程序中可能显示的任何指示。

④必要时重新启动计算机。

⑤打开"程序和功能"选项。

3. 将以下进行备份计划的步骤按顺序排列。　　　　　　　　　　　　（　　）

①选择硬盘、CD、DVD 或在网络上。

②依次打开【控制面板】→【系统和维护】→【备份计算机】

③保存设置,然后退出。

④更改【设置】→更改【备份设置】。

⑤单击【下一步】按钮→选择要备份的文件类型,单击【下一步】按钮选择时间和日期。

第4章 文字编辑 Word 2010 的应用

本章要点

* 利用 Word 2010 文字编辑系统进行文档的创建、编辑与排版。
* 掌握文本框、图片、图形的使用方法并进行图文混排。
* 掌握表格的创建和编辑。
* 掌握样式、模板、页面属性的设置及打印。

4.1 Word 2010 概述

Word 是 Microsoft 公司推出的一种文字处理软件,它的主要功能在于编辑信件、传真、公文、报纸、杂志、书刊和简历等各种文档。自发布起,经过 Word 95/97/2000/2002/2003/2007 等版本革新,又推出了最新版 Word 2010。它是 Office 的核心组件之一,具有格式设置和图文混排等高级排版功能。现以 Word 2010 为例,介绍它的使用方法。

4.1.1 启动 Word 2010

(1)在 Windows 7 系统桌面上单击【开始】按钮,在弹出的菜单中选择【所有程序】菜单项,如图4-1所示。

(2)在打开的【所有程序】菜单中展开【Microsoft Office】菜单项,选择【Microsoft Word 2010】菜单项,如图4-2所示。

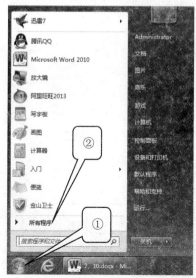

图4-1 选择【所有程序】　　　　图4-2 选择【Microsoft Word 2010】菜单项

（3）通过以上操作，即可启动 Word 2010，如图4－3所示。

如果桌面上有 Word 2010 的快捷方式图标，双击该图标也可快速启动 Word 2010。

如果桌面上没有 Word 2010 的快捷方式图标，在【Microsoft Word 2010】菜单项处右击鼠标，在弹出的快捷菜单中选择【发送到】→【桌面快捷方式】菜单项即可添加。

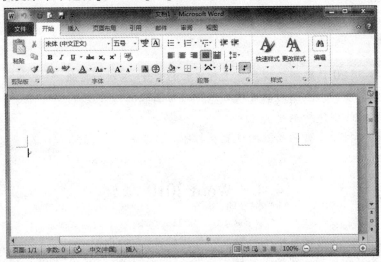

图4－3　启动 Word 2010

4.1.2　Word 2010 的工作界面

启动 Word 2010 后即可进入 Word 2010 的工作界面，如图4－4所示。

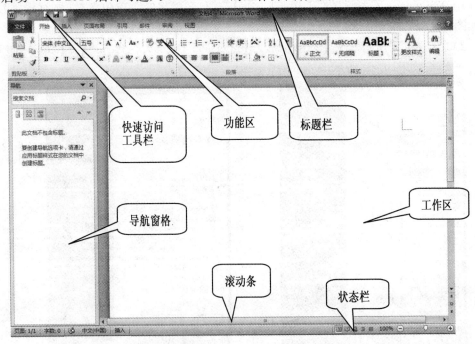

图4－4　Word 2010 窗口

1. 快速访问工具栏

它位于 Word 2010 工作界面的左上方,用于快速执行一些操作。默认情况下包括 3 个按钮,分别是【保存】按钮、【撤销键入】按钮和【重复键入】按钮。在 Word 2010 的使用过程中,可以根据需要,添加或删除快速访问工具栏中的按钮。

2. 标题栏

它位于 Word 2010 工作界面的最上方,用于显示当前正在编辑的文档和程序名称。拖动标题栏可以改变窗口的位置,双击标题栏可最大化或还原窗口。在标题栏的最右侧,是【最小化】按钮、【最大化】按钮、【还原】按钮和【关闭】按钮,用于执行窗口的最小化、最大化、向卜还原和关闭操作。

3. 功能区

它位于标题栏的下方,默认情况下由 9 个选项卡组成,分别为【文件】【开始】【插入】【页面布局】【引用】【邮件】【审阅】【视图】和【加载项】。每个选项卡中包含不同的功能区,功能区由若干组组成,每个组又由若干功能相似的按钮和下拉列表组成。

Word 2010 设计了一个 Backstage 视图,在功能区单击【文件】选项卡即可打开。在该视图中可以对文档的相关数据进行管理,如创建、保存和发送文档,检查文档中是否包含隐藏的元数据或个人信息,设置打开或关闭"记忆式键入"等,如图 4 - 5 所示。

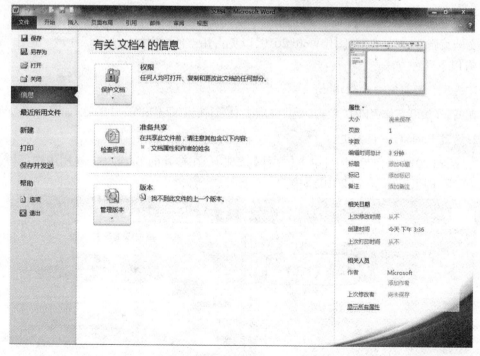

图 4 - 5　【文件】Backstage 视图

4. 导航窗格

Word 2010 还设计了导航窗格功能,用于对文档进行编辑和查看。它位于 Word 2010 工作界面的左侧,在导航窗格中可以轻松地查看与编辑文档结构图、查看页面缩略图,并使用渐进式搜索文档的内容。

5. 工作区

工作区即 Word 2010 的文档编辑区,位于窗口中间,在此区域内可以输入内容并对内容进行编辑、输入文字、输入图片、设置和编辑文字格式等,是 Word 2010 的主要操作区域。

6. 滚动条

它分为垂直滚动条和水平滚动条,分别位于文档的右侧和下方,拖动滚动条可以调整文档工作区页面中的显示内容。

7. 状态栏

它位于文档窗口的最下方,操作起来更加便捷,并且具有更多的功能,如查看页面信息、进行语法检查、选择视图模式和调节显示比例等,如图 4-6 所示。

图 4-6 状态栏

4.1.3 退出 Word 2010

文档编辑完成后,应该退出 Word 2010,以免占用空间,影响系统运行速度。退出 Word 2010 有以下几种方法:

1. 通过标题栏窗口按钮退出

在 Word 2010 工作窗口中,单击标题栏右侧的【X】按钮,即退出 Word 2010, 如图 4-7 所示。

2. 通过 Backstage 视图退出

在 Word 2010 工作界面中,单击【文件】选项卡,在打开的 Backstage 视图中选择【X退出】菜单项,即可退出 Word 2010,如图 4-8 所示。

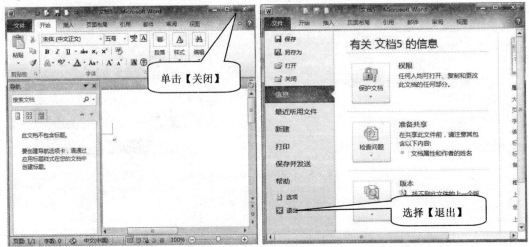

图 4-7 单击【关闭】按钮　　　　　　图 4-8 选择【退出】菜单项

3. 通过 Word 图标退出

在 Word 2010 工作窗口中,单击快速访问工具栏左侧的【Ⓦ】图标,在弹出的菜单中选择【关闭】菜单项,即可退出 Word 2010,如图 4 - 9 所示。

4. 通过右键快捷菜单退出

在系统桌面上右击任务栏中的 Microsoft Word 2010 缩略图标,在弹出的快捷菜单中选择【关闭窗口】菜单项,也可退出 Word 2010,如图 4 - 10 所示。

图 4 - 9　选择【关闭】菜单项

图 4 - 10　选择【关闭窗口】菜单项

5. 按组合键【Alt + F4】退出

如果在退出之前没有保存修改过的文档,此时 Word 2010 就会提示,如图 4 - 11 所示,单击【保存】按钮,Word 2010 会保存文档,然后退出;单击【不保存】按钮,Word 2010 不保存文档,直接退出;单击【取消】按钮,Word 2010 会取消这次操作,回到刚才的 Word 2010 编辑窗口。

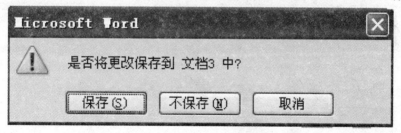

图 4 - 11　【保存】提示框

4.2　Word 2010 的基本操作

4.2.1　创建新文档

在默认状态下,启动 Word 2010 后系统会自动建立一个名为"文档 1"的空白文档。如果在使用的过程中因工作要求,需要在新的文档界面中进行文字的录入与编辑,此时需要新建文档。

1. 建立新的空白文档

（1）打开 Word 2010 文档，单击【文件】选项卡，选择【新建】菜单项，然后在【可用模板】区域中选择准备应用的模板，单击【创建】按钮，如图 4-12 所示。

（2）Word 2010 自动新建一个名字为"文档2"的空白文档，如图 4-13 所示。

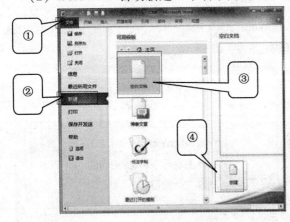

图 4-12　单击【创建】按钮

图 4-13　创建一个空白文档

2. 使用模板和向导创建新文档

如果我们要建立如信件、简历等有一定规范的文档，就可以使用 Word 2010 提供的模板和向导来创建。

（1）打开 Word 2010 文档，单击【文件】选项卡，选择【新建】菜单项，然后在【可用模板】区域中的【Office.com 模板】区域，单击选择准备应用的模板，例如【个人】模板，如图 4-14 所示。

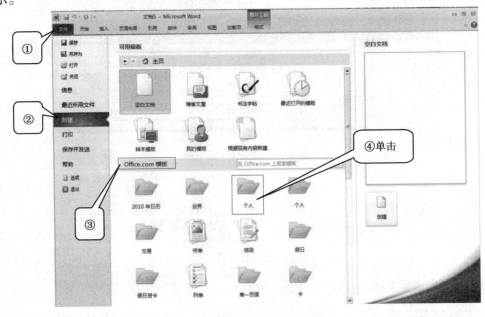

图 4-14　单击选择【个人】模板

（2）在【个人】模板区域，选择【简历】模板图标，单击【下载】按钮，开始下载，如图 4-15

所示。

（3）通过以上操作，即可创建新的文档，如图 4 - 16 所示。

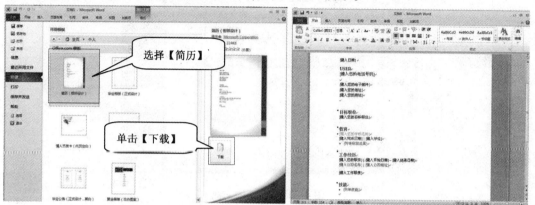

图 4 - 15　单击【下载】按钮　　　　　　图 4 - 16　创建【简历】文档

3. 使用已有文档创建新文档

（1）打开 Word 2010 文档，单击【文件】选项卡，选择【新建】菜单项，然后在【可用模板】区域中单击选择【根据现有内容新建】模板，如图 4 - 17 所示。

（2）在弹出的【根据现有内容新建】对话框中选择新建文档所基于的已有文档。在【文件名】栏输入已有文档名称，例如"微课理论"，如图 4 - 18 所示。如果要打开保存在其他文件夹中的文档，需先定位后再打开该文件夹。

（3）单击【新建】按钮。Word 2010 会创建一个基于已有文档的新文档，如图 4 - 19 所示。

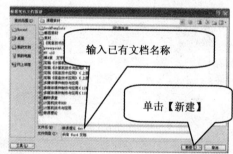

图 4 - 17　模板　　　　　　　图 4 - 18　【根据现有内容新建】对话框

①启动 Word 2010 后，按组合键【Ctrl + N】，可以快速新建一个空白文档。

②在【可用模板】区域双击准备创建的模板选项，也可快速新建一个基于该模板的空白文档。

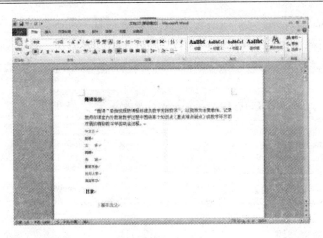

图 4 - 19 新建的文档

4.2.2 保存文档

在编辑的过程中,文档中的内容是保存在电脑内存中的。当文档编辑完成后,如果没被保存,在退出 Word 2010 后,文档中的内容将会丢失。因此,完成文档的编辑后,保存文档的操作是非常必要的。

(1)打开 Word 2010 文档,单击【文件】选项卡,在 Backstage 视图中选择【保存】菜单项,如图 4 - 20 所示。

图 4 - 20 【保存】文档   **图 4 - 21 【另存为】文档**

(2)打开【另存为】对话框,选择 Word 文档准备保存的位置,在【文件名】文本框中输入文档保存的名称,如输入【Doc6】,单击【保存】按钮即可,如图 4 - 21 所示。

4.2.3 文档的显示模式

Word 2010【视图】选项卡提供四种不同的功能区:文档视图、显示、显示比例和窗口。用户可以根据自己的不同需要来选择最适合自己的视图方式来显示文档。

1. 文档视图

(1)页面视图

页面视图可以查看与实际打印效果相同的文档。页面视图除能够显示文本的所有内容之外,还能显示页眉、页脚、脚注及批注等,适用于进行绘图、插入图表操作和一些排版操作,如图 4 - 22 所示。

（2）阅读版式视图

阅读版式视图的目标是增加可读性,文本是采用 Microsoft Clear Type 技术自动显示的。可以方便地增大或减小文本显示区域的尺寸,而不会影响文档中的字体大小,如图 4 - 23 所示。在阅读版式视图方式下,可以进行打印预览和打印,还可以在【视图选项】中设置文本字号大小、显示页数及边距设置等。

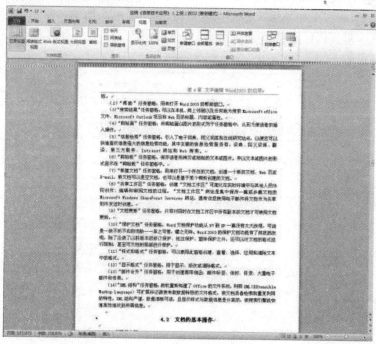

图 4 - 22　页面视图

图 4 - 23　阅读版式视图

（3）Web版式视图

Web版式视图用来创建Web页，它能够模仿Web浏览器来显示文档。在Web版式视图方式下，可以看到给Web文档添加的背景，文本将自动适应窗口的大小，如图4－24所示。

（4）大纲视图

在大纲视图中可以折叠文档，只查看标题或者展开文档，这样可以更好地查看整个文档的内容，移动、复制文字和重组文档都比较方便，如图4－25所示。单击【关闭大纲视图】按钮，可以返回原来文档显示状态。

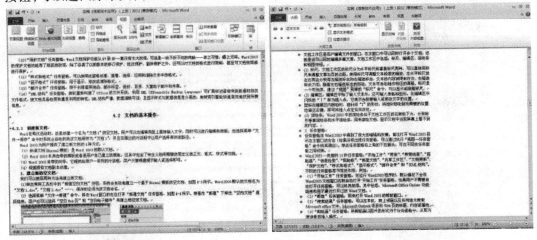

图4－24　Web版式视图　　　　　　　　　图4－25　大纲视图

（5）草稿视图

草稿是最常用的视图方式之一，可以完成大多数的文本输入和编辑工作，如图4－26所示。其突出的优点是对于输入、输出及滚动命令的迅速响应。

图4－26　草稿视图

在草稿方式中，可以显示字体、字号、字形、段落缩进以及行距等格式，Word可以连续显示正文,页与页之间用一条虚线表示分页符;节与节之间用双行虚线表示分节符,使文档阅读起来更连贯。缺点是只能将多栏显示成单栏格式,页眉、页脚、页号以及页边距等并不显示出来。

2.显示

在【显示】功能区可以通过选择复选框来设置【标尺】【网格线】以及打开【导航窗格】。在【导航窗格】中,可以按标题、页面以及通过搜索文本或对象来进行导航,如图 4－27 所示。

3.显示比例

在 Word 窗口中查看文档时,我们可以按照某种比例来放大或缩小显示比例。

选择【视图】→【显示比例】命令,出现如图 4－28 所示的【显示比例】对话框。在【显示比例】对话框中包括了七个【显示比例】单选框、一个【百分比】微调框、一个【显示器图标】和一个【预览】窗口。

图 4－27　【显示】

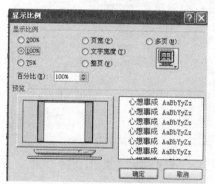

图 4－28　【显示比例】对话框

在【草稿】视图和【大纲视图】中,【整页】【多页】和【文字宽度】选项不能选。

在【Web 版式视图】中,【页宽】【整页】【多页】和【文字宽度】选项不能选。

在预览框可以显示设置的选项所产生的效果。

可以在【百分比】微调框中输入任何缩放比例。

单击显示器图标,将弹出一个列表,形象地演示要在当前的窗口中显示的页数。读者只需根据需要选择即可。

下面我们介绍【显示比例】对话框中的其他选项:

(1)【页宽】选项功能在于缩小或放大文档的显示内容,左右边界都在屏幕上显示出来。

(2)【文字宽度】选项功能在于缩小或放大文档的显示内容,使文字都能在屏幕上显示出来。

(3)【整页】选项功能在于缩小显示范围以保证页边距完全落在文档窗口之内。

(4)【多页】选项功能在于查看不止一页文档。单击下方的显示器按钮会出现网格,可以单击并拖动网格来确认希望在屏幕上一次能看到的页数。

4.窗口

在【窗口】功能区中包括【新建窗口】【全部重排】【拆分】【并排查看】和【切换窗口】功能选项。它们的作用如下:

【新建窗口】　打开一个包含当前文档视图的新窗口。

【全部重排】　在屏幕上并排平铺所有打开的程序窗口。

【拆分】 将当前窗口拆分为两部分,以便同时查看文档的不同部分。

【并排查看】 并排查看两个文档,以便比较其内容。

【切换窗口】 切换到当前打开的其他窗口。

4.2.4 关闭文档

Word 文档编辑完成并保存后,我们可以将文档关闭,这样可以提高电脑的运行速度。

(1)保存文档后,单击【文件】选项卡,选择【关闭】菜单项,如图 4-29 所示。

(2)通过以上操作,即可关闭 Word 文档,如图 4-30 所示。

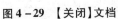

图 4-29 【关闭】文档　　　　　　　　图 4-30 【关闭】文档后窗口

4.2.5 打开文档

Word 文档写作完成后,如果想要再次查看或编辑电脑中保存的文档内容,可以将 Word 2010 再次打开。

1. 使用对话框打开文档

在打开 Word 2010 中,使用【打开】对话框可以快速打开文档。

(1)打开 Word 2010 程序,单击【文件】选项卡,选择【打开】菜单项,如图 4-31 所示。

(2)打开【打开】对话框,选择文件保存的位置,然后选择准备打开的文档,单击【打开】按钮,如图 4-32 所示。

(3)通过以上操作,即可打开 Word 文档。此时,文档中显示保存好的内容,如图 4-33 所示。

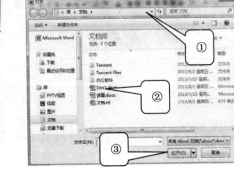

图 4-31 【打开】菜单项　　　　图 4-32 单击【打开】按钮　　　　图 4-33 【打开】文档

按组合键【Ctrl + O】,也可以打开【打开】对话框,在【打开】对话框中双击准备打开的文档,也可以将选中的文档打开。

2. 使用选项卡打开文档

在 Word 2010 中,如果准备打开的文档为最近使用过的文档,可以选择 Backstage 视图中的【最新所用文件】菜单项打开文档。

(1)打开 Word 2010 程序,单击【文件】选项卡,选择【最近所用文件】菜单项,然后选择准备打开的文档,如图 4 - 34 所示。

(2)通过以上操作,即可打开文档,如图 4 - 35 所示。

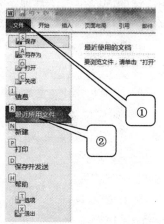
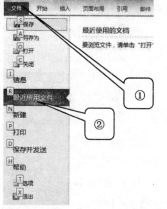

图 4 - 34　选择【最新使用文件】菜单项　　　图 4 - 35　【打开】文档

4.3　编 辑 文 本

在 Word 2010 中建立文档后,可以在其中输入并编辑文本内容,从而满足办公需求。本节将介绍编辑文本的操作方法,如选择文本、修改文本、查找与替换文本的操作方法。

4.3.1　选择文本

1. 鼠标选择文本方法

需要修改文本内容,首先要选中准备修改的文字。Word 2010 文档在选择文本方面提供了多种操作方法,而且简单易用,可以根据需要选择任意字、词、句子或者段落进行修改。

(1)选择任意文本　将光标定位在准备选择文字或文本的左侧或右侧,单击并拖动光标至准备选取文字或文本的右侧或左侧,此时选中部分将显示为淡蓝色,确认选中后,松开鼠标即可选中单个文字或某段文本。

(2)选择一行文本　移动鼠标指针到准备选择的某一行行首的空白处,待鼠标指针变成向右箭头形状时,单击即可选中该行文本。

(3)选择一段文本　将光标定位在准备选择的一段文本的任意位置,然后连续单击鼠标三次即可选中一段文本。

（4）选择整篇文本　将鼠标指针移动到文本左侧的空白处,待鼠标指针变成向右箭头形状时,连续单击鼠标左键三次即可选择整篇文档;将光标定位在文本左侧的空白处,待鼠标指针变成向右箭头形状时,按住【Ctrl】键不放的同时单击,即可选中整篇文档;将光标定位在准备选择整篇文档的任意位置,按组合键【Ctrl + A】即可选中整篇文档。

（5）选择词　将光标定位在准备选择词的位置,双击鼠标即可选择词。

（6）选择句子　按住【Ctrl】键的同时,单击准备选择的句子的任意位置即可选择句子。

（7）选择垂直文本　将光标定位在任意位置,然后按住【Alt】键的同时拖动鼠标指针到目标位置,即可选择某一垂直块文本。

（8）选择分散文本　选中一段文本后,按住【Ctrl】键的同时再选定其他不连续的文本,即可选定分散文本。

2. 键盘选择文本方法

通过鼠标和键盘的结合使用,可以有更多的方法选择文本,从而提高工作效率,熟练掌握这些操作方法可以更好更快地完成工作。下面介绍利用快捷键选择任意文本的操作方法。

（1）组合键【Shift + ↑】　选中光标所在位置至上一行对应位置处的文本。

（2）组合键【Shift + ↓】　选中光标所在位置至下一行对应位置处的文本。

（3）组合键【Shift + ←】　选中光标所在位置左侧的一个文字。

（4）组合键【Shift + →】　选中光标所在位置右侧的一个文字。

（5）组合键【Shift + Home】　选中光标所在位置全行首的文本。

（6）组合键【Shift + End】　选中光标所在位置至行尾的文本。

（7）组合键【Ctrl + Shift + Home】　选中光标所在位置至文本开头的文本。

（8）组合键【Ctrl + Shift + End】　选中光标所在位置至文本结尾处的文本。

4.3.2　修改文本

如果用户在输入文本时发生误操作,或者对已经输入的文字内容不满意,可以对文档进行修改,从而确保完成工作时的正确性。

（1）选中准备修改的内容,再选择使用的输入法,输入正确的文本内容,如图 4 - 36 所示。

（2）通过以上操作,即可在 Word 2010 中修改文本,如图 4 - 37 所示。

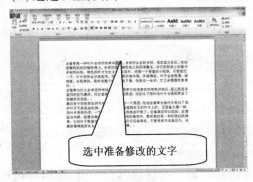

图 4 - 36　选中准备修改的文字

图 4 - 37　修改文本

4.3.3　查找与替换文本

在 Word 2010 中,通过查找与替换文本的功能可以快速查看或修改文本中的内容,还可以对文字、格式等进行相应的操作。如果文档中有大批量的相同内容需要修改,使用该功能可以节省修改文本的时间,提高效率。

1. 查找文本

使用查找文本功能可以在选中的行、句子、段落或整篇文档中,快速地查找指定的任意字符、词语和符号等内容。

(1)打开 Word 2010 文档,在导航窗格的【搜索】文本框中输入准备查找的文字内容,如图 4 - 38 所示。

(2)按【Enter】键,导航窗格中显示搜索结果,工作区中显示需要搜索文本所在的位置,如图 4 - 39 所示。

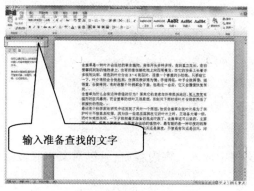

图 4 - 38　【搜索】文本框　　　　　　　　图 4 - 39　显示【搜索】结果

2. 替换文本

使用 Word 2010 编辑文本时,可以将查找到的内容替换为文字、词组等。

(1)打开 Word 2010 文档,选择【开始】选项卡,在【编辑】组中单击【编辑】按钮,选择【替换】菜单项,如图 4 - 40 所示。

(2)打开【查找和替换】对话框,单击【替换】选项卡,在【查找内容】文本框中输入准备替换的文本,在【替换为】文本框中输入需要替换的字或词,确认替换的内容无误后,单击【替换】按钮,如图 4 - 41 所示。

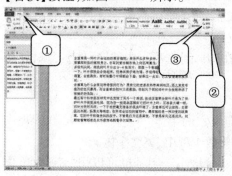
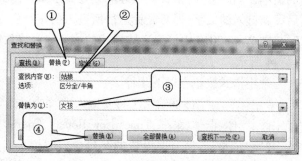

图 4 - 40　选择【替换】菜单项　　　　　　图 4 - 41　【查找和替换】对话框

（3）打开【Microsoft Word】对话框,执行替换文档的操作,单击【确定】按钮, 如图 4 – 42 所示。

（4）至此,即可完成文档中文本内容的替换,如图 4 – 43 所示。

图 4 – 42　单击【确定】按钮

图 4 – 43　文本替换完成

4.4　设置文档格式

Word 2010 具有强大的文本编辑功能,在文档中输入文字内容后,可以对文本和段落格式进行设置,从而满足工作的需求。

4.4.1　设置字符格式

字符是指字母、汉字、数字和各种符号,用 Normal 模板建立的文档设置了字符的默认格式:中文为宋体,英文为 Times New Roman 字体,大小为五号字,字符缩放为 100%;段落对齐方式为两端对齐;默认的制表位为 0.75 厘米;纸张大小为 A4,上下页边距均为 2.54 厘米,左右页边距均为 3.17 厘米等。

字符的格式化主要包括:改变字体、字号、字形;设置字体颜色、字符间距、文字修饰效果;给文本加边框、加底纹;字符缩放;更改字符大小写;动态文字效果。

对字符的格式化可以使用功能区按钮命令来完成。操作方法一般是先选定要格式化的文本,然后再进行格式化处理。当设置了某种格式后,如果不做新的定义,该格式将用于后续新键入的文字,即对光标之后所键入的字符有效。

在 Word 2010 中设置字体格式的按钮命令均放在【开始】选项卡内的【字体】区域,如图 4 – 44 所示。

常用格式按钮有以下几种。

"字体"框:字体框给出了将要键入字符或已选定文本的字体。中文 Word 2010 中提供了宋体、黑体、楷体、隶书、Times New Roman、Courier 等数十种中、英文字体。

"字号"框:在字号框设置的字号中,初号最大,八号最小。字号也可以用"磅"为单位(列表中省略了"磅"字)表示,1 磅 = 1/72 英寸。72 磅最大,5 磅最小(相当于八号字),10.5 磅相当于五号字。也可在字号框中输入数值来得到列表框中未列出的非常用字号。

 3 个按钮：单击这些按钮可使选定的或将要键入的文字分别以加粗、倾斜、下画线显示，再次单击对应的按钮将取消设置。

 3 个按钮：依次为加边框、加底纹、加字符颜色。

 按钮：增大字号和减小字号。

 按钮：清除所选内容的所有格式，只留下纯文本。

下面以设置字体、字号和字体颜色为例，学习字体格式的设置方法。

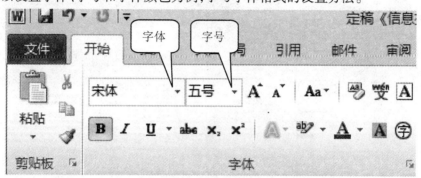

图 4 - 44　【字体】区域设置文本格式按钮

1.设置字体

（1）打开 Word 2010 文档，选中准备进行字体格式设置的文本内容，单击【开始】选项卡，在【字体】组中单击【字体】下拉按钮，在弹出的下拉菜单中选择准备使用的字体，如图 4 - 45 所示。

（2）通过以上操作，即可完成字体格式的设置，效果如图 4 - 46 所示。

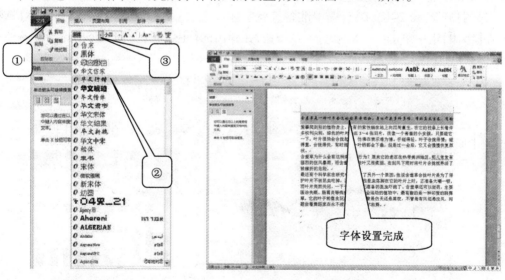

图 4 - 45　选择字体　　　　　　　　**图 4 - 46　字体设置完成**

2.设置字号

字号是指文档中显示文字的大小，由于 Word 文档的所见即所得，因此设置的字号大小也是文档印刷后所显示的效果。

（1）打开 Word 2010 文档,选中准备进行字号大小设置的文本内容,单击【开始】选项卡,在【字体】组的【字号】下拉列表框中选择准备使用的字号,如图 4 – 47 所示。

（2）通过以上操作,即可完成字号的设置,效果如图 4 – 48 所示。

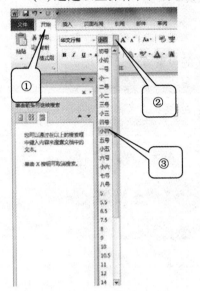

图 4 – 47　选择【字号】

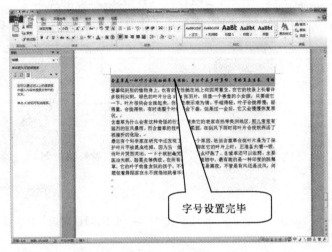

图 4 – 48　【字号】设置完成后效果

3. 设置字体颜色

在 Word 2010 文档中,默认的字体颜色被自动设置为黑色。在日常工作中,可以根据实际的需要和喜好设置字体颜色。

（1）打开 Word 2010 文档,选中准备进行字体颜色设置的文本内容,单击【开始】选项卡,在【字体】组中单击【字体颜色】下拉按钮,在弹出的【主题颜色】列表框中选择准备使用的字体颜色,如图 4 – 49 所示。

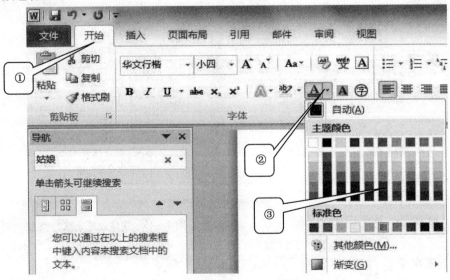

图 4 – 49　选择【字体颜色】

（2）通过以上操作，即可完成字体颜色的设置，效果如图 4 – 50 所示。

4. 设置字体格式

（1）对字体格式设置可以在【字体】对话框中完成。具体方法是，单击【开始】选项卡中【字体】功能区右下角的图标按钮【 ⬚ 】打开【字体】对话框，在【字体】选项卡内设置字体格式，如图 4 –51 所示。

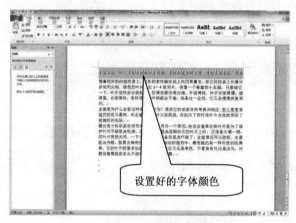

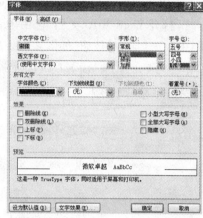

图 4 – 50　【字体颜色】设置完成　　　　图 4 – 51　【字体】对话框

（2）使用格式刷复制格式。使用【开始】选项卡【剪贴板】功能区的【 ▱ 格式刷】按钮，可将一个文本的格式（如字号和颜色）复制到另一个文本上。例如，要使对象 B 也具有与对象 A 相同的格式，除了为对象 B 重复实施对象 A 的格式化设置外，还可以使用格式刷工具直接把对象 A 的格式复制给对象 B。这将极大地提高工作效率。具体操作如下：

①选定带有要复制格式的文本或将插入点定位在此文本上（对象 A）。

②单击【格式刷】按钮，指针变成为" ▱ I"形状（蘸取了对象 A 的格式）。

③在想要设置格式的文本上拖动格式刷（刷过对象 B），松开鼠标后，格式复制完毕。

若要将选定的格式复制到多个文本上，可双击【格式刷】按钮，完成格式复制后，再次单击该按钮即可。

4.4.2　设置段落格式

在 Word 2010 文档中，对文本的编辑往往都是以段落为单位进行的，利用 Word 2010 文档强大的排版设计功能，用户可以对文档中的段落进行多种格式上的设置。

段落是字符、对象（如图形和公式）或其他项目的集合。段落的外观取决于段落的格式设置，如对齐与缩进、行距与段距等。如果要对一个段落设置格式，只需将插入点置于该段落之内。倘若要对多个段落操作，首先应该选定这些段落。

1. 设置段落的对齐格式

这里的对齐方式是指段落中的文本或其他内容在页面水平方向上的对齐形式。段落的对齐方式有五种：左对齐、两端对齐、居中、右对齐和分散对齐。在【段落】中设置了五个相应的对齐按钮，默认的对齐方式为两端对齐。

左对齐：文本沿左页边距对齐，右边不齐。

两端对齐：将所选段落（除末行外）的左、右两边同时对齐。

居中：使文本或其他对象居中显示，一般用于标题或表格内的内容居中对齐。

右对齐：文本沿右页边距对齐，左边不齐。常用于文章末单位名称、日期的格式中。

分散对齐：使正文沿页的左右页边距在一行中均匀分布。

两端对齐与分散对齐对于英文文本，前者以单词为单位，自动调整单词间空格的大小；而后者以字符为单位，均匀地分布。对于中文文本，除每个段落的最后一行外，效果相似。

下面以将段落设置为居中对齐为例，介绍设置段落对齐格式的操作方法。

（1）打开 Word 2010 文档，选中准备设置段落的文本内容，单击【开始】选项卡，在【段落】组中单击【居中】按钮，如图 4 – 52 所示。

图 4 – 52　单击【居中】按钮

（2）通过以上操作，即可将段落以居中对齐方式显示，如图 4 – 53 所示。

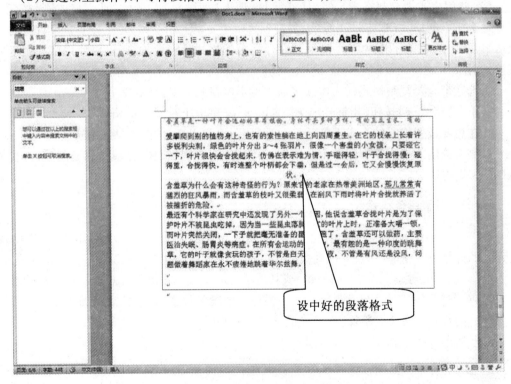

图 4 – 53　设置【居中】后效果

在 Word 2010 中，利用组合键也可以进行段落对齐方式的设置：

①组合键【Ctrl + L】：可以设置段落文本左对齐。

②组合键【Ctrl + E】:可以设置段落文本居中对齐。

③组合键【Ctrl + R】:可以设置段落文本右对齐。

④组合键【Ctrl + J】:可以设置段落文本两端对齐。

⑤组合键【Ctrl + Shift + L】:可以设置段落文本分散对齐。

2.设置段落的缩进

段落的缩进形式一般有两种:首行缩进形式(如首行空两个汉字)和悬挂缩进形式(图 4 - 54)。通过水平标尺、按钮命令可以调整段落的缩进。

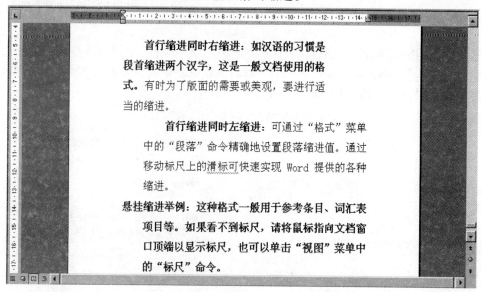

图 4 - 54　【首行缩进】和【悬挂缩进】效果

(1)使用缩进标记

在水平标尺上有四个缩进标记:左缩进、悬挂缩进、首行缩进和右缩进,见图 4 - 55 所示。这些缩进标记显示了当前段落的缩进情况。拖动缩进标记可以设置段落的缩进量。

图 4 - 55　水平标尺的缩进标记

①首行缩进:拖动此标记,可以控制当前段落中第一行第一个字的起始位置。

②悬挂缩进:形状为正三角形,可以控制段落中首行以外的其他行的起始位置。

③左缩进:形状为矩形,控制段落左边界缩进的位置。

④右缩进:拖动该标记,控制段落右边界缩进的位置。

利用标尺缩进段落的方法为,先选中欲进行缩进的段落,将相应的缩进标记拖动到合适的位置,就会使选定段落的缩进随缩进标记的移动而调整。

(2)使用【段落】功能区按钮

在【段落】功能区(图 4 - 52)有两个缩进工具按钮:【增加缩进量】按钮█和【减少缩进

量】按钮██。单击其中的一个按钮,段落即相应地增加或减少一个缩进量。缩进量的默认值是一个制表位的值(默认为0.74厘米),可以通过调整制表位的值来调整该值。

(3)使用【段落】对话框

利用【段落】对话框设置段落缩进的方法如下:

①首先选定要进行缩进的段落,在【开始】选项卡中的【段落】功能区,单击【行和段落间距】按钮██右边的下三角形,打开【行距选择】下拉列表,如图4-56所示。

②单击选择【行距选项】按钮,在打开的【段落】对话框中,选择【缩进和间距】选项卡,如图4-57所示;也可以直接单击【段落】区域右下角的图标按钮【██】,打开【段落】对话框。

③在【特殊格式】框的下拉列表中选择缩进类型,然后在【缩进】栏中输入左缩进或右缩进的值,在【磅值】框中确定一个缩进的值。这时从预览框中可以看到设置的效果。当对缩进量设置满意时,单击【确定】按钮。

要取消选定段落的缩进,只需在【特殊格式】框中选择"无"选项。

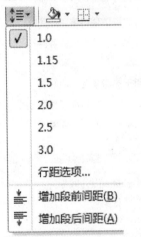

图4-56 【行距选择】下拉列表

图4-57 【段落】对话框

3.设置行和段落的间距

在Word 2010中文版中,【行和段落间距】按钮██放置在【段落】功能区。单击该按钮右边的下三角按钮,会弹出一个【行距选择】下拉列表(图4-56)。

两行之间的距离称为行间距,系统默认设置是1倍行距。在【行距选择】下拉列表中可以选择所需的行距大小。两个段落之间的距离为段间距,段间距又可分为段前与段后两种间距。

如果在【行距选择】下拉列表中没有所需的行距,选择【行距选项】,将打开【段落】对话框的【缩进和间距】选项卡(图4-57)。在对话框中有一个【间距】选项组,可以设置段落和行的间距。在【间距】选项组中,【段前】和【段后】两个微调框用于设置段前的间距和段后的间距,通常只需设置其中一个。【行距】下拉列表框和【设置值】微调框,可用来设置各种行距。

(1)打开Word 2010文档,选中准备设置段落行距的文本内容,单击【开始】选项卡,在【段落】组中单击【行和段落间距】按钮,在弹出的下拉菜单中选择准备使用的行间距,如图4-58所示。

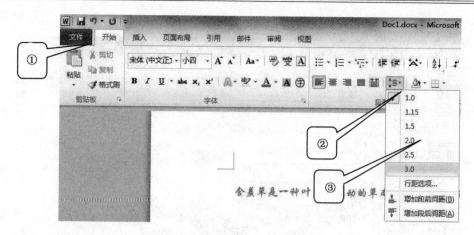

图 4 - 58　设置【行和段落间距】

（2）通过以上操作，即可完成段落行间距的设置，效果如图 4 - 59 所示。

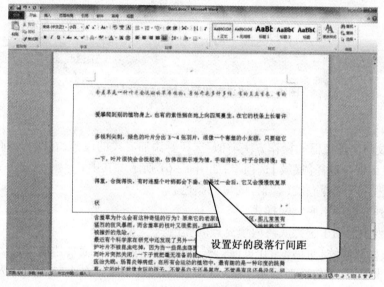

图 4 - 59　设置完成的段落行间距效果

4. 添加边框和底纹

通过为段落添加边框和底纹，可以达到一些特殊的效果。

（1）添加边框

为段落添加边框的操作方法如下：

选定要添加边框的段落，在【开始】选项卡中的【段落】功能区单击【边框和底纹】按钮，在打开【边框和底纹】对话框中选择【边框】选项卡，如图 4 - 60 所示。其中：

【设置】框用于选择边框的形式，要取消边框线选择【无】。若选择【自定义】，可以在【预览】框的四个边框线中，任意选择边线。

【样式】【颜色】【宽度】列表框分别用于选择边框线的外观效果。

【应用于】列表框中给出边框要应用的范围，若选择【文字】可以为字符设置边框。

【选项】按钮用来设置边框线与框内段落的距离。调整段落的缩进，可以使边框宽窄变化。

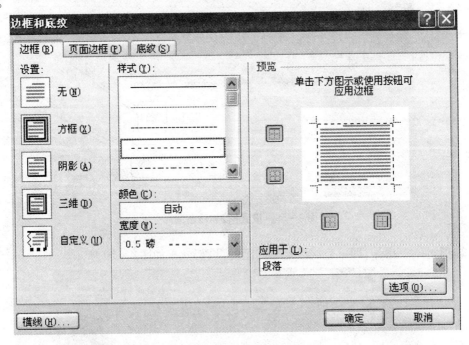

图 4 – 60　【边框和底纹】对话框之【边框】

（2）添加底纹

添加底纹与添加边框的操作方法类似：选择要添加底纹的段落，在图 4 – 60 所示的【边框和底纹】对话框中选择【底纹】选项卡，如图 4 – 61 所示。其中：

【填充】框用于选择底纹（背景）的填充颜色。

【样式】列表框给出底纹的样式。

【颜色】列表框用于选择底纹内填充点的颜色。

利用【边框和底纹】对话框的【页面边框】选项卡，可以给页面加边框。选项卡中增加了【艺术型】列表框，可以为页面添加丰富多彩的图形边框。操作方法与【边框】选项卡相似。

给段落设置边框和底纹后的文档效果如图 4 – 62 所示。

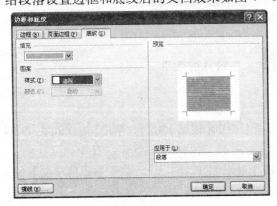

图 4 – 61　【边框和底纹】对话框之【底纹】

图 4 – 62　加【边框和底纹】后效果

4.4.3　项目符号和编号

在一些段落前加上醒目的符号或编号,可以使文章更易于阅读和理解;也可以创建具有不同缩进层次的多级列表。它对于像提纲、法律和技术性的文档是很有用的。

1. 添加编号与项目符号

【开始】选项卡【段落】功能区上有【编号 ≡】按钮和【项目符号 ≡】按钮,使用这两个按钮,可以为选定的段落添加项目或项目符号。当该段落结束按回车键后,就自动产生下一个段落编号或项目符号。若一个段落编号或项目符号要占多个自然段落,可在段落结束时,通过【Shift + Enter】组合键实现。对于已建立的编号或项目符号,也可以按相应的按钮进行转换。

在已设置编号的文本中若插入或删除了段落,编号将自动调整。假若对编号或项目符号的形式不满意,还可以使用菜单命令予以更改。

2. 更改编号与项目符号

首先选定要改变编号或项目符号的段落,在【开始】选项卡【段落】功能区,单击【编号 ≡】按钮右侧的下拉箭头,打开下拉菜单(图 4 – 63);或单击【项目符号 ≡】按钮右侧的下拉箭头,打开下拉菜单(图 4 – 64)。

图 4 – 63　【编号】下拉菜单

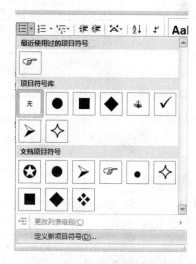

图 4 – 64　【项目符号】下拉菜单

(1)更改编号形式

在【编号】下拉菜单中选择合适的编号类型,若对列表中的类型不满意,还可单击【自定义编号格式】菜单项,打开【定义新编号格式】对话框图 4 – 65,根据需要进一步选择。按【确定】按钮后,选定的段落前将出现顺序排列的编号。

(2)更改项目符号形式

若对【项目符号】下拉菜单中提供的符号不满意,单击【定义新项目符号】菜单项(图 4 – 66),打开【定义新项目符号】对话框,单击【符号】按钮,在打开的【符号】对话框(图 4 – 67)中选择需要的符号,按【确定】按钮完成设置。

在【定义新项目符号】对话框中,【对齐方式】可以设置符号【左对齐】【居中】和【右对齐】位置;在预览窗口中可见设置的效果;【字体】按钮用于选择不同的字体来显示符号。

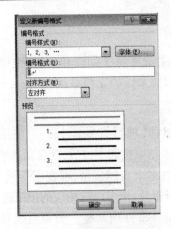

图 4 – 65　【定义新编号格式】

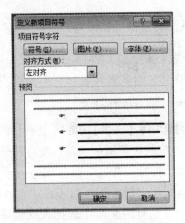

图 4 – 66　【定义新项目符号】

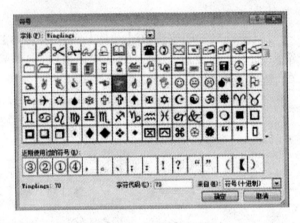

图 4 – 67　【符号】对话框

3. 自动创建项目符号

Word 提供了在输入时自动产生项目符号功能：

在输入文本前,先输入一个"＊"或一两个连字符"－",后跟一个空格或制表符,然后再输入文本,当按回车键时,Word 自动将该段落转换为项目符号列表,星号转换成黑色的圆点;一个连字符将转换为"—";两个连字符将转换为黑色的方点。

4.5　图文混排

除了一般意义上文字的排版编辑,Word 2010 文档还具有强大的图文混排功能,在文档中可以插入图片、剪贴画、艺术字、形状和 SmartArt 图形等,通过使用这些对象,可以让 Word 文档更加美观。

4.5.1　插入图片

1. 插入图片

(1)打开 Word 2010 文档,将光标定位在准备插入图片的位置,单击【插入】选项卡,在

【插图】组中单击【图片】按钮,如图 4 - 68 所示。

　　(2)打开【插入图片】对话框,在【位置】下拉列表框中选择图片所在的路径,再选择准备插入文档的图片(玫瑰花),单击【插入】按钮,如图 4 - 69 所示。

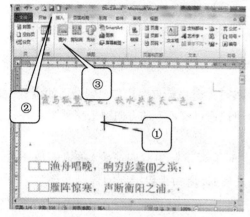

图 4 - 68　插入【图片】设置　　　　　　　　　　**图 4 - 69　插入【图片】玫瑰花**

　　(3)通过以上操作,即可在 Word 2010 文档中插入图片,如图 4 - 70 所示。

图 4 - 70　插入玫瑰花图片后效果

　　在【插入图片】对话框中双击准备插入的图片,也可以在文档中完成插入图片。

2. 编辑图片

　　对插入图片的位置和大小可以重新进行调整。要调整图片,必须先激活它,用鼠标单击图片上的任意位置,使图片四周出现小方框(也称控制点),图片就处于激活状态。

　　首先激活要编辑的图片,打开【图片工具格式】选项卡,如图 4 - 71 所示,再根据编辑需要选择功能组,单击相关功能按钮进行编辑。

图4-71　【图片工具格式】选项卡

（1）移动图片位置

当鼠标指针移到图片上变成四个箭头形状时，按住左键拖动将图片移动到合适的位置，如果在拖动的同时按住【Alt】键，可以精确地移动；也可以通过键盘上的方向键来移动图片。

（2）缩放图片

激活图片后，用鼠标左键拖动图片控制点（此时鼠标指针为双向箭头）可以缩放图片。拖动图片4个顶点的控制点，使图片保持长宽比例缩放；拖动4边中间的控制点缩放，将改变图片的长宽比例。

（3）裁剪图片

单击【图片工具格式】选项卡中【大小】组的【裁剪】按钮，同缩放图片一样拖动图片控制点可以进行图片裁剪。裁剪图片可以将图片中的一部分裁剪掉。

（4）设置文字环绕方式

Word 2010 提供了多种文字环绕方式，默认的文字环绕方式为【嵌入型】。经常使用的还有【四周型环绕】【紧密型环绕】【衬于文字下方】和【浮于文字上方】等几种方式。更改文字环绕方式的操作方法如下：

①激活要设置文字环绕的图片，单击【图片工具格式】选项卡【大小】组右下角图标按钮【 】，打开【布局】对话框，如图4-72所示。

②在【布局】对话框中选择【文字环绕】选项卡，在环绕方式列表中选择一种环绕形式即可。

也可以在【图片工具格式】选项卡【排列】组中，单击【位置】按钮打开下拉菜单，在【文字环绕】列表中进行选择。如图4-73所示的是几种文字环绕方式的环绕效果示例图。

图4-72　【布局】对话框

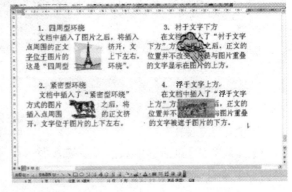

图4-73　环绕效果示例

（5）设置图片样式

Word 2010 提供了多种图片样式，可以改变图片的亮度、颜色、艺术效果等。下面以图4-74为例学习图片样式的设置。

激活图片(图 4 - 74)打开【图片工具格式】选项卡,在【图片样式】功能区单击选择一种样式,如图 4 - 76 所示。设置样式后示例图片效果如图 4 - 75 所示。

图 4 - 74　示例图片

图 4 - 75　设置样式后示例图片

还可以单击【图片样式】区域右下角的按钮【 ▣ 】(图 4 - 76),打开【设置图片格式】对话框进行更丰富的设置。如选择【艺术效果】按钮,打开【艺术效果】窗口,可以看到对图片艺术效果的各种设置,如图 4 - 77 所示。

图 4 - 76　【图片样式】

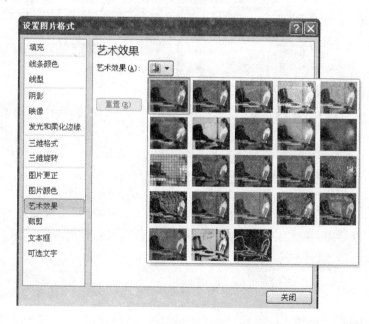

图 4 - 77　【设置图片格式】之【艺术效果】

3.复制与删除图片

在图片被激活的状态下,除了可以设置图片格式,还可以进行图片的复制与删除操作。

(1)复制图片

在图片上单击鼠标右键,在弹出的快捷菜单中,选择【复制】命令,再将鼠标光标放置在要复制的目的地单击右键,在快捷菜单中选择【粘贴】命令即可;也可以选中【开始】选项卡,在【剪贴板】组中执行【复制】→【粘贴】命令。

(2)删除图片

如果认为插入的图片不合适,也可以进行删除。首先单击图片使其处于激活状态,再按【Delete】键即可。

4.5.2　插入剪贴画

在 Word 2010 文档中还可以插入剪贴画,包括插图、照片、视频和音频等。

(1)打开 Word 2010 文档,将光标定位在准备插入剪贴画的位置,单击【插入】选项卡,在【插图】组中单击【剪贴画】按钮,如图 4 – 78 所示。

(2)打开【剪贴画】任务窗格,在【搜索文字】文本框中输入准备插入剪贴画的关键字,如输入【国旗】,单击【搜索】按钮,如图 4 – 79 所示。

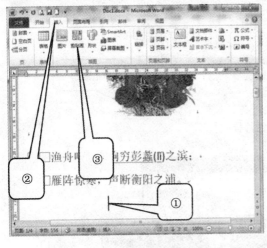
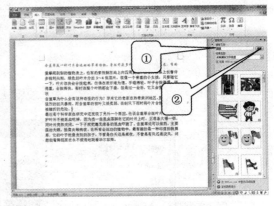

图 4 –78　插入【剪贴画】设置　　　　　图 4 –79　【搜索】剪贴画【国旗】

(3)此时,下方列表框中显示搜索到的图片,单击准备插入剪贴画缩略图右侧的箭头,在弹出的菜单中选择【插入】菜单项,如图 4 – 80 所示。

(4)通过以上操作,即可在 Word 2010 文档中插入剪贴画,如图 4 – 81 所示。

对剪贴画的编辑,与对图片的编辑方法完全相同。除了使用【设置图片格式】对话框进行编辑外,还可以使用右键快捷菜单的命令来完成对剪贴画的编辑。

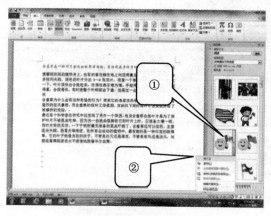
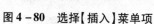

图 4 - 80　选择【插入】菜单项

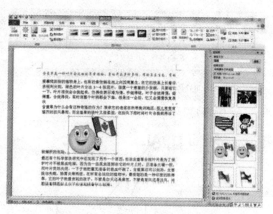

图 4 - 81　插入【剪贴画】后效果

4.5.3　插入艺术字

1. 插入艺术字

艺术字是经过专业的字体设计师艺术加工的汉字变形字体,具有美观有趣、醒目张扬等特性。

（1）打开 Word 2010 文档,将光标定位在准备插入艺术字的位置,单击【插入】选项卡,在【文本】组中单击【艺术字】按钮,如图 4 - 82 所示。

（2）打开【艺术字】库,在其中选择准备应用的艺术字字体和样式,如图 4 - 83 所示。

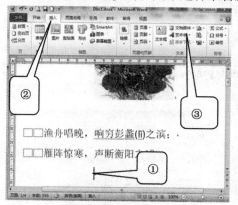

图 4 - 82　插入【艺术字】设置

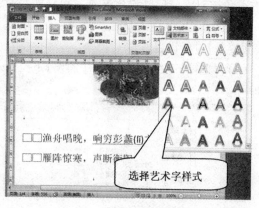

图 4 - 83　选择【艺术字】样式

（3）文档中出现输入艺术字内容的文本框,选择合适的输入法,在文本框输入准备应用的文字,如图 4 - 84 所示。

（4）通过以上操作,即可在 Word 2010 文档中插入艺术字,效果如图 4 - 85 所示。

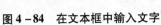

图4－84　在文本框中输入文字

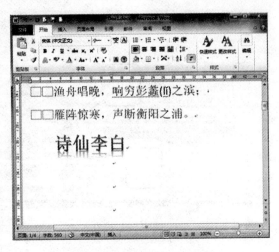

图4－85　插入艺术字效果

2. 编辑艺术字

如果对插入的艺术字不太满意,还可以对其进行编辑,直到满意为止。具体操作步骤如下:

(1)选中要编辑的艺术字,如图4－85中的"诗仙李白"。

(2)选择【绘图工具】【格式】选项卡,在【艺术字样式】组中可以根据需要选择【快速样式】【文本填充】【文本轮廓】和【文字效果】菜单命令进行编辑;还可以点击【艺术字样式】组中右下角按钮▢,打开【设置文本效果格式】对话框。

(3)选择【三维格式】项,如图4－86所示。在右侧窗口对【棱台】【深度】【轮廓线】和【表面效果】进行设置。

(4)再选择【三维旋转】项中【预设】下拉列表的【透视】效果(图4－87),单击【关闭】按钮即可。

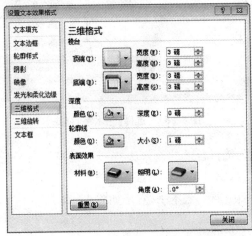

图4－86　【设置文本效果格式】对话框之【三维格式】

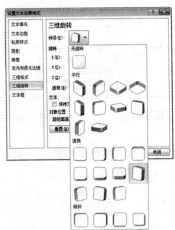

图4－87　【三维旋转】

(5)如果还想获得更丰富的变化,可单击【格式】选项卡【艺术字样式】组中的【文字效

果】按钮,在下拉菜单中选择【转换】菜单项,在下一级子菜单中选择需要的样式(图 4 -
88)。

(6)如选择【弯曲】组中的选项即可看到艺术字的效果,如图 4 - 89 所示。

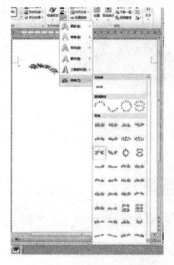

图 4 - 88　【文字效果】菜单　　　　　　图 4 - 89　编辑后的艺术字效果

4.5.4　插入图形

1. 插入形状

选择【插入】选项卡,在【插图】组中单击【形状】按钮🔲,在下拉菜单中可以插入【线条】
【矩形】【基本形状】【箭头总汇】【公式形状】【流程图】【星与旗帜】和【标注】等形状。

以插入【标注】为例,介绍插入形状的步骤:

(1)先将光标定位在要插入形状的位置,然后在【插入】选项卡【插图】组中单击【形状】
按钮,弹出下拉菜单,如图 4 - 90 所示。

(2)在下拉菜单中选择【标注】项,从中选择需要的图形,此时光标变成"十"字形状,拖
动鼠标在文档中画出所选的【标注】形状,如图 4 - 91 所示。

(3)单击标注形状内部,可以输入标注文字如"插入艺术字",如图 4 - 92 所示。

(4)选中标注形状后,在弹出的【绘图工具】|【格式】选项卡中,可以根据需要选择【形
状样式】组的【形状填充】【形状轮廓】和【形状效果】来对标注形状进行格式设置与修改,如
图 4 - 93 所示。

还可以在标注形状上单击鼠标右键,弹出快捷菜单,选择【设置形状格式】菜单项,打开
【设置形状格式】对话框,如图 4 - 94 所示。在对话框中选择需要修改的选项进行格式设置
即可。

如选择【填充】项中的【图片或纹理填充】单选项,这时对话框标题变成【设置图片格
式】,如图 4 - 95 所示。

图 4-90　形状下拉菜单　　　　　图 4-91　插入【标注】形状

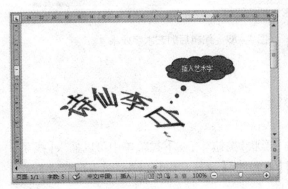

图 4-92　输入"插入艺术字"　　　　图 4-93　修改标注格式

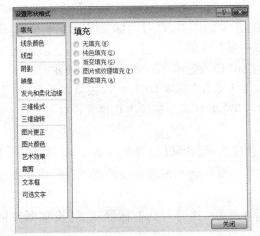

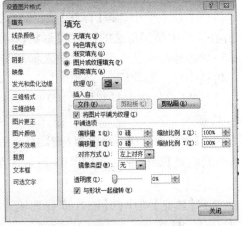

图 4-94　【设置形状格式】对话框　　　图 4-95　【设置图片格式】之【纹理】

　　单击【纹理】右侧的下拉箭头,在下拉列表框中选择"水滴"纹理图案,如图 4-96 所示。单击【关闭】按钮,完成设置,效果如图 4-97 所示。

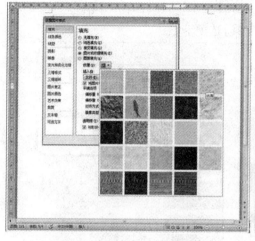
图 4 - 96 选择【水滴】纹理

图 4 - 97 填充【水滴】纹理后效果

2. 插入 SmartArt 图形

SmartArt 图形是信息和观点的视觉表示形式,可以通过从多种不同布局中进行选择来创建,从而快速、轻松、有效地传达信息。具体操作步骤如下:

(1)将光标定位在要插入 SmartArt 图形的位置,单击【插入】选项卡【插图】组的【SmartArt】按钮,弹出【选择 SmartArt 图形】对话框,如图 4 - 98 所示。其中包括下列类型:

【列表】用来显示无序信息间的关系;

【流程】用来在流程或时间线中显示步骤;

【循环】用来显示连续的流程;

【层次结构】用来创建组织结构图;

【关系】用来对连接进行图解;

【矩阵】用来显示各部分如何与整体关联;

【棱锥图】用来显示与顶部或底部最大一部分之间的比例关系;

【图片】用来使用图片传达或强调内容。

每个类型中又包含若干不同布局。

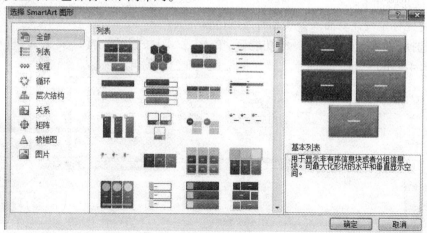
图 4 - 98 【选择 SmartArt 图形】对话框

（2）在对话框中可以选择需要的类型和布局,单击【确定】按钮,即在文档中插入了如图4－99所示的 SmartArt 图形,同时弹出【SmartArt 工具】选项卡。

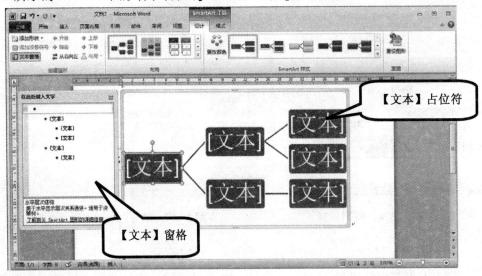

图 4－99　插入 SmartArt 图形

（3）在【文本】窗格中按顺序输入相关文字;或者在 SmartArt 图形中的占位符【文本】位置直接输入文字。然后,在文档其他位置单击鼠标即可完成。

（4）如果要对 SmartArt 图形进行编辑,可以在【SmartArt 工具】|【设计】选项卡中选择【布局】【SmartArt 样式】等功能区命令来更改布局或颜色;在【SmartArt 工具】|【格式】选项卡中选择【形状样式】【艺术字样式】等功能区相关命令来对 SmartArt 图形的外观和文字进行格式设置。

4.5.6　插入公式和符号

在创建有关自然科学方面的文档时,经常需要输入各种公式和符号,Word 2010 提供了非常方便的输入公式和符号的功能,从简单的求和公式到复杂的矩阵运算公式都可以轻松完成。具体步骤如下:

（1）将光标定位在要插入公式和符号的位置。

（2）选择【插入】选项卡【符号】功能区,单击【公式】按钮,弹出【公式工具】|【格式】选项卡,如图4－100所示。此时在文档光标位置出现公式编辑区。

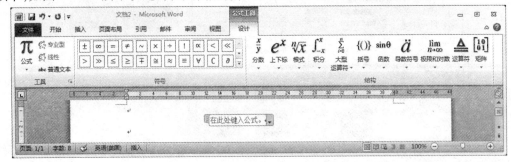

图 4－100　【公式工具】|【格式】选项卡

（3）在公式编辑区输入公式，然后在文档其他位置单击鼠标即可，如图 4 – 101 所示。

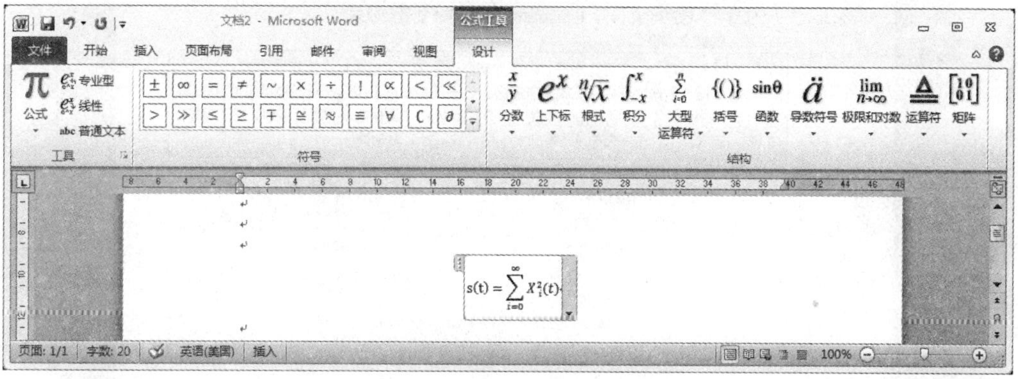

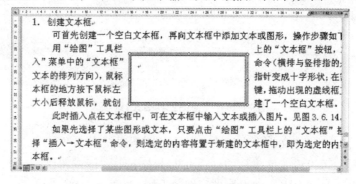

图 4 – 101　输入公式

提示：在输入公式过程中，使用【公式工具】|【格式】选项卡中【结构】组各功能按钮的下拉菜单选项，可以选择各种布局方便地输入复杂的公式。

4.5.7　插入文本框

要使图形和文字进行混排，就要用到文本框。文本框如同一个容器，文档中的任何内容，不论是文字、表格、图片或者是它们的混合物，只要被装进了这个容器，就可以像对图形操作一样，进行移动、缩放、设置文字环绕等。

在对文本框进行编排时，应在页面视图下工作才能看到效果。

1. 创建文本框

可首先创建一个空白文本框，再向文本框中添加文本或图形，操作步骤如下：

在【插入】选项卡中【文本】功能区，单击【文本框】按钮打开下拉菜单栏，选择【绘制文本框】命令，鼠标指针变成"十"字形状；在需要插入文本框的地方按下鼠标左键，拖动出现的虚线框直到所需的大小后释放鼠标，就创建了一个空白文本框。

此时插入点在文本框中，可在文本框中输入文本或插入图片，如图 4 – 102 所示。

图 4 – 102　创建空白文本框

如果先选择了某些图形或文本，只要选择【插入】→【文本】→【文本框】→【绘制文本框】命令，则选定的内容将置于新建的文本框中，即为选定的内容建立了文本框。如图4 – 103所示。

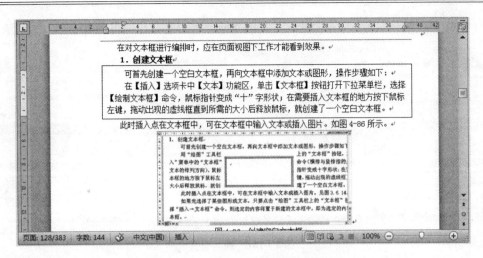

图4-103　为选定的内容建立文本框

2. 编辑文本框

Word 以图形对象的方式处理文本框,因此对文本框的编辑操作与图形类似,见表4-1。

表4-1　文本框编辑操作

编辑	操作
选中文本框	指针移到文本框内部单击时,出现8个控制点
缩放文本框	选中文本框,向内或外拖动控制点
移动文本框	指针移到文本框边缘上,变为"✦"时,单击拖动鼠标到所需位置
删除文本框及内容	选中文本框后按【Delete】键即可(将文本框及其中的内容全部删除)

选中要编辑的文本框的同时,会在标题栏处弹出【绘图工具格式】选项卡,如图4-104所示。其中:

图4-104　【绘图工具格式】选项卡

【插入形状】　可以在文本框中插入各种形状图形以及文本框。

【形状样式】　可以设置文本框的外观。单击右下角图标按钮【▣】,打开【设置形状格式】对话框,可以在对话框中对文本框进行细致设置,如图4-105所示。

【艺术字样式】　单击右下角图标按钮【▣】,打开【设置文本效果格式】对话框,单击其中的【文本框】按钮,在出现的【文本框】窗口中对文本框进行细致设置,如图4-106所示。

【文本】　可以设置文本框中文字方向、文本对齐方式以及创建链接。

【排列】　可以设置文本框在文档中的位置、文字环绕的布局以及大小的调整等。

图 4 - 105　【设置形状格式】对话框

图 4 - 106　【设置文本效果格式】对话框

提示:对图形或艺术字的编辑功能在【设置形状格式】对话框和【设置文本效果格式】对话框中基本都能找到。选择相关的功能按钮便可以为插入的【图形】或【艺术字】设置格式。

4.5.8　插入 Excel 工作表和图表

在 Word 文档中可以插入 Excel 工作表和图表,具体方法如下:

1. 插入 Excel 工作表

(1)执行【插入】→【文本】→【对象】命令,打开【对象】对话框,如图 4 - 107 所示。

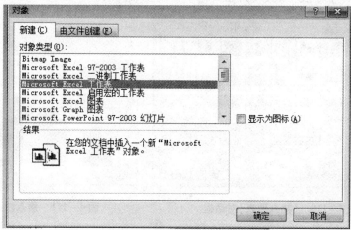

图 4 - 107　【对象】对话框

(2)在【对象】对话框中,选择 Microsoft Excel 工作表,单击【确定】按钮,这时在文档中会插入一个 Excel 工作表,双击工作表可以激活成编辑状态,在表中输入数据,如图 4 - 108 所示。

(3)输入数据后,用鼠标单击文档任意处,退出编辑状态,这时在文档中显示一个 Excel 工作表,如图 4 - 109 所示。

	A	B	C	D	E	F
1		数据1	数据2	数据3		
2	产品A	4	8	12		
3	产品B	7	10	8		
4	产品C	6	9	13		
5						

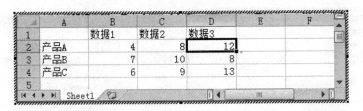

图 4 – 108　激活状态的工作表

	数据1	数据2	数据3		
产品A	4	8	12		
产品B	7	10	8		
产品C	6	9	13		

图 4 – 109　插入 Excel 工作表

2. 插入图表

(1)双击(图 4 – 109)工作表,使其变成激活状态(图 4 – 108)。

(2)选中工作表中数据,执行【插入】→【插图】→【图表】命令,打开【插入图表】对话框,如图 4 – 110 所示。

(3)在对话框中选择柱形图,单击【确定】按钮,则在工作表中插入一个图表,如图 4 – 111 所示。

提示:如果不选择工作表中数据,直接执行插入图表命令,会弹出一个 Excel 工作表窗口,提示用户选择工作表中的数据,在文档中自动生成图表。

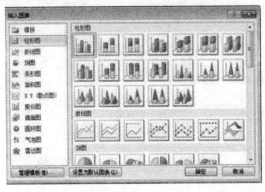

图 4 – 110　【插入图表】对话框

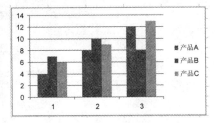

图 4 – 111　插入柱形图

4.6　应 用 表 格

使用 Word 2010 不仅可以实现图文混排,如果在工作中需要进行数据统计等操作,还可以在文档中插入表格。在 Word 2010 文档中应用表格,统计数据时可以令文档看起来条理清晰,更易于查看分析。

4.6.1　表格的建立

在 Word 2010 中插入表格是对表格进行操作的前提,要建立表格,一般先指定行数、列数,生成一个空表格,然后再向单元格中输入内容。

1. 插入表格

(1)打开 Word 2010 文档,将光标定位在准备插入表格的位置,单击【插入】选项卡,在【表格】组中单击【表格】按钮,在弹出的下拉菜单中选择【插入表格】菜单项,如图 4 - 112 所示。

(2)打开【插入表格】对话框,在【表格尺寸】区域中设置准备应用表格的列数和行数,在【"自动调整"操作】区域中选择【根据内容调整表格】单选框,如图 4 - 113 所示。

图 4 - 112　插入【表格】设置

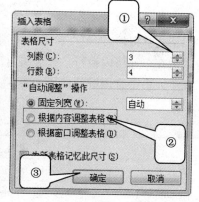

图 4 - 113　【插入表格】对话框

(3)单击【确定】按钮,即可在 Word 文档中插入表格。

快速插入表格的方法:

单击【插入】选项卡,在【表格】组中单击【表格】按钮,在弹出的下拉列表【插入表格】区域中选择表格规格即可。

在 Word 2010 中,提供了快速添加表格的快捷方式操作方法,规格在 10 × 8 以下的表格均可快速被插入文档。

绘制自由表格的方法:

单击【插入】选项卡,在【表格】组中单击【表格】按钮,在弹出的下拉列表中单击【绘制表格】按钮,当鼠标光标变成"铅笔"形状时,即可绘制自由表格。

2. 文本与表格的转换

将文档中的文本转换为表格的方法是,选中要转换成表格的文本(在文本中应事先加入分隔表列的符,如空格、段落标记、逗号或制表符等),使用【插入】→【表格】→【文本转换成表格】命令,打开【将文字转换成表格】对话框,如图 4 - 114 所示。在【文字分隔位置】栏中选择分隔符,在【列数】框填入表格列数,单击【确定】按钮即可。

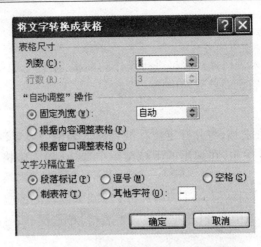

图 4 -114　【将文字转换成表格】对话框

3. 在表格中输入文字

表格建立以后,即可在单元格中输入文字、图形等内容。当输入到达单元格右边界时,会自动地在单元格内换行。行高将自动调整以容纳输入的文本。

在单元格中常用键的使用如表 4 - 2 所示。

表 4 - 2　表格中常用键的使用

按键	功能	按键	功能
Tab	下一单元格	Alt + Home	移至行首单元格
Shift + Tab	上一单元格	Alt + End	移至行尾单元格
↑	上移一行	Alt + Page Up	移至列首单元格
↓	下移一行	Alt + Page Down	移至列尾单元格

提示:当插入点到达表格的最后一个单元格时,再按【Tab】键,将产生一个新行;在单元格中按【Enter】键将在该单元格中开始一个新段落。

4.6.2　表格编辑

表格的编辑包括插入或删除行与列,合并或拆分单元格,调整行高和列宽等。对表格的编辑仍然遵循"先选后做"的原则。

1. 表格元素的选定

与选择文本对象的方法类似,可以通过鼠标和键盘进行操作,选中表格对象的标志为反向显示。

具体操作方法见表 4 - 3。

表4-3 选择表格对象的方法

选择对象	操作方法
选定单元格	①指针移到单元格左边界处,变为向右箭头时,单击左键; ②在单元格中有内容时,用鼠标直接拖黑该单元格内容
选定一行	①指针移到该行左边界线以外,变为向右箭头时,单击左键; ②鼠标直接拖过该行的各列
选定一列	①指针移到该列的顶端边界处,变为"↓"时,单击左键; ②鼠标直接拖过该列的各行
选定多个单元格、多行或多列	①在要选定的单元格、行或列上拖动鼠标; ②先选定某一个单元格、行或列,然后在按下【Shift】键的同时单击其他单元格、行或列
选定下一个单元格	按【Tab】键
选定上一个单元格	按【Shift + Tab】键
选定整个表格	单击表格左上角的表格整体标志

2. 插入和删除表格元素

（1）插入、删除行或列

①插入行或列　将光标定位在要插入行或列的位置后,单击鼠标右键打开快捷菜单,在出现的下拉列表(图4-115)中,根据需要单击相应选项即可。

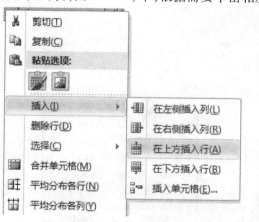

图4-115　插入行或列

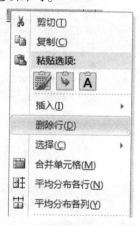

图4-116　删除行或列

②删除行或列　选定要删除的行或列,单击鼠标右键打开快捷菜单,在出现的下拉列表(图4-116)中,根据需要单击相应选项即可。

提示:选定了行或列后,按【Delete】键,只能删除选定行列中的文本内容,不能删除表格。

（2）插入、删除单元格

①插入单元格　选中单元格后,单击鼠标右键打开快捷菜单,在出现的下拉菜单(图4-117)中,选择【插入】→【插入单元格】命令,在打开的【插入单元格】对话框(图4-118)中根据需要选择相应选项,单击【确定】即可。

②删除单元格　光标放在要删除的单元格内,单击鼠标右键打开快捷菜单,在出现的下拉菜单(图4-119)中,选择【删除单元格】命令,在打开的【删除单元格】对话框(图4-120)中根据需要选择相应选项,单击【确定】即可。

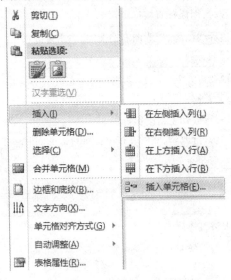

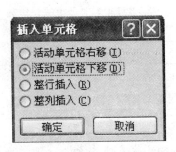

图4-117　插入单元格菜单　　　　　　图4-118　【插入单元格】对话框

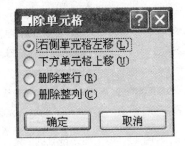

图4-119　删除单元格菜单　　　　图4-120　【删除单元格】对话框

提示:选中表格状态下,在标题栏上可以看到弹出的【表格工具】选项卡,包括【设计】和【布局】两个分项。在【布局】选项卡中的【行和列】功能区,可以完成对表格的行或列插入与删除命令,也可以插入或删除单元格。

3. 调整行高与列宽

用户在 Word 2010 文档中插入的表格默认情况下为规范格式,每个表格的大小是一致的,但在实际工作中,表格中的内容并不是固定的,行高和列宽也需要根据表格中的内容调整,从而使显示的内容更全面,浏览文档更方便。

（1）打开 Word 2010 文档，将光标定位在准备调整的表格内，单击【布局】选项卡，在【单元格大小】组的【表格行高度】微调框中输入值，并在【表格列宽度】微调框中输入值，如图 4 - 121 所示。

（2）通过以上操作，即可在 Word 文档中调整表格的行高和列宽，如图 4 - 122 所示。

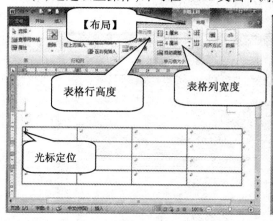
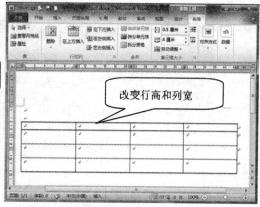

图 4 - 121　设置【表格】行高和列宽　　　　　　图 4 - 122　设置【表格】行高和列宽后效果

实际上，将鼠标指针定位到准备调整行高和列宽的表格边缘，当鼠标指针变为双向箭头时，选中并拖动鼠标指针至目标位置，松开鼠标即可调整行高和列宽。

4. 合并与拆分单元格

在 Word 2010 文档中插入的表格数目不能满足工作需求时，可以将表格进行拆分合并处理。

（1）合并单元格

合并单元格是指将两个或两个以上的单元格合并为一个单元格，既可以合并同列的单元格，也可以合并同行的单元格。

① 拖动鼠标选中准备合并的单元格，单击【布局】选项卡，在【合并】组中单击【合并单元格】按钮，如图 4 - 123 所示。

② 通过以上操作，合并后的单元格如图 4 - 124 所示。

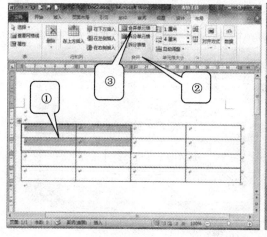
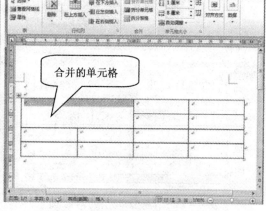

图 4 - 123　【合并单元格】设置　　　　　　图 4 - 124　合并单元格后效果

（2）拆分单元格

拆分单元格是合并单元格的逆操作，是指将一个单元格拆分为两个或两个以上的单元格。

①将光标定位在准备拆分的单元格中，单击【布局】选项卡，在【合并】组中单击【拆分单元格】按钮，如图 4 – 125 所示。

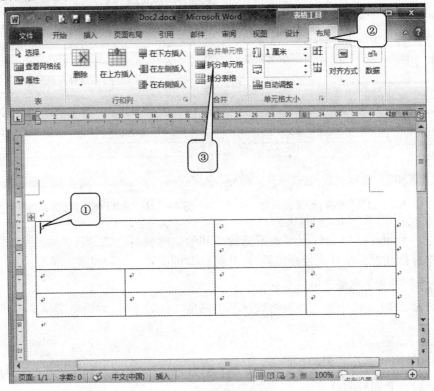

图 4 – 125　【拆分单元格】设置

②打开【拆分单元格】对话框，在【行数】和【列数】文本框中输入准备拆分的数值，确认数值后，单击【确定】按钮，如图 4 – 126 所示。

③通过以上操作，拆分后的单元格如图 4 – 127 所示。

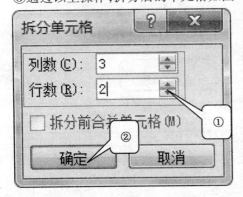

图 4 – 126　【拆分单元格】对话框

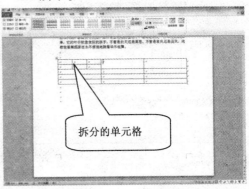

图 4 – 127　拆分单元格后效果

提示：实际上，选中准备合并或拆分单元格后右击，在弹出的快捷菜单中选择【合并单元格】或【拆分单元格】菜单项,也可实现合并或拆分单元格的操作。

4.6.3　格式化表格

利用【表格工具】选项卡上提供的丰富按钮,可以进行对齐方式、添加边框及底纹等格式化操作,它还具有计算及排序功能。

1.表格中文本的格式化

对选中单元格的文本进行字体、字号、字符颜色、在单元格中的水平对齐方式、缩进方式等格式化操作,完全与前面介绍的字符或段落格式化操作一致。

若要设置单元格中文本的垂直对齐方式,可以进行如下操作:

(1)在选定文本后,选择【表格工具】的【布局】选项卡,在【单元格大小】功能区,单击右下角图标按钮,如图 4-128 所示。

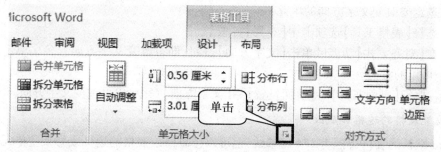

图 4-128　【布局】选项卡

(2)在弹出的【表格属性】对话框中,选择【单元格】选项卡,显示如图 4-129 所示的对话框,在【垂直对齐方式】中选择【靠上】【居中】或【靠下】选项,单击【确定】按钮完成。

提示:也可选择右键快捷菜单中【单元格对齐方式】菜单项,单击右侧下拉箭头,从下拉菜单中选择对齐方式,如图 4-130 所示。

图 4-129　【表格属性】对话框

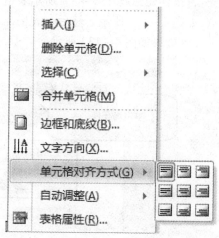

图 4-130　【单元格对齐方式】下拉菜单

表 4-4 给出了表格中文本的几种对齐形式。左上角单元格中的文本由两个段落组成,分别采用右对齐(上)和左对齐(下)形式。在表格中应注意缩进标记的应用。

表4-4 表格中内容的对齐方式示例

垂直对齐 水平对齐	顶端对齐	垂直居中	底端对齐
左对齐	左对齐+顶端对齐	左对齐+垂直居中	左对齐+底端对齐
水平居中	水平居中+顶端对齐	水平居中+垂直居中	水平居中+底端对齐
右对齐	右对齐+顶端对齐	右对齐+垂直居中	右对齐+底端对齐

2.改变单元格中文字方向

Word 2010 在默认的方式下,表格中的文字是水平方向的,我们也可以把文字在表格内竖排,操作步骤如下:

(1)选定要改变文字方向的单元格。

(2)选择【表格工具】选项卡中【布局】分项卡。

(3)在【对齐方式】功能区单击【文字方向】按钮,即可改变文字方向。多次单击按钮可切换各个可用的方向。

提示:执行【页面布局】→【页面设置】→【文字方向】命令,也可改变文字方向。

3.设置表格的边框和底纹

Word 默认的表格边框为3/4磅单线,也可以任意修改表格的边框或为某些单元格添加边框。可以为不同的单元格添加不同的底纹,以突出重点。添加边框和底纹的方法如下:

(1)自动套用表格样式

Word 2010 提供了近100种预先定义好的表格样式,包括表格的边框、底纹、字体、颜色等。使用时只需选择其中之一,便能快速地编排表格的格式。下面以表4-4的表格为例,讲解表格样式的使用。

首先,将鼠标光标放在表4-4所示表格里,单击弹出【表格工具】选项卡,选择【设计】功能区域,如图4-131所示。然后在表格样式预览窗口选择喜欢的样式图标,单击即可完成设置。设置效果如图4-132所示。

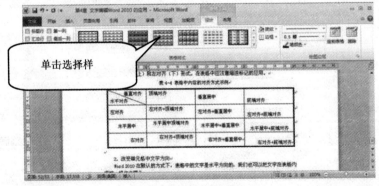

图4-131 【表格样式】

(2)使用右键快捷菜单命令

在需要设置边框或底纹的表格中单击右键,打开快捷菜单,选择【边框和底纹】菜单项,打开【边框和底纹】对话框,如图4-133所示,打开【底纹】选项卡窗口可以设置表格背景的颜色和样式;打开【边框】选项卡窗口可以设置表格边线框的样式与颜色。

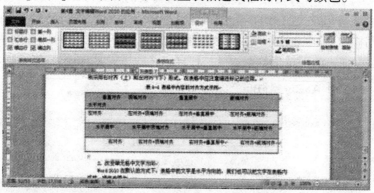

图 4 - 132　【表格样式】设置后效果

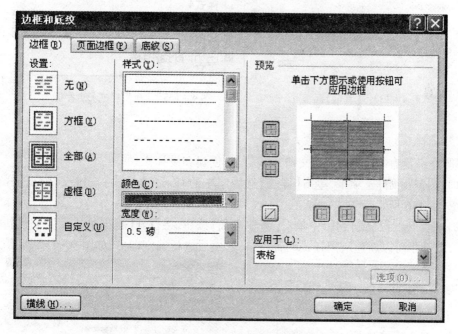

图 4 - 133　【边框和底纹】对话框

4.7　Word 2010 高级应用

4.7.1　运用样式编排文档

样式是具有统一格式的一系列排版命令的集合,使用样式可以简化对文档的编辑操作,节省排版时间,并且使用同一个样式,可以使文档具有统一风格的格式,从而使版面整齐、美观。在 Word 2010 中提供了字符样式和段落样式。

1. 应用样式

(1)选择需要应用样式的文本,然后选择【开始】选项卡,单击【样式】选项组中的【其他】下拉按钮【▽】,即可在弹出的面板中选择一种需要的样式,如图 4 - 134 所示。

(2)选择需要应用样式的文本,单击【样式】选项组中的【其他】下拉按钮,在弹出的面板中选择【应用样式】命令(图 4 - 134),然后在打开的【应用样式】对话框中单击【样式名】下拉按钮,即可在弹出的下拉菜单中选择一种自定义的样式,如图 4 - 135 所示。

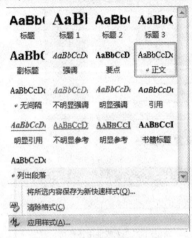

图 4 - 134　【其他】面板　　　　　　　图 4 - 135　【应用样式】对话框

2. 新建样式

要制作一篇有特色的 Word 文档,可以自己创建和设计样式。

(1)选择【开始】选项卡,单击【样式】选项组中的右下角【样式】按钮 ,弹出【样式】窗格,如图 4 - 136 所示。

(2)在打开的【样式】窗格中单击【新建样式】按钮,将打开【根据格式设置创建新样式】对话框,在其中可以新建所需样式的各种格式,然后进行确定即可,如图 4 - 137 所示。

图 4 - 136　【样式】窗格　　　　　图 4 - 137　【根据格式设置创建新样式】对话框

3. 样式的修改

在文档中,如果对已经应用的样式不满意,可以对样式进行修改,有以下两种方法:

(1)单击【样式】选项组中的【其他】面板下拉按钮,在样式列表中,选择需要修改的样式,然后单击【更改样式】下拉按钮,在弹出的下拉菜单中选择要修改的命令即可。用户可以在此修改样式的样式集、颜色和字体等,如图 4 – 138 所示。

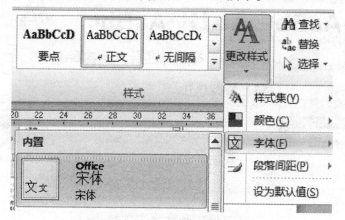

图 4 – 138　【更改样式】下拉菜单

(2)使用鼠标右键单击【样式】选项组中需要修改的样式,在弹出的菜单中选择【修改】命令(图 4 – 139),在打开的【修改样式】对话框中可以重新设置样式的格式,如图 4 – 140 所示。

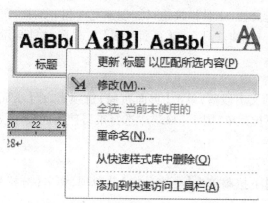

图 4 – 130　右键快捷菜单【修改】

图 4 – 140　【修改样式】对话框

4.样式的删除

在设置文档版式的过程中,样式过多会影响样式的选择,用户可以将不需要的样式从列表中删除,以便对有用的样式进行选择。具体方法是,单击【样式】选项组中的【其他】下拉按钮,在弹出的列表框中使用鼠标右键单击需要删除的样式,然后在弹出的菜单中选择【从快速样式库中删除】命令,即可将指定的样式删除,如图 4 – 141 所示。

4.7.2　设置特殊版式

对文档进行排版时,还可以对其设置一些特殊版式,以实现特殊效果,如设置分栏排版、竖排文档等。

1.设置分栏

分栏是编辑报纸、杂志时常用的方法,将整个或部分文档设置成报刊样式的格式,可以使版面更生动、更具有可读性。如果需要,还可以让每一节包含不同的栏数。

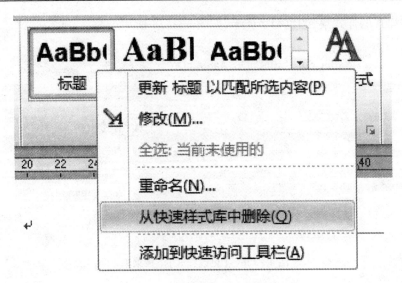

图 4 – 141　右键快捷菜单【删除样式】

（1）建立分栏

可以使用工具栏按钮或菜单命令创建分栏，工具栏按钮只能创建宽度相等的栏，菜单命令可以建立不同宽度的分栏并在栏间加分隔线。只有在【页面视图】方式下，才能显示分栏效果。

①利用功能区按钮进行分栏

打开 Word 2010 文档，选中准备分栏的文本段落，单击【页面布局】选项卡，在【页面设置】功能区中单击【分栏】按钮，在弹出的下拉菜单（图 4 – 142）中选择准备使用的分栏数目即可。

②使用【分栏】对话框分栏

首先，选择要分栏的段落，单击【分栏】下拉菜单中【更多分栏】菜单项，弹出【分栏】对话框，如图 4 – 143 所示。

其次，根据需要在对话框中进行设置，各选项的功能如下：

【预设】　用来选择一种预设分栏格式。

【栏数】　若预设栏中没有所要选择的栏数，可在【栏数】框中选择输入。

【分隔线】　如果要在各栏间加分隔线，需选中复选框。

【间距】　框用来确定栏与栏之间的距离。

【栏宽相等】　选中该复选框，各栏被设置成相等宽度。

【栏宽】　若要建立不同宽度的栏，先取消【栏宽相等】复选框，各栏的宽度在框中输入或选择。

最后，单击【确定】按钮，完成设置。

要删除已有的分栏，首先切换到页面视图显示方式，再选中分栏的文本。在【分栏】对话框中【预设】区选择【一栏】即可。单击【确定】后即撤销了原有的分栏设置。

文档中可以多种分栏并存，只需分别选择段落后进行分栏操作即可（图 4 – 144）。

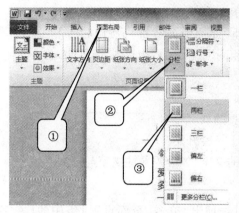
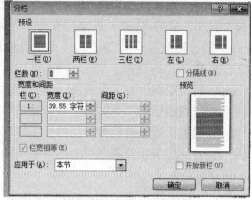

图 4 - 142　设置【分栏】　　　　　　　　图 4 - 143　【分栏】对话框

（2）分隔符

文档建成后，在排版过程中经常需要使用分隔符，下面具体介绍一下分隔符的作用。

选择【页面布局】选项卡，在【页面设置】功能区单击【分隔符】按钮，弹出下拉菜单如图 4 - 145 所示。

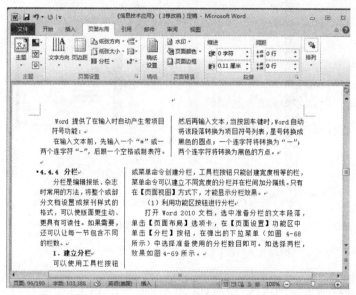
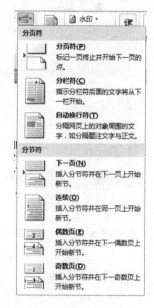

图 4 - 144　多种分栏并存效果　　　　　　图 4 - 145　【分隔符】下拉菜单

①分节符

节是文档中可以独立设置某些页面格式选项的部分。通常，Word 认为一个文档为一节。当用户选择了分栏的段落并进行分栏后，Word 会自动在段落的前后插入分节符。

可以人工在文档中插入分节符，先将插入点定位在要插入分节符的位置，在图 4 - 145 所示【分节符】类型框中有四个分节符选项，可根据需要选择一种分节符。其中：

【下一页】表示插入分节符并在下一页开始新节。

【连续】表示插入分节符并在同一页上开始新节。一般选择该选项。

【偶数页】表示插入分节符并在下一偶数页开始新节。

【奇数页】表示插入分节符并在下一奇数页开始新节。

若要删除分节符,将插入点定位在分节符处(或选中分节符),按【Delete】键即可。这时,上一节的分栏设置取消,文档与下节的分栏相同。

②分页符

【分页符】类型框中有三个选项,具体功能如下:

【分页符】表示标记一页的终止并开始下一页的点。

【分栏符】表示指示分栏符后面的文字将从下一栏开始。

【自动换行符】表示分隔网页上的对象周围的文字,如分隔题注文字与正文。

2. 设置竖排文档

在要进行操作的文档中切换到【页面布局】选项卡,单击【页面设置】组中的【文字方向】按钮,在下拉列表中选择【垂直】选项(图4－146)。此时,文档显示竖排文档,如图4－147所示。

图4－146　【文字方向】下拉菜单

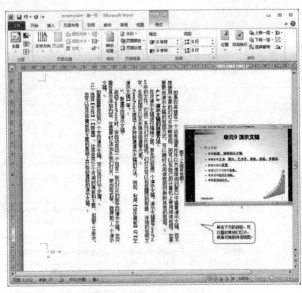

图4－147　显示竖排文档

3. 设置首字下沉

(1)将光标定位到需要设置首字下沉的段落,切换到【插入】选项卡,单击【文本】组中的【首字下沉】按钮,弹出下拉菜单,如图4－148所示。

(2)在下拉菜单中单击【首字下沉选项】,弹出【首字下沉】对话框,如图4－149所示。

(3)在【首字下沉】对话框中,【位置】项选择【下沉】;【选项】选择【字体】为宋体、【下沉行数】为3、【距正文】为0。单击【确定】按钮,完成设置,文档显示如图4－150所示效果。

4.7.3　插入目录

1. 创建目录

比较长的文档建成后,在阅读时会发现上下翻页很麻烦的问题,这就需要给文档创建一个目录,以便在阅读时很容易定位。打开已创建目录的文档,就会在 Word 2010 导航窗格

中显示出来目录,用户可以非常方便地选择定位阅读或编辑。创建目录的具体步骤如下:

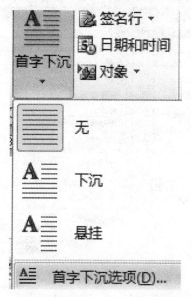

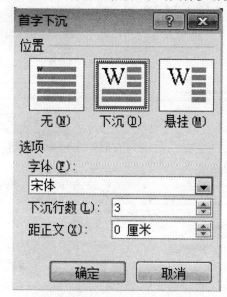

图 4 - 148 【首字下沉】下拉菜单 　　　　**图 4 - 149** 【首字下沉】对话框

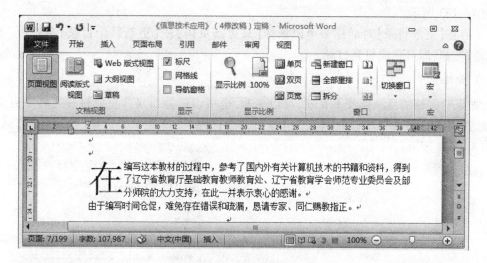

图 4 - 150 首字下沉效果

(1)打开需要提取目录的文档。

(2)选择【引用】选项卡,在【目录】组中单击【目录】按钮,弹出下拉菜单,如图 4 - 151 所示。

(3)在下拉菜单中可以选择【内置】的目录样式;也可以选择【插入目录】菜单项,打开【目录】对话框,如图 4 - 152 所示。

(4)在【目录】对话框中可以设置显示标题级别,单击【确定】按钮,得到创建的目录。

2.更新目录

对于正在创建的文档,需要随时更新目录,以便在编辑文档时快速定位。具体步骤如下:

(1)打开要更新目录的文档。

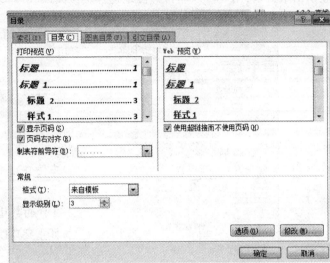

图 4 - 151　【目录】下拉菜单　　　　　　图 4 - 152　【目录】对话框

（2）选择【引用】选项卡，在【目录组】中单击【更新目录】按钮，弹出【更新目录】对话框，如图 4 - 153 所示。

（3）在【更新目录】对话框中可以选择【只更新页码】或【更新整个目录】单选项，单击【确定】按钮，即可完成更新目录。

3. 删除目录

如果对文档的目录样式不喜欢，可以更改，也可以删除目录。只要打开要删除目录的文档，选择【引用】选项卡，单击【目录】按钮，在打开的下拉菜单中选择【删除目录】即可。如图 4 - 154 所示。

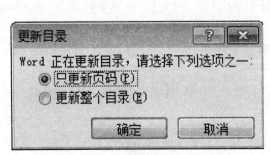

图 4 - 153　【更新目录】对话框　　　　　　图 4 - 154　删除目录

4.7.4　文档的批注与修订

批注是文档作者与审阅者的沟通渠道,审阅者将自己的见解以批注的形式插入到文档中,供作者查看或参考。

1. 添加批注与修订

(1)选择要添加批注的文本,选择【审阅】选项卡,在【批注】选项组中单击【新建批注】按钮,这时在窗口右侧将弹出批注框,可以在其中输入批注内容。

(2)选择需要修改的文本,选择【审阅】选项卡,在【修订】选项组中单击【修订】按钮,再点击【修订】按钮右侧的【显示标记】按钮,在其下拉菜单中选择【批注框/在批注框中显示修订】命令,文档将进入修订状态,在文档中对内容进行修改时,就可以在右侧显示所删除的内容。

2. 编辑批注

编辑批注的方法有以下两种:

(1)将光标插入添加批注的文字中,单击鼠标右键,从弹出的下拉菜单中选择【编辑批注】命令。

(2)将光标插入批注框,选择文本内容可直接进行编辑。

4.7.5　保护重要文档

为了保护重要文档内容的安全,可以对其设置相关权限及密码。

1. 设置编辑权限

(1)打开需要保护的文档。

(2)选择【文件】选项卡,单击左侧窗格的【信息】命令,再单击【保护文档】按钮,如图4－155所示。

(3)在弹出的下拉列表中单击【限制编辑】按钮,将在 Word 窗格右侧显示【限制格式和编辑】窗格,如图 4－156 所示。

(4)选择【限制对选定的样式设置格式】复选项,再单击【设置】按钮,将打开如图 4－157 所示的【格式设置限制】对话框,在其中可以限制对文档中格式的修改。

(5)在【限制格式和编辑】窗格中选择【仅允许在文档中进行此类型的编辑】复选项,然后可以在其下拉菜单中选择允许的操作。

(6)设置完成后,单击【是,启动强制保护】按钮,将弹出【启动强制保护】对话框,输入保护密码后单击【确定】按钮即可,如图 4－158 所示。

(7)文档受保护后,【限制格式和编辑】窗格改变样式,单击【停止保护】按钮,然后输入密码,即可停止对文档的保护,如图 4－159 所示。

图 4 - 155　【保护文档】下拉列表

图 4 - 156　【限制格式和编辑】对话框

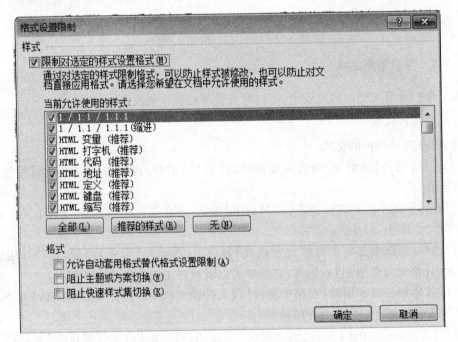

图 4 - 157　【格式设置限制】对话框

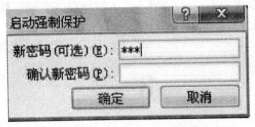

图 4 - 158　【启动强制保护】对话框

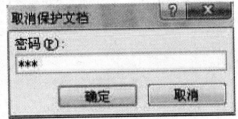

图 4 - 159　【取消保护文档】对话框

2.设置文档密码

（1）设置修改密码

①打开需要设置密码的文档,选择【文件】选项卡,然后单击左侧窗格的【另存为】命令。

②在【另存为】对话框中单击【工具】按钮,在下拉菜单中单击【常规选项】命令。

③在【修改文件时的密码】文本框中输入密码,再单击【确定】按钮。

④在弹出的【确认密码】对话框中再次输入密码,然后单击【确定】按钮,返回【另存为】对话框,单击【保存】按钮保存设置。

（2）设置打开密码

①打开需要保护的文档,选择【文件】选项卡,然后选择【信息】命令,再单击【保护文档】按钮,在弹出的下拉菜单中选择【用密码进行加密】命令,如图 4－160 所示。

②这时将弹出【加密文档】对话框,在其中输入密码,然后单击【确定】按钮,即可为文档设置密码,如图 4－161 所示。

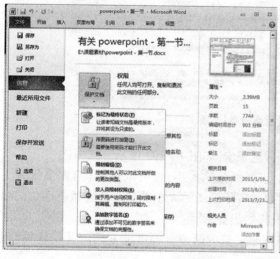

图 4－160　【用密码进行加密】命令

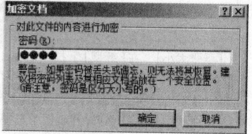

图 4－161　【加密文档】对话框

4.8　页面设置与文档打印

Word 的模板对纸张大小、页边距和页面方向等都有默认设置,用户也可以根据需要对文档的页面格式进行调整,包括纸张大小、页眉、页脚、页码和页边距等。这些设置直接影响到文档的打印效果。

4.8.1　页面设置

页面设置是指设置纸张的大小和供纸方式、页边距、页面分栏、页眉页脚、每页的行数和字数等。

1.设置纸张

经常使用的纸张大小有 32 开、16 开、B5、A4、A3 和 8 开等,杂志、书刊一般使用 16 开或

A4 大小的纸张。Word 默认的纸张大小是 A4（宽度 210 mm，高度 297 mm）、页面方向是纵向。选择纸张大小的步骤如下：

（1）选择【页面布局】选项卡，在【页面设置】功能区单击【纸张大小】图标右侧下三角形打开下拉菜单，单击【其他页面大小】菜单项打开的【页面设置】对话框，如图 4 – 162 所示。

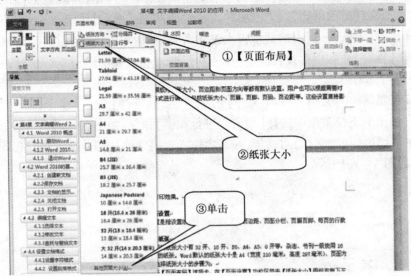

图 4 – 162　【页面布局】选项卡

（2）在【页面设置】对话框中，选中【纸张】选项卡，如图 4 – 163 所示。其中：

【纸张大小】　在【纸型】下拉列表框中选择纸张的大小，也可以选择【自定义纸张大小】；在【宽度】【高度】框中输入纸张的厘米数。实际纸张的大小受到系统连接打印机的幅面限制，若超出打印机的打印幅面范围，系统将给出提示。

【纸张来源】　在【首页】列表框中选择打印文档的第一页的进纸方式；在【其他页】列表框中选择文档其余页的进纸方式。

【预览】　在【应用于】下拉列表框中选择纸张设置的适用范围，Word 2010 能自动显示可能的备选设置，其具体设置的详细解释如下："整篇文档"，设置的纸张和方向应用于整篇文档；"插入点之后"，从插入点到结尾应用所选的设置，在插入点之前插入分节符；"所选文字"，设置应用于所选文字，同时在选定文字的前后各插入一个分节符。

2. 设置页边距

页边距是指打印出的文本与纸张之间的距离间隔。Word 默认的 A4 纸张的页边距是：左右页边距 = 3.18 cm、上下页边距 = 2.54 cm，并且无装订线。使用标尺设置页边距的方法为：在页面视图方式下，将鼠标移动到水平标尺或垂直标尺上的页边距线处，当指针变为双向箭头时，拖动鼠标将页边距线移动到合适位置松开鼠标即可改变页边距的设置。

若要精确设置页边距，可以使用【页面设置】对话框中【页边距】选项卡来完成。具体操作步骤如下：

（1）选择【页面布局】→【页面设置】→【页边距】命令，在下拉菜单中选择【自定义边距】命令，打开【页面设置】对话框，如图 4 – 164 所示。

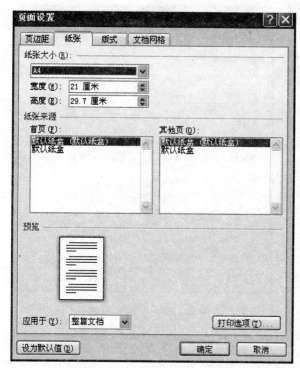

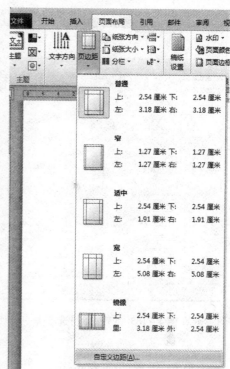

图 4 - 163 【页面设置】对话框   图 4 - 164 【自定义边距】菜单项

（2）在【页面设置】对话框中单击【页边距】选项卡，出现如图 4 - 165 所示窗口。

（3）在【页边距】区中的【上】【下】【左】和【右】数值框内各输入一个数值。在【装订线位置】下拉列表框中有两个选项：【左】选项，装订线的位置在页的左边；【上】选项，装订线的位置在页的最顶端。在【装订线】输入框中输入或选择一个数值，来确定装订区的大小。用户可以在设置页边距时留出一些空间，用来作为以后的装订区。

（4）在【纸张方向】区中选择纸张的【纵向】或【横向】打印。预览窗口中可见到选择后的纸张方向。

（5）在【页码范围】下拉列表框中可以选择【普通】【对称页边距】【拼页】【书籍折页】或【反向书籍折页】选项，来完成单面打印或双面打印等方式的设置。

（6）在【应用于】下拉列表框中，选定页边距的应用范围。

（7）单击【确定】按钮即可完成页边距的设置。

提示：单击【页面布局】选项卡中【页面设置】区右下角按钮，可以直接打开【页面设置】对话框。

3.设置版式

当版面要求输出页眉、页脚、页号，并且各章节或奇偶页的页眉不同时，可以在【页面设置】对话框的【版式】选项卡（图 4 - 166）中设置。在对话框中还可以设置页面的垂直对齐方式以及将文档加上行号。

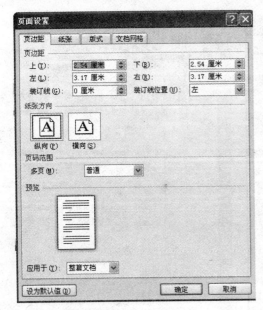

图4-165　【页边距】选项卡　　　　　图4-166　【版式】选项卡

4.8.2　页眉、页脚和页码

　　页眉和页脚指的是在文档的每一页的顶部或底部做的标记。页眉或页脚通常是页码、章节名、日期或公司徽标等文字或图形,只能在"页面视图"模式下创建或编辑页眉和页脚。

　　1. 创建与编辑页眉和页脚

　　创建页眉和页脚的方法是:单击【插入】→【页眉和页脚】→【页眉】命令,在打开的下拉列表中,单击【编辑页眉】菜单项弹出【页眉和页脚工具】设计选项卡,如图4-167所示。其中:

　　【页眉和页脚】功能区　可以对页眉、页脚和页码进行设置。

　　【插入】功能区　可以插入图片、剪贴画、日期和时间以及文档部件。

　　【导航】功能区　可以方便地切换页眉和页脚编辑区。

　　【选项】功能区　可以进行【首页不同】【奇偶页不同】和【显示文档文字】复选设置。

　　【位置】功能区　可以对页眉或页脚靠近顶端和底端的距离进行细微设置。

　　【关闭】功能区　当设置完成后,单击【关闭页眉和页脚】按钮,退出编辑状态。

图4-167　【页眉和页脚工具】设计选项卡

　　在每页顶端出现的虚线框称为【页眉】区,编辑完页眉后,单击【导航】功能区的【转到页脚】图标按钮,可以转到【页脚】区去编辑页脚,在每页底部出现的虚线框称为【页脚】区。

　　在页眉和页脚区中输入内容及编辑的方法同正文类似。

　　例如,将插入点移到放置页眉、页脚的位置,输入页眉、页脚文本,也可粘贴图形、应用样式和其他所需的格式,利用【开始】选项卡中【字体】【段落】和【样式】功能区的功能按钮命令,可以进行格式化设置。

　　要修改已建立的页眉或页脚,可以用鼠标双击页眉区或页脚区,在显示的【页眉和页脚工具】设计选项卡中进行操作。

　　要删除页眉或页脚,只需在选中要删除的内容后按【Delete】键即可。

　　单击【关闭页眉和页脚】按钮或双击文档的其他位置,即可退出页眉和页脚编辑状态。

　　2. 创建首页不同的页眉或页脚

　　一篇文档的首页常常是比较特殊的,往往是文章的封面或图片简介等。一般我们不希望在文档的首页显示页眉和页脚,具体操作如下:

　　(1)双击首页的页眉位置,弹出【页眉和页脚工具】选项卡。

　　(2)在【格式】子选项卡中【选项】功能区,选中【首页不同】复选框,这时在页眉区顶部显示【首页页眉】字样,如图 4 – 168 所示;若要设置首页页脚,只需要单击【设计】选项卡【导航】功能区的【转至页脚】图标按钮即可,这时在页脚区显示【首页页脚】字样。若不想在首页设置页眉或页脚,把页眉区域、页脚区域的内容删除即可。

　　(3)如需要创建其他页的页眉或页脚,单击【页眉和页脚工具】选项卡【导航】功能区的【上一节】或【下一节】图标按钮,在顶端显示【页眉】字样的区域内,可以创建除首页以外其他页文档的页眉或页脚。

　　(4)单击【页眉和页脚工具】选项卡【关闭】功能区中的【关闭 X 】按钮,完成设置。

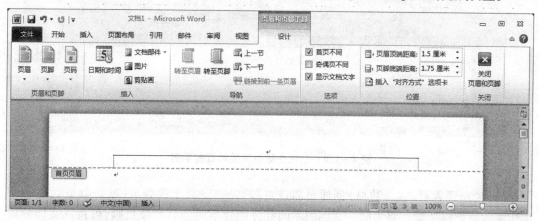

图 4 – 168　创建首页页眉示例

　　3. 创建奇偶页不同的页眉或页脚

　　创建页眉或页脚时,Word 自动在整个文档中使用同样的页眉或页脚。若要使文档的奇偶页具有不同的页眉或页脚,除了类似首页页眉和页脚设置方法外,还可以在【页面设置】对话框中完成。操作方法如下:

　　(1)单击【页面布局】选项卡【页面设置】功能区启动按钮 ,弹出【页面设置】对话框,如图 4 – 169 所示。

　　(2)选择【页面设置】对话框【版式】选项卡,选中【奇偶页不同】复选框,单击【确定】按钮返回到页眉区中,显示【奇数页页眉】字样,如图 4 – 170 所示。

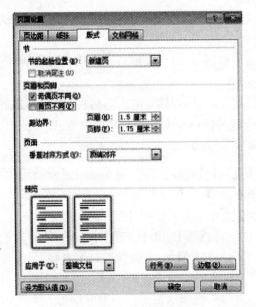

图4–169 【版式】选项卡

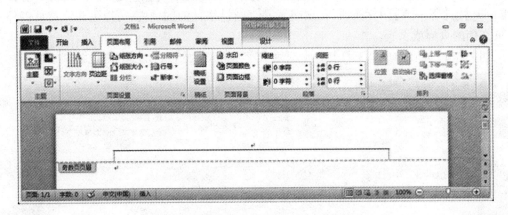

图4–170 创建奇数页页眉和页脚示例

（3）要给偶数页（或奇数页）创建页眉或页脚，先选定某个偶数页（或奇数页），然后添加所需的页眉或页脚。要为同一文档的不同部分创建不同的页眉或页脚，可将该文档分成节，然后断开当前节和前一节中页眉或页脚间的连接，就可为各节设置不同的页眉或页脚了。

4.使用页码

如果仅仅要在页眉或页脚中使用页码，除了使用【页眉和页脚工具】选项卡中命令外，还可使用如下方法进行：

选择【插入】选项卡，单击【页眉和页脚】功能区中【页码】图标，在下拉菜单（图4–171）中，可以选择设置页码的位置，还可以单击【设置页码格式】打开【页码格式】对话框，如图4–172所示，其中：

【编号格式】表示选择页码的显示方式，可以是数字、字母，也可以是文字。

【起始页码】选项可输入页码的起始值，这对于将一个长文档分成几个相对较短的文档,在每个短文档内使用相应的起始页码,最终组合成为一个完整的长文档页码是很有用的。

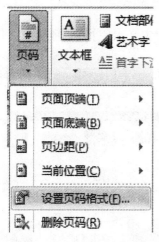

图 4 -171　【页码】设置

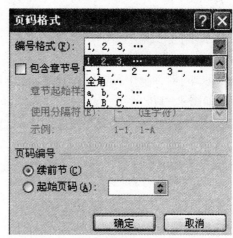

图 4 -172　【页码格式】对话框

5.为页面添加水印

若要使文档中的每一页都有水印,制作方法如下:

(1)选择【页面布局】选项卡,在【页面背景】功能区单击【水印】图标按钮,在下拉菜单(图 4 -173)中可以单击选择【机密】区程序内置的模板,即可显示水印效果,如图4 -174所示。

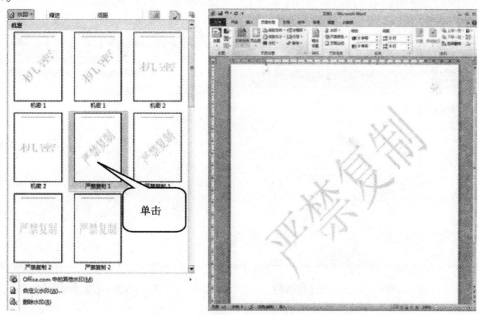

图 4 -173　【水印】下拉菜单　　　　　　图 4 -174　【水印】模板效果

(2)如果想设置个人风格的水印效果,可以单击【自定义水印】菜单项,打开【水印】对话框,选择需要的单选项进行设置,单击【应用】按钮即可。其中:

【无水印】单选项不显示水印效果。

【图片水印】单选项可以选择个人喜欢的图片作为水印背景,增强文档特色。

【文字水印】单选项可以设置文本的字体、字号、颜色及版式。

示例:制作【图片水印】效果。

(1)在【水印】下拉菜单(图4-173)中,单击【自定义水印】菜单项可打开【水印】对话框(图4-175)。

(2)在【水印】对话框中,选择【图片水印】单选项,单击【选择图片】按钮,打开【插入图片】对话框,如图4-176所示。

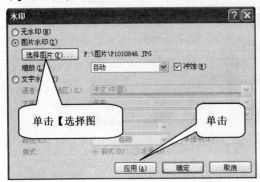

图4-175 【水印】对话框

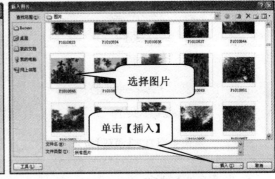

图4-176 【插入图片】对话

(3)在【插入图片】对话框中,选择需要的图片,单击【插入】按钮。

(4)在【水印】对话框中,单击【应用】按钮。

(5)最后,单击【关闭】按钮,退出【水印】对话框,如图4-177所示。

完成设置后效果如图4-178所示。

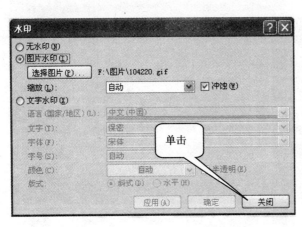

图4-177 关闭【水印】对话框

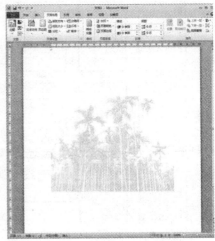

图4-178 【图片水印】效果

4.8.3 文件的打印

如果连接了打印机,就可以打印文档了。使用【文件】→【打印】命令,弹出如图4-179所示的【打印】窗口,左侧是打印属性区,右侧是打印预览区。其中:

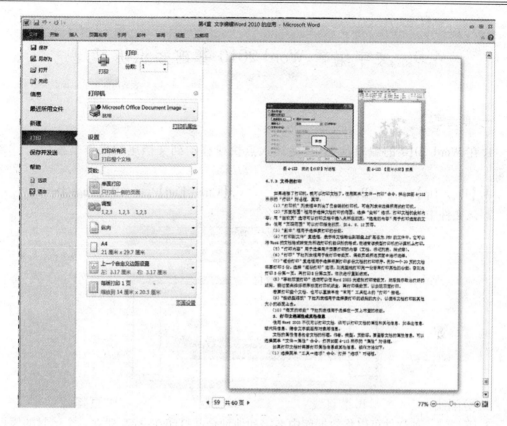

图 4 – 179　【打印】窗口

（1）【打印机】列表框中列出了已安装的打印机，可在列表中选择所用的打印机。如果需要安装新的打印机，则单击右侧的下三角形按钮，在下拉菜单中选择【添加打印机】命令。

（2）【设置】框用于选择文档打印的范围。在下拉列表中，选择【文档】组选项可以完成如下设置：

【打印所有页】选项可以打印文档的全部内容。

【打印当前页面】选项可以打印文档中插入点所在的页。

【打印所选内容】用于打印选定的文本。

【打印自定义范围】可以打印指定的页或节，如 4，8，12 页等。

选择【文档属性】组可以打印文档的属性和其他信息。

（3）【打印】【份数】框用于选择要打印的份数。

（4）【页数】框用米设置【打印页数】、【单面打印】或【手动双面打印】、【纵向】或【横向】、【自定义边距】及【每页的版数】。

设置完成后，单击【打印】图标【 】，开始打印。

4.9　文字编辑 Word 2010 基础知识练习题

一、单选题

1. 在 Word 2010 的编辑状态中,使插入点快速移动到文档尾的操作是按(　　　)组合键。

A.【Page Up】　　　　　B.【Alt + End】　　　　　C.【Ctrl + End】　　　　　D.【Page Down】

2. 该文件中所选框的区域的名称是什么　　　　　　　　　　　　　　　　　　(　　)

A. 分隔线　　　　　　　B. 装订线　　　　　　　C. 边距　　　　　　　D. 页脚

3. 下列哪一种软件可以将数据库中名字和地址合并打印在一起,建立一个信封的模板

(　　)

A. 桌面排版系统　　　　　　　　　　B. 电子表格软件
C. 文字处理软件　　　　　　　　　　D. 数据库管理系统

4. 在 Word 2010 的编辑状态,按先后顺序依次打开了 b1. docx,b2. docx,b3. docx 和 b4. docx 四个文档,当前的活动窗口是哪个文档的窗口　　　　　　　　　　(　　)

A. b1. docx 的窗口　　　　　　　　　B. b2. docx 的窗口
C. b3. docx 的窗口　　　　　　　　　D. b4. docx 的窗口

5. 文字处理软件用于　　　　　　　　　　　　　　　　　　　　　　(　　)

A. 文字编辑、排版　　　　　　　　　　B. 图片编辑、处理
C. 文字录入　　　　　　　　　　　　　D. 数据处理

6. WPS 表格用于　　　　　　　　　　　　　　　　　　　　　　　(　　)

A. 文章编辑、排版　　　　　　　　　　B. 数据处理
C. 编辑演示文稿　　　　　　　　　　　D. 编辑含有表格的文章

7. 什么时候要双击"格式刷"按钮　　　　　　　　　　　　　　　　(　　)

A. 使用格式刷时,只需要单击一次　　　B. 将格式应用在一个文本块上
C. 将格式添加为一种新的样式　　　　　D. 将格式应用在多个文本块上

8. 使用下列哪一个选项可打印 3 ~ 5 页　　　　　　　　　　　　(　　)

A. 3 – 5　　　　　　　　B. – 5　　　　　　　　C. 3 –　　　　　　　　D. 5

9. 下列哪个图标是裁剪工具　　　　　　　　　　　　　　　　　(　　)

A. 　　　　B. 　　　　C. 　　　　D.

10. 激活替换功能的快捷键是　　　　　　　　　　　　　　　　　　（　　）

A.〔Ctrl + A〕　　　　B.〔Ctrl + R〕　　　　C.〔Ctrl + H〕　　　　D.〔Ctrl + K〕

11. 激活拼写检查功能的快捷键是　　　　　　　　　　　　　　　　（　　）

A.〔F7〕　　　　　　　B.〔F5〕　　　　　　　C.〔F3〕　　　　　　　D.〔F1〕

12. 哪一个按键可以删除光标前面的内容　　　　　　　　　　　　　（　　）

A.〔Delete〕　　　　　B.〔Backspace〕　　　C.〔Insert〕　　　　　D.〔Home〕

13. 下列选项中哪一个是字体的属性　　　　　　　　　　　　　　　（　　）

A. 加粗　　　　　　　B. 首行缩进　　　　　C. 左右缩进　　　　　D. 悬挂缩进

14. ▤ 按钮的主要功能是　　　　　　　　　　　　　　　　　　　　（　　）

A. 向左移动光标　　　B. 增加缩进量　　　　C. 减小页面边距　　　D. 减少缩进量

15. 下列哪个是小数点对齐式制表符　　　　　　　　　　　　　　　（　　）

A. ▣　　　　　　　　B. ▣　　　　　　　　C. ▣

D. ▣　　　　　　　　E. ▣

16. 下列哪一个缩进标准可以设置悬挂缩进　　　　　　　　　　　　（　　）

A. ▷　　　　　　　　B. □　　　　　　　　C. △　　　　　　　　D. ▽

17. 若想在标尺上的精确位置处设置制表位,下列哪个键能起到帮助作用　（　　）

A. Ctrl　　　　　　　　　　　　　　　　　B. Shift

C. Alt　　　　　　　　　　　　　　　　　　D. 必须通过"制表位"对话框进行设置

18. 哪个分隔符常用于产生新的节　　　　　　　　　　　　　　　　（　　）

A. 分页符　　　　　　B. 分栏符　　　　　　C. 下一页　　　　　　D. 手动换行符

19. Word 表格公式中,实现求和功能的函数是　　　　　　　　　　　（　　）

A. ADD　　　　　　　B. AVG　　　　　　　C. AVERAGE　　　　　D. SUM

20. 实现拆分单元格的功能区按钮是　　　　　　　　　　　　　　　（　　）

A. ▦　　　　　　　　B. ▦　　　　　　　　C. ▦　　　　　　　　D. ▦

21. 如果将插入的图片具有和同文字一样的布局特点,应选择的自动换行类型是

　　　　　　　　　　　　　　　　　　　　　　　　　　　　　　（　　）

A. 嵌入型　　　　　　B. 上下型　　　　　　C. 四周型　　　　　　D. 紧密型

22. Word 2010 的修订功能在以下哪个选项卡中　　　　　　　　　　（　　）

A. 开始　　　　　　　B. 插入　　　　　　　C. 引用　　　　　　　D. 审阅

23. Word 2010 的修订功能的快捷键是　　　　　　　　　　　　　　（　　）

A.【F5】　　　　　　　B.【Ctrl + G】　　　　C.【Ctrl + Shift + E】　D.【Ctrl + F】

24. Word 2010 的"保存并发送"命令在以下哪个选项卡中　　　　　　（　　）

A. 文件　　　　　　　B. 插入　　　　　　　C. 应用　　　　　　　D. 审阅

25. 如果将文档上传到 SkyDrive 云存储中,需要使用以下哪一条命令　（　　）

A. 保存到 Web　　　　　　　　　　　　　　B. 保存到 Share Point

C. 使用电子邮件发送　　　　　　　　　　　D. 发布为微博文章

26. 将文档上传到 Share Point 服务器上进行共享,需要使用以下哪一条命令　（　　）

A. 保存到 Web　　　　　　　　　　　　　　B. 保存到 Share Point

C. 使用电子邮件发送　　　　　　　　　　　D. 发布为微博文章

二、多选题

1. 在所列的软件中属于应用软件的有 （　　）

A. Linux
B. WPS Office 2010
C. 财务管理软件
D. UNIX
E. 学籍管理系统

2. 哪种资源可以使计算机用户独立解决软件程序使用上的问题 （　　）

A. 请朋友帮助
B. 用户公司的技术支持部门
C. 软件的资料、文件
D. 软件产品的在线帮助
E. 软件制造商的技术支持部门

3. 在 Word 2010 中，实现对整个文档中文字选择的操作是 （　　）

A. 选择"开始"选项卡→"编辑"组→"查找"下列按钮→"转到"命令
B. 选择"快速访问工具栏"→"重复"命令
C. 按【Ctrl + A】组合键
D. 按【Ctrl + S】组合键
E. 选择"视图"→"全屏显示"命令

4. 在 Word 2010 中恢复上一步被撤销的操作是（　　　　）。

A. 选择"开始"选项卡→"编辑"组→"查找"下列按钮→"转到"命令
B. 选择"快速访问工具栏"→"重复"命令
C. 按【Ctrl + X】组合键
D. 按【Ctrl + Y】组合键
E. 选择"开始"选项卡→"字体"组→"清除格式"命令

5. 下列哪几项文字处理功能允许设置文本在表格中的间距 （　　）

A. 表格边距
B. 单元格边距
C. 页面布局边距
D. 段落间距
E. 页眉页脚边距

6. 下列叙述正确的是 （　　）

A. 进行打印预览时必须开启打印机
B. Word 2010 允许同时打开多个文件
C. Word 2010 可将正在编辑的文档另存为一个纯文本（. txt）文件
D. 使用"文件"菜单中的"打开"命令，可以打开一个已存在的. docx 文件
E. Word 中的表格内容只能是左对齐或右对齐

7. 在 Word 2010 表格中，对表格的内容进行排序，下列可以作为排序的类型的有

（　　）

A. 笔画
B. 拼音
C. 偏旁部首
D. 数字
E. 日期

8. 在 Word 中，将一个表格分成上下两个表格，可以使用的快捷键是 （　　）

A.【Ctrl + Space】
B.【Ctrl + Enter】
C.【Shift + Enter】
D.【Alt + Enter】
E.【Ctrl + Shift + Enter】

9. WPS Office 套件包括 （　　）

A. WPS 文字   B. WPS 演示   C. WPS 表格

D. WPS 数据   E. WPS 项目

10. 通常使用下列哪种方式打开 Word，Excel 或者 PowerPoint   (　　)

A. 选择"开始"→"所有程序"命令   B. 桌面快捷方式

C. 任务栏上的相应按钮   D. 选择"开始"→"搜索程序和文件"命令

E. 双击桌面上的"计算机"图标，进入安装路径，启动程序

11. 如果文件没有被正常打印，应该做哪些检查   (　　)

A. 打印机是否打开并与计算机连接

B. 是否连接到网络，是否选择了正确的打印机

C. 打印机是否可用，是否缺纸

D. 检查文字格式

E. 检查显示器是否接好

12. 哪些方式可以设置文字格式   (　　)

A. 使用"开始"选项卡中的"字体"组中的选项

B. 使用"页面布局"选项卡

C. 使用【Ctrl +]】快捷键来增大字号

D. 使用"字体"对话框

E. 使用【Ctrl + F】快捷键进行设置

F. 使用"格式刷"

13. 请选择设置文档格式的一般步骤是   (　　)

A. 设置"主题"   B. 选中文字   C. 选择"样式"

D. 个性化字体设置   E. 选择"颜色"   F. 设置页边距

14. 下列操作可以实现复制功能   (　　)

A. 使用【Ctrl + V】快捷键   B. 按住键盘上的【Ctrl】键拖动选中对象

C. 使用"剪贴板"组上的"复制"按钮   D. 使用【Ctrl + C】快捷键

E. 使用【Alt + C】快捷键

15. 恢复和重复这两种操作的区别是   (　　)

A. 用户可以恢复一系列操作，而无论它们执行的先后顺序是什么

B. 只能重复最近一次操作，且只能重复一次

C. "恢复"功能可以撤销连续的若干次操作

D. 用户可多次重复相同的操作，直到改变现在的操作为止

E. 没有区别，可根据个人习惯选择

16. 如何创建表格   (　　)

A. 使用文本框组合   B. 使用"插入表格"对话框

C. 绘制表格   D. 将文字转换成表格

E. 使用模板创建表格

17. 下列选项中哪些是段落的属性   (　　)

A. 行距   B. 左右缩进   C. 首行缩进

D. 字符间距   E. 对齐方式   F. 大纲级别

18. 请选择使用"边框和底纹"对话框设置表格框线的相关操作   (　　)

A. 打开对话框　　　　　　B. 选择线型　　　　　　C. 设置线的宽度

D. 选择线的颜色　　　　　E. 设置作用范围　　　　F. 选择字号

19. 分节符包括　　　　　　　　　　　　　　　　　　　　　　　（　　）

A. 手动换行符　　　　　　B. 奇数页　　　　　　　C. 偶数页

D. 下一页　　　　　　　　E. 连续

20. 在修订状态下，以下哪些操作可以自动标注修订信息　　　　　（　　）

A. 删除文字　　　　　　　　　　　　B. 添加文字

C. 将文字换行　　　　　　　　　　　D. 以上选项都不对

21. 在 Word 2010 中，以下哪些操作可以实现将文档共享　　　　（　　）

A. 保存到 Web　　　　　　　　　　　B. 保存到 Share Point

C. 使用电子邮件发送　　　　　　　　D. 发布为微博文章

22. 在 Word 2010 中，以下哪些是属于"审阅"选项卡里"更改"栏里的命令　（　　）

A. 接受　　　　　　B. 拒绝　　　　　　C. 上一条　　　　　　D. 下一条

三、判断题

1. Word 文档只能保存一种格式，即. docx。　　　　　　　　　（　　）

2. 文字处理软件 Microsoft Office Word 不能处理图片。　　　　（　　）

3. 主题和样式的功能一样。　　　　　　　　　　　　　　　　（　　）

4. 不能使用快捷键访问功能区。　　　　　　　　　　　　　　（　　）

5. 来源于 Internet 的文件不能被编辑。　　　　　　　　　　　（　　）

6. Word 和 PowerPoint 中可以嵌入 Excel 表格。　　　　　　　（　　）

7. 当需要以一个新的文件名保存一个已经存在的文件时，可以使用"另存为"命名。

　　　　　　　　　　　　　　　　　　　　　　　　　　　　（　　）

8. 非打印字符，也会随着文档一起被打印出来，除非用户将其关闭。　（　　）

9. 一旦设置了制表位，其将对后面的文本一直保持有效而不能改变。　（　　）

10. 样式只能使用系统内置的，不能新建也不能修改。　　　　　（　　）

11. 页脚上不仅能插入页码，还能插入日期、时间等其他内容。　　（　　）

12. 文本框不能和其他对象进行组合。　　　　　　　　　　　　（　　）

13. 只要将文件上传到 SkyDrive 云存储中就可以共享文件。　　（　　）

14. 登录 SkyDrive 云存储需要使用 Windows Live 账户和密码。　（　　）

15. 将文件上传到 SkyDrive 云存储中的"共享文件夹"，文档默认就是共享的。（　　）

四、操作题

操作题 1：

个人电脑时代行将结束？

最新一期英国《经济学家》周刊载文预测，随着手持电脑、电视机顶置盒、智能移动电话、网络电脑等新一代操作简易、可靠性高的计算装置的迅速兴起，在未来五年中，个人电脑在计算机产业中的比重将不断下降，计算机发展史上个人电脑占主导地位的时代行将结束。

该杂志引用国际数据公司最近发表的一份预测报告称，虽然目前新一代计算装置的销量与个人电脑相比还微不足道,但其销售速度在今后几年内将迅猛增长,在 2002 年左右其销量就会与个人电脑基本持平,此后还将进一步上升。以此为转折点,个人电脑的主导时代将走向衰落。

《经济学家》分析认为,个人电脑统治地位的岌岌可危与个人电脑的发展现状有很大关系。对一般并不具备多少电脑知识的个人用户来说,现在的个人电脑操作显得过于复杂;而对很多企业用户来说,个人电脑单一的功能也无法满足迅速发展的网络电子商务对计算功能专门化、细分化的要求。在很多大企业中,现在常常采用个人电脑与功能强大的中央电脑相连的工作模式,在很多时候也造成不便和混乱。

(1)修改本文标题"个人电脑时代行将结束?"为小三号绿色黑休,加"赤水情深"的动态效果,并居中显示。

(2)将全文中的所有"《经济学家》"设为粗体、蓝色。

(3)为文中倒数第二段设置 10%的浅绿色底纹。

(4)将文中第一段的段前距设置为 6 磅,段后距设置为 5 磅。

(5)将最后一段的字符间距设置为加宽 2.3 磅。

(6)将正文各段的行间距设置为 1.5 倍行距。

操作题 2:

我国上网用户逾百万,过去的一年是我国互联网络发展最快的一年。6 月 3 日 CNNIC召开了"CNNIC 成立一周年"发布会。我国自 1994 年联入互联网络以来,经过这些年的发展,上网机器数已经达到 51.8 万台,其中,直接上网计算机 7.8 万台,拨号上网计算机 44 万台。上网用户 106 万,拨号上网用户 79 万,直接上网用户数 27 万。截止到 5 月 30 日,CN下注册的域名已经达到 8 274 个,CNNIC 的服务和管理办法也逐步完善,适应了我国互联网络发展的需要。

(1)为本文添加标题"CNNIC", 三号橙色加粗,居中显示。

(2)将全文中的"CNNIC"设置为四号,并设置为斜体。

(3)将全文的行距设为"固定值:20 磅",首行缩进设为"1.2 厘米"。

(4)为全文文字设置蓝色阴影边框。

操作题 3:

电子商务面临的问题

虽然日前电子商务的热潮已经席卷全世界,但是也有人对电子商务仍然留有疑问,其主要原因在于它目前的不完善性。当前实施电子商务还存在以下一些问题。

统一标准的问题。这主要包括统一商业标准、技术标准和安全标准等,这是电子商务全球化的一个重要先决条件。

相关的法律问题。电子商务的实施将引出一系列的法律问题,如贸易纠纷如何仲裁、电子文件的法律效力问题、如何保护个人隐私权、电子资金转账的合法性等。

安全性问题。推动电子商务的发展,也许最大的问题就在于网络安全问题。如何保证重要信息能够在网上安全地传输而不被人窃取,如何保证内部网络和计算机不被网络黑客破坏,以及如何保证信用卡号码不被人盗用等,已成了一系列关系到电子商务如何发展的重要问题。

(1)将标题修改为艺术字第 3 行、第 2 列的样式并设置对齐方式为"居中"。

(2)将页边距设置为左边距为 3 厘米,右边距为 3.5 厘米。

（3）分别将第一段、第二段、第三段、第四段的第一句设为"黑体"、红色。

（4）为第一自然段添加首字下沉效果，宋体，下沉 3 行；为第二自然段分三栏，显示分隔线。

（5）将文中的第三段文字添加蓝色浅色竖线底纹。

（6）在第四自然段插入五角星，线条虚实设为短画线，颜色为绿色，并为其添加文字"五角星"。

（7）在文档后插入尾注"L. A. Zadeh ， Fuzzy logic and approximate reasoning, Synthese 30，407 – 428，1975"。

操作题 4：

以样表为例做一表格，外框线为双实线 1.5 磅，内框线为单实线 0.75 磅。列宽为 2 厘米，行高为 1 厘米。表格第一行和第一列用红色填充。计算总分。并将表格中文字的对齐方式设置为垂直居中，段落对齐方式为水平居中。

姓名	数学	物理	化学	总分
王金宝	80	79	97	
孙建民	85	69	78	

操作题 5：

新建一个 Word 文档，插入艺术字。艺术字样式为艺术字库中第三行、第四列样式，内容为"我的计算机"，40 号字，加粗，倾斜。版式为"浮于文字上方"，水平对齐方式为"居中"。填充颜色为"红""蓝"双色"中心辐射"，线条颜色为黄色、实线、1.5 磅。艺术字高度为 6 厘米，宽度为 12 厘米。

第5章 电子表格 Excel 2010 的应用

本章要点

* 掌握工作簿、工作表、单元格的基本操作。
* 掌握公式与函数的使用。
* 能够进行数据管理和分析、数据排序、数据筛选、分类汇总等操作。
* 掌握图表的创建及打印设置等。

5.1 Excel 的基本操作

Excel 2010 是 Office 2010 的重要成员之一,它可以进行各种数据的处理、统计分析和辅助决策操作,广泛应用于管理、统计、财经、金融等众多领域。

5.1.1 Excel 2010 启动

(1)单击【开始】按钮,在弹出的【开始】菜单中选择【所有程序】菜单项,如图5-1所示。

(2)弹出【所有程序】菜单,依次选择【Microsoft Office】→【Microsoft Excel 2010】菜单项(图5-2),即可启动 Excel 2010。

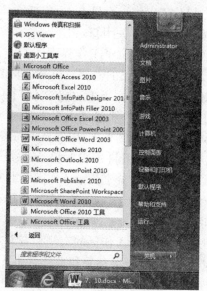

图5-1 【开始】菜单　　　　图5-2 【Microsoft Excel 2010】菜单项

5.1.2 Excel 2010 的工作界面

Excel 2010 工作界面主要由快速访问工具栏、标题栏、功能区、编辑栏、行标题、列标题、工作区、滚动条、工作表标签、状态栏共 10 个部分组成,如图 5 - 3 所示。

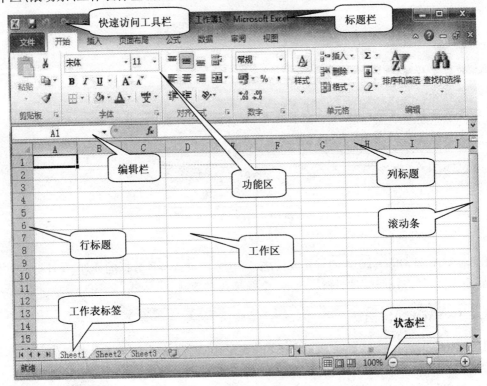

图 5 - 3　Excel 2010 工作界面

【标题栏】位于工作界面最上方,包括文档和程序的名称、【最小化】按钮、【最大化】按钮、【还原按钮】按钮和【关闭】按钮。

【快速访问工具栏】位于工作界面的左上方,用于快速执行一些操作命令,如保存、打开、新建等,可以根据自己的需要对快速访问工具栏进行自定义修改。

【功能区】位于标题栏下方,由【文件】【开始】【插入】【页面布局】【公式】【数据】【审阅】【视图】【加载项】共 9 个选项卡组成,每个选项卡中都有功能相对应的操作命令。

【编辑栏】位于功能区下方,用于显示和编辑当前活动单元格中的数据或公式。编辑栏主要由【名称框】【按钮组】【编辑框】3 个部分组成。

【列标题和行标题】分别位于工作区的上方和左侧,用于显示工作进度的列数和行数。

【工作区】分别位于工作界面中间,是 Excel 2010 的主要工作区域,用于输入文字、数据、表格和编辑等操作。

【滚动条】分别位于工作区的右侧和右下方,用于查看窗口中超过屏幕显示范围而未显示出来的内容,包括水平滚动条和垂直滚动条。

【工作表标签】位于工作区的左下方,用于显示工作表的名称,并且通过工作表标签左边的按钮可以对工作表进行切换。

【状态栏】位于工作界面的最下方,用于查看页面信息和调节显示比例等操作。

5.1.3　退出 Excel 2010

在 Excel 2010 软件中完成表格内容的编辑后,如果用户不准备继续使用 Excel 2010 了,可以退出 Excel 2010,以免对用户使用其他软件造成不必要的麻烦。

可以执行以下几种操作:

(1)在【Microsoft Excel】窗口的功能区中,单击【文件】选项卡,然后选择【退出】菜单项,如图 5 – 4 所示。

(2)在【Microsoft Excel】窗口的标题栏中,单击【关闭】按钮,即可退出 Excel 2010,如图 5 – 5 所示。

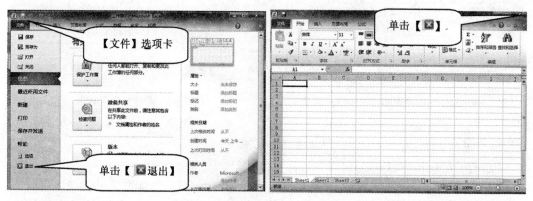

图 5 – 4　选择【文件】选项卡【退出】菜单项　　　图 5 – 5　单击【标题栏】右侧【关闭】按钮

(3)用户通过单击窗口左上方 Excel 2010 图标，在弹出的下拉菜单中选择【关闭】菜单项,同样可以退出 Excel 2010 软件。

(4)按组合键【Alt + F4】,也可以关闭窗口退出 Excel 2010 软件。

在用户退出 Excel 2010 前,如果没有对内容进行保存,软件会弹出一个提示对话框提醒用户保存已编辑完的内容。

5.2　工作簿、工作表和单元格

在 Excel 2010 中,用来储存并处理工作数据的文件叫作工作簿,其扩展名为 . xlsx(Excel 2003 为 . xls)。每本工作簿可以拥有许多不同的工作表,最多可建立 255 个工作表。

5.2.1　工作簿

启动 Excel 2010,系统会自动生成一个空白的工作簿【工作簿 1】,用户如果需要打开一个新的工作簿进行输入和编辑,可以将当前的工作簿进行保存,然后再新建一个工作簿即可。

1. 新建工作簿

(1)单击【文件】选项卡,这将打开 Microsoft Office Backstage 视图(暂时隐藏工作表),如图 5 – 6 所示,选择【新建】菜单项,在【可用模板】区域内双击【空白工作簿】选项。

（2）通过以上操作，即可新建一个空白工作簿【工作簿1】，如图5-7所示。

如需基于现有工作簿创建工作簿，请单击【根据现有内容新建】，通过浏览器找到要使用的工作簿的位置，然后单击【新建】。

如需基于模板创建工作簿，请单击【样本模板】或【我的模板】，然后选择所需的模板。

图5-6　Microsoft Office Backstage 视图　　　　图5-7　新建空白工作簿

2.保存工作簿

（1）打开【Microsoft Excel】窗口，单击【文件】选项卡，如图5-8所示。

（2）进入【文件】选项卡界面，在窗口左侧选择【保存】菜单项，如图5-9所示。

（3）打开【另存为】对话框，选择准备保存的位置，如选择【桌面】；在【文件名】文本框中输入保存的名称，如输入【工作簿1】，单击【保存】按钮，如图5-10所示。

（4）通过以上操作，即可将【工作簿1】保存到桌面上，如图5-11所示。

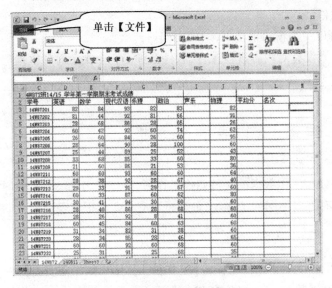

图5-8　【Microsoft Excel】窗口

图5-9　【文件】选项卡

图 5 - 10　【另存为】对话框

图 5 - 11　保存到【桌面】的工作簿

3. 关闭工作簿

用户在保存工作簿后,如果需要继续运行 Excel 2010 软件而不对编辑完成的工作簿进行更改,可以将编辑完成的工作簿关闭。

(1)打开【Microsoft Excel】窗口,单击【文件】选项卡,选择【关闭】菜单项,如图 5 - 12 所示。

(2)通过以上操作,即可关闭工作簿,如图 5 - 13 所示。

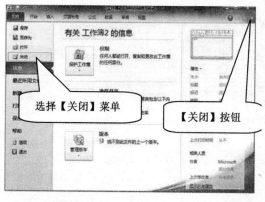

图 5 - 12　选择【文件】选项卡中【关闭】菜单项

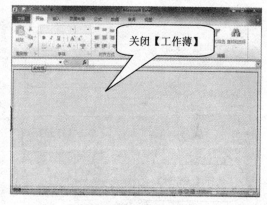

图 5 - 13　关闭【工作簿】

在【开始】选项卡工作界面的右上角,除标题栏中的【关闭】按钮以外,在功能区内还有一个【关闭】按钮(图 5 - 12),单击该按钮也可以关闭工作簿而不退出 Excel 2010 软件。

4. 打开工作簿

当用户准备使用 Excel 2010 对保存过的工作簿进行查看或修改时,可以在 Excel 2010 中打开工作簿。

(1)打开【Microsoft Excel】窗口,单击【文件】选项卡(图 5 - 14),选择【打开】菜单项。

(2)打开【打开】对话框,选择要打开文件所在的位置,如选择【工作簿 1】,单击【打开】按钮,如图 5 - 15 所示。

(3)通过以上操作,即可打开【工作簿 1】,如图 5 - 16 所示。

在【文件】选项卡工作界面中,选择【最近所用文件】菜单项,可以查看最近编辑过的

Excel 文件,双击该文件即可打开。

在保存工作簿的位置,找到工作簿文件的图标,双击该图标也可以打开该工作簿。

图 5 – 14　Microsoft Office Backstage 视图

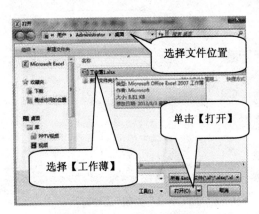

图 5 – 15　【打开】对话框

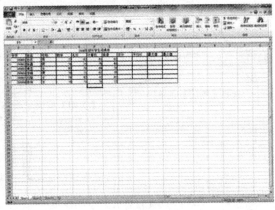

图 5 – 16　打开【工作簿 1】

5. 工作簿视图

单击【视图】选项卡,在工作簿视图功能区有【普通】【页面布局】【分页预览】【自定义视图】和【全屏显示】5 个选项。具体功能如下:

【普通】　视图用来查看文档,是程序默认的显示方式。

【页面布局】　查看文档的打印外观。使用此视图可以看到页面的起始位置和结束位置,并可查看页面的页眉和页脚。

【分页预览】　预览此文档打印时的分页位置。

【自定义视图】　将一组显示和打印设置保存为自定义视图。保存当前视图后,可从可用自定义视图列表中选择该视图,将其应用于文档。

【全屏显示】　以全屏模式查看文档。

6. 保护工作簿

为防止他人改动或复制工作簿,可对工作簿设立保护功能,工作簿的保护包括保护工作簿的结构和窗口两种形式。其操作步骤如下:

(1)单击【审阅】选项卡【更改】功能区的【保护工作簿】按钮,弹出【保护结构和窗口】对话框。该对话框功能如下:

【结构】　选中此复选框,删除、移动、复制、重命名、隐藏工作表或插入工作表表操作无效。

【窗口】　选中此复选框,窗口不能被移动、调整大小、隐藏或关闭。

【密码】　输入密码可防止未授权的用户取消工作簿的保护,密码区分大小写,由字母、数字、符号和空格组成。

(2)在【保护结构和窗口】对话框中选择所需的选项。若设置了密码,单击【确定】后弹出【确认密码】对话框,需重新输入密码,然后单击【确定】按钮,退出【确认密码】对话框。

(3)单击【确定】按钮确认。

如果要取消保护,单击【审阅】选项卡【更改】功能区的【保护工作簿】按钮即可。如果设置保护时加有密码,则在单击【保护工作簿】按钮时会弹出【撤销工作簿保护】对话框,需要输入正确的密码,再单击【确定】按钮才能解除保护。

5.2.2　工作表

工作表是 Excel 中用来存储数据的相对独立的表格,是编辑文档时直接面对的对象。工作表位于工作簿的中间,由行号、列标和网格线构成,工作表也叫电子表格。每个工作表由 256 列和 65 536 行组成,一个工作簿中最多包含 255 张工作表,默认包含 3 张工作表。行和列相交形成单元格,它是存储数据和公式及进行运算的基本单位。

下面介绍有关工作表的相关操作。

1. 选定工作表

如选定多个工作表,则 Excel 将在所有选定的工作表中重复活动工作表中的改动,这些改动将替换工作表中的数据。

选定工作表的方法如下:

(1)选定单个工作表:单击相应的工作表标签。

(2)选定相邻多个工作表:单击第一个工作表标签,再按住【Shift】键,最后单击最后一个工作表标签。

(3)选定非相邻多个工作表:单击第一个工作表标签,再按住【Ctrl】键,依次单击其他工作表标签。

(4)选定工作簿中所有工作表:用鼠标右键单击工作表标签,从弹出的快捷菜单中选择【选定全部工作表】命令,如图 5 - 17 所示。

(5)取消多个被选定工作表:用鼠标单击某个未被选中的工作表标签,或用鼠标右键单击某个选中的工作表标签,在弹出的快捷菜单中单击【取消组合工作表】命令,如图 5 - 18 所示。

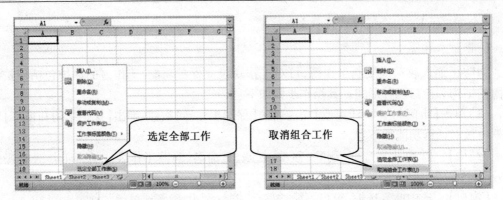

图 5 -17　选定全部工作表　　　　　　图 5 -18　取消组合工作表

2.插入、删除工作表

如果想插入一个工作表,可以执行以下操作:

(1)选择【开始】选项卡【单元格】组中的【插入】按钮右侧下拉箭头 插入 ,显示下拉菜单。

(2)在下拉菜单中选择【插入工作表】命令,插入新工作表,如图 5 -19 所示。或用鼠标右键单击要插入工作表位置后的工作表标签,在弹出的快捷菜单(图 5 -20)中执行【插入】命令;在弹出的【插入】对话框中单击【常用】选项卡,选择【工作表】图标,单击【确定】按钮,如图 5 -21 所示。

如果想同时插入多个工作表,可选定与待插入工作表数目相同数目的工作表标签,然后再执行上述操作命令即可。

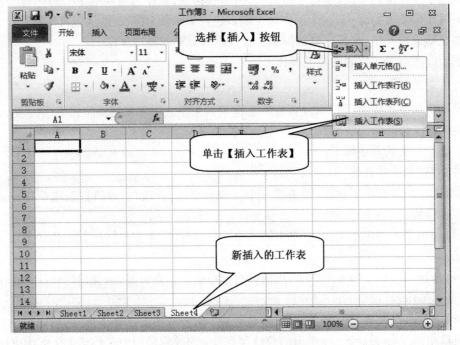

图 5 -19　插入一个新工作表

当要删除工作表时,可先选中要删除的工作表,用鼠标右键单击要删除的工作表标签,从弹出的快捷菜单中选择【删除】命令删除此工作表(图 5 – 20)。

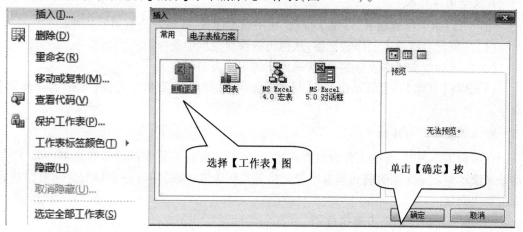

图 5 – 20　快捷菜单　　　　　　　　图 5 – 21　【插入】对话框

3. 移动或复制工作表

Excel 允许工作表在一个或多个工作簿中移动或复制,若要在不同工作簿间移动或复制一个工作表,这两个工作簿必须是打开的,步骤如下:

(1)打开用于接收工作表的工作簿。

(2)切换到包含要移动的工作表的工作簿中,选定该工作表。

(3)右击该工作表,在快捷菜单(图 5 – 22)中选择【移动或复制】菜单命令,弹出【移动或复制工作表】对话框(图 5 – 23)。

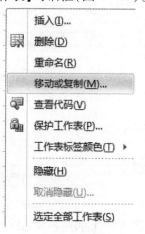

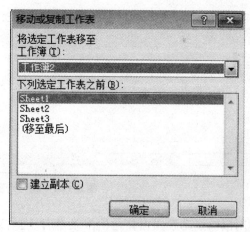

图 5 – 22　快捷菜单　　　　　　　图 5 – 23　【移动或复制工作表】对话框

(4)在【工作簿】列表中选择用于接收的工作簿,在【下列选定工作表之前】列表框中选择要在其前面插入的工作表,如果是复制而非移动,应选中【建立副本】复选框。

(5)单击【确定】按钮确认。

如果要在工作簿内移动工作表,则可用鼠标左键拖动相应的工作表标签到要到的位置;如果是复制,可按住 Ctrl 键后拖动选定工作表。

4. 重命名工作表

用户可以给工作表起名,以便于查找、使用该工作表,具体方法有如下几种:

(1)用鼠标右键单击工作表标签,从弹出的快捷菜单中选择【重命名】命令。

(2)用鼠标双击工作表标签,直接输入新的工作表名。

(3)选择【开始】→【单元格】→【格式】命令,从弹出的菜单中选择【重命名工作表】命令。

5. 工作表拆分与冻结

在编辑工作表时,有的工作表过宽或过长,使当前窗口不能全部显示其全部内容,用滚动条来滚动显示又无法明确看到某些单元格的具体含义,这时用拆分窗口与冻结窗口功能即可解决问题。

(1)拆分窗口按如下步骤执行:

①选定要拆分的位置(即某一单元格)。

②单击【视图】选项卡【窗口】功能区的【▦拆分】图标,执行拆分命令,这时在单元格处将工作表拆分成四个独立的窗格,如图 5 – 24 所示。

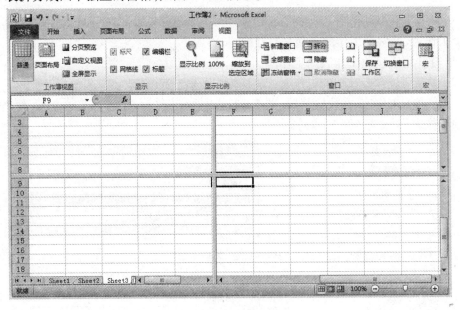

图 5 – 24 【拆分】窗格

这时用鼠标拖动独立窗格中的滚动条时,左右窗格之间上下同步移动,上下窗格间左右同步移动。若要取消拆分,再单击【▦拆分】图标即可。

(2)冻结窗口可按如下步骤执行:

①选定要冻结拆分的位置(即某一单元格)。

②选择【视图】→【窗口】→【冻结窗格】命令。有【冻结拆分窗格】【冻结首行】和【冻结首列】三个选项。

这时在单元格处将工作表拆分,且该单元格以上和以左的所有单元格被冻结,并一直保留在屏幕上。它的最大好处是可冻结列标题、冻结行标题或同时冻结列标题和行标题。若要取消该功能,可单击【冻结窗格】菜单中的【取消冻结窗口】命令。

6. 保护工作表

具体的操作步骤如下：

（1）选定要保护的工作表，右键单击工作表标签，在弹出的快捷菜单（图 5 – 25）中选择【保护工作表】命令，弹出【保护工作表】对话框（图 5 – 26）。

还可以执行【审阅】→【更改】→【保护工作表】命令，弹出【保护工作表】对话框。

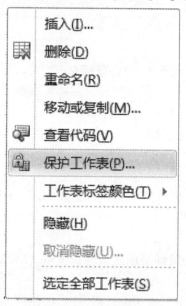

图 5 – 25　快捷菜单　　　　　　　图 5 – 26　【保护工作表】对话框

（2）在【保护工作表】对话框中选择相应的选项。

（3）单击【确定】按钮确认。

在【保护工作表】对话框中有两个可供选择的区域和一个密码框，其中【保护工作表及锁定的单元格内容】意思是防止对工作表上单元格的更改，并防止对已锁定的单元格的更改；【取消工作表保护时使用的密码】输入密码可阻止未授权的用户取消工作表的保护，密码区分大小写，由字母、数字、符号和空格组成；最下面的【允许此工作表的所有用户】中的所有选项是允许选择此工作表的所有用户可用的选项，可根据需要进行设置。

5.2.3　单元格

单元格是指工作表中纵横交错的线条组成的一个个矩形小方格，是 Excel 文档中最小的存储单元。在 Excel 中大部分的操作都是围绕单元格的操作来展开的。我们输入的数据将保存在单元格里，这些数据可以是一个字符串、一组数字、一个公式或一个图形等。

1. 单元格与区域

在 Excel 中，每个工作表由 65 536 × 256 个单元格构成，每个单元格都是通过它的地址来表明它的位置，即每个单元格都对应一个固定的地址。单元格地址是用行和列之间的交叉位置来表示，例如地址 C3 是指 C 列与第 3 行交叉部分的单元格。

一组单元格叫作一个区域，Excel 中通过用区域左上角的单元格地址和右下角的单元格地址（中间用冒号:隔开）的形式来指定一个区域。例如【A2:B2】为包含 A2 和 B2 两个单元格的区域,【A1:IV65536】为包含所有工作表中单元格的区域。

（1）选定单元格与区域

在同一时刻,只有一个单元格为活动的单元格,它被粗框框住,它的地址(或名字)或它所在区域的地址(或名字)将同时出现在地址框中。用户进行的所有相关编辑操作(如输入、修改)均只对活动的单元格起作用,活动的单元格可以是单一的单元格、整行、整列或某个单元格区域,下面就介绍各种单元格的选定。

①选定单一单元格

a.使用鼠标定位单元格

使用鼠标定位单元格,只需将鼠标指到所需的单元格上,单击鼠标左键即可。

b.利用【名称框】定位单元格

单击【名称框】,从键盘输入要移至的单元格地址,按【Enter】键即可。

用户输入完数据后按【Enter】键,活动单元格会向下移动一个单元格,同时还可用四个方向键来移动确认活动的单元格。

②选定区域

许多操作并不是对一个单元格而是对一个区域进行的,如删除、复制、格式的选取等,因此选定区域也是一种常用的操作。选择区域的方法如下:

a.选定连续区域

用鼠标选定区域左上角单元格,按住左键并拖动鼠标至该区域的右下角,释放鼠标,即选定整个区域。

需要拖动距离较远时,可先单击所需选定区域左上角的单元格,然后按住【Shift】键再单击区域右下角的单元格,即可完成选定工作。

如需选择区域大于窗口时,可先单击所需选定区域左上角的单元格,按一下【F8】键,拖动滚动条到所需位置,再单击该区域右下角的单元格,即可完成选定工作。操作完成后再一次按下【F8】键,取消该功能。

b.选定不连续单元格区域

选定不连续的单元格区域时,可先选定一个区域,然后按住【Ctrl】键的同时再选定其他的区域,直到选定所有所需的单元格区域。

c.选定整行、整列

单击行号(列标)可选定整行(整列)单元格。

沿行号(列标)拖动鼠标;或选定第一行(列),然后按住【Shift】键,再选定最后一行(列),即可选定相邻的行(列)。

选定某一行(列),然后按住【Ctrl】键,然后再选定其他行(列),可选定非相邻的行(列)。

d.选定工作表中所有的单元格

单击工作表中行号和列标在左上角的相交处即【全表选择】框,可选定工作中的全部单元格区域。

（2）为单元格区域命名

为了方便记忆和引用我们定义的一个区域,可以为它取一个名字来代表它,也可以为单元格和公式取名字。

命名规则如下:

①名称的第一个字符必须是字母或下画线,名称中字符可以是字母、数字、下画线和小数点。

②名称不能与单元格引用相同。

③名称中不能有空格。

④名称中最多可以包含 255 个字符。

⑤名称中可以包含大小写字母,Excel 中不区分大小写字母。

使用【名称框】命名的方法如下:

①选定要命名的单元格或区域。

②单击【名称框】并在其中输入名称。

③按【Enter】键完成命名操作。

2. 向单元格输入数据

在工作表中输入数据的一般方法非常简单,只需用鼠标或用键盘上的方向键移动光标到将要输入数据的单元格上使它变成活动的单元格,就可以在活动的单元中输入数据了。用户可以双击单元格直接在单元内输入数据;或者单击选定单元格,在编辑栏内输入数据。

下面我们将介绍如何更快、更准确地在单元格中输入数据。

(1)输入时间和日期

①单击单元格使之成为活动的单元格。

②输入日期用斜杠或减号分隔年、月、日;输入时间用冒号分隔时、分、秒;如果同时输入日期和时间,需要在时间和日期间加一个空格;如果按 12 小时制输入时间,请在时间数字后加一空格,并键入 a(上午)或 p(下午);插入当日的日期,请按【Ctrl + ;(分号)】;插入当前的时间,请按【Ctrl + Shift + :(冒号)】。

③按【Enter】或【Tab】键确认。

(2)输入数字

输入数字同输入日期方法相同,不过数字有些规定和限制,数字只能是这些字符:0 ~ 9, +, -,(、),∕, $,%,E,e。输入的数字前面的正号将被忽略,单个.(句点)被视为小数点。

①输入分数

为避免将输入的分数视作日期,应先输入"0"或一个整数和一个空格,然后输入分数。例如输入分数"1/2"应输入"0 1/2"。

②输入负数

在输入的负数前加上减号,或将其放在括号中。例如输入" - 10"应输入" - 10"或"(10)"。

③数字格式

在默认情况下,所有数字在单元格中均右对齐。要改变对齐方式,可执行【开始】→【单元格】→【格式】命令,在【格式】下拉菜单中选择【设置单元格格式】菜单项,在打开的对话框中单击【对齐】选项卡(图 5 - 27),从中选择需要的格式。

如果输入小数,一般直接指定小数点位置即可。当输入大量数据时,且具有相同小数位数时,可利用自动设置小数点功能,步骤是:单击【文件】选项卡中【选项】命令,打开【Excel 选项】对话框(图 5 - 28)中选择【高级】选项,在右侧窗口【编辑选项】中,选取【自动插入小数点】选项,在【位数】框中输入所需位数。例如:输入"3"表示保留 3 位小数,若要输入"1.234"则只要输入"1234"即可,省略了输入小数点的麻烦。

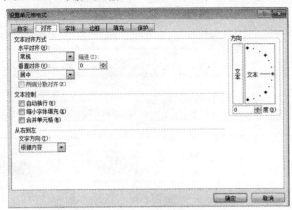 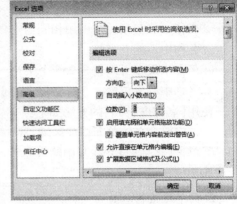

图 5 – 27　【设置单元格格式】对话框　　　　图 5 – 28　【Excel 选项】对话框

(3)输入文本

在 Excel 中,每个单元格最多可容纳 32 000 个字符。文本可以是数字、空格和非数字字符的组合。若将输入的数字做文本处理,可在输入数字之前加字符【'】,若要在公式中含有文本,需将文本部分用双引号括起来。

(4)批量输入

①同时在多个单元格或单元格区域中输入相同数据,方法如下:选定需要输入数据的单元格或单元格区域。键入相应的数据,然后按【Ctrl + Enter】键。

②同时在多张工作表中输入或编辑相同数据,方法如下:选定需要输入数据的工作表,移动鼠标,将它指向需要输入数据的单元格或单元格区域,在选定的单元格中键入或编辑相应的数据,然后按【Enter】或【Tab】键,Excel 会在所有选定的工作表的相应单元格中输入相同数据或对数据进行相同的编辑。

(5)填充数据

在输入数据时,可能经常遇到一些输入一个序列数字的情况,这时可用到 Excel 提供的"数据填充"功能。

①填充选定的单元格区域,其步骤如下:在第一个单元格中输入一个数列起始值,然后选定一个要填充的单元格区域,执行【开始】→【编辑】→【填充】→【系列】命令(图 5 – 29),弹出【序列】对话框(图 5 – 30);在弹出的【序列】对话框中【序列产生在】中选择【行】或【列】,然后在【类型】中选择需要的序列类型并输入步长值。最后按【确定】按钮确认。

②使用填充柄,其步骤如下:填充柄是位于活动单元格区域右下角的小黑块。将鼠标指向填充柄时,鼠标的形状变为黑十字,拖动填充柄可将内容复制到相邻单元格中,如果选定区域包含数字、日期或时间,用鼠标右键拖动,松开鼠标右键后,弹出快捷菜单,从中选择【填充序列】菜单项可实现填充序列。

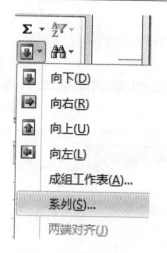

图 5 - 29 　【填充】下拉菜单

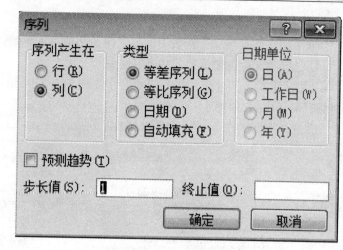

图 5 - 30 　【序列】对话框

3. 插入与删除、清空单元格、行、列

Excel 允许用户在已建立的工作表中插入行、列、单元格或区域,同时还可以进行删除和清空的操作。

(1)插入行和列

如果需要在工作表中插入行,可按如下步骤执行:

①选定插入行的任一单元格,或单击行号。

②执行【开始】→【单元格】→【插入】命令,在下拉菜单中选择【插入工作表行】选项,Excel 在当前行位置插入一个空行,原有行自动下移。

同理,可插入列,原有列右移。用户也可在工作表中一次插入若干行或列,其方法是:选定要插入的若干行或列的单元格区域,或选定区域所在的所有行或列,执行【插入】下拉菜单中的【插入工作表行】或【插入工作表列】命令,则同时插入若干行或列。

(2)插入单元格或单元格区域

如果用户想在工作表中插入单元格或单元格区域,请按如下步骤执行:

①在想插入的位置选定单元格或单元区域。

②执行【插入】→【单元格】→【插入】命令,在下拉菜单中选择【插入单元格】命令,弹出【插入】对话框,如图 5 - 31 所示。

③选择所需的选项,单击【确定】按钮。

(3)用鼠标插入行、列、单元格或单元格区域

除了用【插入】菜单中的命令外,还可用鼠标完成上述操作,其步骤如下:

①选定行、列、单元格或单元格区域。

②鼠标指向填充柄,按住【Shift】键并向外进行拖动,松开鼠标即可完成插入操作。

(4)删除行或列

如果用户需要删除工作表中的某行(列),其操作步骤如下:

①单击要删除的行号(列标),选择某行(列)。

②执行【插入】→【单元格】→【删除】命令,在下拉菜单中选择【删除工作表行】或【删除工作表列】菜单项,被选择的行或列从工作表中消失,下面的各行(列)自动上(左)移。

（5）删除单元格或单元格区域

如果用户需要删除工作表中的某个单元格或单元区域，其操作步骤如下：

①选择要删除的单元格或单元格区域。

②执行【插入】→【单元格】→【删除】命令，在下拉菜单中选择【删除单元格】命令，弹出【删除】对话框图，如图5－32所示。

③选择需要的选项，单击【确定】按钮。

图5－31　【插入】对话框

图5－32　【删除】对话框

（6）使用鼠标删除行、列、单元格或单元格区域

除了用上述方法删除行、列、单元格或单元格区域外，还可以用鼠标完成相应的操作。其方法是：选定要删除的行、列、单元格或单元格区域，将鼠标指向填充柄，按住【Shift】键的同时向内拖动，出现的阴影区域内的内容在松开鼠标后即被删除。

（7）清除单元格或单元区域

在编辑工作表时，有时用户只需删除单元格内的信息而保留单元格的位置，这时用到【清除】单元格的操作，其具体步骤如下：

①选定要清除的单元格或单元格区域。

②执行【开始】→【编辑】→【清除】命令，弹出其下拉菜单。

③在弹出的下拉菜单中选择需要的菜单项命令，完成操作。

4.移动和复制单元格或单元格区域内的数据

在编辑过程中，用户有时需要将某些单元格中的内容移动或复制到另外的位置，这时除了用【开始】选项卡【剪贴板】功能区中的【复制】【剪切】和【粘贴】命令外，还可用鼠标完成，方法是：选定要移动的单元格或区域，移动鼠标至单元格区域边缘，待光标变成带箭头的十字形光标时，拖动光标到指定位置释放鼠标即可。如果是复制，可在上述方法中的选定后，按住【Ctrl】键，再拖动即可完成复制操作。

如果在复制数据到某单元格中，且不想覆盖掉单元格中原有内容时，可使用插入方式来复制数据，其方法是：选定复制内容后，单击目标区域中左上角单元格，执行【开始】→【剪贴板】→【粘贴】命令，在弹出的下拉菜单（图5－33）中，选定需要的选项后单击图标即可；或者单击【选择性粘贴】菜单项，在打开的【选择性粘贴】对话框（图5－34）中，选定需要的选项后单击【确定】按钮即可。

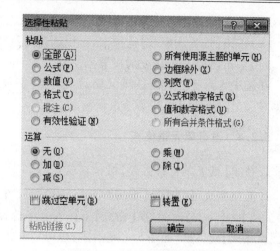

图 5－33　【粘贴】菜单　　　　　　　图 5－34　【选择性粘贴】对话框

5.为单元格加批注

给一些特殊的单元格加批注,能使用户更容易记忆和理解,其具体步骤如下:

(1)选中需要加批注的单元格。

(2)执行【审阅】→【批注】→【新建批注】命令,弹出一个批注框。

(3)在出现的批注框中输入注释的文本。

(4)单击工作表中的其他单元格,确定输入结果。

将光标移到加有批注的单元格上时,批注的内容就会显示出来。

6.为单元格增加提示信息与数据有效检验

Excel 具有提示信息与数据有效检验功能,该功能使用户可以指定单元格中允许输入数据类型及范围,并能给出提示信息和出错信息,其具体操作步骤如下:

(1)选定需要提示的单元格或区域。

(2)执行【数据】→【数据工具】→【数据有效性】命令,弹出【数据有效性】对话框,如图 5－35 所示。

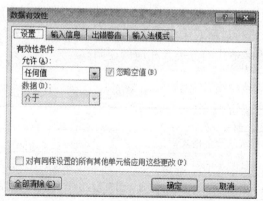

图 5－35　【数据有效性】对话框

(3)单击【设置】选项卡,设置有效性条件所需类型。

(4)单击【输入信息】选项卡,设置提示信息。

（5）单击【出错警告】选项卡，输入无效数据时发出提示。

（6）单击【输入法模式】选项卡，可以选择随意和是否关闭（英文模式）。

（7）单击【确定】按钮完成设置。

在选中含有上述设置的单元格区域时，就会显示输入信息，在输入不在有效范围内的数据时会显示出错信息并要求重新输入。

5.2.4　设置单元格格式

1. 使用【设置单元格格式】对话框设置

单元格格式可以通过【设置单元格格式】对话框完成设置，具体步骤为：执行【开始】→【单元格】→【格式】命令，在【格式】下拉列表中选择【设置单元格格式】菜单项，打开【设置单元格格式】对话框，如图 5－36 所示；也可以右击单元格，在弹出的快捷菜单中，选择【设置单元格格式】菜单项，打开【设置单元格格式】对话框。

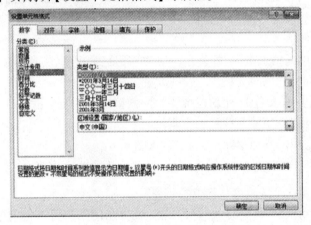

图 5－36　【设置单元格格式】对话框

下面就对【设置单元格格式】对话框中的各个选项加以说明：

（1）【数字】选项卡

设置数字、时间和日期在工作表中是以纯数字的格式储存的，它们是依照单元格所规定的格式显示，如该单元格没进行过格式化，则使用通用格式，数值以最大的精确度显示出来。

表 5－1 中列出了数字格式的分类及相应的说明。

表 5－1　数字格式的分类

分类	说明
常规	不包含特定的数字格式
数值	可用于一般数字的表示，包括千位分隔符、小数位数，不可以指定负数的显示方式
货币	可用于一般货币值的表示，包括货币符号、小数位数，不可以指定负数的显示方式
会计专用	与货币一样，只是小数或货币符号是对齐的
日期	把日期和时间序列数值显示为日期值

表 5 –1(续)

分类	说明
时间	把日期和时间序列数值显示为日期值
百分比	将单元格值乘以 100 并添加百分号,还可以设置小数点位置
分数	分数显示数值中的小数,还可以设置分母的位数
科学计数	以科学计数法显示数字,还可以设置小数点位置
文本	在文本单元格格式中,数字作为文本处理
特殊	用来在列表或数据中显示邮政编码、电话号码、中文大写数字、中文小写数字
自定义	用于创建自定义的数字格式

(2)【对齐】选项卡

在【文本对齐方式】中可以设置水平和垂直对齐两个方向的调整,还可以进行文本控制和文本方向的选择。

在【水平对齐】列表框中包括常规、靠左、靠右、居中、填充、跨列居中、两端对齐、分散对齐;在【垂直对齐】列表框中包括靠上、居中、靠下、两端对齐、分散对齐。

在【文本控制】区包含三个复选框:

①【自动换行】根据单元格列宽把文本拆行,并自动调整单元格高度,使全部内容都显示在该单元格上。

②【缩小字体填充】自动缩小单元格中字体大小,使数据宽度与列宽一致,若调整列宽,字符大小将自动调整。

③【合并单元格】将多个相邻单元格合并为一个单元格,合并后单元格引用为合并前左上角单元格的引用,在右侧【方向】框中,用户使用鼠标拖动文本指针,或单击调节钮的上、下箭头,可以设置单元格中字符的角度。

(3)【字体】选项卡

可以设置字体、字形、字号,设置各种下画线、颜色及特殊效果,通过预览框会显示设置效果。

(4)【边框】选项卡

通过【边框】选项卡,我们可以设置选定区域的内外边框线。【外边框】是指选定范围的单元格区域的边框,可以分别指定上下左右四个边框,选定好线条的样式和颜色后,按下【确定】按钮即可完成外边框设置。同样也可为表格内单元指定表格线。此外,在工具栏上也有一个【边框】按钮,通过它也可设置边框。

(5)【填充】选项卡

通过【填充】选项卡,可以设置选定区域或单元格的底纹。【背景色】框中列出程序设定的一些颜色模块,也可以单击【其他颜色】按钮打开【颜色】对话框选择颜色,单击【填充效果】按钮打开【填充效果】对话框,可以选择渐变色和底纹样式;在【图案颜色】下拉框可以选择底纹图案的颜色;在【图案样式】下拉框中可以选择底纹图案的样式。

(6)【保护】选项卡

可以设置锁定单元格或隐藏公式。

2. 使用功能区按钮命令【设置单元格格式】示例

以学生成绩单(图5-37)为例,介绍【设置单元格格式】的操作步骤:

(1)选中第一行(A1:E1)单元格区域,单击【开始】选项卡【对齐方式】功能区的【合并单元格】按钮,即可完成【合并单元格】设置。

(2)选中第二行(A2:E2)单元格区域,单击【开始】选项卡【字体】功能区【 B 】按钮加粗字体,然后单击【对齐方式】功能区【 ≡ 】按钮使单元格文字居中对齐,完成【字体】和【对齐方式】设置。

(3)选中整个数据清单区域,单击【字体】功能区【边框田▼】图标右侧下拉箭头,在下拉框中选择【所有框线田】菜单项,完成【边框】设置。

(4)选中B列数据清单区域,单击【字体】功能区【填充 ◇▼】图标右侧下拉箭头,在下拉框中选择【黄色】,同样选中C列、D列、E列,分别选择浅绿、浅蓝和红色,完成【填充】设置。

至此,整体设置完成,如图5-38所示。

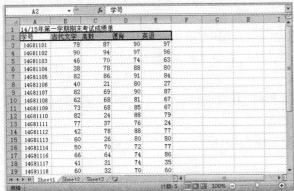

图5-37　学生成绩单

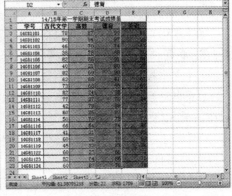

图5-38　【设置单元格格式】效果

3. 调整行高与列宽

当用户建立工作表时,所有单元格具有相同的宽度和高度,用户有时需要改变单元格的大小,即改变行高和列宽。

改变列宽的方法有三种:

(1)将鼠标移到某单元格列头的右边界垂直线上,当鼠标变为双向箭头时拖动该边界向右侧该列加宽,拖动边界向左侧该列变窄。

用鼠标双击列头的右边界,将使该列宽度正好为该列中数据最长的那一项宽度。

(2)改变多列宽度,并且要求多列等宽时,可用鼠标选择所有需要调整列宽的列的标签,然后拖动其中任一列的右边界,则各列的列宽变为相同。

(3)执行【开始】→【单元格】→【格式】命令,在【格式】下拉菜单中【单元格】组选择【列宽】一项,在弹出的【列宽】对话框中设置列宽值,即可改变列宽。

改变行高的方法与改变列宽类似。

4. 为满足特定条件的单元格设置格式

在应用中,用户可能需要将满足某些条件的单元格指定格式,这时只需按如下步骤设置:

(1)选定要设置条件格式的区域,如图5-39所示。

　　(2)执行【开始】→【样式】→【条件格式】命令,打开【条件格式】下拉菜单选择需要的选项。如选择【突出显示单元格规则】选项中的【介于】子菜单项,如图 5 - 40 所示。

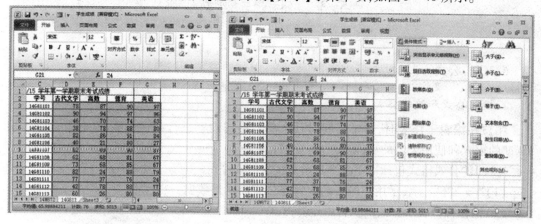

图 5 - 39　选定要设置格式的区域　　　　　　　图 5 - 40　【条件格式】下拉菜单

　　(3)在弹出的【介于】对话框中设置条件。如【100 到 80】设置为【浅红填充色深红色文本】,如图 5 - 41 所示。

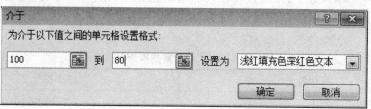

图 5 - 41　【条件格式】之【介于】对话框

(4)单击【确定】按钮完成设置,如图 5 - 42 所示。

	D	E	F	G	H
1	/15 学年第一学期期末考试成绩				
2	学号	古代文学	高数	德育	英语
3	14G81101	78	87	90	97
4	14G81102	90	94	97	96
5	14G81103	46	70	74	63
6	14G81104	38	78	88	80
7	14G81105	82	86	91	84
8	14G81106	40	21	80	27
9	14G81107	82	69	90	87
10	14G81108	62	68	81	67
11	14G81109	73	68	85	67
12	14G81110	82	24	88	79
13	14G81111	77	37	76	24
14	14G81112	42	78		77
15	14G81113	60	26	80	80

图 5 - 42　设置【条件格式】后效果

5.3　公式与函数

5.3.1　公式

1.输入公式和编辑公式

用户在编辑工作表时,通常需要对几个单元格的内容进行某种运算,这时就可以运用 Excel 的输入和使用公式的功能。

Excel 的公式格式包括以下三个部分:

(1)"＝"符号　表示用户输入的内容是公式而不是数据。

(2)操作符　表示公式所执行的运算方式。

(3)引用的单元格　参加运算的单元格名称。

用户输入公式时,首先单击要输入公式的单元格,然后输入"＝"号,接着输入第一个单元格地址,或用鼠标单击参加运算的第一个单元格,然后依次输入操作符(表 5 – 2)和单元格地址,如果需要输入数字,可以直接输入。公式输完后,按【Enter】键,完整的公式在输入栏中列出,单元格中显示的是公式计算的结果。

表 5 – 2　Excel 常用操作符

操作符	操作符含义
+	加法运算
－	减法运算
*	乘法运算
/	除法运算
%	百分比
^	乘方运算
=	等于
<	小于
< =	小于或等于
>	大于
> =	大于或等于
< >	不等于

2.单元格和区域的引用

公式的灵活性是通过单元格的引用来实现的。一个引用地址代表工作表上的一个单元格或一组单元格,如(A1)表示 A 列第一行的单元格,(A1:B1)表示 A1 和 B1 组成的单元格区域。通过引用地址,可在一个公式中引用工作表上不同部分的数据,也可在几个公式中使用同一个单元格中的数值,还可以引用同工作簿上的其他工作表中的单元格或其他工作簿上的数据。

【绝对地址】　加上了绝对引用符【＄】的列标和行号的引用地址,如(＄A＄1：＄B＄1)。

【相对地址】　没有加绝对引用符【＄】的列标和行号的引用地址,如(A1：B1)。

单元格的引用分为相对地址引用、绝对地址引用和混合地址引用。

(1)相对地址引用

在公式中除非特别指明,单元格或单元格区域的引用通常是相对于创建和使用公式的单元格的相对位置,即使用相对地址来引用单元格的位置。所谓相对地址是指当把一个含有单元格地址的公式拷贝到一个新的位置或者用一个公式增加一个新的范围时,公式中的单元格地址会随之改变。

例如在图 5 - 43 中,C1 中公式【 = SUM(A1：B1)】计算的是 A1 和 B1 中数据的和,当在 C2 中引用 C1 中的公式时,C2 中公式【 = SUM(A2：B2)】计算的是 A2 和 B2 中数据的和。

(2)绝对地址引用

一般情况下,我们使用的是相对地址引用方式,但如果我们不希望复制公式时 Excel 自动调整引用,就要使用绝对地址引用。所谓绝对地址引用是指在把公式拷贝或者填入到新位置时,使用公式中的固定单元【 = SUM(＄A＄1：＄B＄1)】,这时将 C1 单元格中的公式复制到 C2 中,此时 C2 单元格中计算的是 A1 和 B1 中数据的和,并没有因为引用位置的改变而改变引用的单元格(图 5 - 44)。

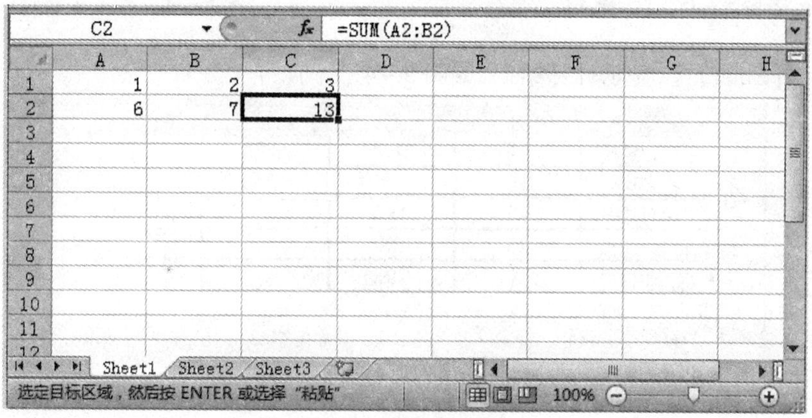

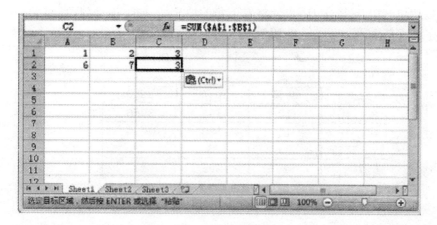

图 5 - 43　【相对引用】单元格

图 5 - 44　【绝对引用】单元格

（3）混合地址引用

有些情况下，我们需要只保持行引用不变或者列引用不变，这时就要用到混合地址引用。混合地址引用是指在一个单元格地址引用中，既有绝对单元格地址引用，又有相对单元格地址引用。

按【F4】键可以在各种引用之间转换。

3. 公式运用

示例 1：算术运算运用（算出每种产品的金额）如图 5 – 45 所示。

（1）单击选择 D2 单元格。

（2）在单元格中输入公式" = B2 * C2"，如图 5 – 46 所示。

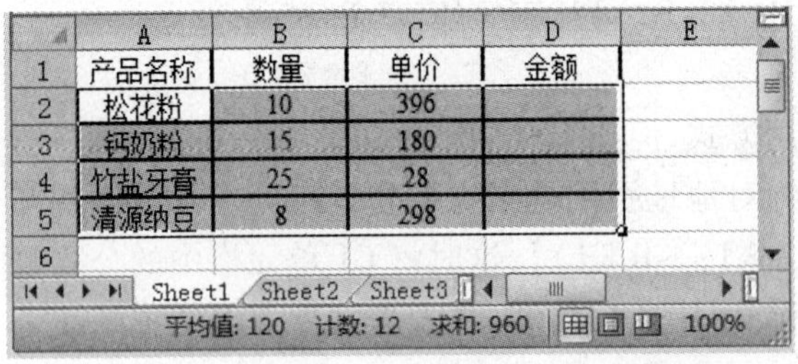

图 5 – 45　【示例 1】

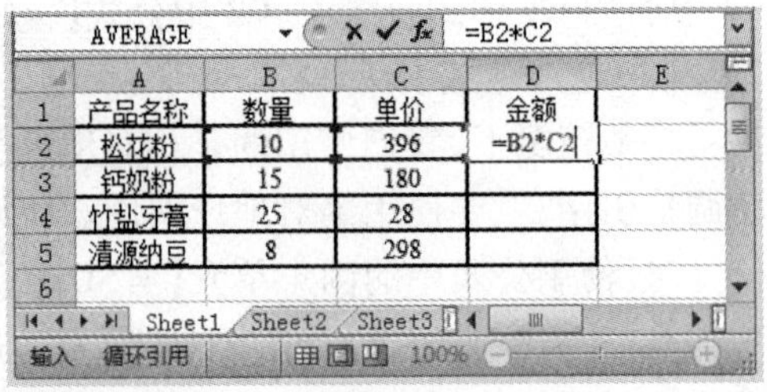

图 5 – 46　输入乘法公式

（3）单击【Enter】键，显示计算结果，如图 5 – 47 所示。

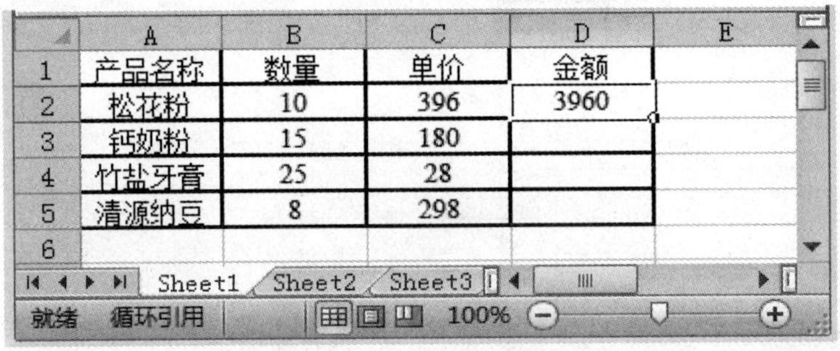

图 5 – 47　显示计算结果

（4）使用填充功能，按住 D2 单元格右下角的填充柄，向下拖动到 D5 单元格后松开鼠标，即可完成填充，结果如图 5 – 48 所示。

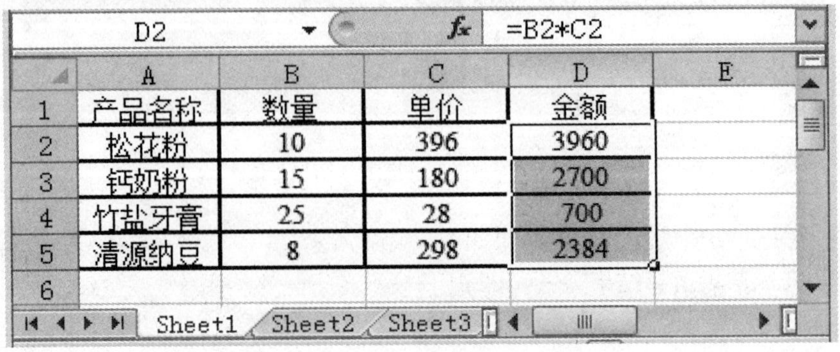

图 5 – 48　填充后的结果

还可以先选中要填充的单元格区域,再单击【开始】选项卡【编辑】功能区的【填充🔽】图标按钮,完成填充。

示例 2:比较运算运用(选出优等生"平均成绩大于 90 分")如图 5 - 49 所示。

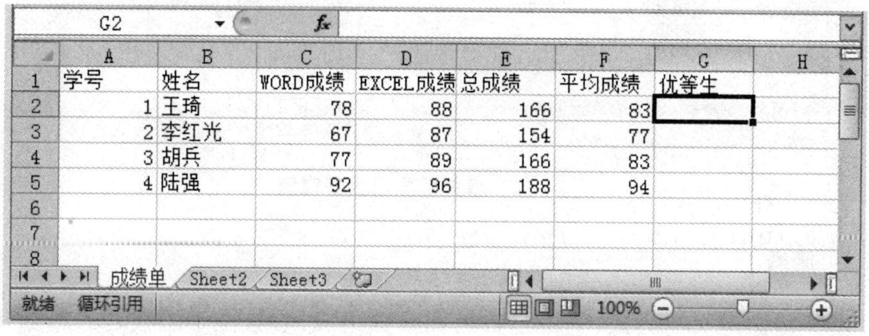

图 5 - 49　选出优等生

(1)选中 G2 单元格。

(2)在单元格中输入公式"= F2 > 90",如图 5 - 50 所示。

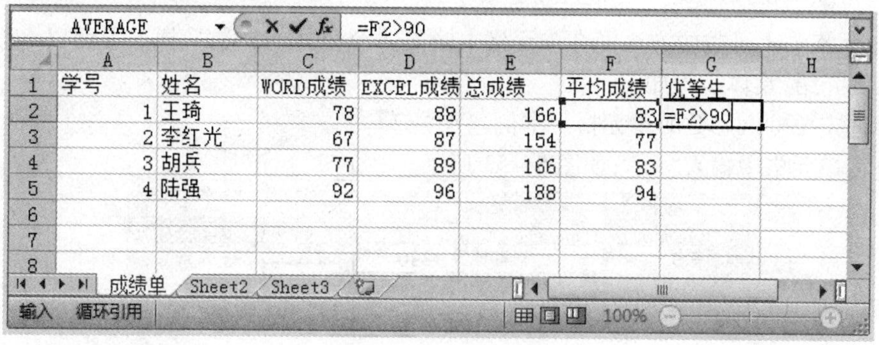

图 5 - 50　输入公式

(3)单击【Enter】键,完成比较运算,显示逻辑值如图 5 - 51 所示。

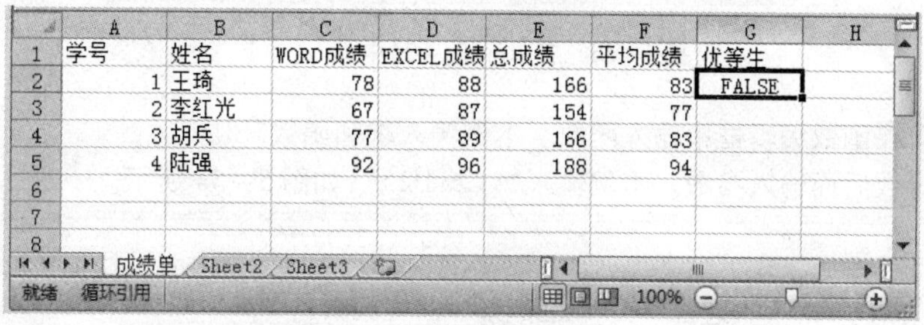

图 5 - 51　逻辑运算结果

(4)使用填充功能,完成填充,结果如图 5 - 52 所示。

FALSE 表示逻辑运算结果为"否";TRUE 表示逻辑运算结果为"是"。

图 5 – 52   填充后显示的逻辑值

5.3.2   函数

函数是一些预定义的公式,它由函数名和参数组成,参数位于函数名的右侧并用括号括起来,具体值由用户提供,有些函数不需要参数。

如果函数以公式形式出现,则必须在函数名前键入" = "。对于函数的输入 Excel 提供了两种输入方法。

1.利用手工输入函数

利用手工输入函数的方法同在单元格中输入一个公式的方法一样。下面以一个"求总成绩"示例介绍,具体步骤如下:

(1)选定要输入函数的单元格。本例选定"E2"。

(2)在单元格中输入" = ",如图 5 – 53 所示。

图 5 – 53   在单元格【E2】中输入【 = 】

(3)接着在函数编辑框中输入函数。本例输入求和函数"SUM"。

(4)在函数后面输入参数。本例输入"(C2:D2)",如图 5 – 54 所示。

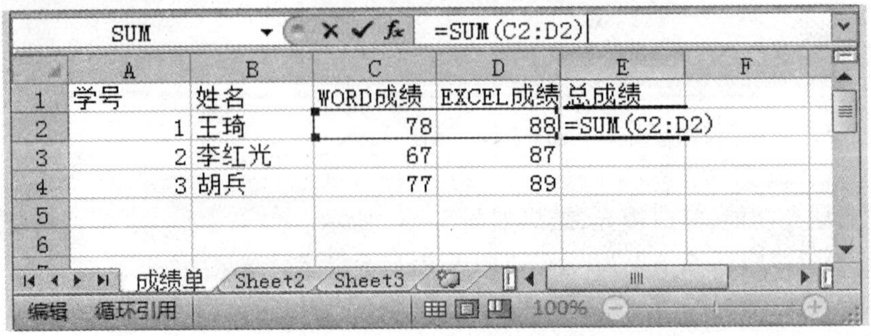

图 5 – 54   在【函数编辑框】中输入函数【SUM】

（5）单击【Enter】键,结束输入函数,结果如图 5 - 55 所示。

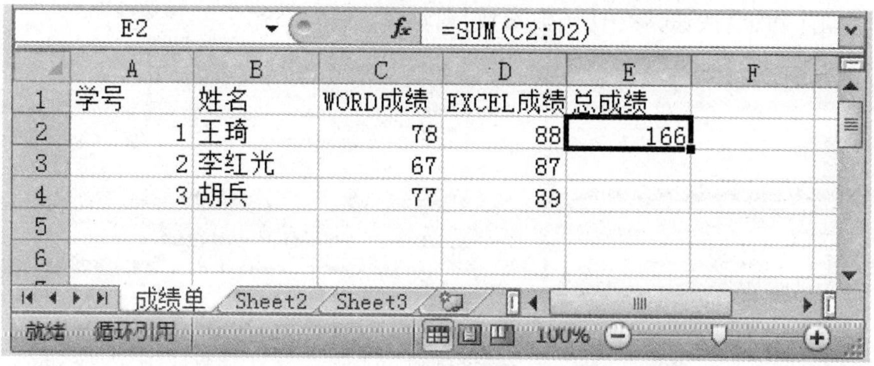

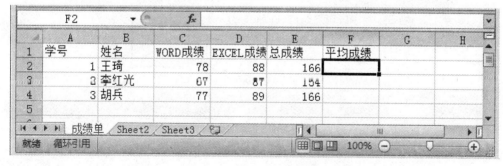

图 5 - 55　运算结果

（6）使用填充功能,按住 E2 单元格右下角拖动手柄向下拖动到 E4,松开鼠标显示完成结果,如图 5 - 56 所示。

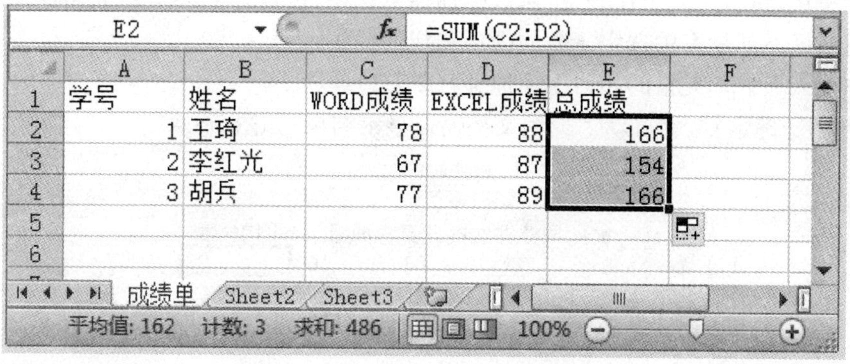

图 5 - 56　利用【相对引用】填充结果

2. 使用【插入函数】对话框输入

以"求平均成绩"示例来介绍使用【插入函数】,对话框输入的步骤如下:

（1）选择需要输入函数的单元格。本例选定（F2）单元格,如图 5 - 57 所示。

图 5 - 57　选定【F2】单元格

（2）单击【编辑栏】左侧的【插入函数 *fx*】按钮,弹出【插入函数】对话框（图 5 - 58）。

（3）从【或选择类别】列表框中选择所要输入的函数类,从【选择函数】列表框中选择需要的函数。本例选择"常用函数"和"AVERAGE"(平均值)。

(4)单击【确定】按钮,弹出【函数参数】对话框(图5-59)。

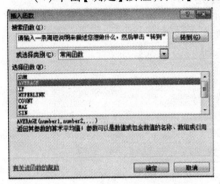

图5-58　【插入函数】对话框

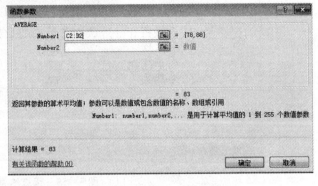

图5-59　【函数参数】对话框

(5)在弹出的对话框中,上面是参数文本框,用户可输入参数值或单元格;或单击文本框右边的按钮,窗口切入工作表,可用鼠标选择单元格,也可输入参数单元格的绝对和相对地址。对话框下部是有关选定函数的提示和帮助按钮。

本例输入参数单元格的相对引用地址(C2:D2)。

(6)按下【确定】按钮确认。返回文档窗口显示结果,如图5-60所示。

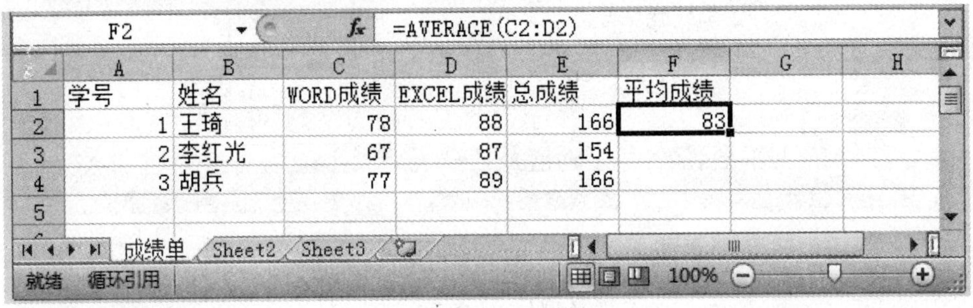

	A	B	C	D	E	F	G	H
1	学号	姓名	WORD成绩	EXCEL成绩	总成绩	平均成绩		
2	1	王琦	78	88	166	83		
3	2	李红光	67	87	154			
4	3	胡兵	77	89	166			
5								

F2　＝AVERAGE(C2:D2)

图5-60　运算结果

(7)使用填充功能,完成(F3)和(F4)单元格的运算,如图5-61所示。

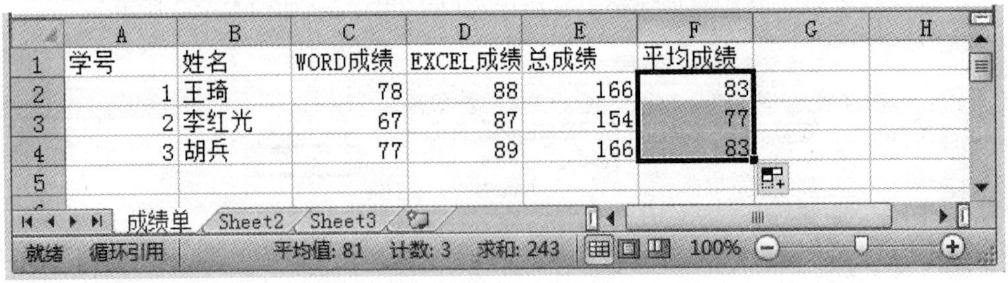

	A	B	C	D	E	F	G	H
1	学号	姓名	WORD成绩	EXCEL成绩	总成绩	平均成绩		
2	1	王琦	78	88	166	83		
3	2	李红光	67	87	154	77		
4	3	胡兵	77	89	166	83		
5								

平均值:81　计数:3　求和:243

图5-61　"求平均成绩"的运算结果

单击【开始】→【编辑】→【求和Σ▾】按钮右侧的下拉箭头,在下拉列表框中选择【其他函数】选项,也可弹出【插入函数】对话框。

5.3.3　常用函数

Excel 提供了丰富的函数,按照其功能可以分为以下几类:

(1)【数据库函数】　分析和处理数据清单中的数据。

(2)【日期与时间函数】　在公式中分析和处理日期值和时间值。

(3)【统计函数】　对数据区域进行统计分析。

(4)【逻辑函数】　用于进行真假值判断或者进行复合检验。

(5)【查找与引用函数】　对指定的单元格、单元格区域返回各项信息或运算。

(6)【数学和三角函数】　处理各种数学计算。

(7)【文本函数】　用于在公式中处理文字串。

(8)【财务函数】　对数值进行各种财务运算。

前面介绍了关于工作表函数的一些基本知识,接下来主要介绍一些公式中常用的函数及其功能,其他的函数及其具体使用查看相应的书籍或帮助文件。

1. SUM

语法:SUM(number1,number2,…)

说明:number1,number2,…　为 1 到 30 个需要求和的参数。

功能:返回某一单元格区域中所有数字之和。

2. AVERAGE

语法:AVERAGE(number1,number2,…)

说明:number1,number2,…　为需要计算平均值的 1 到 30 个参数。

功能:返回参数的平均值(算术平均值)。

3. COUNT

语法:COUNT(value1,value2,…)

说明:value1,value2,…　为包含或引用各种类型数据的参数(1 到 30 个),但只有数字类型的数据才被计算。

功能:返回包含数字以及包含参数列表中的数字的单元格的个数。利用函数 COUNT 可以计算单元格区域或数字数组中数字字段的输入项个数。

4. MAX

语法:MAX(number1,number2,…)

说明:number1,number2,…　是要从中找出最大值的 1 到 30 个数字参数。

功能:返回一组值中的最大值。

5. SIN

语法:SIN(number)

说明:number　为需要求正弦的角度,以弧度表示。

功能:返回给定角度的正弦值。

6. SUMIF

语法:SUMIF(range,criteria,sum_range)

说明:range 为用于条件判断的单元格区域。criteria 为确定哪些单元格将被相加求和的条件,其形式可以为数字、表达式或文本。sum_ range 是需要求和的实际单元格。

　　功能:根据指定条件对若干单元格求和。

5.4　数据的管理和分析

　　数据处理是 Excel 的强大功能所在,Excel 为用户提供了数据查询、排序、筛选以及分类汇总等功能,用户可以很方便地管理、分析数据,为决策管理提供可靠的依据。

5.4.1　建立数据清单

　　在 Excel 中,可以通过创建一个叫作数据清单的表格来管理数据。数据清单就是包括相关数据的一系列工作表数据行。

　　1.创建数据清单的准则

　　Excel 提供了一系列功能,可以很容易地在数据清单中处理和分析数据。在运用这些功能时,必须根据下述准则创建清单。

　　(1)每个数据清单相当于一个二维表。

　　(2)一个数据清单最好单独占据一个工作表,如果在一个工作表中存放多个清单,则各个数据清单间要有空白行和空白列分隔。

　　(3)避免将关键数据放在数据清单的左右两侧,防止在筛选数据清单时这些数据可能被隐藏。

　　(4)避免在数据清单中放置空白行和空白列。

　　(5)数据清单中每一列作为一个字段,存放相同类型数据。

　　(6)数据清单中每一行作为一个记录,存放相关一组数据。

　　(7)在数据清单中的第一行创建标志,即字段名。

　　(8)列标使用的字体、对齐方式、格式、图案、边框或大小写样式,应当与数据清单中其他的数据格式相区别。

　　2.建立数据清单的过程

　　在了解了一个数据清单的基本结构和准则之后,我们就可以建立数据清单了,其基本操作步骤如下:

　　(1)选定当前工作簿的某个工作表来存放要建立的数据清单。

　　(2)在数据的第一行,输入各列的列标题。

　　(3)输入各个记录的内容。

　　(4)设定标题名称和字段名称的字体、格式,设定各字段宽度,设定数据清单中数据格式等。

　　(5)保存数据清单。

5.4.2　管理数据

　　当需要在数据清单中输入、插入新的记录,删除没用的记录或修改某些记录时,可以使用前面介绍的方法直接在相应的单元格中处理数据,但是利用 Excel 提供的"记录单"功能,可以简捷、精确地完成这些功能。

1. 输入清单数据

Excel 2010 没有设置【记录单】功能项,需要用户自行设置,具体方法是:单击【文件】选项卡中的【选项】按钮,打开【Excel 选项】对话框,如图 5 – 62 所示,单击选择【快速访问工具栏】,在右侧窗口中的【从下列位置选择命令】下拉框选择【不在功能区中的命令】项,拖动下拉框中的滑动滚条选择【记录单】,然后单击【添加】按钮,此时在右侧【自定义快速访问工具栏】里显示【记录单】图标。以后再使用【记录单】时,直接单击工作界面【快速访问工具栏】区的【记录单】按钮即可。

使用记录单功能,我们可以减少在行与列之间的不断切换,从而提高输入的速度和准确性。下面我们通过一个成绩单的例子,介绍使用【记录单】对话框输入数据的操作步骤:

(1)单击需要增加记录的数据清单中的任一单元格(图 5 – 63)。

图 5 – 62　【Excel 选项】对话框　　　　　　　图 5 – 63　增加记录的数据清单

(2)执行【快速访问工具栏】→【记录单】命令,弹出一个对话框(图 5 – 64),单击【确定】按钮,弹出【记录单】对话框。

(3)在弹出的【记录单】对话框中单击【新建】按钮,出现一个空白记录单(图 5 – 65)。

(4)用鼠标选定每个字段后的文本框,在其中输入相应数据并单击【新建】按钮。

(5)重复步骤(3)(4),输入所有数据后,单击【关闭】按钮。

如果是在数据清单中插入一个记录时,不管当前位置如何,增加的记录均位于当前数据清单的最后一条记录的下一条。

2. 编辑清单数据

建立清单后,还可以使用【记录单】命令对其进行编辑,其操作步骤如下:

(1)选择要进行编辑的单元格。

(2)执行【快速访问工具栏】→【记录单】命令,打开对话框,如图 5 – 66 所示。

(3)编辑相应的文本框中内容。单击【上一条】和【下一条】按钮,逐条查看记录,或使用【滚动条】来查看数据清单中的每一个记录,可编辑其他记录。

(4)单击【关闭】按钮,返回到工作表中。

如果某个字段的内容是公式,则相应的字段没有字段值框,显示的是公式的计算结果,因此该值不能在此编辑。

图5-64　【记录单】命令对话框

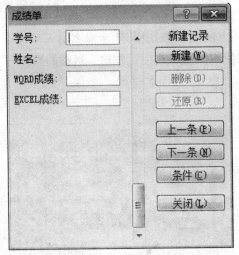

图5-65　【记录单】对话框

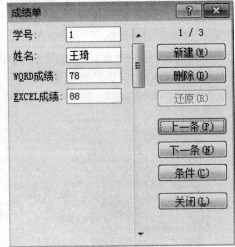

图5-66　编辑清单数据

3. 删除清单数据

对于数据中不再需要的数据,可将其删除,其操作步骤如下:

(1)单击需要删除记录的数据清单中任一单元格。

(2)执行【快速访问工具栏】→【记录单】命令,出现【记录单】对话框(图5-66)。

(3)找到要删除的记录。

(4)单击【删除】按钮,此时弹出【警告】对话框(图5-67),提醒用户。

(5)单击【确定】按钮,退出【警告】对话框。

(6)单击【关闭】按钮,返回工作表中,则相应的记录被删除。

4. 查找记录

如果想用记录单查找数据清单中的记录,可按如下步骤执行:

(1)单击要查找记录的数据清单中的任一单元格。

(2)执行【快速访问工具栏】→【记录单】命令,出现【记录单】对话框。

(3)单击对话框上的【条件】按钮,弹出如图5-68所示的【条件区域】对话框,此时每个字段框内值为空。

(4)依次单击所需文本框,输入相应查找条件。

(5)单击【表单】按钮,结束条件的设定。

(6)单击【上一条】或【下一条】按钮,Excel将从当前记录开始向上或向下定位于满足条件的第一条记录,并显示记录内容。

（7）单击【关闭】按钮,返回到相应工作表中。

条件设定后,不会自动消除,需要单击【条件】按钮,出现【条件区域】对话框时,单击【清除】按钮方可删除条件。

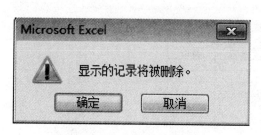

图 5 - 67　【警告】对话框

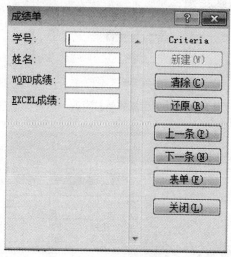

图 5 - 68　【条件区域】对话框

5.4.3　数据排序

通过使用排序功能,可以根据某些特定列的内容来重排数据清单中的行,这样有利于提高查找效率。在 Excel 中提供了【升序】和【降序】两个常用功能。【升序】按字母顺序、数据由小到大、日期由前到后排序;【降序】按反向字母顺序、数据由大到小、日期由后向前排序。

对于数据清单而言,排序操作将依据当前单元格所在的列作为排序基准。

1. 按单列排序

如果想根据一列的数据对数据排序,可以按下列步骤执行:

（1）单击数据清单中排序依据的字段名。

（2）执行【数据】→【排序】命令,打开【排序】对话框,确认【主要关键字】下拉列表中的选项,根据需要选择【升序】或【降序】单选按钮;或者单击【数据】选项卡中的【升序 ↓】或【降序 ↓】按钮。

以学生成绩单为例,介绍数据排序的操作步骤:

（1）单击学生成绩单中【德育】（图 5 - 69）。

（2）执行【数据】→【排序】命令,打开如图 5 - 70 所示【排序】对话框,在【列】组【主要关键字】下拉框中选择【德育】,在【次序】组下拉框选择【降序】。

（3）单击【确定】按钮,完成设置返回窗口（图 5 - 71）。

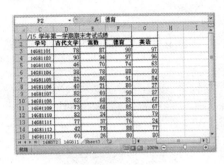

图 5 - 69 【学生成绩单】窗口

图 5 - 70 【排序】对话框

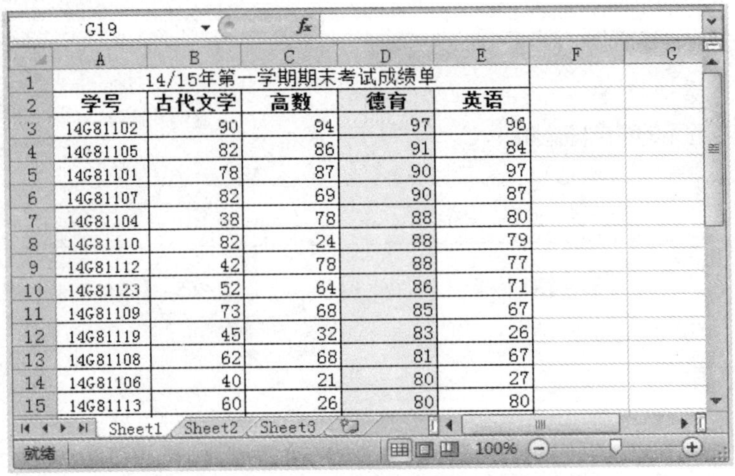

图 5 - 71 【降序】后的排列结果（黄色底纹）

2. 按多列排序

在 Excel 中,还可以按多列排序。根据多列的数据对数据排序,其操作步骤如下:

(1)选定要排序的数据区域,如果对整个数据清单排序,可以选择需要排序的数据清单中的左一单元格。

(2)执行【数据】→【排序】命令,打开【排序】对话框,如图 5 - 72 所示。

(3)指定排序的关键字字段名。在对话框中默认只有一个【主要关键字】设定框,如有需要可以单击【添加条件】按钮,增加【次要关键字】设定框,其中主要关键字是必须设置的,其他的关键字可根据需要设定。

(4)单击【升序】或【降序】单选按钮,确定排序方式。

图 5 - 72 【排序】对话框

（5）单击【确定】按钮。

这时所选区域将按主要关键字值的大小排序,主要关键字值相同的行相邻排序。若要指定了次要关键字,则主要关键字相同的记录再按次要关键字值大小排序,若要指定了第三关键字,则依此类推。

在排序对话框上部右侧还有【数据包含标题】复选框,选择表示排序后数据清单保留字段名行,不选择表示排序后数据清单删除了原来的字段名行。

若要删除【次要关键字】设定框,可以选择【次要关键字】再点击【删除条件】按钮即可;如果删除【主要关键字】,则下边的【次要关键字】升为【主要关键字】。

3. 按自定义序列排序

在 Excel 中,用户可根据需要自定义数据清单排序。使用自定义排序前,可通过工作表中现有数据项或以临时输入的方式,创建自定义序列或排序次序。

创建自定义排序操作步骤如下:

（1）选择工作表中想要自定义序列的单元格区域,执行【开始】→【编辑】→【排序和筛选】命令,在打开的下拉菜单中选择【自定义排序】菜单项,打开【排序】对话框。

（2）在【排序】对话框【次序】下拉框中选择【自定义排序】,打开【自定义序列】对话框,如图 5 - 73 所示。

（3）在【自定义序列】列表框中单击选择需要的序列,此时在【输入序列】文本框可以看见所选的序列;如果选择【新序列】,需要在【输入序列】文本框中输入自定义的序列后,单击【添加】按钮。

（4）单击【确定】按钮,自定义序列创建完成。

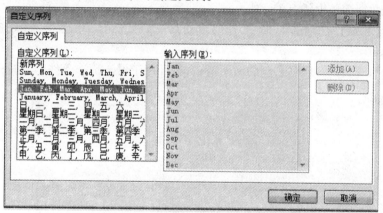

图 5 - 73 　【自定义序列】对话框

使用自定义序列对数据清单排序的操作步骤如下:

（1）单击数据清单中的任一单格。

（2）执行【数据】→【排序和筛选】→【排序】命令,打开【排序】对话框,如图 5 - 74 所示。

（3）单击【次序】右侧向下箭头,在此下拉列表中选择相应选项。

（4）单击【选项】按钮,打开【排序选项】对话框(图 5 - 75),根据需要设置区分大小写、方向、方法三个选项区域。

（5）单击【确定】按钮,返回到【排序】对话框。

（6）单击【确定】按钮。

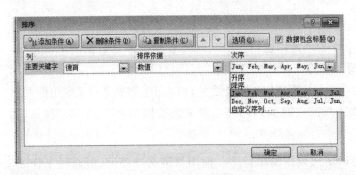

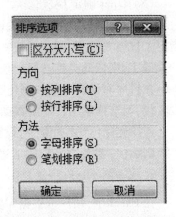

图 5-74　【排序】对话框中选择自定义序列　　　　图 5-75　【排序选项】对话框

5.4.4　数据筛选

筛选是查找和处理数据清单中数据子集的快捷方法。筛选清单仅显示满足条件的行，该条件由用户对某些列指定。Excel 提供自动筛选和高级筛选两种方法。与排序不同，筛选并不重排清单，只是暂时隐藏不必显示的行。

1. 自动筛选

自动筛选是一种快速筛选法，它适用简单条件，用户通过它可快速访问大量数据，并从中选择满足条件的记录并显示出来。其操作步骤如下：

（1）单击数据清单中任一单元格。

（2）执行【数据】→【筛选】命令，这时自动筛选箭头会出现在数据清单中的每个字段名的右边。

（3）单击想查找的字段名右侧的向下箭头，打开用于设定筛选条件的下拉列表框，如图 5-76 所示。

图 5-76　【筛选条件】下拉列表框

在下拉列表框中包含该列所有数据及进行筛选的一些条件选项,其中各项含义如下:

①【全选】　显示数据清单中的所有记录。其中如果此列中含有空白单元格,则显示【空白】的记录。

②【数字筛选】　选择此项,出现下拉子菜单有【等于】【不等于】【大于】【大于或等于】【小于】【小于或等于】【介于】【10 个最大的值】【高于平均值】【低于平均值】和【自定义筛选】共 11 个菜单项。单击需要的选项,会打开相应的对话框进行设置筛选条件。

例如单击选择【自定义筛选】菜单项,会弹出【自定义自动筛选方式】对话框(图 5 - 77),在此对话框中设置一个或两个用于筛选的条件。如果想设置两个条件,可以选择【与】或【或】中的一项,其中选择【与】选项表示必须保证同时满足两个条件,【或】选项表示只要符合条件之一即可。

单击选择【10 个最大的值】菜单项,弹出【自动筛选前 10 个】对话框(图 5 - 78),该对话框的第一个列表框中有【最大】和【最小】两个选项,第二个列表框用于设定筛选后显示项数,第三个列表框由【百分比】和【项】组成,指定输入数字的大小等级或百分比值,设置完成后,单击【确定】按钮。

③【按颜色筛选】　如果在数据清单中设置了字体颜色,则按字体颜色筛选。

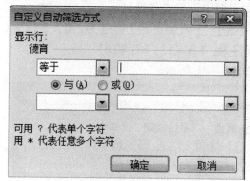

图 5 - 77　【自定义自动筛选方式】对话框　　　　图 5 - 78　【自动筛选前 10 个】对话框

(4)从下拉列表框中选定所需的筛选条件,则显示与选择数据相符的记录。

用户在对数据清单进行筛选操作后,还应注意以下几点:

①如果想保存或打印筛选后的数据清单,请将其复制到其他工作表或同一工作表的其他区域。

②如果想取消对某一列进行的筛选,请单击该列字段名右侧的下拉箭头,从中选择【全选】选项。

③如果想取消对数据清单中所有列进行的筛选,请在【数据】选项卡中再次单击【筛选】图标按钮,即可自动退出筛选状态。

2. 高级筛选

在实际应用中,常常涉及更复杂的筛选条件,利用【自动筛选】就可能比较复杂或无法完成,这时就需要用到高级筛选。

以成绩表数据清单为例,其具体的操作步骤如下:

(1)在要进行高级筛选的数据清单的空白区域输入要进行筛选的列标题和需要的条件(图 5 - 79)。

（2）单击要进行筛选的数据清单中的任一单元格,执行【数据】→【排序和筛选】→【高级】命令,弹出【高级筛选】对话框(图5-80)。

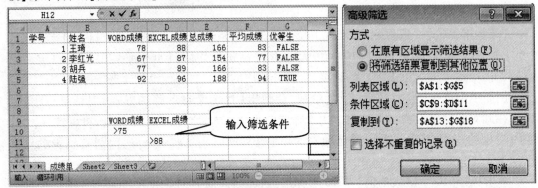

图5-79　输入筛选的列标题和需要的条件　　　　　图5-80　【高级筛选】对话框

（3）在弹出的【高级筛选】对话框中,可根据需要设定方式中的两个单选按钮以指定将筛选的结果显示到原位置或其他位置。在【列表区域】文本框中输入要进行筛选的数据清单范围,或用鼠标拖动选定,同理在【条件区域】文本框中设置条件区域。

本例【方式】选择【将筛选结果复制到其他位置】。【列表区域】选定为($A$1:$G$5),【条件区域】为($C$9:$D$11),【复制到】为($A$13:$G$18)。

（4）单击【确定】按钮,完成高级筛选操作,如图5-81所示。

	A	B	C	D	E	F	G	H
1	学号	姓名	WORD成绩	EXCEL成绩	总成绩	平均成绩	优等生	
2	1	王琦	78	88	166	83	FALSE	
3	2	李红光	67	87	154	77	FALSE	
4	3	胡兵	77	89	166	83	FALSE	
5	4	陆强	92	96	188	94	TRUE	
6								
7								
8								
9			WORD成绩	EXCEL成绩				
10			>75					
11				>88				
12								
13	学号	姓名	WORD成绩	EXCEL成绩	总成绩	平均成绩	优等生	
14	3	胡兵	77	89	166	83	FALSE	
15	4	陆强	92	96	188	94	TRUE	
16								

图5-81　【高级筛选】结果

5.4.6　分类汇总

分类汇总是对数据清单上的数据进行分析的一种方法。对于一个数据清单而言,如果能够在适当位置加上统计数据,将使清单内容更加清晰易懂。Excel提供分类汇总的功能来解决这个问题,它不需要创建公式即可实现对分类汇总值的计算,并且将计算结果分级显示出来。

1. 创建分类汇总

执行分类汇总命令之前,应先对数据清单进行排序,将数据清单中关键字相同的记录集中在一起。当对数据清单排序后,就可对记录进行分类汇总了,其具体步骤如下:

(1)对需要分类汇总的字段进行排序。

(2)选定数据清单中的任一单元格。

(3)执行【数据】→【分级显示】→【分类汇总】命令,打开【分类汇总】对话框(图 5 - 82)。

(4)单击【分类字段】的下拉箭头,在弹出的下拉列表中选择所需字段作为分类汇总的依据。

(5)在【汇总方式】列表中,选择所需用的统计函数。

(6)在【选定汇总项】列表框中,选中需要对其汇总计算的字段前面的复选框。

(7)根据需要选择下面三个复选框,其各项含义如下:

①【替换当前分类汇总】表示按本类要求进行汇总;

②【每组数据分页】表示将每一类分页显示;

③【汇总结果显示在数据下方】表示将分类汇总数放在本类的第一行。

(8)单击【确定】按钮,即可得到分类汇总结果。

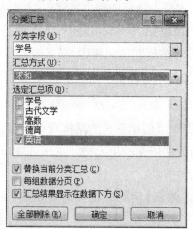

图 5 - 82　【分类汇总】对话框

2. 显示或隐藏清单的细节数据

在显示分类汇总结果的同时,分类汇总表的左侧自动显示一些分级显示按钮,利用这些按钮可以控制数据的显示,表 5 - 3 给出了各个按钮的功能。

3. 清除分类汇总

如果想清除分类汇总的显示结果,恢复到数据清单的初始状态,可按如下步骤执行:

(1)单击分类汇总数据清单中的任一单元格。

（2）执行【数据】→【分级显示】→【分类汇总】命令。

（3）在【分类汇总】对话框中，单击【全部删除】按钮，即可清除分类汇总。

表 5 - 3　控制数据显示按钮功能

图示	名称	功能
+	显示细节按钮	显示分级显示信息
-	隐藏细节按钮	隐藏分级显示信息
1	级别按钮	显示总的汇总结果
2	级别按钮	显示部分数据及其汇总结果
3	级别按钮	显示全部数据

5.5　图表制作

图表具有良好的视觉效果，可方便用户查看数据的差异，使效果更直观。Excel 提供了功能强大且使用灵活的图表功能，利用此功能可以在工作表中创建复杂的图表。

5.5.1　创建图表

Excel 2010 对于建立的图表可以选择四种方式：第一种是嵌入式图表，把建立的图表作为源数据表格所在的工作表的对象插入该工作表中；第二种是把建立的图表制成一个独立的图表工作表；第三种是迷你图，放置在单元格中，是 Excel 2010 新增的一种方式；最后一种是插入一个 Microsoft Graph 图表，该功能在 Excel 2003 就已经存在。

1. 创建嵌入式图表

下面以"学生成绩表"为例介绍创建图表的具体操作步骤。

（1）选定用于创建图表的数据所在的单元格。本例选择（B1:F5）。

（2）选择图表类型。有两种方法：

①单击【插入】选项卡，在【图表】功能区选择需要创建图表的图表类型，Excel 2010 提供了【柱形图】【折线图】【饼图】【条形图】【面积图】【散点图】和【其他图表】图表类型图标，单击相关图表按钮，即可弹出子图表类型。

②单击【图表】功能区右下角的【创建图表 ▨】按钮，弹出【插入图表】对话框，选择需要的图表类型，则在右侧窗口显示子图表类型，如图 5 - 83 所示。

（3）单击所需的【图表类型】和【子图表类型】，设置相应类型。本例选择柱形图。

（4）单击【确定】按钮，即可完成图表建立工作，如图 5 - 84 所示。

图表建立后，用户如果想查看图表中各数据点的值，只需将鼠标停在该点数据点处，就会显示该数据点的值及有关信息。

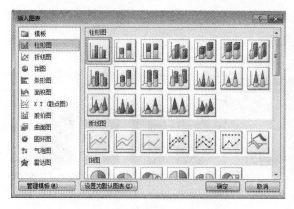

图 5-83　【插入图表】对话框

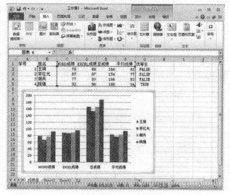

图 5-84　【嵌入式图表】

2. 建立独立图表工作表

如果不想把图表与数据表格放在一个工作表中,可以创建一个独立的图表工作表。以图 5-84 中的"学生成绩单"图表为例介绍具体步骤:

(1)右键单击图表区,弹出右键快捷菜单,如图 5-85 所示。

(2)选择【移动图表】菜单项,弹出【移动图表】对话框,如图 5-86 所示。选择【对象位于】单选框,可以选择图表所在的位置;选择【新工作表】单选框,可以设置放置图表的工作表位置。默认创建【Chart1】新工作表。

(3)单击【确定】按钮,完成创建,如图 5-87 所示。

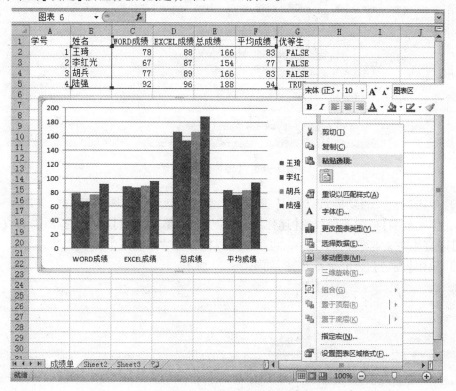

图 5-85　选择【移动图表】菜单项

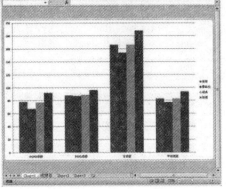

图5-86　【移动图表】对话框　　　　　图5-87　新建【Chart1】图表工作表

3.创建【迷你图】

【迷你图】是建立在单元格的简单图表,方便用户观察数据与图表之间的联系。具体操作步骤如下:

(1)在源数据表格中任意选择一个单元格,单击【插入】选项卡【迷你图】功能区的相关功能按钮,包括【折线图】【柱形图】和【盈亏】,如图5-88所示。

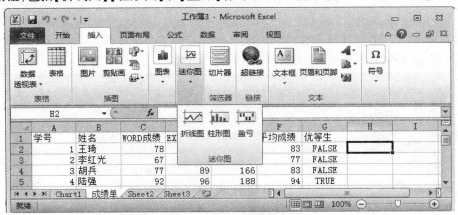

图5-88　【迷你图】功能区

(2)单击【迷你图】功能按钮,如【折线图】,弹出【创建迷你图】对话框,如图5-89所示。在【位置范围】框中选择放置【迷你图】的位置;在【数据范围】框中选择所需的数据。

可以直接在文本框中手工输入,也可以用鼠标在源数据表格中拖动选择数据。

(3)单击【确定】按钮,完成创建,如图5-90所示。

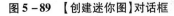

图5-89　【创建迷你图】对话框　　　　　图5-90　创建【迷你图】

（4）如果想要把其他数据也以【迷你图】方式显示，则可以使用填充功能来完成，如拖动活动单元格右下角的填充柄选择需要创建【迷你图】的单元格，如图 5 – 91 所示。

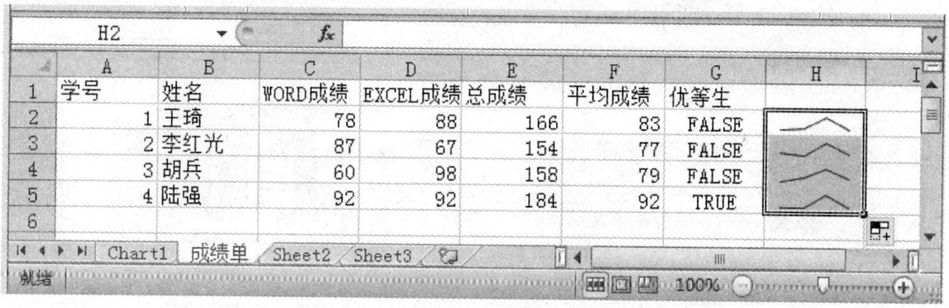

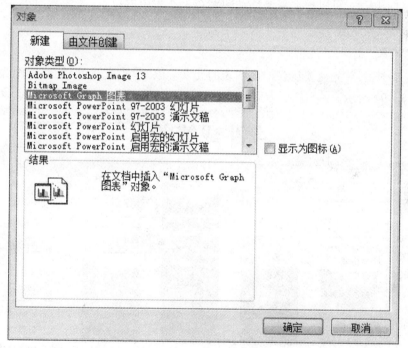

图 5 – 91　填充完成【迷你图】创建

4. 插入一个 Microsoft Graph 图表

（1）选择【插入选项卡】，在【文本】功能区单击【插入对象 】按钮，打开【对象】对话框，如图 5 – 92 所示。

图 5 – 92　【对象】对话框

（2）单击【新建】选项卡，选择【Microsoft Graph 图表】选项，单击【确定】按钮，此时在源数据工作表中嵌入一个 Microsoft Graph 图表，如图 5 – 93 所示。

现在 Excel 工作界面是 Excel 2003 的工作界面，根据需要在 Microsoft Graph 图表中转换成所选数据的图表。

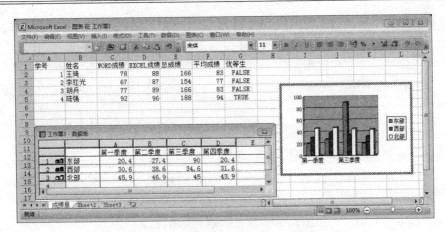

图 5 - 93　插入【Microsoft Graph 图表】

5.5.2　认识 Excel 图表及基本操作

在建立了图表后,可以根据需要移动图表在工作表中的位置,改变其大小,增加、删除、改变图表引用的源数据等。

1. 认识图表

要想编辑图表,首先就要认识构成图表的元素。以"学生成绩单"的柱形图为例来认识图表,如图 5 - 94 所示。

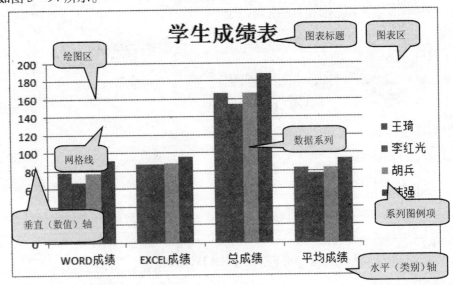

图 5 - 94　【图表】结构图

(1)【图表区】是构成一个图表的基础和前提,没有图表区就没有图表。它主要分为图表标题、图例、绘图区三个大的组成部分。

(2)【绘图区】是指图表区内的图形表示的范围,即以坐标轴为边的长方形区域,是构成一个图表的核心部分。它包括五个项目:数据系列、数据标签、坐标轴、网格线和其他内容。

(3)【坐标轴】包括水平轴、数值轴、三维轴还有系列轴。按位置不同还可以分为主坐标轴和次坐标轴。

（4）【图例】是显示各个系列代表的内容,由"图例符号"加上"图例标示文字"构成。

（5）【数据系列】反映源数据的数字列的数量或趋势等信息。对应工作表中的一行或一列数据。

（6）【网格线】一般分主、次网格线,用于显示各数据点的具体位置。

（7）【标题】一般有三个标题:图表标题、数值轴标题和分类轴标题,饼图则只有图表标题,三维柱形图等可能会有四个标题。

图表元素都有其特定的位置、功能和外观等。

2. 基本操作

（1）图表区域的选中

如果想编辑图表,可用鼠标单击图表区域或图表对象以选定该图表区及图表对象。对于成组显示的图表对象,可以先单击该对象,再单击其中的元素。

当图表或图表对象被选中后,其周围会出现矩形框,并在四角上和每条边中间出现控制柄,同时工作簿窗口的功能区会弹出【图表工具】选项卡,其中包括【设计】【布局】和【格式】子选项卡。

（2）图表或图表对象的移动

①工作表内移动

当图表区处于选中状态时,鼠标光标变成十字箭头【✛】,此时按住鼠标左键拖动图表的任何一部分,可将图表在工作表中任意移动;同样,当图表对象处于选中状态时,按住鼠标左键可以拖动对象在图表区内任意移动。

②移动到其他工作表

首先选中要移动的图表,在【图表工具】选项卡中选择【设计】子选项卡,单击【位置】功能区的【移动图表】图标按钮,打开【移动图表】对话框,如图 5 – 95 所示。

然后选中【新工作表】单选项,在右侧文本框中输入 Sheet2,单击【确定】按钮,弹出【警告提示】对话框,如图 5 – 96 所示。

图 5 – 95　【移动图表】对话框

图 5 – 96　【警告提示】对话框

最后单击【是(Y)】按钮,即可将图表移动到【Sheet2】工作表中,如图 5 – 97 所示。

通过【剪切】和【粘贴】命令操作,也可将图表在工作表中移动或移动到其他工作表中。

（3）图表的复制

选中要复制的图表,执行【开始】→【剪贴板】→【复制】命令,选定要复制的区域,再单击【剪贴板】功能区的【粘贴 】图标按钮即可。此时,图表被复制到工作表中选定的位置。

还可以在图表上单击右键,在快捷菜单中选择【复制】菜单项,然后选择工作表中其他位置再单击右键选择【粘贴】菜单项,完成复制。

按住【Ctrl】键同时按鼠标左键拖动图表移动到要复制的位置后,松开鼠标即可完成复制。

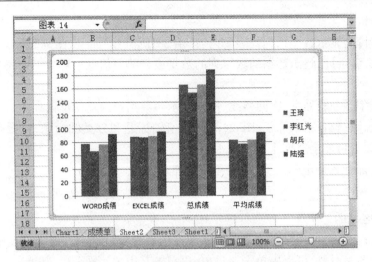

图 5 - 97　图表被移动到【Sheet2】工作表中

(4)图表或图表对象的缩放

选中图表或图表对象,将鼠标移动到边框上的控制柄,光标变成双向箭头时拖动鼠标可实现图表或图表对象在该方向上的放大和缩小。

还可以在【图表工具】选项卡中【格式】子选项卡【大小】功能区,通过设置【形状宽度】和【形状高度】的数值来改变图表的大小,如图 5 - 98 所示。

(5)图表或图表对象的删除

选中图表或图表对象,按【Delete】键即可删除选定的图表或图表对象。

还可以使用右键快捷菜单命令删除图表对象。选定要删除的图表对象,单击右键弹出快捷菜单,选择【删除】命令即可,如图 5 - 99 所示。

图 5 - 98　设置【图表】大小　　　　　**图 5 - 99　【删除】菜单项**

5.5.3　编辑图表中的数据系列

图表建立后,用户可能在应用时需要增加或删除图表中的数据系列,以及进行编辑数据系列和行列切换等操作,下面我们就以"学生成绩单工作表"为例来逐一介绍。

1.添加数据系列

(1)首先,我们创建一个数据系列($B$2: $F$2)的图表,如图 5 - 100 所示。

(2)选择柱形图,单击【图表工具】中【设计】选项卡【数据】功能区的【选择数据】图标按钮,打开【选择数据源】对话框,如图 5 – 101 所示。

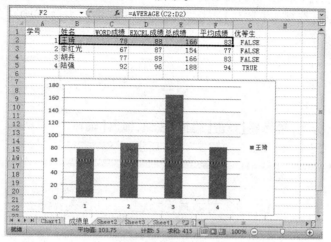

图 5 – 100　【系列 1】柱形图

(3)在【图例项(系列)】框中,单击【添加】按钮,打开【编辑数据系列】对话框,选择【系列名称】为($B$5)单元格;先把【系列值】中清空,再选择单元格区域($C$5： $F$5),如图 5 – 102 所示。

(4)单击【编辑数据系列】对话框中【确定】按钮,返回【选择数据源】对话框,单击【确定】即完成添加数据系列操作,如图 5 – 103 所示。

Excel 2010 也支持快捷添加数据系列的功能。把鼠标放在蓝色区域数据系列框的控制点上,按住鼠标左键拖动可以添加数据系列,如图 5 – 104 所示。

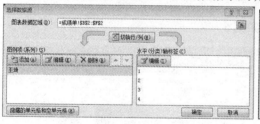

图 5 – 101　【选择数据源】对话框

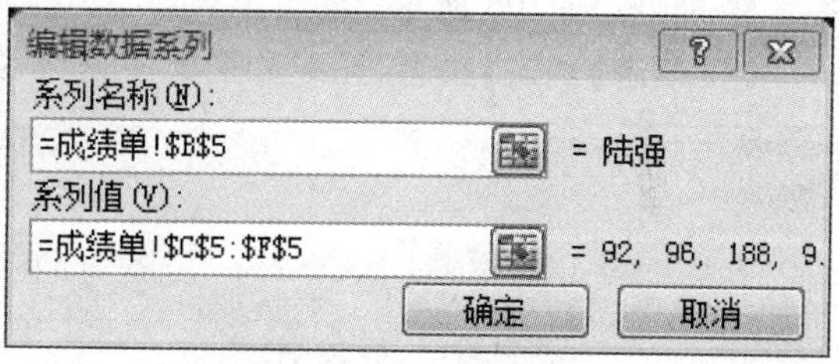

图 5 – 102　【编辑数据系列】对话框

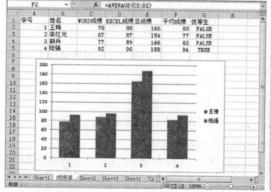

图 5 – 103　添加数据系列后的图表

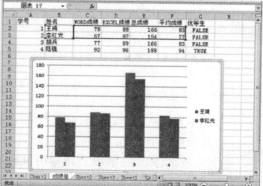

图 5 – 104　拖动鼠标添加数据系列

还可以用【复制】和【粘贴】的命令进行添加。先在源数据表中选择要添加的数据进行【复制】（单击【开始】选项卡【复制】图标按钮），再在选中图表后，单击【开始】选项卡【粘贴】图标按钮，即可完成。

2. 编辑数据系列

（1）选中图表（图5－104），单击【设计】选项卡中【选择数据】图标按钮，打开【选择数据源】对话框（图5－101）。

（2）在【水平（分类）轴标签】单击【编辑】按钮，弹出【轴标签】对话框，在【轴标签区域】框中选择区域（＄C＄1：＄F＄1），如图5－105所示。

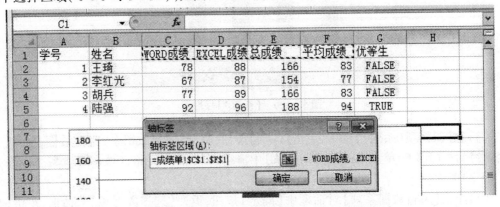

图5－105 　【轴标签】对话框

（3）单击【确定】按钮，返回【选择数据源】对话框，此时在【编辑】框中可以看到分类标签名称，如图5－106所示。

（4）单击【确定】按钮，完成分类标签编辑，如图5－107所示。

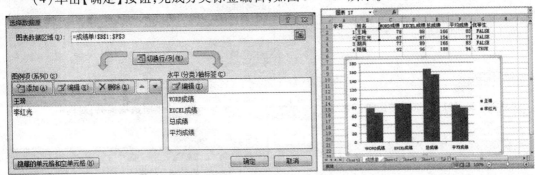

图5－106 　【选择数据源】对话框【编辑】　　　　　　图5－107 　分类标签编辑

3. 删除图表对象

（1）选中要删除的图表对象或对象组中的元素，单击右键弹出快捷菜单。

（2）在快捷菜单中选择【删除】命令，即可完成删除图表对象操作。

选中图表状态下，在数据表格中用鼠标拖动取消选中的数据系列，也可以完成删除图表中相应的图表对象。

选中要删除的图表对象，按【Delete】键即可。

利用【选择数据源】对话框也可以删除数据系列。如在图5－106所示的【选择数据源】

对话框中,选择要删除的数据系列,单击【删除】按钮,再单击【确定】即可。

4.图表数据系列的行列切换

以图 5-107 所示的图表为例,介绍行列切换的方法。

(1)选中图表,显示【图表工具】选项卡。

(2)在【设计】子选项卡中,单击【数据】功能区【切换行/列】图标按钮即可。切换后图表如图 5-108 所示。

除了使用功能区按钮命令外,还可以在【选择数据源】对话框(图 5-106)中完成,单击对话框中的【切换行/列】按钮即可进行切换。

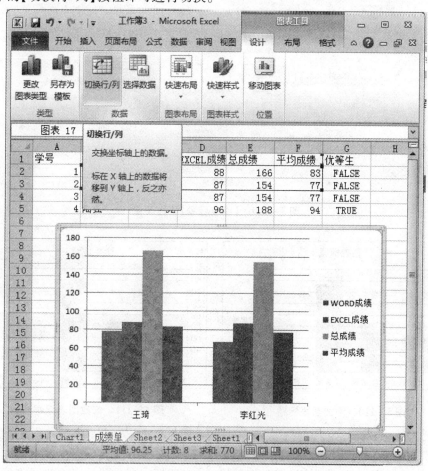

图 5-108　行列切换

5.5.4　修改图表中的设置

1.修改图表文字

用户可根据需要修改图表的标题或文本框的大小以及字体。如果没有标题,可以先创建标题,再编辑标题,其操作步骤是:

(1)单击选中要添加标题的图表(图 5-107),弹出【图表工具】选项卡。

(2)选择【布局】子选项卡中【标签】功能区的【图表标题】图标按钮,弹出下拉菜单,如

图 5 - 109 所示。

（3）在下拉菜单中选择【图表上方】菜单项，此时在图表上方出现图表标题文本框，如图 5 - 110 所示。

（4）单击选中图表中【图表标题】区，在出现文本框时删除"图表标题"文字，添加文字 "学生成绩表"，设置字体为【宋体】、字号为【18】、颜色为【黑色】并【加粗】，结果如图 5 - 111 所示。

还可以双击【图表标题】区，在打开的【设置图表标题格式】对话框中修改图表标题。

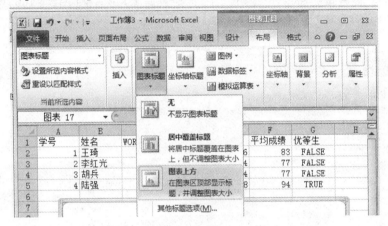

图 5 - 109　【图表标题】下拉菜单

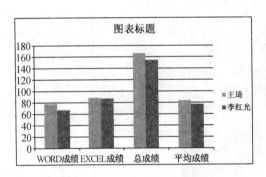

图 5 - 110　添加图表标题

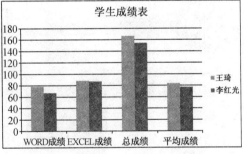

图 5 - 111　修改图表标题设置

2. 修改图表的坐标轴

双击图表的坐标轴，弹出【设置坐标轴格式】对话框。通过设置各个选项卡中的选项，可以修改图表的坐标轴，其中【坐标轴选项】选项卡中可设置【刻度线间隔】【标签间隔】【坐标轴类型】【主要刻度线类型】【次要刻度线类型】【纵坐标轴交叉】和【位置坐标轴】。

根据需要用户还可以进行【数字】【填充】【线条颜色】【线型】和【阴影】等格式设置。

还可以把鼠标放在【坐标轴】上单击右键，在快捷菜单中选择【设置坐标轴格式】菜单项（图 5 - 112），打开【设置坐标轴格式】对话框（图 5 - 113）进行设置。

在【图表工具】选项卡【布局】功能区中，选择【标签】组的【坐标轴标题】下拉菜单命令，可以设置是否显示坐标轴标题及显示的位置。

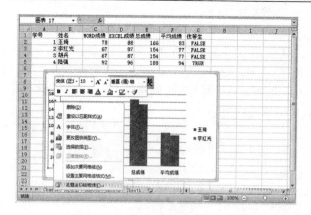

图 5 – 112 【设置坐标轴格式】菜单项　　　　图 5 – 113 【设置坐标轴格式】对话框

3. 修改图表的数据系列

双击某个图表的某个数据系列,弹出【设置数据系列格式】对话框。通过它可修改图表的系列,如图 5 – 114 所示。

在【图表工具】选项卡【布局】功能区中,选择【标签】组的【数据标签】下拉菜单命令,可以设置是否显示数据标签以及显示的位置。

4. 修改图表的图例

双击图表的图例,弹出【设置图例格式】对话框。通过设置其中的选项,可以修改图表的图例,如图 5 – 115 所示。

图 5 – 114 【设置数据系列格式】对话框　　　图 5 – 115 【设置图例格式】对话框

在【图表工具】选项卡【布局】功能区中,选择【标签】组的【图例】下拉菜单命令,可以设置图例在图表中是否关闭以及显示的位置。

5. 修改图表的绘图区

双击图表的绘图区,弹出【设置绘图区格式】对话框。通过设置其中的选项,可以修改图表的绘图区,如图 5 – 116 所示。

6. 修改图表的网格线

双击图表的主要网格线,弹出【设置主要网格线格式】对话框。通过设置其中的选项,可以修改图表的网格线,如图 5 - 117 所示。

在【图表工具】选项卡【布局】功能区中,选择【坐标轴】组的【网格线】下拉菜单命令,可以设置在图表中是否显示网格线以及主、次网格线同时显示。

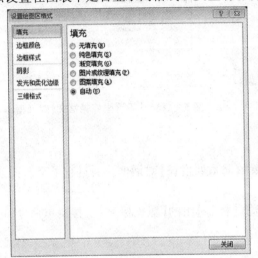

图 5 - 116　【设置绘图区格式】对话框　　　　图 5 - 117　【设置主要网格线格式】对话框

7. 为数据系列添加趋势线

趋势线是一种描绘数据的趋向或走势的线条,并不是所有的图表都可以建立趋势线,添加趋势线的步骤如下:

(1)单击要添加趋势线的数据系列。

(2)执行【图表工具】→【布局】→【分析】→【趋势线】命令,弹出下拉菜单(图 5 - 118);或用鼠标右键单击,从弹出的快捷菜单中选择【添加趋势线】选项(图 5 - 119)。

在【图表工具】选项卡【布局】功能区中,选择【标签】组的【图例】下拉菜单命令,可以设置图例在图表中是否关闭以及显示的位置。

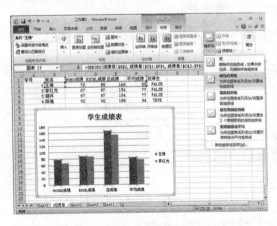

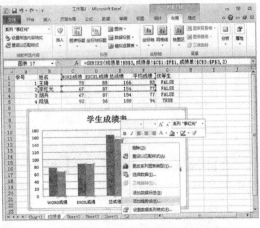

图 5 - 118　【趋势线】下拉菜单　　　　　　　图 5 - 119　【添加趋势线】选项

（3）单击下拉菜单中的相应选项，即可完成添加趋势线，如图 5 – 120 所示。

趋势线建立后，还可以对其进行格式化操作，步骤如下：

（1）用鼠标右键单击欲格式化的趋势线，弹出快捷菜单，如图 5 – 121 所示。

（2）从弹出的快捷菜单中选择【设置趋势线格式】命令，打开【设置趋势线格式】对话框，如图 5 – 122 所示。

（3）设置相应的选项。

（4）单击【关闭】按钮，完成相应的设置。

选中图表中不同元素后，按组合键【Ctrl + 1】可以快速打开相应的格式对话框。

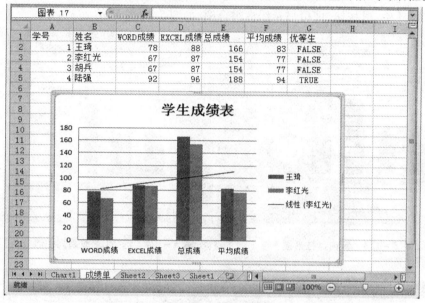

图 5 – 120　添加趋势线

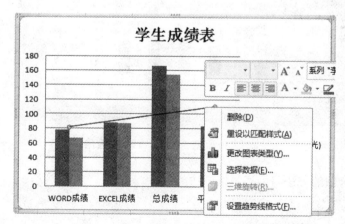

图 5 – 121　设置趋势线格式快捷菜单

图 5 – 122　【设置趋势线格式】对话框

5.5.5　Excel 图表运用

1. 线柱组合图

组合图就是将两种或两种以上的图表组合在同一个图表中的图表。

线柱组合图就是折线图和柱形图的结合,有两种方法:一种是绘制两个柱形图,然后将其中一个柱形图转换成折线图;另一种是绘制两个折线图柱形图,再将其中一个折线图更改为柱形图。

举例说明:先创建一个柱形图,如图 5－123 所示。

(1)选中一个数据系列如【陆强】,单击鼠标右键打开快捷菜单如图 5－124 所示,选择【更改系列图表类型】菜单项,打开【更改图表类型】对话框。

(2)在【更改图表类型】对话框中选择【折线图】选项,在右侧窗口选择折线图类型,如图 5－125 所示。

(3)单击【确定】按钮,即可显示线柱组合图,如图 5－126 所示。

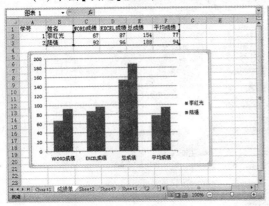

图 5－123　新创建柱形图　　　　　　图 5－124　选择【更改系列图表类型】菜单项

图 5－125　【更改图表类型】对话框　　　　图 5－126　线柱组合图

通过两个折线图创建线柱组合图的方法与上述举例方法类似。

2. 图片背景设置

以图 5－123 图表为例,介绍图片背景的设置方法。

(1)首先在图表区删除不必要的图表元素,如垂直轴、网格线、图例,再设置显示【数据标签】(单击【布局】选项卡【标签】功能区【数据标签】按钮,在下拉菜单中选择【居中】选项即可),如图 5－127 所示。

(2)双击图表区,打开【设置图表区格式】对话框,选择【填充】中【图片或纹理填充】,选择【剪贴画】项,打开剪贴画对话框,【搜索】找到需要的剪贴画,如图 5－128 所示。

（3）单击【确定】按钮,插入剪贴画,如图 5 – 129 所示。

（4）可以看到【绘图区】是白色的,双击【绘图区】打开【设置绘图区格式】对话框,选择【填充】项为【无填充】,结果如图 5 – 130 所示。

（5）双击【图表区】打开【设置图表区格式】对话框,设置【填充】【透明度】为 50%,如果发现图形有些变形时,可以在【偏移量】调整上下左右的微调框数值,如图 5 – 131 所示。

（6）单击【关闭】按钮,完成设置,如图 5 – 132 所示。

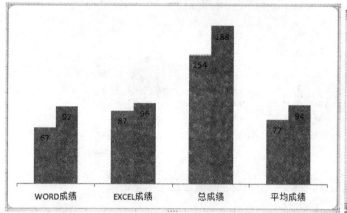

图 5 – 127　显示【数据标签】

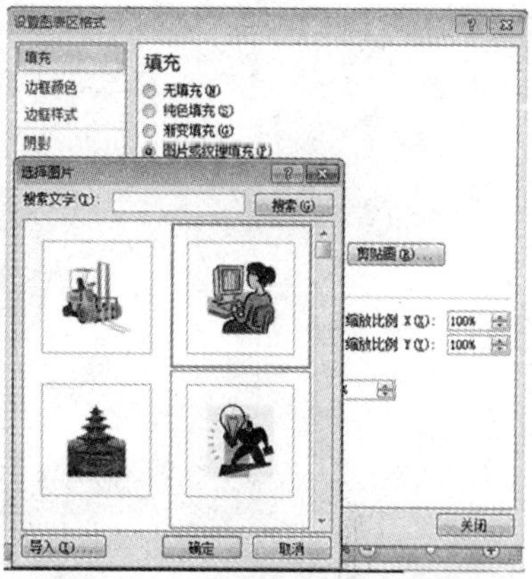

图 5 – 128　【剪贴画】对话框

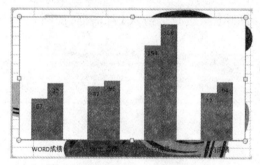

图 5 – 129　未设置【绘图区】填充时效果

图 5 – 130　设置【无填充】后效果

图 5 – 131　【设置图表区格式】对话框

图 5 – 132　调整图片设置后效果

3. 图片绘图区

(1)选择数据表,执行【插入】→【图表】→【饼图】命令,插入一个饼图。

(2)选择单元格,执行【插入】→【插图】→【形状】命令,选择【椭圆】,按住【Shift】键在工作表中画一个正圆,如图5-133所示。

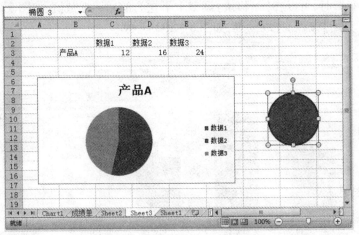

图5-133　插入一个正圆

(3)在【格式】选项卡中选择【形状轮廓】为【无轮廓】。在正圆图形上单击鼠标右键,打开右键快捷菜单,选择【设置形状格式】选项,打开【设置形状格式】对话框,如图5-134所示。

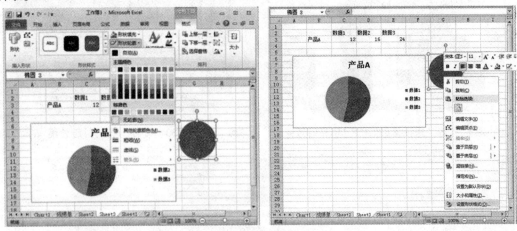

图5-134　设置形状格式菜单

(4)在【设置形状格式】对话框中,选择【填充】为【图片或纹理填充】,单击【插入自】组的【剪贴画】按钮,打开【剪贴画】对话框,选择想要的剪贴画,如图5-135所示。

(5)单击【确定】按钮,返回【设置图片格式】对话框,勾选【将图片平铺为纹理】复选框,如图5-136所示。

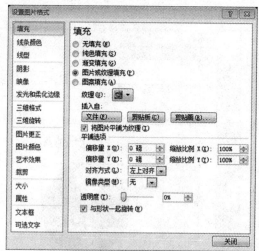

图 5 - 135 【剪贴画】对话框   图 5 - 136 【设置图片格式】对话框

（6）单击【关闭】按钮。返回工作表区，可以看到一个圆形图片，如图 5 - 137 所示。

（7）选择圆形图片，执行【开始】→【复制】命令，将其放入【剪贴板】中。双击绘图区，打开【设置绘图区格式】对话框，选择【填充】为【图片或纹理填充】，单击【剪贴板】（图 5 - 138），然后将【偏移量】调整到 0%。单击【关闭】按钮，把正圆图形复制到绘图区。

（8）选中【饼图】，单击【格式】选项卡，在【形状轮廓】中选择【白色】，【形状填充】选择【无填充颜色】，此时在图表中显示图片分割【饼图】，如图 5 - 139 所示。

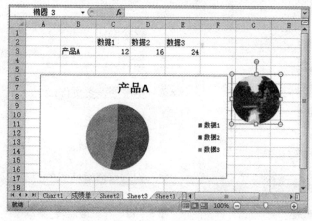

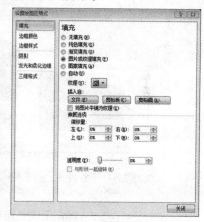

图 5 - 137 绘制圆形图片   图 5 - 138 单击【剪贴板】

4. 旋转三维图表

由于三维图表是立体效果，角度不对会影响查看效果，这时可以调整其视角，具体方法如下：

（1）创建三维图表。选中数据源区域的单元格，执行【插入】→【图表】→【柱形图】命令，在下拉菜单中选择【三维柱形图】菜单项，即在工作表中创建了一个三维图表，如图 5 - 140 所示。

（2）用鼠标右键单击图表区的任意空白区域，弹出快捷菜单，选择【三维旋转】菜单项，如图 5 - 141 所示。

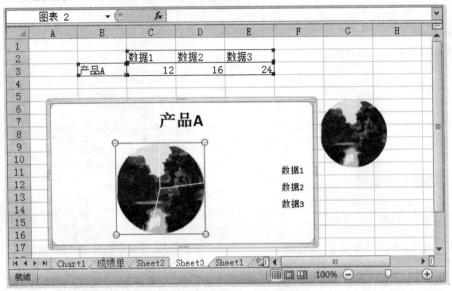

图 5 - 139　图片分割【饼图】

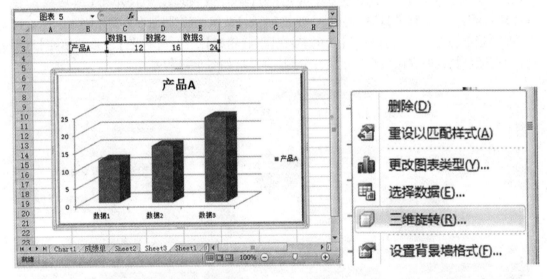

图 5 - 140　创建三维图表　　　　　　　　　　**图 5 - 141　【三维旋转】菜单项**

　　(3)从打开的【设置图表区格式】对话框中,根据需要设置相关选项。选择【三维旋转】项可以设置【旋转】的角度(X 轴、Y 轴)、【对象位置】和【图表缩放】等;选择【三维格式】项可以设置【棱台】的形状、【深度】、【轮廓线】和【表面效果】,如图 5 - 142 所示。

　　(4)单击【关闭】按钮,完成设置,如图 5 - 143 所示。还可以单击【格式】选项卡中【形状效果】功能按钮右侧下拉箭头,在打开下拉菜单中选择【三维旋转】菜单项,在其子菜单项中选择需要的选项如【透视】,完成设置,如图 5 - 144 所示。

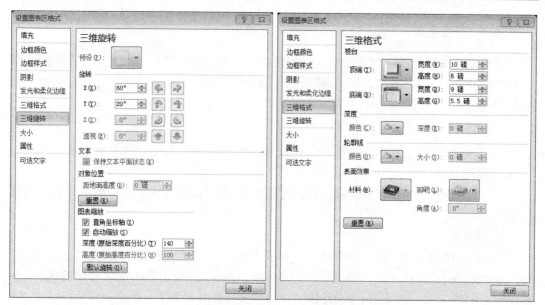

图 5 – 142　【设置图表区】格式之【三维格式】、【三维旋转】

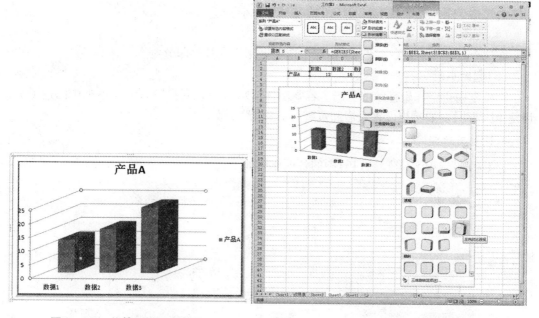

图 5 – 143　旋转三维图表效果　　　　　图 5 – 144　选择【透视】效果

5.6　打　　印

用户在设计好工作表之后,可能要将其打印出来。Excel 提供了丰富的打印功能,如页面设置、设置打印区域、打印预览等。充分利用这些功能,可以得到满意的打印工作表。在打印工作表之前,可根据需要对想打印的工作表进行一些必要的设置。

5.6.1　设置页面

选择【页面布局】选项卡【页面设置】功能区,单击相关图标按钮,即可进行页面设置;也可以单击【页面设置】功能区右下角的【页面设置】按钮,弹出【页面设置】对话框,有关页面的设置就在其中完成,下面逐一介绍其各项功能。

1. 页面

在【页面设置】对话框中单击【页面】选项卡,如图 5 - 145 所示,可进行如下设置:

(1)打印方向

在【方向】框中可指定纵向和横向两种打印方式,当打印宽度大于高度的工作表时可使用横向打印。

(2)缩放比例

工作表在打印时可以缩小和放大。Excel 提供的缩放方式有两种:一种是按比例缩放,选中【缩放比例】单选按钮后,在【正常尺寸】中输入或单击上、下箭头确定缩放比例(范围在 10% ~400%);另一种是按【页宽】和【页高】设置,选中【调整为】单选按钮后,在【页宽】和【页高】中输入具体数值。

(3)纸张大小

通过这个下拉列表可选择打印纸的类型和大小。

(4)打印质量

在这个列表中有高、中、低、草稿四个选项供用户选择打印分辨率。

(5)起始页码

在此框中指定开始打印的页码。若要使首页码为 1,或者在【打印】对话框中已选了页,请使用【自动】。如不想设置页眉和页脚,则该设置无效。

2. 设置页边距

【页边距】选项卡(图 5 - 146)中的各项作用如下:

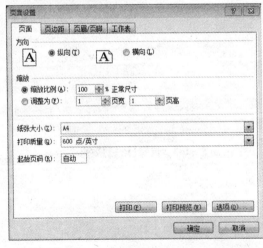

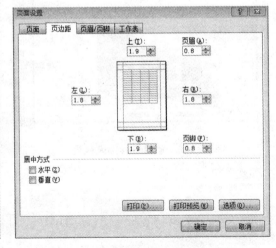

图 5 - 145　【页面设置】对话框之【页面】　　　　图 5 - 146　【页面设置】对话框之【页边距】

(1)页边距

【上】【下】【左】【右】四项用于调整打印数据到页边之间的距离,必须大于打印机所能达到的最小页边距。当对页边距调整时,在预览框中将出现一条实线,显示被修改的选项。

（2）页眉和页脚

用于调整页眉和页脚到上、下边的距离,必须小于上、下页边距的尺寸。

（3）居中方式

设置文档内容是否在页边距之内居中,有【水平】和【垂直】两个选项。

3. 设置页眉和页脚

页眉和页脚分别重复出现在每一页顶端和底部,用于标明文档名称、报表标题、页号、打印日期、时间等。用户在该选项中可添加、删除和修改页眉和页脚。图 5－147 所示为【负眉/负脚】选项卡。

（1）【页眉框】默认值为当前工作表名,在顶端居中。用户可输入页眉取代默认值。如果输入页眉为三项,且用逗号分隔,则打印时各项在每页顶端左、中、右三个位置。

（2）【页脚框】默认值为当前页号,底部居中。

（3）【自定义页眉】和【自定义页脚】。如果用户认为 Excel 提供的页眉或页脚格式不能满足自己的需要,可以自定义页眉和页脚。

（4）可以根据需要选择下面的复选框:【奇偶页不同】【首页不同】【随文档自动缩放】和【与页边距对齐】。

4. 设置工作表

工作表选项卡如图 5－148 所示。

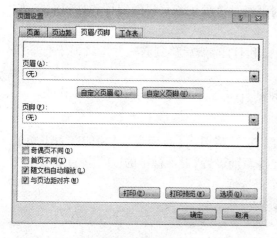

图 5－147　【页面设置】对话框之【页眉/页脚】
　　　　　　【页面】

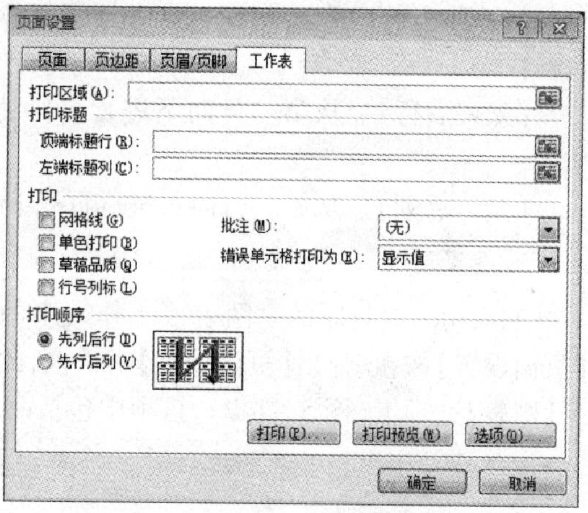

图 5－148　【页面设置】对话框之【工作表】

（1）设置打印区域

在默认情况下,Excel 会选择有文字的最大行和列的区域作为打印区域。如果用户想打印其中的部分区域或数据,只要将这一区域设为打印区域即可,方法如下:

①单击【打印区域】文本框右侧【折叠对话框】按钮,使对话框暂时移开。

②用鼠标拖动选定打印区域。

③再单击【折叠对话框】按钮,返回【页面设置】对话框。

用鼠标拖动时,按住【Ctrl】键,可同时选择多个区域,但打印时每个区域必须单独打印。

如果要将几个区域打印在同一张纸上,可将几个区域复制到一个工作表上再打印。

当然,用户也可在打印区域文本框中直接输入要打印区域的地址。如果是多个区域,则各个区域地址间用逗号隔开;或者通过菜单设置打印区域,其方法是:选定要打印的多个区域,在功能区执行【页面布局】→【页面设置】→【打印区域】→【设置打印区域】命令。

如果要取消打印区域,可执行【页面布局】→【页面设置】→【打印区域】→【取消打印区域】命令即可;如果重新设置打印区域,则以前设置的打印区域将自动取消。

(2)设置打印标题

当在一页无法打印完工作表时,如果直接打印第二页内容,可能因为没有标题而分不清数据所代表的意义,使用【打印标题】这个选项可解决这个问题,该项包括:

【顶端标题行】 设置某行区域为顶端标题行,当某行区域设为顶端标题行后,在打印时,各页顶端部分打印其内容。

【左端标题列】 设置某列区域为左端标题列。

(3)设置打印效果

在打印工作表时,设置打印选项,可以打印出一些特殊的效果,该项包括:

【网格线】 打印时,打印网格线。

【单色打印】 对打印页只进行黑白处理,忽略其他颜色。

【草稿品质】 不打印网格线,同时图形以简化方式输出。

【行号列标】 打印行号列标。

(4)设置打印顺序

如工作表的内容不能在一页中打印完,则可通过该项控制页码的编排和打印次序,它包括:

【先列后行】 从第一行向下进行页码编排和打印,然后移到右边并继续向下打印工作表。

【先行后列】 从第一行向右进行页码编排和打印,然后下移继续向右打印工作表。

5.设置图表

如果用户要打印的是图表或工作表中的图表,选择单击【页面设置】功能区右下角的【页面设置】按钮,弹出【页面设置】对话框,此时【页面设置】对话框中的【工作表】选项卡变为【图表】选项卡(图5-149),该项中包括两个复选框:

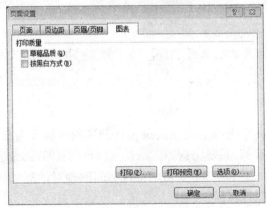

图5-149 【图表】选项卡

【草稿品质】　忽略图形和网格线打印。

【按黑白方式】　以黑白方式打印图表数据系列。

在对工作表中的图表进行设置时,必须先选中图表。

6. 使用人工分页符

如果要打印的工作表中的内容不止一页,Excel 将自动插入分页符,把工作表分成几页打印。分页符的设置取决于纸张大小、页边距的设置和打印比例的设置。用户可以插入水平分页符来改变页面上数据行的数量,也可插入垂直分页符来改变页面上数据列的数量。在分页预览中,用户还可以用鼠标手拖动分页符来改变分页符在工作表中的位置。

在默认情况下,分页符是不显示的,要在工作表中显示分页符,可执行【页面布局】→【页面设置】→【分页符】命令,在弹出的下拉菜单中选定【插入分页符】选项。

(1)插入水平分页符

在工作表中插入水平分页符的具体操作步骤如下:

①单击新起页的第一行所对应的行号或该行最左边的单元格。

②执行【插入分页符】命令,在该行的上方出现分页符,上半部分为一页,下半部分为另一页。

(2)插入垂直分页符

在工作表中插入垂直分页符的具体操作步骤如下:

①单击新起【列】所对应的标题或该列顶端单元格。

②执行【插入分页符】命令,在该列最左侧出现分页符,左半部分为一页,右半部分为一页。

如果单击的是工作表中其他位置的单元格,则插入分页符时将同时插入水平分页符和垂直分页符。

(3)删除分页符

当要删除一个水平或垂直分页符时,可先选择该分页符的下侧或右侧的任一单元格,然后执行【页面布局】→【页面设置】→【分页符】命令,在弹出的下拉菜单中选定【删除分页符】选项,即可删除该分页符。

若要删除全部分页符,先选中整个工作表,然后选定【重设所有分页符】选项,即可删除全部插入的分页符。

5.6.2　分页预览

通过执行【视图】→【工作簿视图】→【分页预览】命令,可切换到分页预览视图,在该视图方式下,用户可进行选定打印区域、移动分页符和插入分页符等一些打印设置,编辑工作表。

1. 设定打印区域

在该视图中,蓝色框线是 Excel 自动产生的分页符,分页符包围的部分是系统自动产生的打印区域。

如果要改变打印区域,只要用鼠标向里或向外拖动分页符就可选定新的打印区域。另外,选择需要设为打印区域的单元格区域,然后单击鼠标右键,从弹出的快捷菜单中选择【设置打印区域】命令,则所选区域变为新的打印区域。

2.移动分页符

在分页预览方式下,如果用户插入的【分页符】位置不当,可用鼠标移动分页符来快速改变页面,其方法是:将鼠标指针移动到分页符上,按住鼠标左键拖动分页符至新的位置。

5.6.3　打印工作表

在用户选定了打印区域并设置好打印页面后,即可正式打印工作表了。在进行打印之前,可使用打印预览快速察看打印输出的效果,打印预览中的效果与打印机上实际输出的效果完全一样。如果对所见效果不满意,还可在打印预览状态下进行调整。

1.打印预览

执行【文件】→【打印】命令,可以切换到打印预览窗口,如图5-150所示。

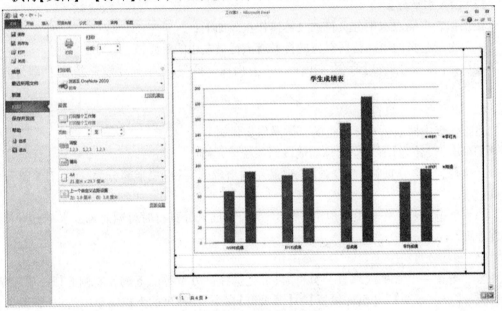

图5-150　【打印预览】窗口

窗口的左侧为页面属性设置区,可以对当前预览页面进行设置;单击【设置】区的【页面设置】项,打开【页面设置】对话框,也可以对当前预览页面进行设置。

窗口的右侧为预览区,可以看到要打印的页面打印后的效果,所见即所得。

提示:按键盘左上角的【Esc】键,可以退出打印预览窗口。

2.打印

如果用户对在打印预览中看到的效果满意,就可进行打印输出了,具体步骤如下:

(1)执行【文件】→【打印】命令,弹出【打印】窗口(图5-150)。

(2)在【设置】区,可以设置打印范围、打印页数、纸张类型、方向和调整打印顺序等。

(3)在【打印机】区可以选择要打印输出的位置,如可以输出到打印机打印出纸质文档。也可以发送到【OneNote 2010】数字笔记本中,以电子文档形式存储到计算机。

(4)在【打印】区【份数】微调框中,设置打印份数。

(5)单击【打印　】图标按钮,开始打印。

5.7　电子表格 Excel 2010 基础知识练习题

一、单选题

1. 下图所示的单元格 A2 中函数结果为　　　　　　　　　　　　　　　　（　　　）

COUNT	▼	✕ ✔ *fx*	=COUNT(A1:D1)	
	A	B	C	D	E
1		1	2	3	AA
2	=COUNT(A1:D1)				

A. 3　　　　　　　　B. 6　　　　　　　　C. 4　　　　　　　　D. AA

2. 为了使自己的文件让其他同学浏览,又不想让他们修改文件,一般可将包含的文件夹的共享属性的访问类型设置为　　　　　　　　　　　　　　　　　　（　　　）

A. 隐藏　　　　　　B. 完全　　　　　　C. 只读　　　　　　D. 不共享

3. 在 Excel 2010 中,一张工作表里最多有　　　　　　　　　　　　　　（　　　）

A. 16 384 行　　B. 1 048 576 行　　C. 16 385 行　　D. 1 048 575 行

4. 在 Excel 2010 中,使用公式输入数据,一般在公式前需要加　　　　　　（　　　）

A. =　　　　　　　B. '　　　　　　　　C. $　　　　　　　　D. *

5. 在 Excel 中,公式" = $C1 + E$1"是　　　　　　　　　　　　　　　（　　　）

A. 相对引用　　　　B. 绝对引用　　　　C. 混合引用　　　　D. 任意引用

6. 在 Excel 2010 中,工作表 A1 单元格的内容为公式" = SUM(B2:D7)",在用删除行的命令将第 2 行删除后,A1 单元格中的公式将调整为　　　　　　　　　（　　　）

A. = SUM(ERR)　　B. = SUM(B3:D7)　　C. = SUM(B2:D6)　　D. #VALUF!

7. 在 Excel 2010 中,如果为单元格 A4 赋值 9,为单元格 A6 赋值 4,单元格 A8 为公式 = "IF(A4/3 > A6,"OK","GOOD")",则 A8 的值应当是　　　　　　　　　（　　　）

A. OK　　　　　　　B. GOOD　　　　　　C. #REF　　　　　　D. #NAME?

8. 在 Excel 中,如果将图表移动到新工作表,则默认的工作表名称为　　　（　　　）

A. 工作表 1　　　　B. Chart1　　　　　C. Sheet4　　　　　D. 图表 1

9. 在 Excel 中,"XY 图"指的是　　　　　　　　　　　　　　　　　　　（　　　）

A. 散点图　　　　　B. 柱形图　　　　　C. 条形图　　　　　D. 折线图

10. 使用哪个键可以选择多个不连续的单元格　　　　　　　　　　　　　（　　　）

A.【Ctrl】　　　　　B.【Shift】　　　　　C.【Alt】　　　　　D.【Enter】

11. 已知 Excel 2010 的工作表 B3 单元格与 B4 单元格的值分别为"中国""北京",要在 C4 单元格中显示"中国北京",正确的公式为　　　　　　　　　　　　　（　　　）

A. = B3 + B4　　　B. = B3,B4　　　　C. = B3&B4　　　　D. B3;B4

12. 在 Excel 中,若存储格式显示为【####】时,表示的含义是　　　　　　（　　　）

A. 列宽不足以显示　　　　　　　　　　B. 内容有误

C. 数据已经被删除　　　　　　　　　　D. 格式设定错误

13. 哪个单元格地址位于默认 Excel 2010 工作表的第 4 列　　　　　　　（　　　）

A. B7　　　　　　　B. A4　　　　　　　C. E3　　　　　　　D. D5

14. 已知 Excel 2010 的工作表 B3 单元格与 B4 单元格的值分别为"信息""时代",要在 C4 单元格中显示"信息时代",正确的公式为　　　　　　　　　　　　　　（　　　）

A. = B3 + B4　　　　　B. = B3,B4　　　　　C. = B3&B4　　　　　D. B3;B4

15. 默认选项下,Excel 2010 保存文件的默认扩展名是　　　　　　　　　　　（　　　）

A.".xlsx"　　　　　B.".docx"　　　　　C.".xls"　　　　　D.".pptx"

16. 下面哪个键能把单元格引用变为绝对引用　　　　　　　　　　　　　　（　　　）

A.【F2】　　　　　B.【F3】　　　　　C.【F4】　　　　　D.【F5】

17. 在 Excel 2010 中,使用公式输入数据,一般在公式前需要加　　　　　　（　　　）

A. =　　　　　B. 单引号　　　　　C. $　　　　　D. *

18. 在 Excel 2010 中,公式"$C1 + E$1"是　　　　　　　　　　　　　　（　　　）

A. 相对引用　　　　　B. 绝对引用　　　　　C. 混合引用　　　　　D. 任意引用

19. 在 Excel 2010 中,工作表 A1 单元格的内容为公式"= SUM(B2:D7)",在用删除行的命令将第 2 行删除后,A1 单元格中的公式将调整为　　　　　　　　　（　　　）

A. = SUM(ERR)　　　B. = SUM(B3:D7)　　　C. = SUM(B2:D6)　　　D. #VALUF!

20. 在 Excel 2010 工作簿中,有 Sheet1、Sheet2、Sheet3 三个工作表,如下图所示,连续选定三个工作表,在 Sheet1 工作表的 A1 单元格内输入数值"678"并按【Enter】键后,则 Sheet2 工作表和 Sheet3 工作表中 A1 单元格内　　　　　　　　　　　　　　（　　　）

A. 内容均为数值"0"　　　　　　　　　B. 内容均为数值"678"

C. 内容均为 ie 数"679"　　　　　　　　D. 无数据

二、多选题

1. 在电子表格 Excel 2010 中,下列序列中不属于 Excel 预设自动填充序列的是（　　　）

A. 一月、二月、三月……　　　　　　　B. 教授、副教授、讲师……

C. 甲、乙、丙……　　　　　　　　　　D. Mon、Tue、Wed……

E. 营长、连长、排长……

2. 在 Excel 2010 中,计算(S1:S4)单元格中平均值等价于下列公式中的　　　（　　　）

A. = S1 + S2 + S3 + S4　　　　　　　　B. = S1 + S2 + S3 + S4/4

C. = (S1 + S2 + S3 + S4)/4　　　　　　D. = (S1 + S4)/4

E. = AVERAGE(S1:S4)

3. 在 Excel 2010 工作表中,提供的记录筛选方式有　　　　　　　　　　（　　　）

A. 自动筛选　　　　　B. 手动筛选　　　　　C. 自定义筛选

D. 高级筛选　　　　　E. 人工筛选

4. 电子表格的单元格是 　　　　　　　　　　　　　　　　　　　　　(　)

A. 工作表中的任何框格

B. 工作表顶部或左边用于识别行和列的灰白色框格

C. 行和列的交汇处

D. 以上所有选项

5. 请看下表,然后说明从此表中可以得出的结论是 　　　　　　(　)

▲	A	B	C	D	E
1	产品	总理			
2		第一周	第二周	第三周	第四周
3	牙刷	80	85	90	80
4	牙膏	162	178	200	180

A. 一个月内生产牙刷比生产牙膏划分更多的时间

B. 一个月内的第 3 个星期生产的产品量多

C. 生产的牙膏激活是牙刷的两倍

D. 以上都正确

6. 使用哪个键可以移动到一个特定的单元格 　　　　　　　　　(　)

A.【F5】　　　　　　B.【Ctrl + G】　　　　C.【Ctrl + Home】　　　D.【Ctrl + F】

7. 为什么要在打印前预览工作表 　　　　　　　　　　　　　　(　)

A. 检查打印时的显示效果　　　　　　　B. 避免因为需要修改而浪费纸张

C. 决定是否需要改变布局　　　　　　　D. 只有 B 和 C 是正确的

8. 当使用"打印"设置时,打印的范围可以是 　　　　　　　　　(　)

A. 整个工作簿　　　　　　　　　　　　B. 当前工作表中的选择区域

C. 当前工作表的特定页面　　　　　　　D. 当前活动的工作表

E. 以上所有选项

三、判断题

1. 在 Excel 2010 中制作的表格可以插入到 Word 文档中。 　　　　　(　)

2. 在 Excel 2010 中,每个工作表的名称都不能改变。 　　　　　　　(　)

3. 当输入 25% 时,Excel 2010 会显示 0.25。 　　　　　　　　　　　(　)

4. 在 Excel 2010 中,单元格 A5 的内容是"X2",拖动控制句柄至单元格 C5,则单元格 B5、C5 的内容分别是 X3、X4。 　　　　　　　　　　　　　　　　　(　)

5. 在 Excel 2010 中,单元格区域 C10:F16 中共有 24 个单元格。 　(　)

6. 在 Excel 2010 中,对数据表做分类汇总前,必须先对数据清单进行排序。(　)

7. 工作簿和工作表之间没有区别。 　　　　　　　　　　　　　　　(　)

8. 在单元中输入数据之前或之后,都可以设置单元格数据的格式。 　(　)

9. 当要强调或突出显示工作表中的某个特殊区域时,给单元格添加颜色或图案是非常有用的方法。 　　　　　　　　　　　　　　　　　　　　　(　)

10. 如果表格大于一个页面,想要使行标题出现在每个页面的顶部且在数据之前,可设置打印标题行。 　　　　　　　　　　　　　　　　　　　　　　(　)

11. 在 Excel 中只能创建二维图表。 　　　　　　　　　　　　　　　(　)

四、操作题

1. 利用函数填入"到期日"和"本息"两列数据。

存入日	期限	年利率	金额	银行	到期日	本息
1999 – 04	1	2.25	2 200.00	农业银行		
1999 – 09	1	2.25	1 800.00	建设银行		
1999 – 10	1	2.25	5 000.00	工商银行		
2000 – 05	1	2.25	2 800.00	中国银行		
1999 – 02	3	2.70	2 500.00	中国银行		
1999 – 05	3	2.70	1 600.00	农业银行		
1999 – 07	3	2.70	3 600.00	中国银行		

2. 对工作表中的数据清单按"平时成绩"降序排序,"平时成绩"相同时,按"学号"降序排列。

学号	姓名	平时成绩	考试成绩	总评成绩
0101001	王坚	90	85	86.5
0101002	钱小平	85	80	81.5
0101003	李力	78	70	72.4
0101004	王晓进	80	86	84.2
0101005	张立新	68	65	65.9
0101006	刘芳	85	82	82.9

3. 为平时成绩、考试成绩、总平成绩三列建立"簇状柱形"图表,系列产生在列,图表标题为"成绩单",分类轴标题为"姓名",数值轴标题为"分数",图例位于底部,数值轴和分类轴都显示主网格线,将图表作为工作表的对象插入。

(1)将图表标题设置成黑体、18 磅、红色字,数值轴和分类轴设置成宋体、16 磅、蓝色字,图例设置成黑体、18 磅、淡紫色字。

(2)将图例中的文字设置成蓝色黑体 14 磅字。

(3)将图表标题改成"一班成绩单"。

(4)将"平时成绩"系列的填充色设置成红色,边框设置成蓝色。

(5)将网格线设置成黄色。

(6)将绘图区的填充色设置成"雨后初晴"。

第6章 演示文稿 PowerPoint 2010 的应用

本章要点

* 掌握演示文稿的创建、编辑、保存等基本操作方法。

* 掌握在演示文稿中插入文本、图片、图形、艺术字、影片及声音等各种对象的基本方法和编辑操作。

* 学会利用母版、配色方案、设计模板使演示文稿具有统一的外观;掌握对演示文稿进行修饰的基本方法。

* 熟练掌握演示文稿的放映方法和各种技巧;能够熟练运用动画方案设计演示文稿的动画效果。

PowerPoint 2010 作为微软公司开发的 Office 2010 的组件之一,是在 Windows 环境下运行的一个专门用于编辑制作演示文稿的软件。利用 PowerPoint 2010 不仅可以创建以幻灯片方式制作完成的演示文稿,还可以制作教师授课的课件,以及广告和产品演示的电子幻灯片。不仅可以在计算机屏幕上演示,用户还可以将演示文稿制成投影胶片或 35 mm 幻灯片,在通用的幻灯机上播放;还可以用与计算机相连的大屏幕投影仪直接演示;甚至可通过网络或其他远程方法,以会议的形式进行发布和交流。

6.1 PowerPoint 2010 的基本操作

6.1.1 启动 PowerPoint 2010

(1)在 Windows 7 系统桌面上单击【开始】按钮,在弹出的菜单中选择【所有程序】菜单项,如图 6-1 所示。

图 6-1 【开始】菜单　　　　　图 6-2 【所有程序】菜单

（2）在打开的【所有程序】菜单中展开【Microsoft Office】菜单项，选择【Microsoft PowerPoint 2010】菜单项，如图 6 - 2 所示。

（3）通过以上操作，即可启动 PowerPoint 2010，如图 6 - 3 所示。

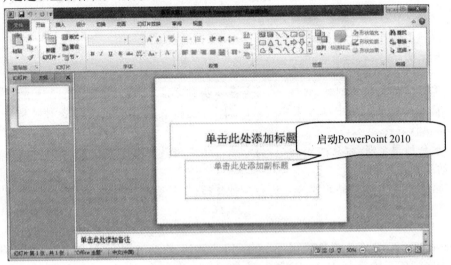

图 6 - 3　启动 PowerPoint 2010

如果桌面上有 PowerPoint 2010 的快捷方式图标，双击该图标也可快速启动 Word 2010。

如果桌面上没有 PowerPoint 2010 的快捷方式图标，在【Microsoft PowerPoint 2010】菜单项上右击，在弹出的快捷菜单中选择【发送到】→【桌面快捷方式】菜单项即可添加。

6.1.2　PowerPoint 2010 的工作界面

启动 PowerPoint 2010 后即可进入 PowerPoint 2010 的工作界面，如图 6 - 4 所示。

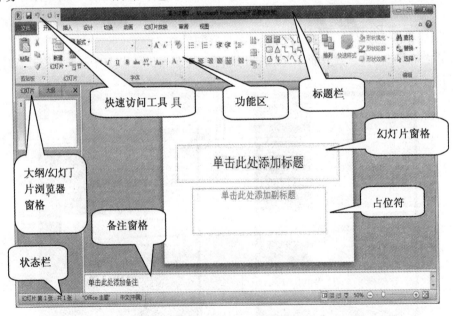

图 6 - 4　PowerPoint 2010 的工作界面

1.快速访问工具栏

位于 PowerPoint 2010 工作界面的左上方,用于快速执行一些操作。默认情况下包括三个按钮,分别是【保存】按钮、【撤销键入】按钮和【重复键入】按钮。在 PowerPoint 2010 的使用过程中,可以根据需要,添加或删除快速访问工具栏中的按钮。

2.标题栏

位于 PowerPoint 2010 工作界面的最上方,用于显示当前正在编辑的演示文稿和程序名称。拖动标题栏可以改变窗口的位置,双击标题栏可最大化或还原窗口。在标题栏的最右侧,是【最小化】按钮、【最大化】按钮、【还原】按钮和【关闭】按钮,用于执行窗口的最小化、最大化、向下还原和关闭操作。

3.功能区

位于标题栏的下方,默认情况下由 9 个选项卡组成,分别为【文件】【开始】【插入】【设计】【切换】【动画】【幻灯片放映】【审阅】和【视图】。每个选项卡中包含不同的功能区,功能区由若干组组成,每个组又由若干功能相似的按钮和下拉列表组成。

4.大纲/幻灯片浏览窗格

在编辑文本的【大纲】选项卡和以最小格式显示幻灯片内容的【幻灯片】选项卡之间切换。

5.幻灯片窗格

帮助用户在幻灯片内输入指定类型的内容。

6.占位符

占位符用虚线边框标识,用户可在其中输入文本或插入图片、图表和其他对象。

7.备注窗格

在这一区域输入演讲者的提示、提醒和附加说明。

8.状态栏

位于文档窗口的最下方,操作起来更加便捷,并且具有更多的功能,如查看页面信息、选择视图模式和调节显示比例等。

6.1.3　退出 PowerPoint 2010

文档编辑完成后,应该退出 PowerPoint 2010,以免占用空间,影响系统运行速度。

1.通过标题栏窗口按钮退出

在 PowerPoint 2010 工作窗口中,单击标题栏右侧的【关闭】按钮 ⊠,即退出 PowerPoint 2010, 如图 6 - 5 所示。

2.通过 Backstage 视图退出

在 PowerPoint 2010 工作界面中,单击【文件】选项卡,在打开的 Backstage 视图中选择【退出】菜单项,即可退出 PowerPoint 2010,如图 6 - 6 所示。

图6-5　单击左侧【关闭】按钮　　　　　　　图6-6　【文件】选项卡【退出】

3. 通过 PowerPoint 图标退出

在 PowerPoint 2010 工作窗口中,单击快速访问工具栏左侧的 PowerPoint 图标 P,在弹出的菜单中选择【关闭】菜单项,即可退出 PowerPoint 2010,如图6-7所示。

4. 通过右键快捷菜单退出

在系统桌面上右击任务栏中的 PowerPoint 2010 缩略图标,在弹出的快捷菜单中选择【关闭窗口】菜单项,也可退出 PowerPoint 2010,如图6-8所示。

除了上述方法外,按组合键【Alt + F4】键,也可以关闭窗口退出 PowerPoint 2010 软件。在用户退出 PowerPoint 2010 前,如果没有对内容进行保存,软件会弹出一个提示对话框提醒用户保存已编辑完的内容。

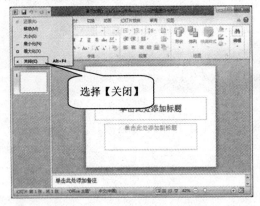

图6-7　选择【关闭】菜单项　　　　　　　图6-8　选择【关闭窗口】菜单项

6.1.4　PowerPoint 2010 的视图方式

视图是指在使用 PowerPoint 制作演示文稿时窗口的显示方式。PowerPoint 为用户提供了多种不同的视图方式,每种视图都将用户的处理焦点集中在演示文稿的某个要素上。

1. 普通视图

当启动 PowerPoint 并创建一个新演示文稿时,通常会直接进入到普通视图中,可以在其中输入、编辑和格式化文字,管理幻灯片以及输入备注信息。要从其他视图切换到普通视图中,可以切换到功能区中的【视图】选项卡,在【演示文稿视图】选项组中单击【普通视图】

按钮,如图 6 - 9 所示。

　　普通视图是一种三合一的视图方式,将幻灯片、大纲和备注页视图集成到一个视图中。

　　在普通视图的左窗格中,有【大纲】选项卡和【幻灯片】选项卡。单击【大纲】选项卡,可以方便地输入演示文稿要介绍的一系列主题,更易于把握整个演示文稿的设计思路,如图 6 - 10 所示。单击【幻灯片】选项卡,系统将以缩略图的形式显示演示文稿的幻灯片,易于展示演示文稿的总体效果。

　　用户还可以拖动窗格之间的分隔条,调整窗格的大小,如图 6 - 11 所示。当窗格过小时,会以图标的形式显示左侧的选项卡。

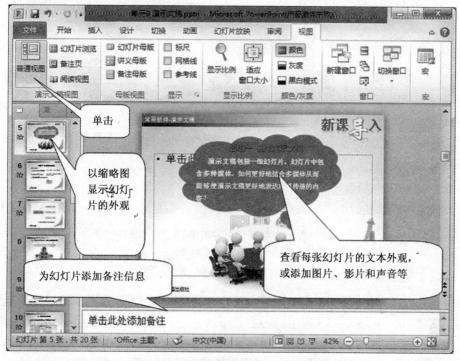

图 6 - 9　【普通视图】下的缩略图模式

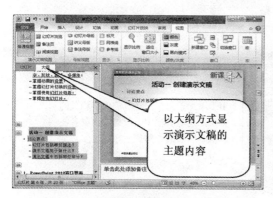

图 6 - 10　【普通视图】下的大纲模式

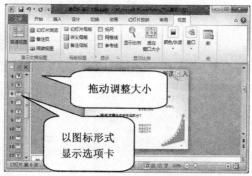

图 6 - 11　【普通视图】缩小左侧窗格的大小

2. 幻灯片浏览视图

　　切换到功能区中的【视图】选项卡,在【演示文稿的视图】选项组中单击【幻灯片浏览】

按钮,即可切换到幻灯片浏览视图中,如图 6 – 12 所示。

在幻灯片浏览视图中,能够看到整个演示文稿的外观。在该视图中可以对演示文稿进行编辑,包括改变幻灯片的背景设计、调整幻灯片的顺序、添加或删除幻灯片、复制幻灯片等。

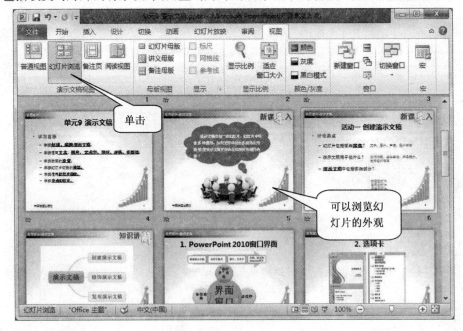

图 6 – 12 【幻灯片浏览】视图

3. 备注页视图

切换到功能区中的【视图】选项卡,在【演示文稿】选项组中单击【备注页】按钮,即可切换到备注页视图中,如图 6 – 13 所示。一个典型的备注页视图会看到在幻灯片图像的下方带有备注页方框。当然,还可以打印一份备注页作为参考。

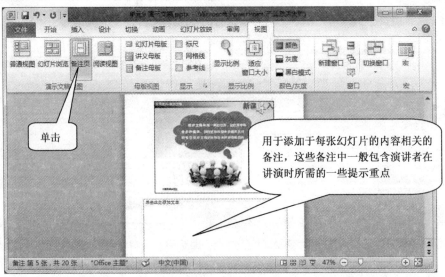

图 6 – 13 【备注页】视图

4.阅读视图

切换到功能区中的【视图】选项卡,在【演示文稿】选项组中单击【阅读视图】按钮,即可切换到阅读视图中,如图 6 – 14 所示。阅读视图是利用自己的计算机查看演示文稿。

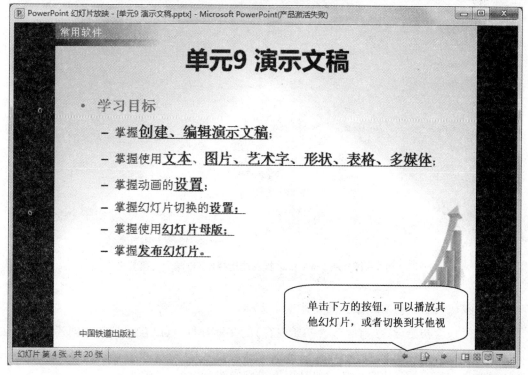

图 6 – 14　【阅读视图】

如果希望在一个设有简单控件以方便审阅的窗口中查看演示文稿,而不想使用全屏的幻灯片放映视图,则可以在自己的计算机上使用阅读视图。如果要更改演示文稿的视图方式,可以随时从阅读视图切换到其他的视图。

6.1.5　演示文稿的创建方法

在对演示文稿进行编辑之前,首先应创建一个演示文稿。演示文稿是 PowerPoint 中的文件,它由一系列幻灯片组成。幻灯片可以包括醒目的标题、详细的说明文字、生动的图片以及多媒体组建等元素。PowerPoint 提供了多种新建演示文稿的方法,例如利用【设计模板】与【空演示文稿】等。

1.新建空白演示文稿

启动 PowerPoint 时,会自动启动一个包含一张幻灯片的新空白演示文稿。用户只需在其中添加内容,在需要时再添加多张幻灯片、更改格式等,就得到了一个演示文稿。如果需要启动另一个空白演示文稿,可以执行以下步骤:

(1)选择【文件】→【新建】命令,将在 Backstage 视图中显示 21 个可用的模板和主题,如图 6 – 15 所示。用户可以在这些模板和主题的基础上开始创建新的演示文稿。

(2)选中【空白演示文稿】图标,单击【创建】按钮。

按【Ctrl + N】组合键可以启动一个新的空白演示文稿。

图 6-15　从 Backstage 视图中选择【空白演示文稿】

2. 在模板或主题的基础上开始创建演示文稿

模板是包含初始设置(有时包含初始内容)的文件,用户可以在此基础上创建新演示文稿。不同的模板提供的内容也不同,但都包括示例幻灯片、背景图形、自定义颜色、字体主题以及对象占位符的自定义位置。可从以下类别中选择模板。

【样本模板】:Microsoft 提供的模板和演示文稿,PowerPoint 中预安装了它们。

【主题】:Microsoft 提供的主题文件,与可以从【设计】选项卡中应用到演示文稿的主题相同。

【我的模板】:自己创建并保存的模板和已经从 Office. com 下载的模板。

【Office. com 模板】:Microsoft 提供的模板,可以根据需要从 Microsoft 下载。

【最近打开的模板】:最近使用过的模板的快捷方式,可以方便地用来重新选择已经使用过的模板。

【根据现有的内容创建】:现有演示文稿的快捷方式,可以作为新演示文稿的基础。当想要创建一个已有演示文稿的新版本,又不想破坏原版本时,这个选项很有用。

(1)使用样本模板

因为 Microsoft 认为现在大多数人总是能连接到 Internet,所以随 PowerPoint 安装到硬盘上的样本模板只有很少几个。每个样本模板都展示了特定类型的演示文稿,如相册、宣传手册或小测验短片。如果有兴趣获得标准的公司演示文稿模板,可以查看联机提供的模板。

执行以下步骤,开始基于样本模板创建演示文稿:

①选择【文件】→【新建】命令。这会显示各类样本模板的图标。

②单击【样本模板】。这会显示已安装的样本模板的图标。

③单击模板,来预览其效果。

④选择所需的模板,单击【创建】按钮。这会打开基于该模板的一个新演示文稿。

（2）使用联机模板

大多数演示文稿模板是联机提供的。可在 PowerPoint 中直接访问联机模板库,操作步骤如下:

①选择【文件】→【新建】命令。

②在【Office.com 模板】部分,单击想要使用的模板类别。

③根据所需的模板,屏幕中央的窗格中可能显示一个【子类别】列表。如果是这样,则单击所需要的子类别。

④单击某个模板,来预览其效果。

⑤选择想要使用的模板,然后单击【下载】按钮。这将打开基于该模板的新演示文稿。

（3）使用已保存的模板

在按照前面描述的方法基于联机模板创建新演示文稿时,PowerPoint 会将相应的模板复制到硬盘上,这样以后可以不必连接到 Internet 就可以重新使用它。相应模板和自己创建的模板一并保存在【我的模板】类别中。要访问这些已下载的和自定义的模板,可以执行以下步骤:

①选择【文件】→【新建】命令。

②单击【我的模板】,这会打开一个【新建演示文稿】对话框,其中包含了已经下载或创建的模板,如图 6－16 所示。

③单击【确定】按钮,这会打开基于该模板的新演示文稿。

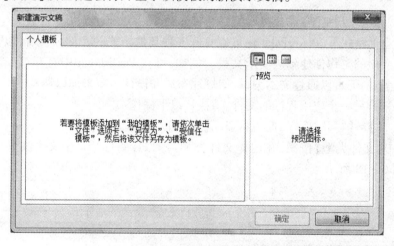

图 6－16　选择以前用过的模板或自定义模板

3.基于现有的演示文稿创建新演示文稿

如果已经拥有了与想要创建的新演示文稿类似的演示文稿,可以基于现有的演示文稿来创建新演示文稿。

执行以下步骤,将现有的演示文稿用作模板:

（1）选择【文件】→【新建】命令。

（2）单击【根据现有内容新建】,这将打开【根据现有演示文稿新建】对话框,如图 6－17 所示。

图 6 – 17　选中现有演示文稿作为模板

（3）导航到现有演示文稿所在的位置，并选中它。选中现有演示文稿后，【打开】按钮将变为【新建】按钮。

（4）单击【新建】按钮。

4. 基于其他应用程序的内容创建新的演示文稿

除了自身的格式外，PowerPoint 还可以打开多种其他格式的文件，所以可以基于在其他应用程序中所做的工作创建新的演示文稿。例如，可在 PowerPoint 中打开 Word 大纲，结果可能不那么美观，但可以通过文本编辑、幻灯片布局和设计更新来加以调整。

要打开来自另一个应用程序的文件，请执行以下操作：

（1）【文件】→【打开】命令，此时将显示【打开】对话框。

（2）单击【文件类型】按钮，并选择文件类型。例如，要打开一个文本文件，选择【所有文件】，如图 6 – 18 所示。

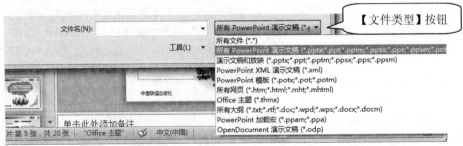

图 6 – 18　选择来自其他程序的数据文件作为新演示文稿的基础

（3）选择需要的文件，然后单击【打开】按钮。

（4）选择【文件】→【另存为】命令，将工作另存为 PowerPoint 文件。

6.1.6　保存演示文稿

在 PowerPoint 中创建演示文稿时,演示文稿临时存放在计算机的内存中。退出 PowerPoint 或者关闭计算机后,就会丢失存放在内存中的信息。为了永久性地使用演示文稿,必须将它保存到磁盘上。

1. 首次保存

如果以前没有保存过所处理的演示文稿,使用【保存】和【另存为】命令效果是一样的:它们都会打开【另存为】对话框。用户可以在该对话框中指定文件名、文件类型和文件保存位置。操作步骤如下:

(1)选择【文件】→【另存为】命令,此时将会打开【另存为】对话框。

(2)在【文件名】框中输入文件名称,如图 6 – 19 所示。

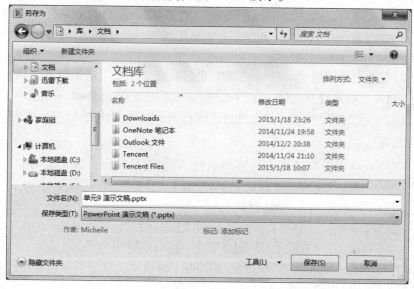

图 6 – 19　保存演示文稿时需要指定文件名称

(3)单击【保存】,这将会保存所做的工作。

文件名最多可以包含 255 个字符,但名称最好简洁明了。文件名中可以包括空格和大多数符号。如果准备在将来某个时候将文件发布到网络或 Internet 上,应该避免使用空格,如有必要,可用下画线字符代替空格。在文件名中使用感叹号也会带来一些问题,所以要留意。一般来说,最好不要在文件名中使用标点符号。

2. 继续保存

保存一次演示文稿后,可以通过以下三种方式,按相同的设置(相同的文件类型、名称和保存位置)重新保存它:

方法一,选择【文件】→【另存为】命令。

方法二,按【Ctrl + S】组合键。

方法三,单击选择【快速访问工具栏】中的【保存】按钮。

3. 更改驱动器和文件夹

默认情况下,PowerPoint 中所有文件(以及 Office 应用程序的所有文件)都保存到当前用户的【文档】文件夹或库中。每个用户都有自己的【文档】文件夹,所以每个用户的文档都是独立的,登录到计算机的不同用户将使用不同的【文档】文件夹。

对于初学者而言,【文档】文件夹是一个十分便利的保存位置,因为他们不必考虑更改驱动器或文件夹的问题。但高级用户有时需要将文件保存到其他位置。这些位置包括内存驱动器、同一台计算机中的其他硬盘、网络中其他计算机上的硬盘、Internet 上 Web 服务器中的硬盘或可写入光盘等。

4. 使用不同格式进行保存

PowerPoint 2007 及更高版本使用了基于 XML 的文件格式。XML(Extensible Markup Language,可扩展标记语言)是基于文本的编码系统,类似于 HTML,使用内嵌的带括号的代码和样式表来描述格式。基于 XML 的数据文件比早期版本的 PowerPoint 得到的数据文件小,并且它们支持 PowerPoint 所有的最新功能。为了实现最佳效果,应该尽可能使用此格式。

这种格式还有几个变体,用于特殊的用途。例如,启用宏的版本带有. pptm 扩展名;默认在【幻灯片放映】视图中打开的【放映】版本带有. ppsx 或. ppsm 扩展名;用作模板的【模板】版本带有. potx 和. potm 扩展名。

但并不是每个人都使用 PowerPoint 2007 或更高版本。使用早期版本的用户可以下载一个兼容包,从而能够接受新文件,但是不能指望每个使用 PowerPoint 早期版本的用户都会下载该包。因此,可能需要使用其他文件格式保存演示文稿,以便能够与其他人共享文件。

5. 指定保存选项

【保存】选项允许对保存过程进行精细调整,以便满足特定的需要。例如,可使用【保存】选项嵌入字体、更改 PowerPoint 保存【自动恢复】信息的时间间隔等。

可以通过以下两种方法来访问【保存】选项:

方法一,选择【文件】→【选项】命令,然后单击【保存】。

方法二,在【另存为】对话框中,单击【工具】→【保存选项】命令。

此后将打开【PowerPoint 选项】对话框,如图 6 – 20 所示。然后可以根据需要设置选项,完成之后,单击【确定】按钮。

图 6 – 20　【PowerPoint 选项】对话框

6.1.7　设置密码保护文档

如果演示文稿中包含敏感的或机密的信息,可以将其加密,使用密码来保护它。【加密】就像是"打乱"文件,使其他人无法通过 PowerPoint 或其他文件浏览软件查看该文件。

可以为一个文件输入两个单独的密码:【打开权限】密码和【修改权限】密码。【打开权限】密码使未经授权的人员根本无法查看文件,【修改权限】密码则可以防止他人更改文件。

管理文件密码和其他安全设置的步骤如下:

(1)选择【文件】→【另存为】命令,打开【另存为】对话框。

(2)在【另存为】对话框中,单击【工具】按钮下拉箭头,选择【常规选项】,如图 6 – 21 所示。

(3)此时将打开【常规选项】对话框,如图 6 – 22 所示。

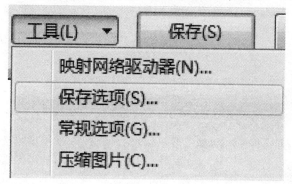
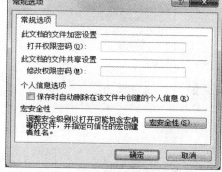

图 6 – 21　【另存为】对话框　　　　　　图 6 – 22　【常规选项】对话框

①如果需要使用【打开权限】密码,在【打开权限密码】框中输入它。

②如果需要使用【修改权限】密码,在【修改权限密码】框中输入它。

未必同时使用【打开权限】密码和【修改权限】密码。可以根据需要只使用其中的一种。

(可选)如果需要从文件中移除个人信息,例如从【属性】框的【作者】字段中删除自己的姓名,则选中【保存时自动删除在该文件中创建的个人信息】复选框。

(可选)如有必要,可以调整 PowerPoint 的宏安全级别,单击【宏安全性】按钮,在【信任中心】中更改设置(设置将应用于所有文件,而不只是当前文件)。然后,单击【确定】按钮返回【常规选项】对话框。

(4)单击【确定】按钮。

6.1.8　打开演示文稿

为了编辑已保存的演示文稿,需要将其打开。所谓打开一个演示文稿,就是将该演示文稿从磁盘中加载到内存,并将其内容显示在演示文稿窗口中。

单击【文件】选项卡,在弹出的菜单中单击【打开】命令,出现如图 6 – 23 所示的【打开】对话框,从中选择要打开的演示文稿后,单击【打开】按钮。

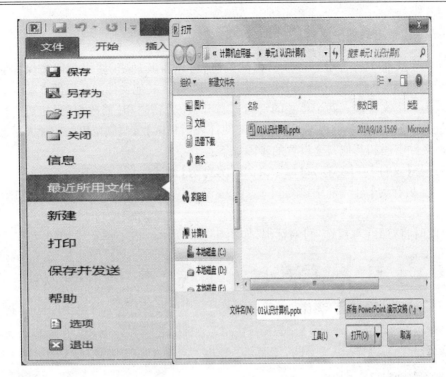

图 6 - 23　【打开】对话框

6.1.9　关闭演示文稿

当退出 PowerPoint 时,打开的演示文稿文件将自动关闭,如果您做出的更改尚未保存,PowerPoint 会提示保存更改。

如果想关闭演示文稿而不退出 PowerPoint,可以执行以下步骤。

选择【文件】→【关闭】命令。

如果自上次保存后,没有对演示文稿进行任何更改,文件将直接关闭。

如果对演示文稿进行了更改,PowerPoint 将提示保存更改,如图 6 - 24 所示。

单击【不保存】按钮,文件将会关闭。

单击【保存】按钮,分两种情况:

(1)如果演示文稿已经保存过一次,则操作完成。

(2)如果以前没有保存过演示文稿,则将打开【另存为】对话框。在【文件名】文本框中键入文件名称,然后单击【保存】按钮。

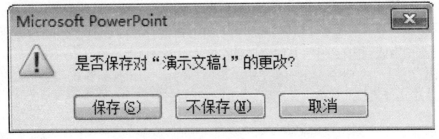

图 6 - 24　【保存更改】对话框

6.2 演示文稿的编辑

一般来说，一个演示文稿中会包含多张幻灯片，对这些幻灯片进行更好的管理已成为维护演示文稿的重要任务。在制作演示文稿的过程中，可以插入、删除与复制幻灯片等。

6.2.1 编辑幻灯片

1. 选择幻灯片

在执行针对幻灯片或幻灯片组的命令之前，必须先选中要处理的幻灯片。可在【普通视图】或【幻灯片浏览】视图下进行，但在【幻灯片浏览】视图更容易些，因为一次可以看到更多幻灯片。在【幻灯片浏览】视图或【普通视图】中的【幻灯片】窗格中，可使用下列方法来选择幻灯片：

（1）要选择单张幻灯片，单击它即可。

（2）要选择多张不连续幻灯片，可在单击每张幻灯片的同时按下【Ctrl】键。图 6 - 25 所示选中了幻灯片 1 和幻灯片 2，这可从幻灯片周围的阴影边框看出。

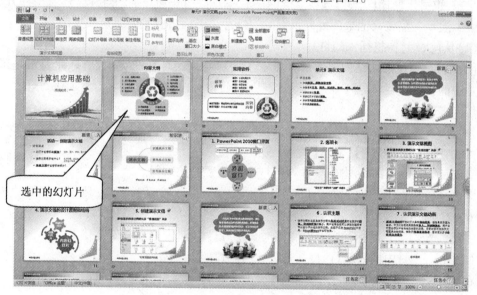

图 6 - 25 【幻灯片浏览】视图

（3）要选择一组相邻的幻灯片（例如幻灯片 1,2,3），可以单击第一张幻灯片，然后再单击要选取的多张连续幻灯片的最后一张，同时按住【Shift】键。二者之间的所有幻灯片都将被选中。

（4）要取消选中多张幻灯片，可在选定幻灯片外部的任意位置单击鼠标左键。

要在【普通视图】的【大纲】窗格中选择幻灯片，可以单击幻灯片标题左侧的幻灯片图标，这会选中整张幻灯片，如图 6 - 26 所示。在执行命令（例如【删除】）前选中整张幻灯片而不只是其部分内容很重要，因为该命令只影响选定的部分。

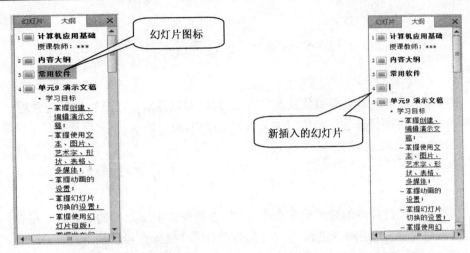

图 6-26　【大纲】窗格　　　　　图 6-27　插入新幻灯片

2. 插入幻灯片

可以采用多种方法来插入新幻灯片。例如,可在【大纲】中键入新文本,然后升级为幻灯片状态,也可以使用【开始】选项卡中的【新建幻灯片】按钮添加幻灯片。还有一种方法是从同一个演示文稿或其他来源复制现有的幻灯片。下面将分别介绍这些方法。

(1)从【大纲】窗格插入幻灯片

【大纲】窗格按层次结构树的形式显示了演示文稿幻灯片的文本,幻灯片表示是顶级,幻灯片中的各级项目符号列表是子级。在【大纲】窗格中输入的文本会显示在幻灯片上;反之亦然。

执行以下步骤可从【大纲】窗格插入新的幻灯片:

①切换到【普通视图】,显示【大纲】窗格。

②在【大纲】窗格中右击想要插入幻灯片的位置的前一行。

③选择【新建幻灯片】命令。【大纲】窗格中将显示一个新行,其左侧带有幻灯片符号,如图 6-27 所示。

④键入新幻灯片的标题。标题将同时显示在【大纲】窗格中和幻灯片上。

(2)在【大纲】中插入新行,将其升级为幻灯片

在【大纲】窗格中开始新行,然后按【Shift + Tab】键将其升级到幻灯片级别。具体操作步骤如下:

①确定想要插入新幻灯片的位置,将插入点定位到前一张幻灯片最后一行的末尾,按【Enter】键开始新行。

②按【Shift + Tab】键将新行升级到最高级别(如有必要,可多次按此组合键),它的左侧会显示一个幻灯片图标。

③键入新幻灯片的标题。标题会同时显示在【大纲】窗格和幻灯片上。

提示:插入幻灯片后,可直接在【大纲】窗格中创建其内容。按【Enter】键开始新的行,然后按【Tab】键将该行降级到所需的级别,或按【Shift + Tab】组合键将该行升级到所需的级别。也可以右击文本,然后选择【升级】或【降级】,将行一直升级,等级会将该行变为新的幻灯片的标题。

（3）从【幻灯片】窗格插入幻灯片

下面列出基于默认版式快速插入新幻灯片的方法，这是最简捷的操作方法：

①在【普通视图】中，如果想在某个幻灯片之后插入新幻灯片，则单击该幻灯片。

②按【Enter】键，这会显示一个使用【标题和内容】版式的新幻灯片。也可以右击某张幻灯片，然后选择【新建幻灯片】，在其后创建一张新幻灯片。

提示：这两种方法插入的幻灯片的缺点是不能指定版式。

（4）从【版式】插入幻灯片

幻灯片版式是一个版式向导，告诉 PowerPoint 在特定的幻灯片上使用什么占位符框，以及将这些占位符框放在什么位置。幻灯片版式不仅可以包含用于文本占位符，还可以包含图形、图表、表格和其他有用的元素。在插入带有占位符的新幻灯片后，可以单击占位符，然后使用需要的控件插入各类对象。

要在插入幻灯片时指定特定的版式，需要执行以下步骤：

①在【普通视图】或【幻灯片浏览】视图中，如果想要在某张幻灯片之后插入新幻灯片，则选择或显示该幻灯片。可以通过在【幻灯片浏览】视图或【普通视图】的【幻灯片】窗格中单击缩略图来选择幻灯片，也可以在【大纲】窗格中将插入点移到该幻灯片的文本中。

②在【开始】选项卡中，执行下面列出的操作。

要使用默认的【标题和内容】版式添加新的幻灯片，单击【幻灯片】组的【新建幻灯片】按钮的上部（图形部分）。

要使用其他版式插入新的幻灯片，单击【幻灯片】组的【新建幻灯片】按钮的底部（文本部分），然后从菜单中选择需要的版式，如图 6 - 28 所示。

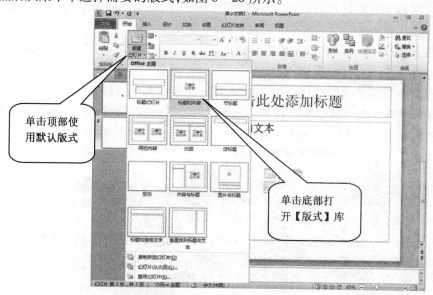

图 6 - 28　基于所选版式插入新的幻灯片

（5）复制幻灯片

另一种插入幻灯片的方法是在同一个演示文稿中复制现有幻灯片。当插入一系列幻灯片，并且每张幻灯片都与前一张幻灯片十分相似（只有很少的更改）时，这种方法十分有用。

可以采用多种方法来复制一张或多张幻灯片，其中一种是使用 Windows 剪贴板，如下所示：

①选择想要复制的幻灯片。

②按【Ctrl + C】组合键，也可以单击【开始】选项卡中的【复制】按钮，或者右击所选内容，然后选择【复制】命令。

③如果要将准备粘贴的幻灯片放在某张幻灯片之后，选中这一张幻灯片。或者，可以在【大纲】窗格中想要粘贴幻灯片的地方单击，将插入点置于该位置。

④按【Ctrl + V】组合键，也可以单击【开始】选项卡中的【粘贴】按钮，或右击目标位置然后选择【粘贴】命令。

提示：要加快复制速度，可将【复制所选幻灯片】命令放在【快速访问工具栏】中，为此，右击菜单中的命令，然后选择【添加到快速访问工具栏】。

3. 删除幻灯片

有时需要删除某些幻灯片，在使用包含许多样本内容的模板创建演示文稿时尤其如此。例如，样本演示文稿可能需要的演示文稿长，或者可能自己插入了一些幻灯片。

选中想要删除的幻灯片，然后执行下面的一种操作：

①右击选中的幻灯片，然后选择【删除幻灯片】命令。

②按键盘上的【Delete】键。

4. 移动幻灯片

最好在【幻灯片浏览】视图中重新排列幻灯片。在这种视图中，演示文稿中的幻灯片以缩略图形式显示，可以在屏幕上将其移动不同位置，就像在桌上手动重新排列拼贴画一样。在【普通视图】中的【幻灯片】窗格中也可以完成此操作，但是一次看到的幻灯片更少，移动幻灯片（例如从演示文稿的一端移动到另一端）会更加困难。

要重新排列幻灯片，可以执行以下步骤：

(1)切换到【幻灯片浏览】视图。

(2)选择想要移动的幻灯片。如果需要，可一次移动多张幻灯片。

(3)将所选的幻灯片拖动到新位置。在拖动时，鼠标指针旁显示一个小矩形，同时会显示一条竖线，释放鼠标按键时，幻灯片会出现在竖线显示的位置，如图 6 – 29 所示。

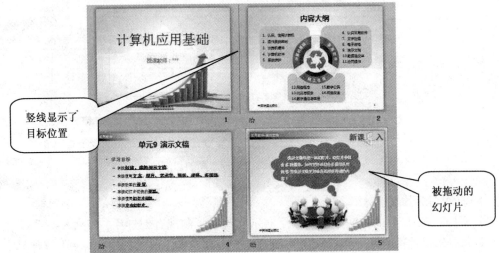

图 6 – 29　拖动幻灯片时，竖线指示其新位置

（4）释放鼠标按键。幻灯片将移动到新位置。

也可以在【普通视图】的【大纲】窗格中重新排列幻灯片。使用这种方法时，不仅可以任意移动整张幻灯片，还可以将单个项目从一张幻灯片移动到另一张幻灯片。

要在【大纲】窗格中移动内容，可执行下列步骤：

（1）切换到【普通视图】，显示【大纲】窗格。

（2）将鼠标指针定位到幻灯片图标上。鼠标指针将变成四向箭头。

（3）单击幻灯片图标。PowerPoint 将选中该幻灯片中的所有文本。

（4）将幻灯片图标拖到大纲中的新位置上，然后释放鼠标按键。

提示：在【大纲】窗格中，还可以使用键盘快捷键上下移动幻灯片，这可能比单击工具栏按钮更加快捷。按【Alt + Shift + Up】组合键可向上移动幻灯片，按【Alt + Shift + Down】组合键可向下移动幻灯片。这些快捷键对幻灯片中的单个项目同样有效，只不过在第（3）步中，需要单击单个行的左侧选中它，而不是单击幻灯片图标。

5. 将幻灯片组织为逻辑节

在 PowerPoint 2010 中新增了节功能，可以使用多个节来组织大型幻灯片版面，以简化其管理和导航。此外，通过对幻灯片进行标记并将其分为多个节，可以与他人协作创建演示文稿。下面介绍新建逻辑节的基本操作。

（1）打开目录演示文稿后，选定需要添加节的幻灯片，在【开始】选项卡中，单击【幻灯片】选项组中的【节】按钮，在弹出的下拉列表中单击【新增节】选项。

（2）新建节后，右击新添加的节，在弹出的快捷菜单中选择【重命名节】命令，弹出如图 6 - 30 所示【重命名节】对话框。在【节名称】文本框中输入节名称文本，然后单击【重命名】按钮。

图 6 - 30　【重命名节】对话框

（3）经过上述操作，即可将制定的节重命名，单击节标题左侧的折叠节按钮，即可将当前节折叠起来。

6.2.2　输入文本

向幻灯片中添加文字最简单的方式是，直接将文本输入到幻灯片的占位符中。用户也可以在占位符之外的位置输入文本，这时需要使用【插入】选项卡上的【文本框】按钮。

1.在占位符中输入文本

当打开一个空演示文稿时,系统会自动插入一张标题幻灯片。在该张幻灯片中,共有两个虚线框,这两个虚线框称为占位符,占位符中显示【单击此处添加标题】和【单击此处添加副标题】的字样。

要为幻灯片添加标题,请单击标题占位符,此时插入点出现在占位符中,即可输入表的内容。

要为幻灯片添加副标题,请单击副标题占位符,然后输入副标题的内容,如题6-31所示。

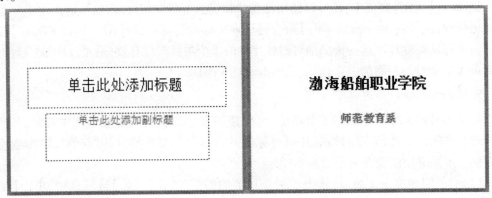

图6-31　在占位符中添加文本

在占位符中输入本文时,经常会发生最右侧的文本结束位置不合理的情况,有些人喜欢按【Enter】键进行换段,其实还可以按【Shift + Enter】键进行分行。

2.使用文本框输入文本

要在占位符之外的其他位置输入文本,可以在幻灯片中插入文本框。文本框是一种可移动、调整大小的图形容器。使用文本框可以在一张幻灯片中放置数个文字块或使文字按与幻灯片中其他文字不同的方向排列。

如果要添加不自动换行的文本,可以按照下述步骤进行操作:

(1)切换到功能区中的【插入】选项卡,在【文本】选项组中单击【文本框】按钮,从弹出的菜单中选择【横排文本框】命令,如图6-32所示。

(2)单击要添加文本的位置,即可开始输入文本。输入文本的过程中,文本框的宽度会自动增大,但是文本并不自动换行。

图6-32　利用文本框添加文本

（3）输入完毕后，单击文本框之外的任意位置即可。

要添加自动换行的文本，请切换到功能区中的【插入】选项卡，在【文本】选项组中单击【文本框】按钮，在弹出的菜单中选择【横排文本框】命令，将鼠标指针移动到要添加文本框的位置，按住鼠标左键拖动来限制文本的大小，然后在文本框中输入文本，当输入到文本的右边界时会自动换行。

6.2.3 编辑文本

在 PowerPoint 中编辑文本的方法很简单，首先在文本区中单击以放置插入点，然后按方向键将插入点移到要编辑的部分，按【Backspace】键删除插入点左侧的内容，按【Delete】键删除插入点右侧的内容。如果要插入文本，只需先定位插入点，然后输入文本即可。

下面主要介绍一些编辑文本的技巧，如移动文本、查找和替换文本与拼写检查等。

1. 选定文本

在 PowerPoint 中，文本选定是一个非常重要的概念。用户可以对文本进行各种操作，如复制、移动和删除，也可以改变文字的字体等。但是在这一切操作进行之前，首先需要做的就是选定文本。

（1）选定整个文本框

如果要改变文本框的位置，或者为文本框添加边框，可以选定整个文本框。具体操作步骤如下：

①单击文本框，此时在文本框中出现插入点。

②单击虚线框，即可选定文本框。此时，虚线框变为细实线边框，如图 6-33 所示。

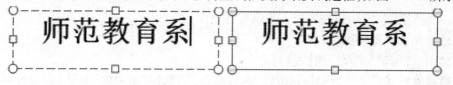

图 6-33 选定整个文本框

（2）选定部分文本

如果要选定文本框中的部分文本，可以按照以下步骤进行操作：

①单击文本框，此时在文本框中出现插入点。

②将鼠标指针移动到要选定文本的开始处，按住鼠标左键进行拖动。

③拖至要选定文本的最后一个字符上，释放鼠标左键。此时，被选定的文本呈反白显示。

另外，如果要选定整个单词，可以双击该单词；如果要选定整段，可以三击该段。

如果要使用键盘选定部分文本，首先将插入点移到要选定文本的开始位置，按住【Shift】键不放，并且通过控制键盘上的方向键选定文本。

2. 移动文本

用户可以将整个文本框移到另一个位置，或者将部分文本移到另一个位置。

（1）移动文本框

如果要移动整个文本框，可以按照下述步骤进行操作：

①单击文本框，此时在文本框中出现插入点。

②将鼠标指针移到文本框的边框上,鼠标指针变成十字箭头形状。

③按住鼠标左键拖动,拖动时会显示文本框将要摆放的位置。

④到达所需的位置后,释放鼠标左键。

(2)移动部分文本

除了调整整个文本框的位置外,还可以移动文本框中部分文本的位置。既可以使用鼠标来移动文本,还可以使用剪贴板来移动文本。

①利用拖动法移动文本

如果要移动部分文本,可以按照下述步骤进行操作:

a.选定文本框中的部分文本。

b.将鼠标指针指向被选定的文本,此时光标由I形变为空心箭头。

c.按住鼠标左键拖动。拖动时,会有一个竖线插入点表明被拖动的内容将出现的位置。

d.到达目标位置后,释放鼠标左键。

②利用剪贴板移动文本

用户可以利用剪贴板来移动文本,具体操作步骤如下:

a.选定文本框中要移动的文本。

b.切换到功能区中的【开始】选项卡,在【剪贴板】选项组内单击【剪切】按钮✂,选定的文本将从原位置处删除,被存放到剪贴板中。

c.将插入点移到目标位置。

d.切换到功能区中的【开始】选项卡,在【剪贴板】选项组内单击【粘贴】按钮📋。

3.复制文本

如果要复制文本,可以按照以下步骤进行操作:

(1)首先选中要复制的文本。

(2)单击【编辑】菜单中的【复制】命令。

(3)将光标移到要放置的目标位置,然后选择【编辑】菜单中的【粘贴】命令即可。或者使用工具栏中的📋和📋按钮。

4.删除文本

如果要删除文本,可以按照以下三种方法进行操作:

(1)选中要删除的文本后按【Delete】键。

(2)单击【编辑】菜单中的【剪切】命令。

(3)将鼠标指针移动到所选的文本上,单击鼠标右键,在弹出的快捷菜单中单击【剪切】命令即可。

5.设置文本格式

幻灯片内容一般由一定数量的文本对象和图形对象组成,文本对象又是幻灯片的基本组成部分,PowerPoint 提供了强大的格式化功能,允许用户对文本进行格式化。

(1)改变字体

在演示文稿中适当地变换字体,可以使幻灯片结构分明、突出重点。例如,要将幻灯片的标题改为【隶书】,可以按照下述步骤进行操作:

①在普通视图中,选定要改变字体的文本,例如,单击标题文本框,选定标题中的所有文本。

②切换功能区中的【开始】选项卡,在【字体】选项组中单击【字体】列表框右侧的向下箭头,出现【字体】下拉列表如图6－34所示。

图6－34　【字体】菜单

③从【字体】下拉列表中选择所需的字体。例如,选择【隶书】。

（2）改变字号

改变字号是指改变字符的大小,用户可以按照下述步骤进行操作:

①选定要改变的字号的文本。

②切换到功能区中的【开始】选项卡,在【字体】选项组中单击【字号】列表框右侧的向下箭头,出现【字号】下拉列表,如图6－35所示。

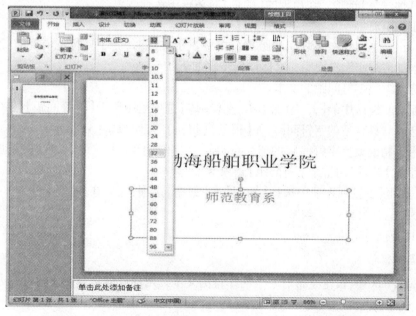

图6－35　【字号】菜单

③从【字号】下拉列表中选择所需的字号。

（3）更改文本颜色

由于演示文稿主要用于演示，可以考虑改变文本的颜色，使演示文稿更加多姿多彩。具体操作步骤如下：

①选定要改变颜色的文本。

②切换到功能区中的【开始】选项卡，在【字体】选项组中单击【字体颜色】列表框右侧的向下箭头，会出现如图6-36所示的【字体颜色】菜单。

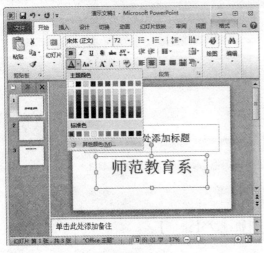

图6-36　【字体颜色】菜单

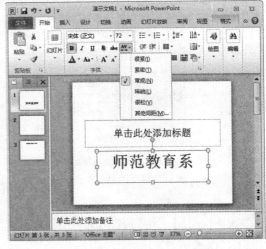

图6-37　调整【字符间距】

③如果要采用主题中的颜色，单击【主题颜色】选项下的颜色之一；如果要改变为调色板中的颜色，单击【标准色】选项下提供的10种颜色之一；如果要改变为非调色板中的颜色，单击【其他颜色】选项。在出现的【颜色】对话框中选择颜色。

（4）调整字符间距

字符间距就是相邻文字之间的距离。排版演示文稿时，为了使标题看起来比较美观，可以适当增加或缩小字符间距。具体操作步骤如下：

①选定要调整字符间距的文本。

②切换到功能区中的【开始】选项卡，在【字体】选项组中单击【字符间距】按钮，在弹出的菜单中选择一种合适的字符间距，如【很紧】【很松】等，如图6-37所示。

③如果要精确设置字符间距的值，可以单击【字符间距】下拉列表中的【其他间距】选项，打开【字体】对话框中的【字符间距】选项卡。

④在【间距】下拉列表框中选择【加宽】或【紧缩】选项，然后在【度量值】文本框中输入具体的数值。

⑤单击【确定】按钮。

6. 设置段落格式

在PowerPoint中，段落是带有一个回车符的文本。用户可以改变段落的对齐方式、设置段落缩进、调整段间距和行间距等。

（1）改变段落的对齐方式

如果要改变段落的对齐方式，可以按照下述步骤进行操作：

①将插入点设置到段落中的任意位置。

②切换到功能区中的【开始】选项卡,在【段落】选项组中单击所需的按钮,如图 6 – 38 所示。

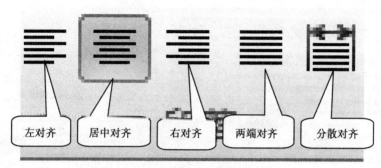

图 6 – 38　设置对齐方式的按钮

(2)设置段落缩进方式

段落缩进是指段落与文本区域内部边界的距离。PowerPoint 提供了三种缩进方式:首行缩进、悬挂缩进与左缩进。设置段落缩进的具体操作步骤如下:

①将插入点置于要设置缩进的段落中,或者同时选定多个段落。

②切换到功能区中的【开始】选项卡,单击【段落】选项组中【对话框启动器】按钮🔳,出现如图 6 – 39 所示的【段落】对话框。

③在【段落】选项组中设置【文本之前】的距离,指定【特殊格式】为【首行缩进】或【悬挂缩进】,并设置具体度量值。

④设置完毕后,单击【确定】按钮。

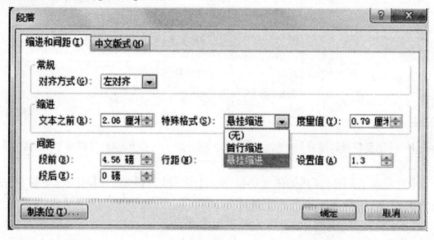

图 6 – 39　【段落】对话框

(3)使用项目符号

添加项目符号的列表有助于把一系列重要的条目或论点与文档中其余的文本区分开来。PowerPoint 允许为文本添加不同的项目符号。

默认情况下,在输入正文时,PowerPoint 会插入一个圆点作为项目符号。如果要更改项目符号,可以按照下述步骤进行操作:

①选定幻灯片的正文。

②切换到功能区中的【开始】选项卡,单击【段落】选项组中【项目符号】按钮右侧的向下箭头,在弹出的下拉列表中选择所需的项目符号,如图6-40所示。

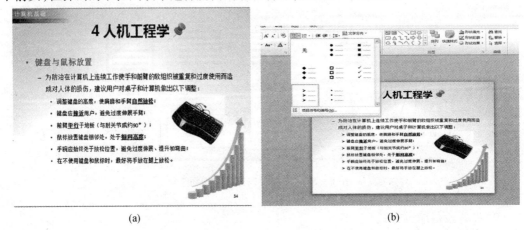

（a）　　　　　　　　　　　　　　　（b）

图6-40　更改幻灯片的【项目符号】

(a)更改幻灯片的【项目符号】前;(b)更改幻灯片的【项目符号】后

③如果预设的项目符号不能满足要求,可以单击【项目符号】下拉列表中的【项目符号和编号】选项,打开如图6-41所示的【项目符号和编号】对话框。

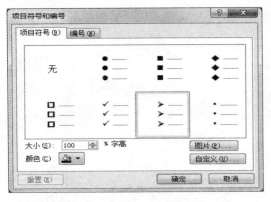

图6-41　【项目符号和编号】对话框　　　　　　**图6-42　【符号】对话框**

④单击【自定义】按钮,打开如图6-42所示【符号】对话框,在【字体】下拉列表框中选择所需符号的字体,然后在下方的列表框中选择符号。

⑤单击【确定】按钮,返回【项目符号和编号】对话框。

⑥要设置项目符号的大小,请在【大小】数值框中输入百分比。

⑦要为项目符号选择一种颜色,请从【颜色】下拉列表框中选择所需的颜色。

⑧单击【确定】按钮。

(4)使用编号列表排列文字先后顺序

编号列表时按照编号的顺序排列,例如,将操作步骤按先后顺序依次编号,可以使用与创建项目符号列表类似的方法创建编号列表。

如果要使用PowerPoint提供的预设编号,可以按照以下步骤进行操作:

①选定要添加编号的段落。

②切换到功能区中的【开始】选项卡,单击【段落】选项组中单击【编号】按钮右侧的向下箭头,在弹出的下拉列表中选择一种预设编号,如图 6 - 43 所示。

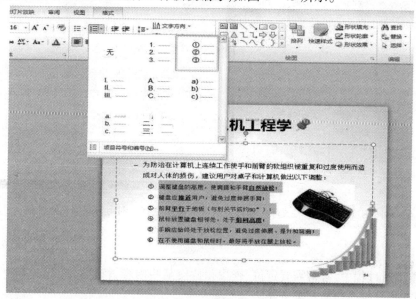

图 6 - 43   选择预设的编号

(5)让文字较多的文章易于阅读

对于文字较多的文章,可以通过字号的大小以及双栏的版式进行处理。

具体操作步骤如下:

①打开原始文件。

②选择小标题后,利用【开始】选项卡内【段落】选项组的【提高列表级别】按钮 ；选择要设置大小的标题,然后利用【开始】选项卡中的【字号】下拉列表框进行设置;为了使小标题与正文分隔,可以利用【段落】对话框中的【段前】文本框进行设置;还可以更改列表条的项目符号。

③如果文章太长版式容纳不下,可以应用版式为两栏文字,如图 6 - 44 所示。只需切换到功能区的【开始】选项卡,在【幻灯片】选项组中单击【版式】按钮,在弹出的菜单中选择【两栏内容】,然后将多余的文字【剪切】【粘贴】,移动到右侧的内容框中。

(6)利用符号制表修饰框

添加修饰框可以使幻灯片更加美观。自己不用实际绘图,只要使用符号字体就可轻松制作修饰框。具体操作步骤如下:

①在要输入修饰框的位置先制作文本框,然后切换到功能区中的【插入】选项卡,在【符号】选项组中单击【符号】按钮,打开【符号】对话框。

②在【字体】下拉列表框中选择 Wingdings,选择要插入的符号,单击【插入】按钮,就会插入所选的符号。

③重复插入该符号,并整修符号大小与颜色。

④将插入符号的文本框再复制一份,并放到标题的下方,结果如图 6 - 45 所示。

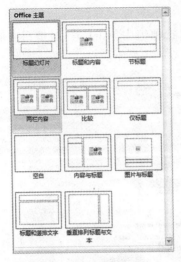

图 6 - 44　切换一栏为两栏文字

图 6 - 45　利用符号制作修饰框

7. 查找与替换

在文本编辑过程中,常常需要定位、查找和替换某些内容,特别是进行文本的批量修改操作,用到查找与替换功能非常方便。

(1)查找

如果想要在 PowerPoint 中查找内容,具体操作步骤如下:

①切换到功能区中的【开始】选项卡,单击【编辑】选项组中【查找】按钮,弹出如图 6 - 46 所示的【查找】对话框。

图 6 - 46　【查找】对话框

②在  文本框中输入要查找的某个字符或字符串。单击
【查找下一个】,系统开始查找,如果系统找到所查的内容,则定位在该内容的前面。若想继续往下查找,单击【查找下一个】按钮;若退出查找操作,则单击【关闭】按钮。

参数的说明:

【☐区分大小写(C)】:选中此项,则查找时在同一单词中,其大小写格式不同,当作不同的单词来看待。若不选中此项,则视为一个相同的单词。

【☐全字匹配(W)】:选中此项,只有完整的词才能被找到。

【☐区分全/半角(M)】:选中此项,查找时,一个字母(符号)的全角与半角作为不同的字母(符号)来处理。

（2）替换

如果想要在 PowerPoint 中查找内容，具体操作步骤如下：

①切换到功能区中的【开始】选项卡，单击【编辑】选项组中【替换】按钮，弹出如图 6 - 47 所示的【替换】对话框。

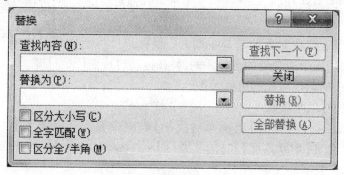

图 6 - 47 【替换】对话框

②在 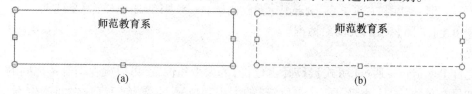 中输入查找内容，在【替换为】文本框中输入替换内容，单击【查找下一个】按钮，系统则定位在所找到的内容前。这时单击【替换】按钮，则换上新的内容；单击【查找下一个】铵钮，则不替换当前的内容，继续向下查找；单击【全部替换】按钮，系统自动替换所有找到的内容。退出替换操作，则单击【关闭】按钮即可。

6.2.4 文本框的操作

文本框（占位符或手动文本框）是大多数演示文稿的基础。现在知道了如何创建文本框以及如何在其中添加文本，接下来了解一下如何操作文本框本身。

1. 选择文本框

文本框有两种可能的"选择"状态：一种状态是文本框本身被选中；另一种状态是插入点位于文本框中。两种状态的区别很微妙，但在执行特定的命令时会变得很明显。例如，如果在插入点位于文本框中时按【Delete】键，PowerPoint 会删除插入点右侧的单个字符；但如果在选中整个文本框时按【Delete】键，PowerPoint 会删除整个文本框和其中的内容。

要选中整个文本框，可以单击其边框，边框显示为实线时，表示它被选中。要将插入点移入文本框内，可以单击文本框内部。当文本框中有光标闪烁并且文本框的边框显示为虚线框时，表示插入点位于文本框内。如图 6 - 48 所示显示了两种边框的区别。

师范教育系	师范教育系
(a)	(b)

图 6 - 48 选择文本框

(a)当文本框本身被选中时；(b)当插入点位于文本框内时

当插入点在文本框中闪烁时，可按【Esc】键来选中文本框本身。

通过在单击文本框的同时按住【Shift】键，可以一次选中多个文本框。当需要选中多个文本框,以便将它们设置为相同的格式或者大小时,这种方法很有用。

2.调整文本框大小

在 PowerPoint 中,调整文本框大小的基本技巧与设置其他对象类型相同(也与其他 Office 应用程序中的方法相同)。要调整文本框或其他对象的大小,可执行以下三种方法:

(1)鼠标拖动法

①将鼠标指针定位在对象的选择手柄上。鼠标指针将变成双向箭头。如果要按比例进行调整,需要使用四个边角处的选择手柄,并在拖动时按住【Shift】键。

②拖动选择手柄调整对象的边框大小。

(2)使用【大小】组微调框

也可在【绘图工具】|【格式】选项卡|【大小】组中设置文本框的大小。当选中文本框时,其当前的尺寸会在【形状高度】和【形状宽度】框中显示,如图 6－49 所示。可在这些框中改变文本框的尺寸。

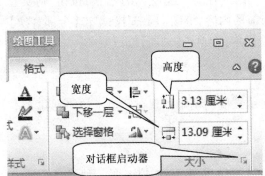

图 6－49　设置文本框的精确大小　　　　　图 6－50　【设置形状格式】对话框

(3)使用【设置形状格式】对话框

①单击【绘制工具】|【格式】选项卡的【大小】组中的【对话框启动器】,如图 6－49 所示。此时将会显示【设置形状格式】对话框,并且【大小】选项卡已被选中。

②在【大小】选项卡中,设置文本框的高度和宽度,如图 6－50 所示。要保持大小成比例,在开始调整高度和宽度之前,先选中【缩放比例】区域中【锁定纵横比】复选框。

③单击【关闭】按钮,关闭对话框。

提示:

允许 PowerPoint 通过【版式】管理【占位符】的大小和位置,可以确保幻灯片之间的一致性。如果在单独的幻灯片上改变【占位符】的大小和位置,会导致幻灯片之间产生不一致,例如不同幻灯片中的标题位置不同,或者在不同的幻灯片中公司徽标的位置发生位移。

3.定位文本框

要移动对象,只需拖动其边框上(不是选择手柄)的任何部分。选中对象,将鼠标指针定位到边框上,指针会变成四向箭头,此时可将对象拖动到新位置。对于文本框,必须将鼠标指针定位在边框上,而不能定位到框的内部;对于其他所有对象类型,则不需要如此精确,拖动对象的任何部分都可以移动该对象。

要设置精确的位置,可以使用【设置形状格式】对话框:

(1)单击【绘制工具】|【格式】选项卡的【大小】组中的【对话框启动器】(图 4 – 49)。此时将会显示【设置形状格式】对话框。

(2)如图 6 – 51 所示,在【位置】选项卡中,设置水平和垂直位置以及度量起点。默认情况下,度量起点是幻灯片左上角。

(3)单击【关闭】按钮,关闭对话框。

4. 更改文本框的【自动调整】行为

当文本太多,不能正好在文本框中显示时,可能发生以下三种情况。

【不自动调整】:文本和文本框继续保持其默认大小,文本溢出文本框或被截断。

【溢出时缩排文字】:文本缩小其字号来适应文本框的大小。这是占位符文本框的默认设置。

【根据文字调整形状大小】:文本框会扩大到包含文字所需的大小。这是手动文本框的默认设置。

当占位符框中包含过多文本时,其左下角会显示【自动调整 ≑】图标。单击该图标将打开如图 6 – 52 所示的菜单,从中可以打开或关闭【自动调整】设置。不同的文本框类型会显示不同的菜单项,所以可能不会看到图 6 – 52 所示的所有菜单项。

对于手动文本框,不会显示【自动调整】图标,所以必须在文本框的属性中调整【自动调整】行为。以下方法同时适用于手动文本框和占位符文本框:

(1)右击文本框的边框,选择【设置形状格式】。

(2)单击【文本框】选项卡。

(3)在【自动调整】区域中选择一个【自动调整】选项,如图 6 – 53 所示。

(4)单击【关闭】按钮。

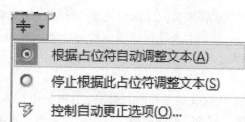

图 6 – 51　【设置形状格式】对话框　　　　　**图 6 – 52　使用【自动调整】菜单**

另一项影响【自动调整】行为的设置是【形状中的文字自动换行】选项。当文本到达文本框的右边缘时,此开关选项使文本能够自动换行。默认情况下,此设置对于占位符文本框和通过拖动方式创建的文本框是打开的,但是对于通过单击方式创建的手动文本框默认是关闭的,要更改此设置,在【设置形状格式】的【文本框】选项卡中(图6-53),选中或取消选中【形状中的文字自动换行】复选框。

6.2.5　添加批注和备注

1. 添加批注

可以对一些重要的幻灯片进行补充说明,这就涉及给幻灯片添加批注。操作方法是:

(1)将插入点置于要添加批注的幻灯片中。单击【审阅】选项卡中的【批注】选项组中的【新建批注】按钮,如图6-54所示。

(2)在幻灯片的左上角出现一个批注文本框,这时就可以在其中输入批注内容了。

(3)若想修改批注的内容,单击【审阅】选项卡中的【批注】选项组中的【编辑批注】按钮,在批注文本框中编辑内容即可。

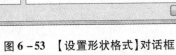

图6-53　【设置形状格式】对话框　　　　　　　　　　图6-54　新建批注

2. 创建演讲者备注

给自己看的辅助材料和给观众看的辅助材料可能不同。专为演讲者准备的辅助材料称为演讲者备注。除了将幻灯片打印到较小的纸张上以外,演讲者还可包含您认为在演讲时可能需要自我提醒的其他一些备注信息或背景信息。

演讲者备注只能用一种打印输出格式:【备注页】布局。它的上半部分包含该幻灯片(大小与在每页2张幻灯片讲义中相同),下半部分的空白空间可用来添加备注。

(1)键入演讲者备注

可在【普通视图】的【备注】窗格中键入幻灯片备注,也可以在【备注页】视图中键入备注。后者显示的页面与打印备注页时的页面多少有些类似,如果需要衡量打印页上适合显示多少文本,这种方式很有帮助。

要切换到【备注页】视图,可在【视图】选项卡的【演示文稿视图】组中单击【备注页】,如

图6-55 所示。与其他视图不同，PowerPoint 窗口的右下角没有该视图的快捷按钮。进入【备注页】视图后，可以像在其他视图中那样缩放和滚动，以便一次查看更多或更少页面内容；还可以通过滚动从一张幻灯片移到另一张幻灯片；或使用传统方式在幻灯片之间移动（使用键盘上的【Page Up】和【Page Down】键，或者屏幕上的【上一张幻灯片】或【下一张幻灯片】按钮）。

在【备注】区域键入备注内容，就像在 PowerPoint 的任何文本框中键入文本一样，段落中的文本会自动换行。按 Enter 键可以开始一个新段落。完成后，移到下一张幻灯片。

图6-55 【备注页】视图　　　　　　　图6-56 【备注母版】视图

（2）更改备注页布局

编辑备注页布局，只需切换到【备注母版】并加以更改即可。具体步骤如下：

①在【视图】选项卡的【母版视图】组中，单击【备注母版】。

②采用与编辑其他母版相同的方法编辑备注母版的布局，如图6-56 所示。

③编辑完成后，单击【关闭母版视图】按钮，返回【普通视图】。

（3）打印备注页

准备好打印备注页后，执行以下步骤：

①选择【文件】→【打印】命令。此时将显示【打印】控件。

②单击【幻灯片】文本框下面的第一个按钮，选择【备注页】作为要打印的版式类型。

③设置其他选项（如果需要选择使用的打印机，或设置该打印机的选项）。对于备注页，没有特殊的选项。

④单击【打印】按钮，备注页将会打印出来。

6.3　对象的插入与编辑

6.3.1　插入剪贴画

为了让演示文稿更出色，经常需要在幻灯片中插入剪贴画，这些剪贴画都是由专业美术家设计的。用户只需通过简单的操作，即可将剪贴画放到幻灯片中。

插入剪贴画的具体操作步骤如下：

（1）显示要插入剪贴画的幻灯片。

（2）切换到功能区中的【插入】选项卡，在【插图】选项组中单击【剪贴画】按钮，出现【剪贴画】任务窗格。

（3）在【搜索文字】文本框中输入要插入剪贴画的说明文字，然后单击【搜索】按钮，即可显示搜索结果。单击要插入的剪贴画，将剪贴画插入到幻灯片中，如图 6 – 57 所示。

（4）用户还可以利用【格式】选项卡上的工具，快速设置图片的格式，如图 6 – 58 所示。

另一种插入剪贴画的方法是，新建一张带有内容占位符版式的幻灯片，然后单击内容占位符上的【插入剪贴画】图标，即可在新建的幻灯片中插入剪贴画，如图 6 – 59 所示。

图 6 – 57　【剪贴画】任务窗格　　　　　图 6 – 58　设置图片的格式

图 6 – 59　占位符版式

6.3.2　插入图片

如果要向幻灯片中插入图片，可以按照下述步骤进行操作：

①在普通视图中，显示要插入图片的幻灯片。

②切换到功能区中的【插入】选项卡，在【插图】选项组中单击【图片】按钮，出现如图 6 – 60 所示的【插入图片】对话框。

③找到含有需要的图片文件的驱动器和文件夹。

④单击文件列表框中的文件名或者单击要插入的图片。

⑤单击【插入】按钮，将图片插入到幻灯片中，如图 6 – 61 所示。

图 6-60　【插入图片】对话框　　　　　图 6-61　在幻灯片中插入图片

对于插入的图片,可以利用【格式】选项卡上的工具对其进行修饰,如调整亮度、设置对比度、改变颜色、应用图片样式等。

6.3.3　插入艺术字

艺术字是具有特殊效果的文字,它可以使演示文稿更引人注目。艺术字可以作为图形对象放置在页面上,并可进行移动、旋转和调整大小等操作。

切换到【插入】选项卡,在【文本】选项组中选择【艺术字】按钮(图 6-62)选择一种艺术字样式。在幻灯片的文字文本框中输入所需的内容,在【开始】选项卡中的【字体】选项组中调整字体和字号。并且在弹出的【绘图工具格式】选项卡中的【艺术字样式】选项组中,可以对艺术字进行各种操作,如图 6-63 所示。

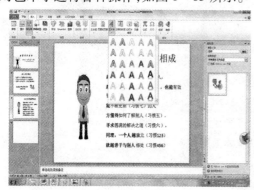
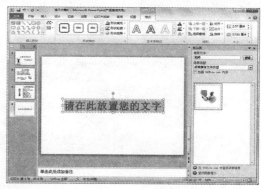

图 6-62　插入艺术字　　　　　图 6-63　艺术字样式

1. 改变艺术字的文本填充

选定艺术字,单击【艺术字样式】选项组中的【文字效果】,再选择【文本填充】,使用纯色、渐变、图片或纹理填充文本,如图 6-64 所示。

2. 改变艺术字的文本轮廓

选定艺术字,单击【艺术字样式】选项组中的【文字效果】,再选择【文本轮廓】,指定文本轮廓的颜色、宽度和线型,如图 6-65 所示。

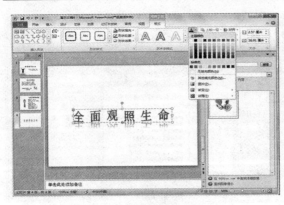

图 6 - 64　在艺术字样式中设置"文本填充"　　　　图 6 - 65　设置"文本轮廓"

3. 改变艺术字的文本效果

选定艺术字,单击【艺术字样式】选项组中的【文字效果】,再选择【文本效果】,对文本应用外观(如阴影、发光、映像或三维旋转等),如图 6 - 66 所示。

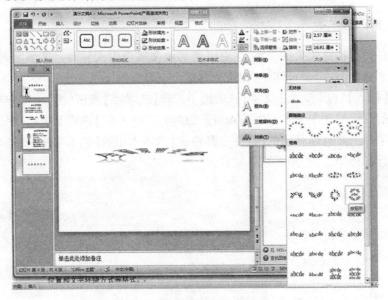

图 6 - 66　设置"文本效果"

6.3.4　绘制图形

用户利用 PowerPoint 2010 自带的【绘图工具】,可以绘制一些简单的平面图形。用户可以在这些简单的平面图形基础上应用 PowerPoint 的动画设计功能,使其变得栩栩如生。如图 6 - 67 所示就是利用【绘图工具】绘制的一些图形幻灯片。

在 PowerPoint 2010 中,绘制图形的方法很简单。具体操作步骤如下:

(1)显示要绘制图形的幻灯片。

(2)切换到功能区中的【开始】选项卡,在【绘图】选项组中单击【形状】按钮的向下箭头,从弹出的菜单中选择要绘制的形状,如图 6 - 68 所示。

(3)按住鼠标左键,拖动鼠标在幻灯片中绘制图形,如图 6 - 69 所示。

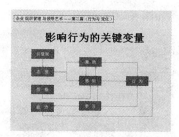
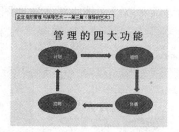

图 6-67 绘制图形幻灯片

图 6-68 选择要绘制的形状

图 6-69 绘制图形

(4)利用【格式】选项卡上的工具,设置绘制图形的格式。

(5)如果要在绘制的图形中添加文字,可以右击该图形,从弹出的快捷菜单中选择【编辑文字】命令(图 6-70),然后在图形内部输入文字。

(6)要选定绘制的多个图形,可以按住鼠标左键从左上角的空白位置,向右下角拖动,直到框住所有的图形,如图 6-71 所示。

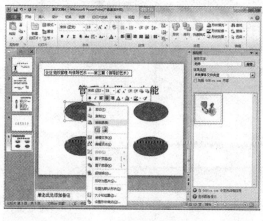

图 6-70 选择【编辑文字】命令

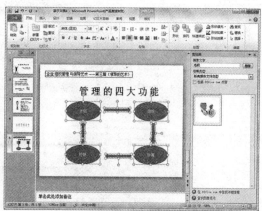

图 6-71 选定多个图形

(7)要将选定的图形组合为一个图形,可以切换到功能区中的【格式】选项卡,在【排列】选项组中点击【组合】按钮,如图 6-72 所示。

(8)右击该图形,可以从弹出的快捷菜单中选择【另存为图片】命令,将其保存为图片,一边在另外的演示文稿或文档中插入这些图片,如图 6-73 所示。

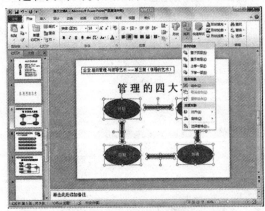
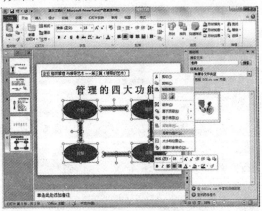

图 6-72　组合图形对象　　　　　　图 6-73　选择【另存为图片】命令

6.3.5　制作相册集

如果用户希望向演示文稿中添加一大组喜欢的图片,而又不想自定义每张图片,则可以使用 PowerPoint 2010 轻松地创建一个作为相册的演示文稿,然后播放,宛如一场个人作品发表会。

创建相册的具体操作步骤如下:

(1)切换到功能区中的【插入】选项卡,在【图像】选项组中单击【相册】按钮,从其列表中选择【新建相册】命令,出现如图 6-74 所示的【相册】对话框。

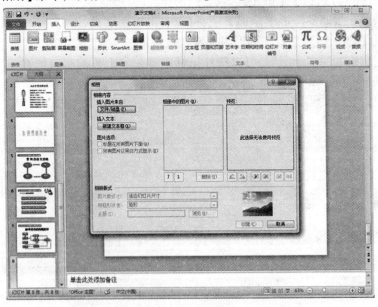

图 6-74　【相册】对话框

(2)单击【插入图片来自】之下的【文件/磁盘】按钮,出现如图 6-75 所示的【插入新图片】对话框。

(3)定位包含要添加到相册中的图片的文件或磁盘后,再单击所需的图片文件,然后单击【插入】按钮。

（4）重复步骤（3）的操作，向相册中添加所需的所有图片。

（5）单击【新建文本框】按钮，可以插入说明性的文本框（需要在相册建立以后再编辑）。

（6）加入的图片可以用【上移】及【下移】按钮调整其顺序。

（7）选定其中一张图片，还可以利用【相册】对话框中的按钮调整其亮度、对比度等属性，如图 6 - 76 所示。

图 6 - 75　【插入新图片】对话框

图 6 - 76　调整相册的图片

如果选中【所有图片以黑白方式显示】复选框，则所有的图片就会变成黑白色的老照片。

（8）在【相册版式】选项组中，可以执行下列操作：

①要选择相册中幻灯片上图片和文本框的版式，请选择【图片版式】列表框中的版式。

②要为图片选择相框形状，请在【相框形状】列表框中选择形状。

③要为相册选择设计模板，请单击【浏览】按钮，然后在【选择设计模板】对话框中定位要使用的设计模板，再单击【选择】按钮。

（9）单击【创建】按钮，系统自动创建标题幻灯片，如图 6 - 77 所示。

（10）切换到其他的幻灯片，就可以看到包含图片的幻灯片，如图 6 - 78 所示。

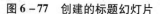

图 6 - 77　创建的标题幻灯片

图 6 - 78　查看其他相册幻灯片

6.3.6　插入声音和影片

添加音频和视频文件可以为演示文稿增添活力。有些用户使用 PowerPoint 创建课件教学或培训示范作品时,音频和视频极具吸引力,是解说产品的最佳方式。然而音频和视频不要使用得过度,否则会喧宾夺主,成为噪音。PowerPoint 2010 支持很多格式的音频文件,包括最常见的 MP3 音乐文件(MP3)、Windows 音频文件(WAV)、Windows Media Audio 文件(WMA)以及其他类型的声音文件。视频文件包括最常见的 Windows 视频文件(AVI)、影片文件(MPG 或 MPEG)、Windows Media Video 文件(WMA)以及其他类型的视频文件。

1. 为幻灯片添加音频文件

(1)显示需要插入声音的幻灯片。切换到功能区中的【插入】选项卡,在【媒体】选项组中单击【音频】按钮的向下箭头,从出现的菜单中选择一种插入音频的方式,如图 6 – 79 所示。

图 6 – 79　选择插入音频的方式

(2)此时,幻灯片中会出现一个插入声音图标和播放控制条。

(3)还可以设置音频文件播放方式,只需选中声音图标,然后在【播放】选项卡下,单击【音频选项】组中的【开始】下拉列表框右侧的向下箭头,选择一种播放方式。

(4)在【音频选项】组中单击【音量】按钮,在弹出的下拉列表中单击一种音量,如图 6 – 80 所示。

图 6 – 80　设置音频文件的播放方式

2. 为幻灯片添加视频文件

(1)插入电脑中的视频文件

插入视频的方法与插入声音的方法类似,如图 6 – 81 所示。

(2)调整视频文件画面效果

调整视频文件画面是 PowerPoint 2010 新增的功能,在以前的版本中,它将其与图片工具单独列出来,作为一个新的功能,可以调整视频文件画面的色彩、标牌框架以及视频样式、形状与边框等。

图 6–81　选择插入影片的方式

①调整视频文件画面大小

在 PowerPoint 2010 中,可以使用【大小】组中的【高度】和【宽度】以及【裁剪】按钮,对视频文件的画面大小进行调整与裁剪。

a. 选中幻灯片中的视频文件,单击【大小】组中的对话框启动器按钮。

b. 弹出【设置视频格式】对话框,在【大小】组中,选中【锁定纵横比】复选框和【相对于图片原始尺寸】复选框,然后在【高度】框中调整视频的大小。

c. 单击【关闭】按钮,可以看到视频文件的画面大小按纵横比减少了,如图 6–82 所示。

图 6–82　缩小视频大小

d. 选中幻灯片中的视频文件,在【格式】选项卡下,单击【大小】组中的【剪裁】按钮。

e. 此时,以黑色框线包围画面,拖动黑色控制点裁除不需要部分的画面,它以灰色显示裁除的部分画面。

f. 完成画面的裁剪后,单击视频文件外的任意位置,即可确认画面的裁剪。

②调整视频文件画面色彩

调整视频文件画面色彩是通过【格式】选项卡下【调整】组中的命令来更改视频文件画面的亮度和对比度、颜色、标牌框架等属性。

a. 如果要更改视频的亮度和对比度,选中幻灯片中的视频文件,在【格式】选项卡下,单击【调整】组中的【更正】按钮,在弹出的下拉列表中选择需要的亮度和对比度。

b. 如果要更改视频画面的颜色,可以选中视频,在【调整】组中单击【颜色】按钮,在弹出的下拉列表中单击一种颜色选项,如图 6–83 所示。

c. 如果要更改视频文件的标牌框架,则选中视频,单击【调整】组中的【标牌框架】按钮,在弹出的下拉列表中单击【文件中的图像】选项,弹出【插入图片】对话框,选择需要的图片文件,然后单击【插入】按钮。此时,视频文件的标牌即以指定的图片来替换,它将不是默认的视频文件第一帧图像,如图 6–84 所示。

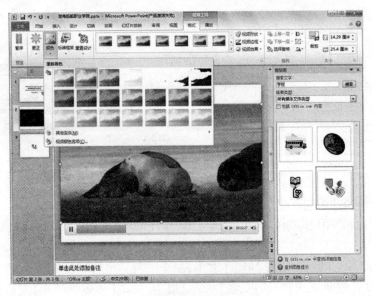

图 6 - 83　调整画面的颜色

图 6 - 84　更改视频文件的标牌框架

③设置视频画面样式

设置视频画面样式,是指对视频画面的形状、边框、阴影、柔化边缘等效果设置。设置视频画面样式与设置图片样式的方法相同,可以直接应用默认的视频样式。

a. 选中幻灯片中的视频文件,在【格式】选项卡下,单击【视频样式】选项组中的【其他】按钮,在展开的下拉列表中选择需要的视频样式选项。

b. 此时,选中的视频文件画面就应用了指定的视频样式,如图 6 - 85 所示。

(3)控制视频文件的播放

在 PowerPoint 2010 中增加了视频文件的剪辑、书签功能,能够直接剪裁多余的部分以及设置视频播放的起始点。

①剪辑视频

剪辑视频是通过指定开始时间和结束时间来剪辑视频。能够有效地删除与演示文稿内容无关的部分,使视频更加简洁。

a. 选中幻灯片中的视频文件,在【播放】选项卡下,单击【编辑】组中的【剪裁视频】按钮。

b. 弹出【视频剪辑】对话框,可以在该对话框中剪辑视频的开始与结束多余部分。只需向右拖动左侧绿色滑块,可以设置视频播放时指定时间处开始播放;然后向左拖动右侧红色滑块,可以设置视频播放时在指定时间点结束播放。

    c.单击【确定】按钮,返回幻灯片中。选中视频文件,单击【播放】按钮,可以看到视频从指定的时间处开始播放,当播放到指定的结束时间时停止播放,如图 6 – 86 所示。

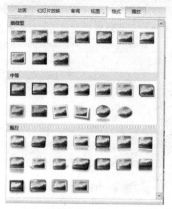 

图 6 – 85 设置视频画面样式

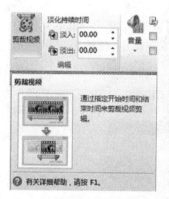  

图 6 – 86 视频剪辑

    ②设置视频文件淡入、淡出时间

    视频文件淡入、淡出时间是指视频剪辑开始和结束的几秒内使用淡入、淡出效果,能够让视频与幻灯片切换更完美地结合,而不至于让观众觉得视频的播放和结束太突然。

    a.选中幻灯片中视频文件,在【播放】选项卡下,在【编辑】组的【淡入】文本框中输入一个淡入时间。

    b.在【编辑】组的【淡出】文本框中输入一个淡出时间,如图 6 – 86 所示。

6.3.7　插入表格

    如果需要在演示文稿中添加有规律的数据,可以使用表格完成。PowerPoint 中的表格操作远比 word 简单得多。

1．向幻灯片中插入表格

    如果要向幻灯片中插入表格,可以按照下述步骤操作进行:

    ①单击内容版式中的【插入表格】按钮,出现如图 6 – 87 所示的【插入表格】对话框。

    ②在【列数】文本框中输入需要的列数,在【行数】文本框中输入需要的行数。

③单击【确定】按钮,将表格插入到幻灯片中,如图 6-88 所示。

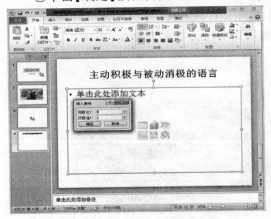

图 6-87 【插入表格】对话框   图 6-88 创建的表格

(1)向表格中输入文本

创建表格后,插入点位于表格左上角的第一个单元,此时可以在插入点位置输入文本,如图 6-89 所示。当一个单元格内的文本输入完毕后,按【Tab】键进入到下一个单元格中,也可以直接用鼠标单击下一个单元格。如果希望回到上一个单元格中,则按【Shift + Tab】组合键。

主动积极与被动消极的语言

主动积极	被动消极
我选择去……	我必须去……
我能……	我无能为力
我打算……	他就是这样一个人
试试看有没有其他可能性	除非……才能……
我可以控制自己的情绪	他们是不会接受的

图 6-89 向表格中输入文本

如果输入的文本较长,则会在当前单元格的宽度范围内自动换行,此时自动增加该行的行高。

(2)选定表格中的项目

在对表格进行操作之前,需要了解如何选定表格中的项目。

①要选定一行,可以单击该行中的任意单元格,然后切换到功能区中的【布局】选项卡,在【表】选项组中单击【选择】按钮,在弹出的菜单中选择【选择行】命令。

②要选定一列,可以单击该列中的任意单元格,然后切换到功能区中的【布局】选项卡,在【表】选项组中单击【选择】按钮,在弹出的菜单中选择【选择列】命令。

③要选定整个表格,可以单击表格中的任意单元格,然后切换到功能区中的【布局】选项卡,在【表】选项组中单击【选择】按钮,在弹出的菜单中选择【选择表格】命令。

④要选定一个或多个单元格,可以用拖动鼠标经过这些单元的方法来选定它们。

2.修改表格的结构

对于已经创建的表格,用户仍然能够修改表格的行数和列数等结构。

（1）插入新行或新列

如果要插入新行,可以按照下述步骤进行操作:

①将插入点置于表格中希望插入新行的位置。

②切换到功能区中【布局】选项卡,在【行和列】选项组中单击【在上方插入】按钮或者【在下方插入】按钮,如图 6－90 所示。

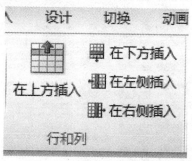

图 6－90　插入新行命令

如果要插入新的列,可以按照下述步骤进行操作:

①将插入点置于表格中希望插入新列的位置。

②切换到功能区中【布局】选项卡,在【行和列】选项组中单击【在左侧插入】按钮或者【在右侧插入】按钮。

（2）合并与拆分单元格

如果要将多个单元格合并为一个单元格,可以按照下述步骤进行操作:

①选定要合并的多个单元格。

②切换到功能区中的【布局】选项卡,在【合并】选项组中单击【合并单元格】按钮。

要将一个大的单元格拆分成多个小单元格,首先单击要拆分的单元格,然后切换到功能区中的【布局】选项卡,在【合并】选项组中单击【拆分单元格】按钮。

3. 设置表格格式

在表格幻灯片中,插入和编辑表格之后,还需要对表格进行格式化,以增强幻灯片的感染力,给观众留下深刻的印象。

（1）利用表格样式快速设置表格格式

用户可以利用 PowerPoint 2010 提供的表格样式快速设置表格的格式,具体操作步骤如下:

①选定要设置格式的表格。

②切换到功能区中的【设计】选项卡,在【表格样式】选项组中选择一种样式,如图6－91所示。用户可以单击右侧的按钮,滚动显示其他的样式。

（2）添加表格边框

如果要为表格添加边框,可以按照下述步骤进行操作:

①选定要添加边框的表格。

②利用【设计】选项卡的【绘制边框】选项组中的【笔样式】【笔画粗细】与【笔颜色】分别设置线条的样式、粗细与颜色。

③单击【设计】选项卡中【边框】按钮右侧的向下箭头,从下拉列表中选择的哪条边添加

边框,如图6-92所示。

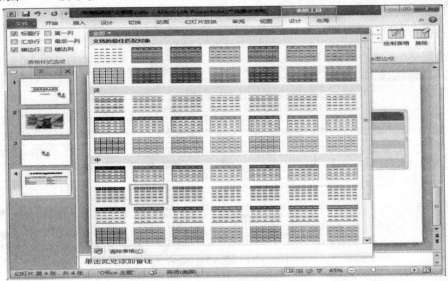

图6-91 快速设置表格格式

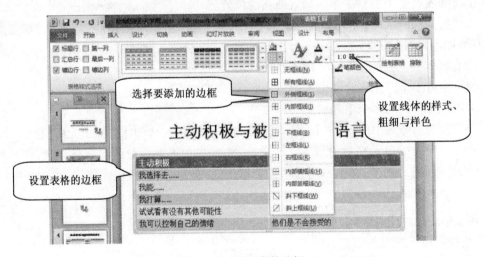

图6-92 添加表格边框

(3)填充表格颜色

如果要获取好的演示效果,可以为表格填充颜色,具体操作步骤如下:

①要改变一个单元格的填充颜色,可以将插入置于该单元格中;要改变多个单元格的填充颜色,可以选定这些单元格或者整个表格。

②单击【设计】选项卡中【底纹】按钮右侧的向下箭头,出现【底纹】列表。

③单击【底纹】列表中提供的颜色方块,即可为选定的单元格填充此颜色,如图6-93所示。

如果希望以图片、渐变和纹理来填充单元格,请选择【底纹】列表中的【图片】【渐变】和【纹理】选项,并进一步进行设置。

图 6 - 93　填充表格颜色

6.3.8　使用图表

图表是一种以图形显示的方式表达数据的方法。用图表来表示数据,可以使数据更容易理解。与 Excel 创建图表的方式有些不同,在 PowerPoint 的默认情况下,当创建好图表后,需要在关联的 Excel 数据表中输入图表所需的数据。当然,如果事先为图表准备 Excel 格式的数据表,则也可以打开这个数据表并选择所需的数据区域,这样就可以将已有的数据区域添加到 PowerPoint 图表中。

在幻灯片中插入图表的具体操作步骤如下:

①单击内容占位符上的【插入图表】按钮,或者单击【插入】选项卡上的【图表】按钮,出现如图 6 - 94 所示的【插入图表】对话框。

图 6 - 94　【插入图表】对话框

②从左侧的列表框中选择图表类型,然后在右侧列表中选择子类型,单击【确定】按钮。

③此时,启动 Excel,让用户在工作表的单元格中直接输入数据,如图 6 - 95 所示。

④更改工作表中的数据,PowerPoint 的图表自动更新,如图 6 - 96 所示。

⑤输入数据后,可以单击 Excel 窗口右上角的【关闭】按钮,并单击 PowerPoint 窗口右上角的【最大化】窗口。

⑥用户可以利用【设计】选项卡中的【图表布局】工具与【图表样式】工具快速设置图表的格式,如图 6 - 97 所示。

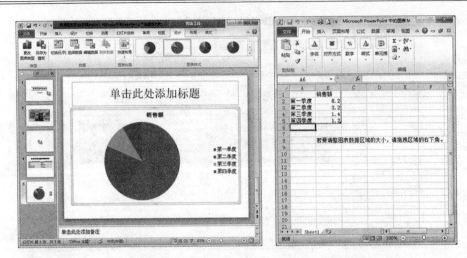

图 6 – 95　同时显示 Power Point 与 Excel

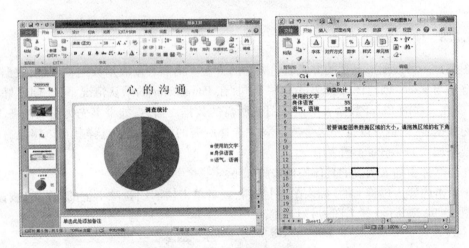

图 6 – 96　自动更新图表

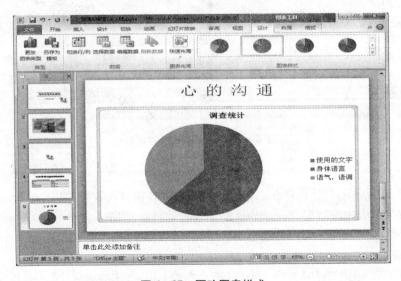

图 6 – 97　更改图表样式

6.3.9 插入 SmartArt 图形

在 PowerPoint 2010 中可以插入新的 SmartArt 图形对象,包括层次结构图、列表、循环图、流程图、关系图和矩阵图。

插入 SmartArt 图形的具体操作步骤如下:

①普通视图中,显示要插入的图形的幻灯片,或者新建一张包含内容占位符版式的幻灯片。

②切换到功能区中的【插入】选项卡,在【插图】选项组中单击【SmartArt】按钮,或者单击内容占位符中的【插入 SmartArt 图形】,如图 6-98 所示。

③出现如图 6-99 所示的【选择 SmartArt 图形】对话框,从左侧的列表框中选择一种类型,再从右侧列表框中选择子类型。

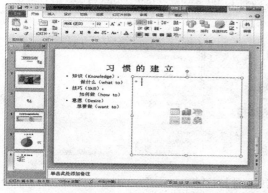

图 6-98 单击【插入 SmartArt 图形】按钮

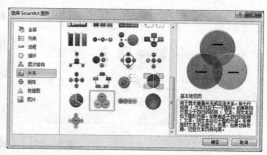

图 6-99 【选择 SmartArt 图形】对话框

④单击【确定】按钮,即可创建一个 SmartArt 图形。

⑤根据需要输入所需的文字,并且可以利用【SmartArt 工具设计】与【SmartArt 工具格式】选项卡来设置图形的格式,如图 6-100 所示。

⑥制作完成后,单击图形区域之外的任意位置。

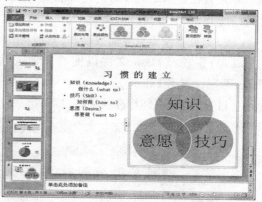

图 6-100 创建 Smart Art 图形

6.3.10 插入 Flash 动画

Flash 动画具有小巧灵活的优点,用户可以在 PowerPoint 演示文稿中插入扩展名为. swf

的 Flash 动画文件,以增强演示文稿的动画功能。

如果用户拥有一个动画图形,则可以通过使用名为 Shockwave Flash Object 的 Active 控件和 Macromedia Flash Player,在 PowerPoint 演示文稿中播放该文件。

插入 Flash 动画的具体操作步骤如下:

(1)在普通视图中,显示要播放动画的幻灯片。

(2)单击【文件】选项卡,然后从弹出的菜单中单击【选项】命令,出现【PowerPoint】对话框。

(3)单击左侧【自定义功能区】选项,在右侧的列表框内选中,【开发工具】复选框,然后单击【确定】按钮。

(4)切换到功能区中的【开发工具】选项卡,在【控件】选项组中单击【其他控件】按钮,出现如图 6-101 所示的【其他控件】对话框,选择【Shockwave Flash Object】,单击【确定】按钮。

图 6-101 【其他控件】对话框

(5)在幻灯片上拖动以绘制控件,通过拖动尺寸控点调整控件大小。

(6)右击 Shockwave Flash Object,从弹出的快捷菜单中选择【属性】对话框。

(7)在【按字母顺序】选项卡上单击 Movie 属性,在右侧的框中键入要播放的 Flash 文件的完整驱动器路径以及文件名,或键入其统一资源定位器(URL)。

(8)要在显示幻灯片时自动播放文件,则将 Playing 属性设置为 True。如果 Flash 文件内置有【开始/倒带】控件,则将 Playing 属性设置为 False。

(9)如果不希望重复播放动画,则请将 Loop 属性设置为 False,否则设置为 True。

(10)要嵌入 Flash 文件以便与其他人共享演示文稿,请将 EmbedMovie 属性设置为 True,否则设置为 False。

(11)切换到幻灯片放映视图,即可播放动画,如图 6-102 所示。

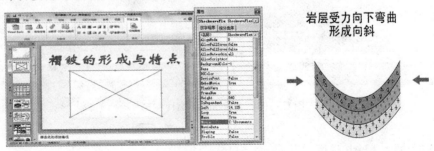

图 6-102 播放 Flash 动画

6.4　演示文稿的修饰

制作一个完美的演示文稿,除了需要有杰出的创意和优秀的素材之外,提供专业效果的演示文稿外观同样非常重要。一个好的演示文稿应该具有一致的外观风格,这样才能产生良好的效果。PowerPoint 的一大特色是可以使演示文稿中的幻灯片具有一致外观。

6.4.1　母版的基本操作

所谓幻灯片母版,实际上就是一张特殊的幻灯片,它可以被看作是一个用于构建幻灯片的框架。在演示文稿中,所有幻灯片都基于该幻灯片母版而创建。如果更改了幻灯片母版,则会影响所有基于母版而创建的演示文稿幻灯片。

PowerPoint 2010 中自带了一个幻灯片母版,该母版中包括 11 个版式。母版与版式的关系是,一张幻灯片中可以包括多个母版,而每个母版又可以拥有多个不同的版式。

1. 使用幻灯片母版

要进入母版视图,请切换到功能区中的【视图】选项卡,在【演示文稿视图】选项组中单击【幻灯片母版】按钮,如图 6 – 103 所示为幻灯片母版视图。

在幻灯片母版视图中,包括几个虚线框标注的区域,分别是标题区、对象区、日期区、页脚区和数字区,也就是前面所说的占位符。用户可以编辑这些占位符,如设置文字的格式,以便在幻灯片中输入文字时采用默认的格式。

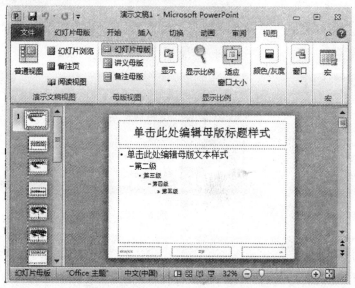

图 6 – 103　幻灯片母版视图

2. 添加幻灯片母版和版式

在 PowerPoint 2010 中,每个幻灯片母版都包含一个或多个标准或自定义的版式集。当用户创建空白演示文稿时,将显示名为【标题幻灯片】的默认版式,还有其他的标准版式可供使用。

如果找不到适合需要的标准母版和版式,可以添加自定义新的母版和版式。具体操作步骤如下:

(1)切换到幻灯片母版中,要添加母版,可以单击【编辑母版】选项组中的【插入幻灯片母版】按钮,将在当前母版最后一个版式的下方插入新的母版,如图6-104所示。

(2)在包含幻灯片母版和版式的左侧窗格中,单击幻灯片母版下方要添加新版式的位置。切换到功能区中的【幻灯片母版】选项卡,在【编辑母版】选项组中单击【插入版式】按钮。

(3)下面的一项或多项操作。

①要删除不需要的默认占位符,请单击该占位符的边框,然后按【Delete】键。

②要添加占位符,请单击【幻灯片母版】选项卡上的【插入占位符】旁的向下箭头,从下拉菜单中选择一个占位符,然后拖动鼠标绘制占位符,如图6-105所示。

3. 复制母版或版式

如果创建的母版或版式与已经存在的布局结构基本相同,则可以复制已有的母版或版式,然后对复制品稍加改动,即可得到自己想要的母版或版式。

右击要复制的母版或版式,然后在弹出的快捷菜单中选择【复制幻灯片母版】或【复制版式】命令,即可在列表中复制一模一样的母版或版式。

图6-104　插入母版

图6-105　选择要添加占位符

4. 重命名母版或版式

用户新建幻灯片时,会发现不同的版式有各自的名称,这样就能轻易分辨出版式的区别。如果用户创建了自己的母版或版式,也应该为其命名一个有意义的名称,这样不但便于自己管理这些母版和版式,也为其他使用者带来方便。重命名母版或版式的具体操作步骤如下:

(1)进入幻灯片母版视图后,右击要重命名的母版或版式,在弹出的快捷菜单中选择【重命名母版】命令。

(2)打开【重命名版式】对话框,在文本框中输入一个新的名称,如图6-106所示,输入好后单击【重命名】按钮,返回幻灯片母版视图,当光标指向命名后的母版或版式时,将会显示新名称。

5.保留母版

先创建一个新的演示文稿,然后进入到幻灯片母版视图,单击【编辑母版】选项组中的【插入幻灯片母版】按钮,添加一个新的母版。在新建母版的编号下方有一个标志,代表该母版目前被保留的,现在将这个母版改名为【保留的母版】。

单击功能区中的【幻灯片母版】选项卡,然后单击【关闭母版视图】按钮。切换到功能区中的【开始】选项卡,在【幻灯片】选项组中单击【版式】按钮,在弹出的菜单中可以看到默认的【Office 主题】母版和新建的【保留的母版】,如图 6－107 所示。

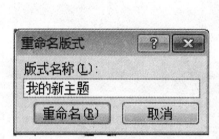

图 6－106　重命名版式

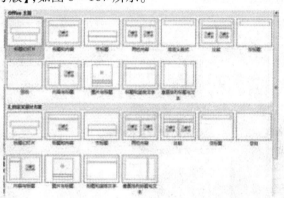

图 6－107　新建的【保留的母版】

在创建幻灯片时,默认使用是【Office 主题】母版中的版式。现在将当前幻灯片的版式选择为【保留的母版】中的任意一个。再次打开版式菜单,现在由于未使用【Office 主题】母版中的版式,因此该母版已经不在版式菜单中。

快速访问工具栏的【撤销】按钮,然后进入到幻灯片母版视图中,由于之前默认的那个母版并不是保留的,因此现在右击该母版,然后在弹出的快捷菜单中选择【保留的母版】命令。退出幻灯片母版视图,再次打开版式菜单并选择【保留的母版】中的任意一个版式。当再次打开版式菜单时,会发现由于 Office 主题母版设置了保留功能,因此即使现在没有幻灯片正在使用它的版式,它也仍然存在。

6.删除母版或版式

如果曾经在演示文稿中创建数量过多的母版和版式,在选择幻灯片版式或设计版式时会造成不必要的混乱,给创作者带来不便。为此,用户可以将一些不用的母版或版式删除。

只要打开幻灯片母版视图,在左侧的母版和版式列表中右击要删除的母版或版式,在弹出的快捷菜单中选择【删除母版】命令,即可将母版或版式删除。用户还可以切换到功能区中的【幻灯片母版】选项卡,在【编辑母版】选项组中单击【删除】按钮删除母版或版式。

6.4.2　设计母版内容

设计母版内容的方法包括文本和图片等对象在幻灯片上的位置及大小、文本的字体格式、幻灯片的背景等。

1. 一次改变所有的标题格式

幻灯片母版通常含有一个标题占位符，其余部分根据选择版式的不同，可以是文本占位符、图表占位符或者图片占位符。

在标题区中单击【单击此处编辑母版标题样式】字样，即可激活标题区，选定其中的提示文字，并且改变其格式。例如，将标题文本格式改为华文行楷、带下画线格式、添加文字阴影，如图 6－108 所示。

单击【幻灯片母版】选项卡上的【关闭母版视图】按钮，返回到普通视图中，会发现每张幻灯片的标题格式均发生改变，如图 6－109 所示。为了查看整体效果，可以切换到幻灯片浏览视图中浏览。

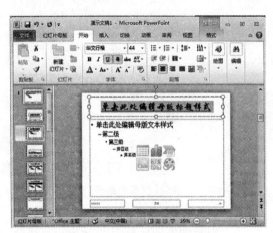

图 6－108　设置标题的文本格式

图 6－109　改变所有幻灯片标题的格式

2. 为全部幻灯片贴上【Logo】标志

用户可以在母版中加入任何对象（如图片、图形等），使每张幻灯片中都自动出现该对象。例如，如果在母版中插入一幅图片，则每张幻灯片中都会显示该图片。

为了使每张幻灯片中都出现某个【Logo】标志，可以向母版中插入该【Logo】。例如，需要插入一幅图片，可以按照下述步骤进行操作：

①在幻灯片母版中，切换到功能区中的【插入】选项卡，在【插图】选项组中单击【图片】按钮，打开如图 6－110 所示的【插入图片】对话框。

②选择所需的图片，单击【插入】按钮，然后对图片的大小和位置进行调整。

③单击【幻灯片母版】选项卡上的【关闭母版视图】按钮，切换到幻灯片浏览视图，发现每张幻灯片中均出现插入的 Logo 图片，如图 6－111 所示。

3. 一次更改所有文字格式

要一次改变所有文字格式时，可以进行编辑母版文字。母版文字分为第一层到第五层，可以根据层次设置文字格式。另外，在幻灯片内想要更改所有文字格式的层次时，请使用【降低列表级别】按钮与【提高列表级别】按钮。

一次更改所有文字格式的具体操作步骤如下：

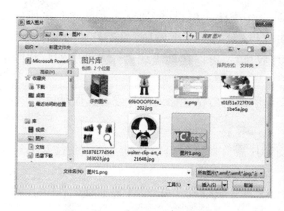

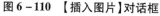

图 6－110　【插入图片】对话框

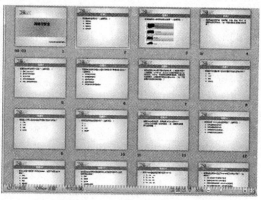

图 6－111　每张幻灯片中的相应位置均出现 Logo 图片

①在幻灯片母版中，切换到【两栏内容】版式，选择第一层文字，然后改变字体和颜色，如图 6－112 所示。

②单击【幻灯片母版】选项卡上的【关闭母版视图】按钮，切换到幻灯片视图，发现幻灯片中第一层文字的字体和颜色都已改变，如图 6－113 所示。

单击此处编辑母版标题样式
• 单击此处编辑母版文本样式
– 第二级
• 单击此处编辑母版文本样式
– 第二级

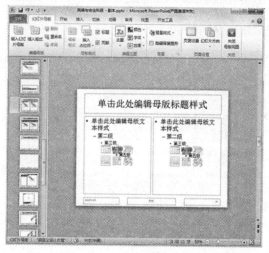

图 6－112　更改第一层文字的字体和颜色

3.报表
• 报表设计工具
– 报表设计工具包括，设计、排列、格式和页面设置四个选项卡，分别用来放置报表上的控件、设置控件的排列形式、格式和整体的页面选项。
• 报表控件
– Access中的报表对象在满足打印的基础上，还支持在窗口和网页中显示，在报表设计过程中，可以使用多种控件，例如，标签、文本框、下拉列表和组合框等，并且为每类控件提供向导，协助用户将数据绑定在控件上，以便于查阅。

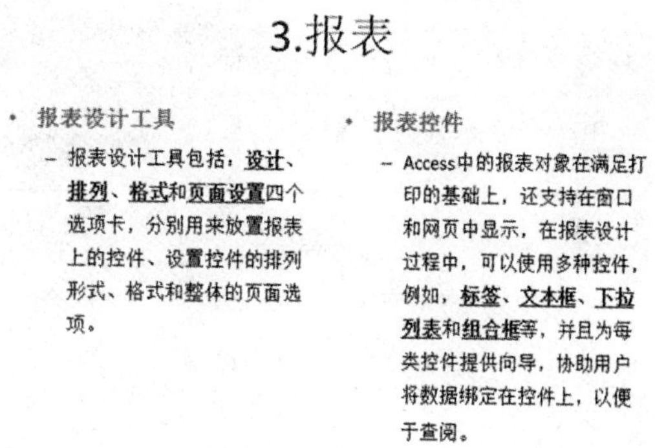

图 6－113　一次更改所有文字的格式

4. 使用讲义母版

讲义母版的操作与幻灯片母版相似，只是进行格式化的是讲义，而不是幻灯片。

讲义可以使观众更容易理解演示文稿中的内容。讲义包括幻灯片图像（如果一些观众希望获得演讲的文字资料，以便日后详细研究，讲义形式是很有用的）和演讲者提供的其他额外信息。

要进入讲义母版视图，请切换到功能区中的【视图】选项卡，在【母版视图】选项组中单击【讲义母版】按钮。在讲义母版视图中，包括 4 个占位符，即页眉区、页脚区、日期区以及页码区。这些文本占位符的格式设置方法与前面介绍的设置幻灯片母版的方法相同，如图 6－114 所示。

　　在讲义母版视图中,可以看到页面上包括许多虚线边框,这些边框表示的是每页所包含的幻灯片缩略图的数目。用户可以使用【讲义母版】选项卡上的【每页幻灯片数量】按钮改变每页幻灯片的数目。显示要打印的幻灯片数目后,可以拖动虚线边框来调整幻灯片的打印位置。

　　为了使打印的讲义更加美观,可以在讲义母版的空白位置插入图片或者其他对象。

　　5. 使用备注母版

　　备注实际上可以当作讲义,尤其对某个幻灯片需要提供补充信息时。使用备注对演讲者创建演讲注意事项也是很有用的。

　　备注页由单个幻灯片的图像以及下面附属文本区域组成。可以从【普通视图】中的【备注】窗格中直接输入备注信息。

　　要进入备注母版视图,请单击【视图】选项卡上的【备注母版】按钮,如图 6 – 115 所示。备注母版的上方是幻灯片缩略图,可以改变幻灯片缩略图的大小和位置,也可以改变其边框的线型和颜色。幻灯片缩略图的下方是报告人注视部分,用于输入对相应幻灯片的附加说明,其余的空白处可以添加背景对象。

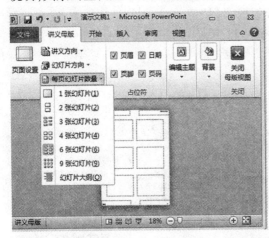
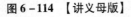
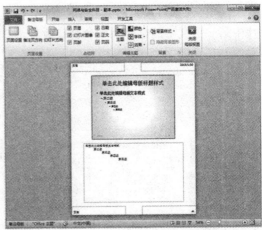

图 6 –114　【讲义母版】　　　　　　　　　　　图 6 –115　【备注母版】

6.4.3　通过主题美化演示文稿

　　主题包括一组主题颜色、一组主题字体(包括标题字体和正文字体)和一组主题效果(包括线条和填充效果)。通过应用主题,用户可以快速而轻松地设置整个文档的格式,赋予它专业和时尚的外观。

　　1. 应用默认的主题

　　如果要快速为幻灯片应用一种主题,可以按照下述步骤操作:

　　(1)打开要应用主题的演示文稿。

　　(2)切换到功能区中的【设计】选项卡,在【主题】选项组中单击想要的文档主题,或单击右侧的【其他】按钮以查看所有可用的主题,如图 6 – 116 所示。

　　(3)如果希望只对选择的幻灯片设置主题,那么需要右击主题菜单中的主题,然后选择【应用于选定幻灯片】命令。

图 6 − 116　要应用的主题

2. 自定义主题

如果默认的主题不符合需求,还可以自定义主题,具体操作步骤如下:

(1)切换到功能区中的【设计】选项卡,在【主题】选项组中单击【主题颜色】按钮,从菜单中选择【新建主题颜色】命令,出现如图 6 − 117 所示的【新建主题颜色】对话框。

图 6 − 117　【新建主题颜色】对话框

(2)【主题颜色】下,单击要更改的主题颜色元素对应的按钮,然后选择所需的颜色。

(3)为将要更改的所有主题颜色元素重复步骤(2)的操作。

(4)在【名称】文本框中,为新的主题颜色输入一个适当的名称。

(5)单击【保存】按钮。

(6)切换到功能区中的【设计】选项卡,在【主题】选项组中单击【字体颜色】按钮,从下拉菜单中选择【新建主题字体】命令,出现如图 6 − 118 所示的【新建主题字体】对话框,指定字体并命名后单击【保存】按钮。

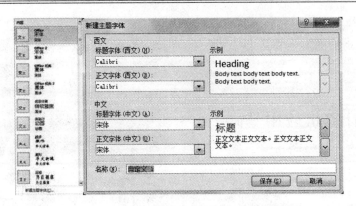

图6-118　【新建主题字体】对话框

（7）切换到功能区中的【设计】选项卡，在【主题】选项组中单击【主题效果】按钮，从下拉菜单中选择要使用的效果（用于指定线条与填充效果）。

（8）设置完毕后，单击【设计】选项卡的【主题】选项组右下角的【其他】按钮，从下拉菜单中选择【保存自定义主题】命令，在出现的对话框中输入文件名并单击【保存】按钮，如图6-119所示。保存自定义主题后，可以在主题菜单中看到创建的主题。

图6-119　【保存当前主题】对话框

6.4.4　设置幻灯片背景

在PowerPoint 2010中，向演示文稿中添加背景是添加一种背景样式。背景样式是来自当前主题中，主题颜色和背景亮度组合的背景填充变体。当更改文档主题时，背景样式会随之更新以反映新的主题颜色和背景。如果希望只更改演示文稿的背景，则应选择其他背景样式。更改文档主题时，更改的不只是背景，同时会更改颜色、标题和正文字体、线条和填充样式以及主题效果的集合。

1. 向演示文稿中添加背景样式

向演示文稿中添加背景样式的具体操作步骤如下：

（1）单击要添加背景样式的幻灯片。要选择多个幻灯片，请单击第一个幻灯片，然后再按住【Ctrl】键的同时单击其他幻灯片。

（2）切换到功能区中的【设计】选项卡，在【背景】选项组中单击【背景样式】按钮的向下箭头，弹出【背景样式】菜单。

（3）单击所需的背景样式，然后从弹出的快捷菜单中执行下列操作之一，如图6-120

所示。

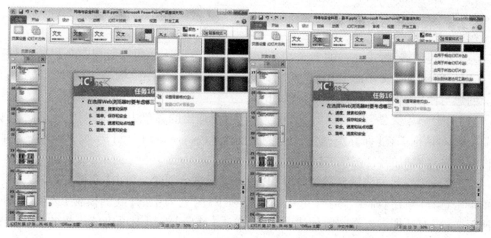

图 6 – 120　为幻灯片应用背景

①要将该背景样式应用于所选的幻灯片,请单击【应用于选的幻灯片】。

②要将该背景样式应用于演示文稿中的所有幻灯片,请单击【应用于所有幻灯片】。

③要替换所选幻灯片和演示文稿中使用相同幻灯片母版的任何其他幻灯片的背景样式,请单击【应用于相应幻灯片】。该选项仅在演示文稿中包含多个幻灯片母版时可用。

2. 自定义演示文稿的背景样式

如果内置的背景样式不符合需求,可以自定义演示文稿的背景样式。具体操作步骤如下:

(1)单击要添加背景样式的幻灯片。要选择多个幻灯片,请单击第一个幻灯片,然后按住【Ctrl】键的同时单击其他幻灯片。

(2)切换到功能区中的【设计】选项卡,在【背景】选项组中单击【背景样式】按钮的向下箭头,弹出【背景样式】菜单。

(3)选择【设置背景样式】命名,出现如图 6 – 121 所示【设置背景样式】对话框。

图 6 – 121　【设置背景格式】对话框

(4)设置以填充方式或图片作为背景。如果选择【填充】,则可以指定以【纯色填充】【渐变填充】和【图片或纹理填充】等作为背景,并可以进一步设置相关的选项。

（5）设置完毕后,单击【关闭】按钮。

6.4.5 创建与使用模板

为了创建风格、版式统一的多个演示文稿,可以将设计好的母版保存为模板文件。这样,在以后新建演示文稿时套用模板文件,就可以创建外观一致的演示文稿,既方便又快捷。创建与使用模板的具体操作步骤如下:

（1）打开原始文件,然后单击【文件】选项卡,在弹出的菜单中选择【另存为】命令,打开【另存为】对话框。在【保存类型】下拉列表中选择【PowerPoint 模板】选项,然后在【文件名】文件框中输入模板的名称,单击【保存】按钮。

（2）以后创建新的演示文稿时,即可套用该模板进行创建。单击【文件】选项卡,在弹出的菜单中选择【新建】命令,选择【可用的模板和主题】列表中的【我的模板】选项,打开【新建演示文稿】对话框。选择刚才创建的模板,单击【确定】按钮即可以该模板的格式新建一个演示文稿,再根据具体要求向其中添加内容即可。

6.5　演示文稿的动画效果

对幻灯片设置动画,可以让原本静止的演示文稿更加生动。PowerPoint 2010 提供的动画效果非常生动有趣,并且操作起来非常简便。

6.5.1 快速创建基本的动画

PowerPoint 2010 提供了【标准动画】功能,可以快速创建基本的动画。具体操作步骤如下:

（1）在普通视图中,单击要制作成动画的文本或对象。

（2）切换到功能区中【动画】选项卡,从【动画】选项组的【动画】列表中选择所需的动画效果,如图 6–122 所示。

图 6–122　选择预设的动画

6.5.2　使用自定义动画

如果用户对标准方案不太满意,还可以为幻灯片的文本和对象自定义动画。PowerPoint 中动画效果的应用可以通过【自定义动画】任务窗格完成,操作过程更加简单,可供选择的动画样式更加多样化。

1. 自定义动画

如果要为幻灯片中的文本和其他对象设置动画效果,可以按照下述步骤进行操作:

(1)在普通视图中,显示包含要设置动画的文本或对象的幻灯片。

(2)单击【高级动画】选项组中的【添加效果】按钮,弹出【添加效果】下拉菜单。例如,为了给幻灯片的标题设置进入的动画效果,可以选择【进入】选项中的一种动画效果,如图 6 - 123 所示。

(3)如果【进入】选项中列出的动画效果不能满足用户的要求,则单击【更多进入效果】命令,打开【添加进入效果】对话框(图 6 - 124),选中【预览效果】复选框,可以立即预览选择的动画效果。

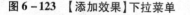

图 6 - 123　【添加效果】下拉菜单　　　　图 6 - 124　【添加进入效果】对话框

(4)单击【确定】按钮,完成进入效果的添加。

【添加效果】菜单中包括【进入】【强调】【退出】和【动作路径】四个选项。

【进入】选项用于设置在幻灯片放映时文本以及对象进入放映界面时的动画效果。

【强调】选项用于演示过程中对需要强调的部分设置的动画效果。

【退出】选项用于设置在幻灯片放映时相关内容退出时的动画效果。

【动作路径】选项用于指定相关内容放映时动画所通过的运动轨迹。

2. 为对象添加第二种动画效果

用户为幻灯片中的对象添加一种动画效果后,还可以再添加另一种动画效果。具体操作步骤如下:

(1)选定刚添加动画效果的对象。

　　（2）在【计时】选项组中，从【开始】下拉列表框中选择每个效果的开始时间，如图6－125所示。例如，设置第二个效果的开始时间为【上一个动画之后】，即前一个动画结束后就开始执行。如果从【开始】下拉列表框中选择【单击】时，则必须单击鼠标，才会进行下一个动画。

　　（3）除了【进入】【强调】和【退出】等效果之外，用户还可以设置路径，让图片按照指定的路径移动。如图6－126所示，用户可以利用直线、曲线、任意多边形或自由曲线等多种方式绘制自定义路径。如果是使用任意多边形，可以采用鼠标双击结束多边形的绘制。

　　（4）如果用户不想自定义路径，也可以单击图中的【其他动作路径】命令，出现如图6－127所示的【添加动作路径】对话框，从数十种已经设置好的路径中挑选。

　　（5）设置完毕后，单击【确定】按钮。此时，为同一对象添加了两种动画效果，如图6－128所示，对象前显示的数字表示此动画在该页的播放次序。

图6－125　设置开始时间　　　　　　　　　图6－126　自定义动画路径

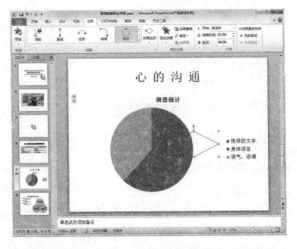

图6－127　使用内置的动作路径　　　　　　图6－128　为同一对象添加了两种动画效果

3. 删除动画效果

　　删除自定义动画效果的方法很简单，可以通过下面两种方法来完成：

　　（1）选择要删除动画的对象，然后在【动画】选项卡的【动画】组中，选择【无】。

（2）在【动画】选项卡的【高级动画】组中，单击【动画窗格】按钮，打开动画窗格，在列表区中右击要删除的动画，然后单击弹出菜单中的【删除】按钮。

4. 设置动画的运动方向

如果要设置某个动画的运动方向，可以按照下述步骤进行操作：

（1）选定要设置动画的运动方向的对象。

（2）在【动画】选项卡的【动画】组中，单击【效果选项】按钮，在下拉列表框中选择动画的运动方向，如图 6－129 所示。

（3）如果选择的是动画路径，可以从【动画】组的【效果选项】下拉列表框中选择【编辑顶点】选项，如图 6－130 所示。

（4）此时，路径每个顶点都出现句柄，如图 6－131 所示。

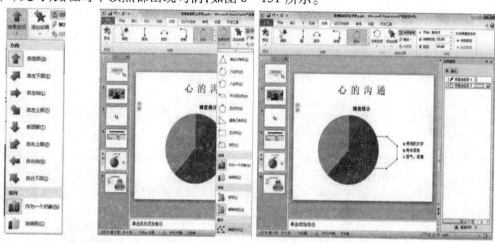

图 6－129　动画的运　　图 6－130　【编辑顶点】命令　　图 6－131　路径的每个顶点都出现句柄
　　　　　动方向

（5）如果要改变多边形中某个顶点的位置，可以用鼠标拖动该顶点；如果要在多边形的某个边上添加一个顶点，则在要添加的边框上单击鼠标，再进行拖动；如果要删除某个顶点，则按住【Ctrl】键，再单击要删除的顶点即可。

5. 调整多个动画间的播放顺序

当用户在同一张幻灯片中添加了多个动画效果时，还可以重新排列动画效果的播放顺序。具体操作步骤如下：

（1）显示要调整动画顺序的幻灯片。

（2）在【动画窗格】的列表框中会显示当前幻灯片中添加的动画效果。选定要调整顺序的动画。

（3）用【自定义动画】任务窗格中的 ⬆ 和 ⬇ 按钮调整顺序，如图 6－132 所示。

6. 设置动画的开始方式

动画的开始方式一般分为三种：单击时、与上一动画同时、上一动画之后。下面分别介绍这三种动画开始方式的区别及效果。打开原始文件，选择第 2 张幻灯片，然后打开【动画窗格】，在列表中单击第 2 个动画，激活上方的设置选项，单击【开始】下拉按钮，在弹出的下拉列表中显示了 3 种开始方式，如图 6－133 所示。

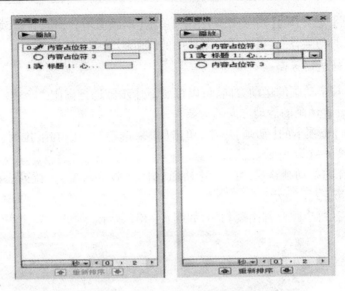

图 6 – 132   重新排序动画效果

单击时:选择该选项,当前动画在上一动画播放后,通过单击鼠标左键开始播放,当前动画的序号为前一个动画序号 +1。

与上一动画同时:选择该选项,当前动画与前一动画同时开始播放,当前动画的序号与前一个动画的序号相同,如图 6 – 134 所示。

上一动画之后:选择该选项,当前动画在前一动画播放后自动开始播放,当前动画的序号与前一个动画的序号相同,如图 6 – 135 所示。

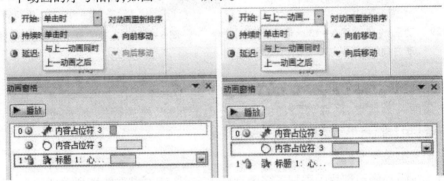

图 6 – 133   设置动画开始方式   图 6 – 134   选择【与上一动画同时】

7. 调整动画效果的播放速度

用户可以单击【动画】选项卡的【预览】按钮,预览当前幻灯片中设置动画的播放效果。如果觉得动画效果的播放速度不太合适,可以调整动画效果的播放速度。具体操作步骤如下:

(1)在【自定义动画】窗格中,选定要调整播放速度的动画效果,如图 6 – 136 所示。

(2)在【计时】组中的【持续时间】框中输入动画的播放时间。

8. 为动画添加声音效果

如果要将声音与动画联系起来,可以按照下述步骤进行操作:

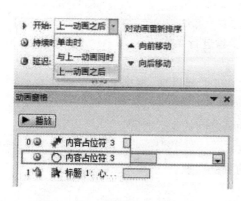

图 6 – 135　选择【上一动画之后】

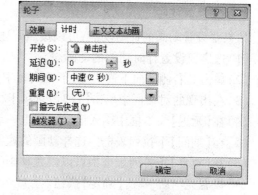

图 6 – 136　调整播放速度

（1）选定要添加声音的动画。

（2）单击其右侧的向下箭头，从下拉列表中选择【效果选项】选项，如图 6 – 137 所示。

（3）出现如图 6 – 138 所示的【随机线条】对话框（对话框的名字与选择的动画名字对应），在【声音】下拉列表中选择要增强的声音。

（4）使用声音时，除内置的增强声音外，用户还可以单击【其他声音】选项（图 6 – 139），然后在出现的【添加声音】对话框中指定声音文件（图 6 – 140）即可。

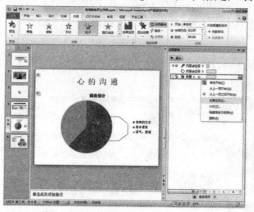

图 6 – 137　选择【效果选项】选项

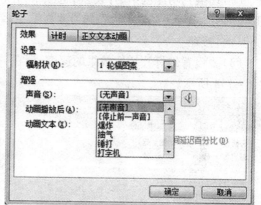

图 6 – 138　使用【增强】的声音

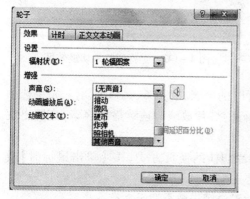

图 6 – 139　使用【其他声音】

图 6 – 140　【添加声音】对话框

9. 设置动画计时

如果要设置动画的计时功能,可以按照下述步骤进行操作:

(1)选定要设置计时功能的动画。

(2)单击其右侧的向下箭头,从下拉列表中选择【效果选项】选项。

(3)在出现的对话框中单击【计时】选项卡,如图 6 - 141 所示。

(4)在【延迟】文本框中输入该动画与上一动画之间的延迟时间。

(5)在【期间】下拉列表框中选择动画的速度。

(6)在【重复】下拉列表框中可以设置动画的重复次数。

(7)设置完毕后,单击【确定】按钮。

6.5.3　设置幻灯片的切换效果

所谓幻灯片切换效果,就是指两张连续的幻灯片之间的过渡效果,也就是从前一张幻灯片转到下一张幻灯片之间要呈现出什么样貌。用户可以设置幻灯片的切换效果,使幻灯片以多种不同的方式出现在屏幕上,并且可以在切换时添加声音。

设置幻灯片切换效果的操作步骤如下:

(1)在普通视图左侧的【幻灯片】选项卡中,单击某个幻灯片缩略图。

(2)切换到功能区中的【切换】选项卡,在【切换到此幻灯片】选项组中单击一个幻灯片切换效果,如图 6 - 142 所示。如果要查看更多的切换效果,可以单击【快速样式】列表右侧的【其他】按钮。

(3)要设置幻灯片切换效果的速度,请在【持续时间】框中输入幻灯片切换的速度值,如图 6 - 143 所示。

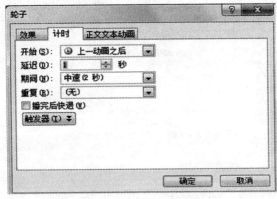

图 6 - 141　【计时】选项卡

图 4 - 142　选择幻灯片切换效果

(4)在【声音】下拉列表框中选择幻灯片换页时的声音,如图 6 - 144 所示。如果选中【播放下一段声音之前一直循环】选项,则会在进行幻灯片放映时连续播放声音,直到出现下一个声音。

(5)在【切换方式】选项组中,可以设置幻灯片切换的换页方式。如【单击鼠标时】或【设置自动换片时间】。

(6)如果单击【全部应用】按钮,则会将切换效果应用于整个演示文稿。

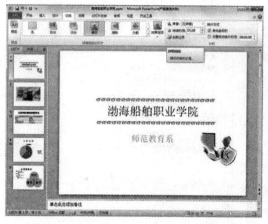

图 6 – 143　指定幻灯片切换效果的速度　　　图 6 – 144　设置幻灯片切换时播放的声音

6.5.4　设置按钮的交互动作

通过绘制工具在幻灯片中绘制一个图形按钮,然后为其设置动作,就可以让它工作。动作按钮在幻灯片中通常起到指示、引导或控制播放的作用。

1. 在幻灯片上放置动作按钮

PowerPoint 标准【动作按钮】包括【自定义】【第一张】【帮助】【信息】【后退或前一项】【前进或下一项】【开始】【结束】【上一张】【文档】【声音】和【影片】等。尽管这些按钮都有自己的名称,用户仍然可以将它们应用于其他功能。

如果要创建动作按钮,可以按照下述步骤进行操作:

(1)在普通视图中,显示要插入动作按钮的幻灯片。

(2)切换到功能区中的【插入】选项卡,单击【插图】选项组中的【形状】按钮,出现如图6 – 145所示的下拉列表。

(3)从【形状】下拉列表中选择【动作按钮】组内的一个按钮。

(4)要插入一个预定义大小的动作按钮,请单击幻灯片;要插入一个自定义大小的动作按钮,请按住鼠标左键在幻灯片中拖动。

(5)将动作按钮插入到幻灯片中后,会出现如图 6 – 146 所示的【动作设置】对话框。

(6)在【动作设置】对话框中选择该按钮将要执行的动作。

(7)单击【确定】按钮。

2. 为空白动作按钮添加文本

当用户从【插入】选项卡的【形状】选项组中选择【自定义】作为动作按钮时,需要向空动作按钮中添加文本,具体操作步骤如下 :

(1)选定插入到幻灯片中空动作按钮。

(2)右击该按钮,从弹出的快捷菜单中选择【编辑文字】命令,如图 6 – 147 所示。

(3)此时,插入点位于按钮所在的框中,输入按钮文字,如图 6 – 148 所示。

(4)用户可以利用【开始】选项卡的工具,设置按钮文字的字体。

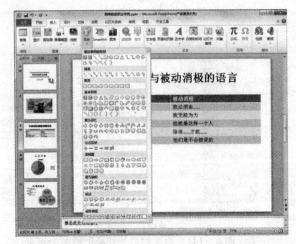

图 6-145　【形状】下拉列表　　　　　　**图 6-146　【动作设置】对话框**

图 6-147　选择【编辑文本】按钮　　　　**图 6-148　输入按钮文本**

3.格式化动作按钮的形状

如果要格式化动作按钮的形状,可以按照下述步骤进行操作:

(1)选定要格式化的动作按钮。

(2)切换到功能区的【格式】选项卡,从【形状样式】选项组中选择一种形状,如图6-149所示。

(3)用户还可以进一步利用【形状样式】选项组中的【形状填充】【形状轮廓】与【形状效果】按钮,修改按钮的形状。

6.5.5　设置交互动作

如果不选择内置的【动作】按钮,也可以使用其他对象来链接到动作上。例如,使用一些文本、视频剪辑、声音、自选图形与按钮等。

在幻灯片的放映过程中,激活一个指定对象的交互式动作的方式有两种:一种是单击对象;另一种是将鼠标移到它的上面。用户可以在 PowerPoint 中指定一种用于启动交互式动作的方式,也可以将两个不同的动作指定给某个对象,从而使用单击的方式激活某个动作,使用鼠标移动的方式激活另一个动作。

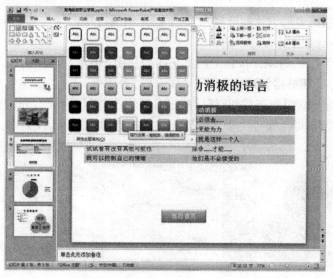

图 6-149 选择按钮的形状

1. 设置单击动作按钮链接到的位置

下面介绍设置当单击动作按钮时链接的位置,具体操作步骤如下:

(1)在普通视图中,选择用于创建交互动作的文本或动作按钮。

(2)切换到功能区中的【插入】选项卡,在【链接】选项组中单击【动作】按钮,出现如图 6-150 所示的【动作设置】对话框。如果希望采用单击鼠标执行动作的方式,请单击【单击鼠标】选项卡;如果希望采用鼠标移过执行动作的方式,请单击【鼠标移动】选项卡。

(3)选中【超链接到】单选按钮,在其下拉列表中选择单击该动作按钮时进入到的位置,如【第一张幻灯片】选项。

(4)单击【确定】按钮,在播放演示文稿时,单击该动作按钮将会回到第一张幻灯片的画面。

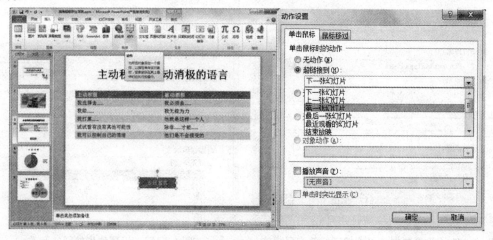

图 6-150 【动作设置】对话框

2.设置单击动作按钮可运行的程序

动作按钮的功能要远远比超链接强大,下面介绍通过单击动作按钮来启动应用程序的方法,具体操作步骤如下:

(1)打开原始文件,将动作按钮上的文字改为【用记事本】,然后右击动作按钮,在弹出的快捷菜单中选择【超链接】命令,打开【动作设置】对话框。

(2)选中【运行程序】单选按钮,然后单击右侧的【浏览】按钮,打开【选择一个要运行的程序】对话框,在 Windows 文件夹中选择【noteoad.exe】,如图 6-151 所示。

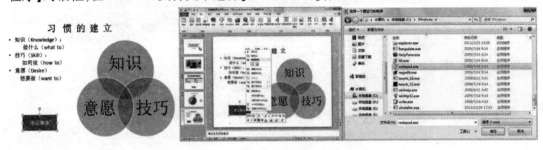

图 6-151　【选择一个要运行的程序】对话框

(3)选择好后单击【确定】按钮,返回【动作设置】对话框,可以看到添加应用程序后的对话框,如图 6-152 所示。确认无误后单击【确定】按钮。以后放映演示文稿并单击该动作按钮时,将打开记事本程序。

3.设置单击动作按钮播放声音效果

为了使单击动作按钮时增加更炫的效果,可以为单击动作按钮添加声音效果。方法是,打开动作按钮的【动作设置】对话框,然后选中【播放声音】复选框,并在下方的下拉列表中选择一种音效即可,如图 6-153 所示。

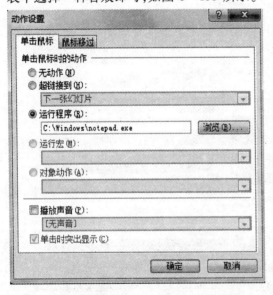

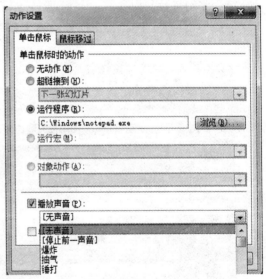

图 6-152　设置单击工作按钮运行的应用程序　　　　**图 6-153　设置动作按钮的音效**

6.5.6　使用超链接

超链接是指从一个网页指向另一个目标的连接关系,该目标可以是另一个网页,也可以是相同网页上的不同位置,还可以是一个图片、一个电子邮件地址、一个文件,甚至是一个应用程序。PowerPoint 中也可以通过在幻灯片内插入超链接,使用户直接跳转到其他幻灯片、其他文档或因特网上的网页中。

1. 创建超链接

在 PowerPoint 2010 中创建超链接的方法很简单,可以按照下述步骤进行操作:

(1)在普通视图中,选定要作为超链接的文本或图形对象。

(2)切换到功能区中的【插入】选项卡,在【链接】选项组中单击【超链接】按钮,出现如图 6 – 154 所示的【插入超链接】对话框。

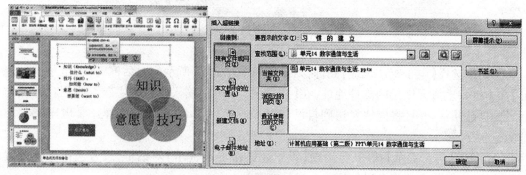

图 6 – 154　【插入超链接】对话框

(3)此时,【要显示的文字】文本框中显示的是步骤(1)中选定的内容,若是文字,可以直接进行编辑。

(4)在【链接到】中选择超链接的类型:

①如果选择【现有文件或网页】图标,在右侧选择此超链接要链接到的文件或 Web 页的地址,可以通过【当前文件夹】【浏览过的网页】和【最近使用过的文件】按钮,从得到的文件列表中选择需要链接的文件名。

②如果选择【文本当中的位置】图标,若要跳转到某张幻灯片上,可以选择【第一张幻灯片】【最后一张幻灯片】【上一张幻灯片】或【下一张幻灯片】,如图 6 – 155 所示。

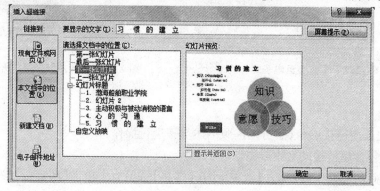

图 6 – 155　超链接到本文档中的位置

③如果选择【新建文档】图标,则得到如图6－156所示的对话框。在【新建文档名称】文本框中输入新建文档的名称。单击【更改】按钮,设置新文档所在的文件夹名,再在【何时编辑】选项组中设置是否立即开始编辑新文档。

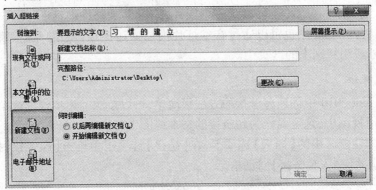

图6－156　超链接至新建文档

④如果选择【电子邮件地址】图标,则得到如图6－157所示的对话框。在【电子邮件地址】文本框中输入要链接的邮件地址,在【主题】文本框中输入邮件的主题。当用户希望访问者给自己回信,并且将信件发送到自己的电子邮箱中去时,就可以创建一个电子邮件地址的超链接。

(5)单击【屏幕提示】按钮,会出现【设置超链接屏幕提示】对话框,设置当鼠标指针置于超链接上时,其上方就会出现超链接提示内容。

(6)单击【确定】按钮。

放映演示文稿时,如果将鼠标指针移到超链接上,鼠标指针变成手形,单击鼠标就可以跳转到相应的链接位置。如图6－158所示,在放映演示文稿时,单击其中的链接即可打开相应的链接文档。

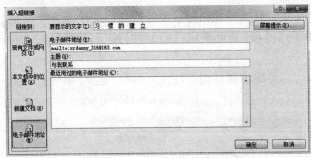

图6－157　超链接至电子邮件地址

图6－158　利用链接可打开相应的文档

2.更改超链接的目标

如果要更改超链接的目标,可以按照下述步骤进行操作:

(1)选定包含超链接的文本或图形。

(2)切换到功能区中的【插入】选项卡,在【链接】选项组中单击【超链接】按钮,出现【编辑超链接】对话框。该对话框的外观和功能与前面介绍的【插入超链接】对话框完全类似。

(3)输入新的目标地址或者重新指定跳转位置。

(4)单击【确定】按钮。

3. 删除超链接

如果仅删除超链接的关系,则右击要删除的超链接,在弹出的快捷菜单中选择【删除超链接】命令。

如果要删除整个超链接,请选定包含超链接的文本或图形,然后按【Delete】键,即可删除该超链接以及代表该超链接的文本或图形。

6.6　演示文稿的放映设置与控制

制作电子幻灯片的最终目的只有一个,就是为观众放映幻灯片。如果拥有一台大的显示器,在一个小型会议室用显示器放映就可以了;如果观众很多,可以用一个计算机投影仪或液晶投影板在一个大的屏幕上放映幻灯片。

6.6.1　创建幻灯片的放映

创建幻灯片放映不需要做任何特殊的操作,只需创建幻灯片并保存为演示文稿即可。当然,用户可以使用【幻灯片浏览】视图重新安排幻灯片放映。

1. 重新安排幻灯片放映

单击【视图】选项卡中的【幻灯片浏览】按钮,或者单击状态栏右侧的【幻灯片浏览】按钮,即可切换到幻灯片浏览视图中。用户可以利用【视图】选项卡中的【显示比例】按钮(或者拖动状态栏右侧的显示比例滑块)控制幻灯片浏览视图的显示比例,在屏幕上看到更多或更少的幻灯片。

在该视图中,要更改幻灯片的显示顺序,可以直接把幻灯片从原来的位置拖到另一个位置。要删除幻灯片,单击该幻灯片并按【Delete】键即可,或者右击该幻灯片,再从弹出的快捷菜单中选择【删除幻灯片】命令。

2. 隐藏幻灯片

如果放映幻灯片的时间有限,有些幻灯片将不能逐一演示,用户可以利用隐藏幻灯片的方法,将某几张幻灯片隐藏起来,而不必将这些幻灯片删除。如果要重新显示这些幻灯片时,只需取消隐藏即可。

如果要隐藏幻灯片,可以按照下述步骤进行操作:

(1)切换到幻灯片浏览视图中。

(2)右击要隐藏的幻灯片,在弹出的快捷菜单中选择【隐藏幻灯片】命令,如图 6 - 159 所示。

(3)此时,在幻灯片右下角的编号上出现一个斜线方框,如图 6 - 160 所示。

如果要显示被隐藏的幻灯片,可以右击该幻灯片,再从弹出的快捷菜单中选择【隐藏幻灯片】命令即可。

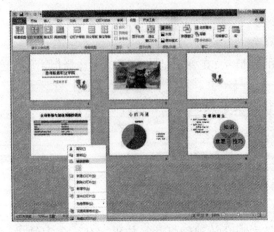

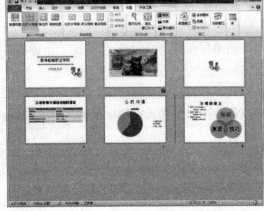

图6-159 【隐藏幻灯片】命令　　　　　　图6-160 隐藏幻灯片

6.6.2 设置放映方式

默认情况下,演示者需要手动放映演示文稿。例如,通过按任意键完成从一张幻灯片切换到另一张幻灯片动作。然而,还可以创建自动播放演示文稿,用于商贸展示或展台。自动播放幻灯片的转换方式是设置每张幻灯片在自动切换到下一张幻灯片前,在屏幕上停留的时间。

切换到功能中的【幻灯片放映】选项卡,在【设置】选项组中单击【设置幻灯片放映】按钮,出现如图6-161所示的【设置放映方式】对话框。

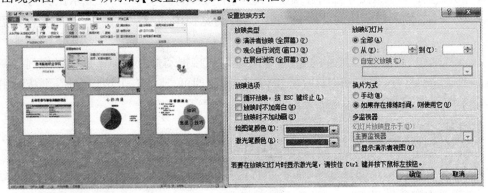

图6-161 【设置放映方式】对话框

用户可以按照在不同场合运行演示文稿的需要,选择三种不同的方式放映幻灯片。

(1)【演讲者放映(全屏幕)】:这是最常用的放映方式,由演讲者自动控制全部放映过程,可以采用自动或人工的方式运行放映,还可以改变幻灯片的放映流程。

(2)【观众自行浏览(窗口)】:这种放映方式可以用于小规模的演示。以这种方式放映演示文稿时,演示文稿会出现在小型窗口内,并提供相应的操作命令,允许移动、编辑、复制和打印幻灯片。在此方式中,观众可以通过该窗口的滚动条从一张幻灯片移动到另一张幻灯片,同时打开其他程序。

(3)【在展台浏览(全屏幕)】:这种方式可以自动放映演示文稿。例如,在展览会场或会议中经常使用这种方式,它可以实现无人管理。自动放映的演示文稿是不需要专人播放幻灯片就可以发布信息的绝佳方式,能够使大多数控制都失效,这样观众就不能改动演示文稿。当演示文稿自动运行结束,或者某张人工操作的幻灯片已经闲置一段时间,它都会自动重新开始。

6.6.3 启动幻灯片放映

如果要放映幻灯片,既可以在 PowerPoint 程序中打开演示文稿后放映,也可以在不打开演示文稿的情况下直接放映。

1. 在 PowerPoint 中启动幻灯片放映

在 PowerPoint 中打开演示文稿后,启动幻灯片放映的操作方法有以下几种:

(1)单击【视图】选项卡上的【幻灯片放映】按钮。

(2)单击【幻灯片放映】选项卡上的【从头开始】按钮。

(3)按【F5】键。

2. 在不打开 PowerPoint 时启动幻灯片放映

如果将演示文稿保存为以放映方式打开的类型,具体操作步骤如下:

打开要保存为幻灯片放映文件类型的演示文稿。

(1)单击【文件】选项卡,在弹出的菜单中选择【另存为】命令,出现如图 6 – 162 所示的【另存为】对话框。此时,在【保存类型】下拉列表框中选择【PowerPoint 放映】选项。

(2)在【文件名】文本框中输入新名称。

(3)单击【保存】按钮。

(4)保存为幻灯片放映类型的文件扩展名是. ppsx。从【计算机】或者【Windows 资源管理器】中打开这类文件,它会自动放映。

图 6 – 162 【另存为】对话框

6.6.4 控制幻灯片的放映过程

采用【演讲者放映(全屏幕)】方式放映演示文稿时,会在全屏幕下显示每张幻灯片。

在幻灯片放映过程中,无论设置放映方式人工还是自动,都可以利用快捷菜单控制幻灯片放映的各个环节。

控制幻灯片放映的具体操作步骤如下:

（1）打开要放映的演示文稿。

（2）切换到功能区中的【幻灯片放映】选项卡，在【开始放映幻灯片】选项组中单击【从头开始】命令，即可放映演示文稿。

（3）在放映的过程中，右击屏幕的任意位置，利用弹出快捷菜单中的命令，控制幻灯片的放映，如图 6 – 163 所示。

图 6 – 163　控制幻灯片的放映

另外，在放映过程中，屏幕的左下角会出现【幻灯片放映】工具栏，单击 ▭ 按钮，也会弹出快捷菜单。

从快捷菜单中选择【下一张】命令，可以切换到下一张幻灯片；选择【上一张】命令，可以返回到上一张幻灯片。

如果用户是根据排练时间自动放映，在实际放映时遇到意外的情况（如有学生提问等），需要暂停放映，则从快捷菜单中选择【暂停】命令。

如果要继续放映，则从快捷菜单中选择【继续执行】命令（暂停放映后，原【暂停】命令会变为【继续执行】命令）。

如果要提前结束放映，则从快捷菜单中选择【结束放映】命令。

如果要快速切换到某张幻灯片，则从快捷菜单中选择【定位至幻灯片】命令，然后选择要定位的幻灯片名称，如图 6 – 164 所示。

图 6 – 164　选择要放映的幻灯片名称

在放映幻灯片的过程中，可以按下【F1】键来显示幻灯片放映时的键盘控制功能。例如:可以按【Page Down】键或者空格键切换到下一张幻灯片;按【Page Up】键或者【P】键切换到上一张幻灯片等。

6.6.5　为幻灯片添加墨迹注释

在演示文稿放映过程中,演讲者可能需要在幻灯片中书写或标注一个重要的项目。在 PowerPoint 2010 中,不仅可在播放演示文稿时保存所有使用的墨迹,而且可将墨迹标记保存在演示文稿中,下次放映时依然可以显示。

1.在放映中标注幻灯片

通过在【幻灯片放映】工具栏上将鼠标指针更改为笔形,可在播放演示文稿期间在幻灯片上的任何地方添加手写备注,然后用 Tablet 笔或鼠标标注幻灯片。

为了标注幻灯片,可以按照下述步骤进行操作:

(1)进入幻灯片放映状态,单击【幻灯片放映】工具栏上的指针箭头,然后单击【笔】或【荧光笔】选项,如图 6 - 165 所示。

(2)用鼠标在幻灯片上进行书写,如图 6 - 166 所示。

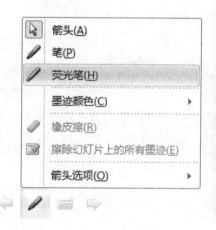

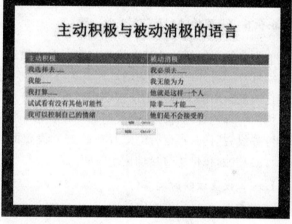

图 6 - 165　【墨迹】菜单　　　　　　　　　　图 6 - 166　标注幻灯片

(3)如果要使鼠标指针恢复箭头形状,单击【幻灯片放映】工具栏上的指针箭头,然后单击【箭头】命令即可。

2.更改墨迹颜色

老师在黑板上写字时,可以使用各种颜色的粉笔(如白色、红色或者黄色),以便吸引学生的注意力。

要在放映过程中更改绘图笔的颜色,可以单击【幻灯片放映】工具栏上的指针箭头,从弹出的菜单中选择【墨迹颜色】,然后选择所需的颜色,如图 6 - 167 所示。

3.清除墨迹

清除涂写的墨迹,可以单击【幻灯片放映】工具栏上的指针箭头,从弹出的菜单中选择【橡皮擦】命令,然后将橡皮擦拖到要删除的墨迹上进行清除。

清除当前幻灯片上的所有墨迹,请从菜单中选择【擦除幻灯片上的所有墨迹】命令,或者按【E】键。

在放映幻灯片期间添加墨迹后,在退出幻灯片放映时会出现如图6-168所示的提示对话框。如果单击【放弃】按钮,则墨迹永久丢失了;如果单击【保留】按钮,则墨迹在下次编辑演示文稿时仍然可用。

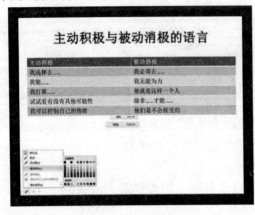

图6-167　更改墨迹颜色

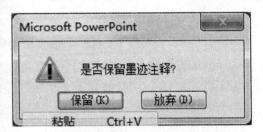

图6-168　提示对话框

6.6.6　设置放映时间

前面介绍了幻灯片的基本放映功能。在放映幻灯片时,可以通过单击的方法人工切换每张幻灯片。另外,还可以为幻灯片设置自动切换的特性,例如在展览会上,会发现许多无人操作的展台前的大型投影仪自动切换每张幻灯片。

用户可以通过两种方法设置幻灯片在屏幕上显示时间的长短:第一种方法是人工为每张幻灯片设置时间,再运行幻灯片放映查看设置的时间是否恰到好处;第二种方法是使用排练计时功能,在排练时自动记录时间。

1.人工设置放映时间

如果要人工设置幻灯片的放映时间(例如,每隔6 s就自动切换到下一张幻灯片),可以按照下述步骤进行操作:

(1)切换到幻灯片浏览视图中,选定要设置放映时间的幻灯片。

(2)单击【切换】选项卡,在【计时】选项组内选中【设置自动换片时间】复选框,然后在右侧的文本框中输入希望幻灯片在屏幕上显示的秒数,如图6-169所示。

(3)如果单击【全部应用】按钮,则所有幻灯片的换片时间间隔将相同;否则,设置的是选定幻灯片切换到下一张幻灯片的时间。

(4)设置其他幻灯片的时间间隔。

此时,在幻灯片浏览视图中,会在幻灯片缩略图的左下角显示每张幻灯片的放映时间。

如果在幻灯片放映过程中,单击鼠标时不希望转向下一张幻灯片,可以撤销【切换】选项卡的【计时】选项组内的【单击鼠标时】复选框。

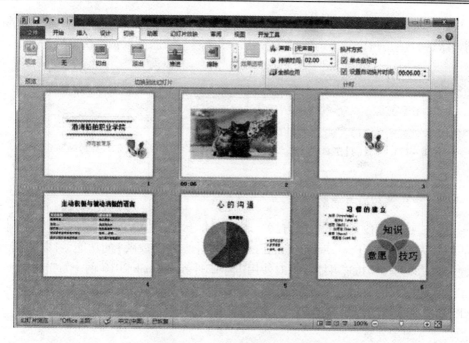

图 6 – 169　设置幻灯片放映时间

2. 使用排练计时

演艺人员对于彩排的重要性是很清楚的;领导在每次发表演说之前都要进行很多次的演练。演示时可在排练幻灯片放映的过程中自动地记录幻灯片之间切换的时间间隔。具体操作步骤如下:

(1)打开要使用排练计时的演示文稿。

(2)切换到功能区中的【幻灯片放映】选项卡,在【设置】选项组中单击【排练计时】按钮,系统将切换到幻灯片放映视图,如图 6 – 170 所示。

图 6 – 170　幻灯片放映时,开始计时

(3)在放映过程中,屏幕上会出现如图 6 – 171 所示的【录制】工具栏。要播放下一张幻灯片,请单击【下一项】按钮,即可在【幻灯片放映时间】框中开始记录新幻灯片的时间。

（4）排练放映结束后，会出现如图 6-172 所示的对话框显示幻灯片放映所需的时间，如果单击【是】按钮，则接受排练的时间；如果单击【否】按钮，则取消本次排练。

图 6-171　【录制】工具栏　　　　　　　　　图 6-172　显示幻灯片放映所需时间

6.6.7　自定义幻灯片放映

自定义放映是一种灵活的放映方式。非常适合于具有不同权限、不同分工或不同工作性质的各类人去使用。PowerPoint 提供了一个称为【自定义放映】的功能，可以在演示文稿中创建子演示文稿。例如，可能要针对使用电子邮件和 Outlook 2010 两个章节进行演示，传统的方法是创建两个演示文稿，假设这两套演示文稿分别包含 20 张幻灯片，其中 15 张是重复的，既浪费空间，又增大了工作量。

1. 创建自定义放映

创建自定义放映的具体操作步骤如下：

（1）切换到功能区中的【幻灯片放映】选项卡，在【开始放映幻灯片】选项组中单击【自定义幻灯片放映】按钮，从弹出的菜单中选择【自定义放映】命令，出现如图 6-173 所示的【自定义放映】对话框。

（2）单击【新建】按钮，出现如图 6-174 所示的【定义自定义放映】对话框。

（3）在【在演示文稿中的幻灯片】列表框中选择要添加到自定义放映的幻灯片，并单击【添加】按钮。如果要选择多张幻灯片，请在选择幻灯片时按下【Ctrl】键，再单击要选择的幻灯片。

（4）如果要改变幻灯片的显示次序，请在【在自定义放映中的幻灯片】列表框中选择幻灯片，然后单击列表框右边的向上或向下箭头调整次序。

（5）在【幻灯片放映名称】文本框中输入放映的名称。

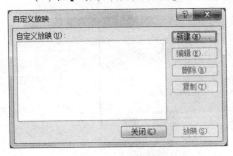
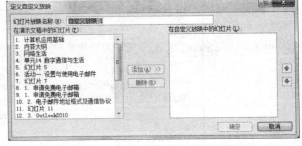

图 6-173　【自定义放映】对话框　　　　　　图 6-174　【定义自定义放映】对话框

（6）单击【确定】按钮，这时返回到【自定义放映】对话框中，并且在【自定义放映】列表框中出现新创建的自定义放映名称。

（7）重复步骤（2）～（6）的操作，可以创建多个自定义放映，它们都会出现在【自定义放映】列表框中，如图 6-175 所示。

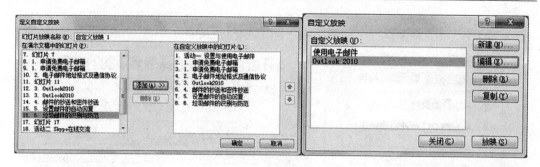

图 6 – 175　创建自定义放映

2. 编辑自定义放映

如果要对创建的自定义放映进行编辑,可以按照下述步骤进行操作:

(1)切换到功能区中的【幻灯片放映】选项卡,在【开始放映幻灯片】选项组中单击【自定义幻灯片放映】按钮,从弹出的菜单中选择【自定义放映】命令,出现【自定义放映】对话框。

(2)如果要删除整个幻灯片放映,可以在【自定义放映】列表中选择要删除的自定义放映名称,然后单击【删除】按钮,则自定义放映被删除。当然,这种删除并没有真正删除幻灯片,实际的幻灯片仍保留在演示文稿中。

(3)如果要复制自定义放映,可以在【自定义放映】列表中选择要复制的自定义放映名称,然后单击【复制】按钮,这时会复制一个相同的自定义放映,其名称前面出现"复件"字样,可以通过单击【编辑】按钮,对其进行重命名或增删幻灯片的操作。

(4)如果要编辑某个自定义放映,可以在【自定义放映】列表框中选择要编辑的自定义放映名称,然后单击【编辑】按钮,会出现【定义自定义放映】对话框,允许用户添加或删除任意幻灯片,单击【确定】按钮,返回到【自定义放映】对话框中。

(5)如果要预览自定义放映,可以在【自定义放映】对话框中选择要放映的名称,然后单击【放映】按钮。

6.6.8　录制幻灯片

在 PowerPoint 2010 中新增了【录制幻灯片演示】的功能,该功能可以选择开始录制或清除录制的计时和旁白的位置。它相当于以往版本中的【录制旁白】功能,将演讲者讲解演示文稿的整个过程中的解决声音录制下来,方便日后演讲者不在场的情况下,听众能更准确地理解演示文稿的内容。

1. 从头开始录制

从头开始录制就是从演示文稿的第一张幻灯片开始,录制音效旁白、激光笔标注或幻灯片和动画计时等。

(1)切换到功能区【幻灯片放映】选项卡下,单击【录制幻灯片演示】按钮,在弹出的下拉菜单中单击【从头开始录制】命令,如图 6 – 176 所示。

(2)弹出【录制幻灯片演示】对话框,选中【幻灯片和动画计时】复选框和【旁白和激光笔】复选框,然后单击【开始录制】按钮,如图 6 – 177 所示。

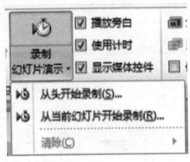
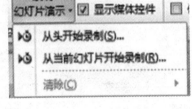

图 6 – 176　单击【从头开始录制】命令　　　图 6 – 177　【录制幻灯片演示】对话框

（3）进入幻灯片放映视图，弹出【录制】工具栏，它与排练计时的【录制】工具栏功能相同，唯一的区别在于【录制】工具栏中不能手动设置计时时间。

（4）当完成幻灯片演示的录制后，自动切换到幻灯片浏览视图下，并且在每张幻灯片中添加声音图标，在其下方显示幻灯片的播放时间。

如果对录制的旁白或计时不满意，可以单击【设置】组中的【录制幻灯片演示】按钮，在展开的下拉菜单中单击【清除】命令，在其子菜单中单击【清除当前幻灯片中的计时】命令或者【清除当前幻灯片中的旁白】命令，即可删除当前幻灯片中的计时或旁白。

2. 从当前幻灯片开始录制

从当前幻灯片开始录制即是从演示文稿中当前选中的幻灯片开始，向后录制音频旁白、激光笔势或幻灯片和动画计时在放映幻灯片时播放。

（1）在【幻灯片缩略图】任务窗格中单击第 2 张幻灯片。

（2）切换到功能区中的【幻灯片放映】选项卡下，单击【录制幻灯片演示】按钮，在弹出的下拉菜单中选择【从当前幻灯片开始录制】命令，如图 6 – 178 所示。

（3）弹出如图 6 – 177 所示的【录制幻灯片演示】对话框，选中【幻灯片和动画计时】复选框和【旁白和激光笔】复选框，单击【开始录制】按钮。

（4）此时，进入幻灯片放映视图，将从当前所选幻灯片处开始录制，其录制方法与从头录制功能相同，如图 6 – 179 所示。

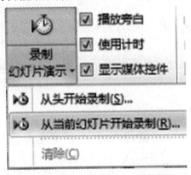

图 6 – 178　【从当前幻灯片开始】命令　　　　图 6 – 179　录制幻灯片

（5）当完成幻灯片演示录制后，自动切换到幻灯片浏览视图下，从当前选择幻灯片开始，到最后一张幻灯片都添加了相应的旁白声音及放映计时。

6.7　演示文稿的安全与打包打印

　　PowerPoint 2010 提供了关于演示文稿安全的多种设置方法,可以保护演示文稿的安全。如果需要将演示文稿内容输出到纸张上或其他计算机中放映,可以实施演示文稿打印与打包操作。

6.7.1　保护演示文稿的安全

　　PowerPoint 2010 对演示文稿的安全性设置提供了常用的三种方法:检查演示文稿隐私数据、标记演示文稿的最终状态和为演示文稿设置密码等。

　　1.检查演示文稿

　　在 PowerPoint 2010 中可以检查演示文稿中是否包含隐私数据。如果发现隐私内容,可以询问用户是否要将其删除。具体操作步骤如下:

　　(1)打开要检查是否存在个人信息的 PowerPoint 文档。

　　(2)单击【文件】选项卡,从弹出的菜单中选择【另存为】命令,在出现的【另存为】对话框中输入一个名称保存原始文档的副本。

　　(3)在原始文档的副本中,单击【文件】选项卡,从弹出的菜单中选择【信息】命令,然后单击【检查问题】按钮,在弹出的菜单中选择【检查文档】命令。

　　(4)在出现【文档检查器】对话框中,选中相应的复选框以选中要检查的隐藏内容类型。

　　(5)单击【检查】按钮,然后在【文档检查器】对话框中审阅检查结果。

　　(6)对于要从文档中删除隐藏内容的类型,单击其检查结果旁边的【全部删除】按钮。

　　2.为演示文稿设置密码

　　PowerPoint 为演示文稿的安全性提供了多种保护方式,设置密码就是最常用的一种演示文稿保护方式。对于重要的演示文稿,为了防止不法之徒随意打开窃取其中的重要资料,必须给文档设置密码。若没有正确的密码,将无法打开该演示文稿。

　　为演示文稿添加密码的具体操作步骤如下:

　　(1)单击【文件】选项卡,在弹出的菜单中选择【另存为】命令,打开【另存为】对话框。

　　(2)单击【工具】按钮,从弹出的菜单中选择【常规选项】命令,如图 6 – 180 所示,出现如图 6 – 181 所示的【常规选项】对话框。

　　(3)单击【打开权限密码】文本框,然后输入密码,每输入一个字符就用星号代替。密码包含字母、数字、空格和符号的任意组合。

　　(4)单击【确定】按钮,出现如图 6 – 182 所示的【确认密码】对话框。

　　(5)再次输入密码后,单击【确定】按钮返回到【另存为】对话框中。

　　(6)单击【保存】按钮,即可将该演示文稿保存起来。

　　另一种设置演示文稿的方法是:单击【文件】选项卡,在弹出的菜单中,选择【信息】命令,单击【保护演示文稿】按钮,再选择【用密码进行加密】命令,打开【加密文档】对话框,在【密码】文本框中输入密码。单击【确定】按钮,将打开【密码】对话框,输入相同的密码,然后单击【确定】按钮即可完成加密操作。当关闭该演示文稿并再次打开时,需要用户输入密码。

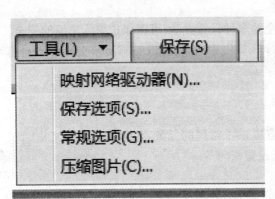

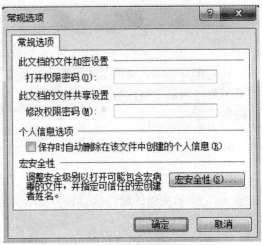

图 6 –180　选择【常规选项】命令　　　　　　图 6 –181　【常规选项】对话框

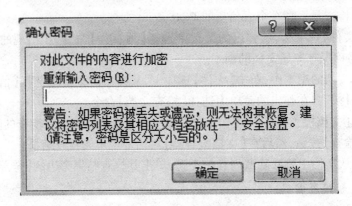

图 6 –182　【确认密码】对话框

PowerPoint 2010 新增了自动保存演示文稿的多种版本,可以自动保存演示文稿的不同渐进版本,以便让用户检索部分或所有早期版本。如果用户忘记了手动保存而其他作者覆盖了你的内容,可以单击【文件】选项卡,然后单击【信息】命令,在【管理版本】按钮的右侧会显示不同的版本,单击不同的版本即可快速查看。

6.7.2　打包演示文稿

用户可能遇到这样的情况,用自己的计算机中制作好演示文稿后,将其复制到 U 盘中,然后下午准备到一个客户的计算机中放映这个演示文稿。不幸的是,这个客户的计算机中并没有安装 PowerPoint 程序。如果经常遇到这样的场面,那么打包演示文稿功能就非常有用。所谓打包就是指将与演示文稿有关的各种文件都整合到同一个文件夹中,只要将这个文件夹复制到其他计算机中,然后启动其中的播放程序,就可以正常播放演示文稿。

1. 将演示文稿打包到文件夹或 CD 中

如果要对演示文稿进行打包,可以按照下述步骤进行操作:

(1)打开要打包的演示文稿。单击【文件】选项卡,在弹出的菜单中单击【保存并发送】

命令,然后选择【将演示文稿打包成 CD】命令,再单击【打包成 CD】按钮,如图 6 - 183 所示。

(2)出现如图 6 - 184 所示的【打包成 CD】对话框,在【将 CD 命名为】文本框中输入打包后演示文稿的名称。单击【添加】按钮,可以添加多个演示文稿。

(3)单击【选项】按钮,出现如图 6 - 185 所示的【选项】对话框,可以设置是否包含链接的文件,是否包含嵌入的 TrueType 字体,还可以设置打开文件的密码等。

图 6 - 183 选择【打包成 CD】按钮

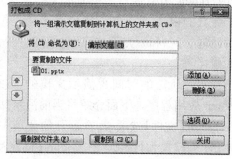

图 6 - 184 【打包成 CD】对话框

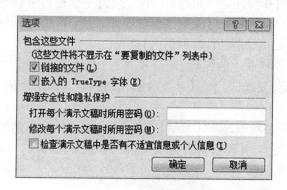

图 6 - 185 【选项】对话框

(4)单击【确定】按钮,保存设置并关闭【选项】对话框,返回到【打包成 CD】对话框。单击【复制到文件夹】按钮,打开【复制到文件夹】对话框,可以将当前文件复制到指定的位置。如图 6 - 186 所示。

(5)单击【复制到 CD】按钮,弹出【Microsoft PowerPoint】对话框,提示程序会将链接的媒体文件复制到你的计算机,直接单击【是】按钮,如图 6 - 187 所示。

(6)弹出【正在将文件复制到文件夹】对话框并复制文件,复制完成后,用户可以关闭【打包成 CD】对话框,完成打包操作。

图 6 - 186 【复制到文件夹】对话框

图 6 – 187　【Microsoft PowerPoint】对话框

2. 将演示文稿创建为视频文件

PowerPoint 2010 新增了将演示文稿转变成视频文件功能,可以将当前演示文稿创建为一个全保真的视频,此视频可以通过光盘、Web 或电子邮件分发。创建的视频中包含所有录制的计时、旁白和激光笔势,还包括幻灯片放映中未隐藏的所有幻灯片,并且保留动画、转换和媒体等。

创建视频所需的时间视演示文稿的长度和复杂度而定。在创建视频时可继续使用 PowerPoint 应用程序。下面介绍将当前演示文稿创建为视频的操作。

(1)单击【文件】选项卡,在展开的菜单中单击【保存并发送】命令,在【文件类型】选项组中单击【创建视频】选项。在右侧的【创建视频】选项下,单击【计算机和 HD 显示】选项,在弹出的下拉列表中选择视频文件的分辨率,如图 6 – 188 所示。

如果要在视频文件中使用计时和旁白,可以单击【不要使用录制的计时和旁白】下拉列表按钮,在弹出的下拉列表中单击【录制的计时和旁白】选项。如果已经为演示文稿添加了计时和旁白,则选择【使用录制的计时和旁白】选项。

(2)弹出如图 6 – 189 所示的【录制幻灯片演示】对话框,选中【幻灯片和动画计时】复选框和【旁白和激光笔】复选框,单击【开始录制】按钮,它与前面介绍的录制幻灯片演示操作相同。

(3)进入幻灯片放映状态,弹出【录制】工具栏,在其中显示当前幻灯片放映的时间,用户可以进行幻灯片的切换,并将演讲者排练演讲的解说及操作时间、使用激光笔等全部记录下来,如图 6 – 190 所示。

图 6 – 188　选择视频文件的分辨率

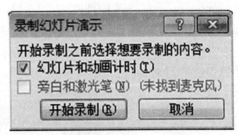

图 6 – 189　【录制幻灯片演示】对话框

(4)当完成幻灯片演示录制后,在【文件】选项卡的【创建视频】选项下,选中【使用录制的计时和旁白】选项,然后单击【创建视频】按钮,如图 6 – 191 所示。

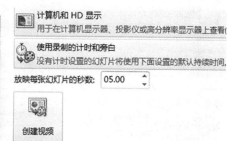

图 6 - 190　录制幻灯片　　　　　　　　　图 6 - 191　单击【创建视频】按钮

　　(5)弹出如图 6 - 192 所示的【另存为】对话框,在【保存位置】下拉列表框中选择视频文件保存的位置,在【文件名】文本框中输入视频文件名,然后单击【保存】按钮。此时,在PowerPoint 演示文稿的状态栏中,会显示演示文稿创建为视频的进度,如图 6 - 193 所示。当完成制作视频进度后,则完成了将演示文稿创建为视频的操作。

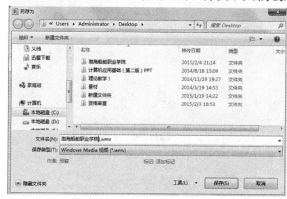

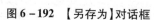

图 6 - 192　【另存为】对话框　　　　　　图 6 - 193　显示制作视频进度

3. 广播幻灯片

　　广播幻灯片是 PowerPoint 2010 新增的一项功能,它用于向可以在 Web 浏览器中观看的远程查看者广播幻灯片。远程查看者不需要安装程序(如 PowerPoint 或网上会议软件),并且在播放时,用户可以完全控制幻灯片的进度,观众只需要在浏览器中跟随浏览即可。

　　(1)单击【文件】选项卡,在展开的菜单中单击【保存并发送】命令,在【保存并发送】选项组中单击【广播幻灯片】选项,然后单击【广播幻灯片】按钮,如图 6 - 194 所示。

　　(2)弹出如图 6 - 195 所示的【广播幻灯片】对话框,单击【启动广播】按钮。自动进入正在连接到 PowerPoint 广播服务进度界面,如图 6 - 196 所示。

　　(3)自动弹出如图 6 - 197 所示的【连接到】对话框,在【电子邮件地址】和【密码】文本框中输入相应的信息,然后单击【确定】按钮。返回【广播幻灯片】对话框中,显示正在连接到 PowerPoint 广播服务的进度(图 6 - 196)。

　　(4)连接完成后,在【广播幻灯片】对话框中显示远程查看者共享的链接,可以复制链接,将其发送给远程查看者,单击【开始放映幻灯片】按钮,如图 6 - 198 所示。

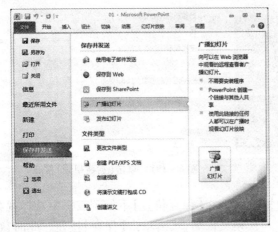

图 6 – 194 单击【广播幻灯片】按钮

图 6 – 195 【广播幻灯片】对话框

图 6 – 196 正在连接到 PowerPoint 广播服务

图 6 – 197 【连接到】对话框

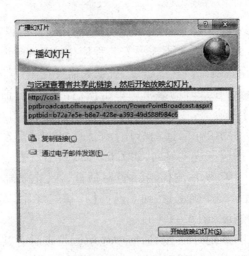

图 6 – 198 链接地址

(5)此时,进入幻灯片放映视图,可以开始放映当前演示文稿中的幻灯片。

（6）如果远程观看者在 IE 浏览器中复制了刚才的链接地址，即可开始观看幻灯片。

（7）当按下【Esc】键退出幻灯片放映状态时，会在应用程序中显示黄色警告工具栏，提示【您正在播放此演示文稿，无法进行更改】。

（8）弹出【Microsoft PowerPoint 对话框】，提示【若继续操作，所有远程查看器将被断开。是否要结束此广播？】，单击【结束广播】按钮。

6.7.3　打印演示文稿

使用 PowerPoint 2010 创建的演示文稿，既可以制作成幻灯片的形式放映，也可以直接在计算机上放映，但是有几种类型不适于使用计算机进行演示，如备注页、讲义等，而应该使用打印机进行打印。

1. 页面设置

幻灯片的页面设置决定了幻灯片、备注页、讲义以及大纲在屏幕和打印纸上的尺寸和放置方向。用户可以随时改变这些设置，具体操作步骤如下：

（1）打开要设置页面的演示文稿。选择【设计】选项卡，在【页面设置】选项组中单击【页面设置】按钮，出现如图 6－199 所示的【页面设置】对话框。

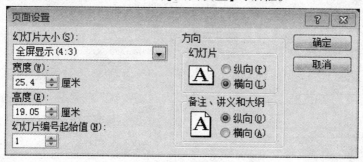

图 6－199　【页面设置】对话框

（2）在【幻灯片大小】下拉列表框中选择幻灯片的打印尺寸，如【全屏显示】【A4 纸张】和【35 毫米幻灯片】等。如果选择【自定义】选项，则在【宽度】和【高度】框中输入具体的数值。

（3）在【幻灯片编号起始值】文本框中输入幻灯片编号的起始值，默认为 1。

（4）分别指定幻灯片、备注、讲义和大纲的方向。

（5）设置完毕后，单击【确定】按钮。

2. 设置页眉和页脚

要将幻灯片编号、时间和日期、公司徽标、演示文稿标题或文件名和演示者姓名等信息添加到演示文稿中每个讲义或备注页的顶部，或者添加到每个幻灯片、讲义或备注页的底部，请使用页眉和页脚。

（1）设置幻灯片的页眉和页脚

如果要设置幻灯片的页眉和页脚，可以按照下述步骤进行操作：

①选择功能区中的【插入】选项卡，在【文本】选项组中单击【页眉和页脚】按钮，在打开的【页眉和页脚】对话框中单击【幻灯片】选项卡，如图 6－200 所示。

②要添加日期和时间，请选中【日期和时间】复选框，然后选中【自动更新】或【固定】单

选按钮。若选中【自动更新】单选按钮,则在幻灯片中所包含的日期和时间信息将会按照演示的时间自动更新;若选中【固定】单选按钮,并在下方的文本框中输入日期和时间,则将在幻灯片中直接插入该时间。

③要添加幻灯片编号,选中【幻灯片编号】复选框。要为幻灯片添加一些附注性的文本,则选中【页脚】复选框,然后在下方的文本框中输入页脚的内容。

要让页眉和页脚的所有内容不显示在标题幻灯片上,选中【标题幻灯片中不显示】复选框。

要将页眉和页脚的设置应用于演示文稿中所有的幻灯片上,可以单击【全部应用】按钮;要将页眉和页脚的设置应用于当前的幻灯片中,可以单击【应用】按钮。返回到编辑窗口后即可看到在幻灯片中添加了设置的内容(页脚文字和日期)。

(2)设置备注与讲义的页眉和页脚

要设置备注与讲义的页眉和页脚,请切换到功能区中的【插入】选项卡,在【文本】选项组中单击【页眉和页脚】按钮,在打开的【页眉和页脚】对话框中单击【备注和讲义】选项卡,如图6-201所示。

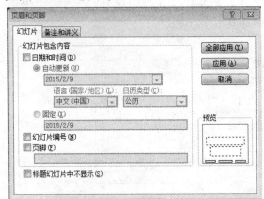
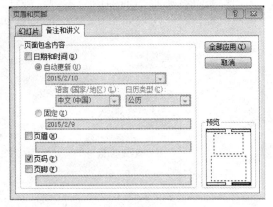

图6-200　【页眉和页脚】对话框之【幻灯片】　　　图6-201　【备注和讲义】选项卡

在该对话框中,有四项可以选择,分别是日期和时间、页眉、页码及页脚,其设置方法与幻灯片相同。

3.在打印前确认预览打印

如同在Word和Excel中一样,也可以在打印之前预览演示文稿。利用打印预览中的特殊设置,可以预览幻灯片、备注页和多种讲义版本。具体操作步骤如下:

(1)单击【文件】选项卡,在弹出的菜单中选择【打印】命令,在其右侧可以预览幻灯片打印的效果,如图6-202所示。

(2)如果要预览其他幻灯片,可以单击下方的【下一页】按钮。

4.打印幻灯片、大纲或讲义

经过打印前的预览,可以确定打印设置是否正确,确定好后就可以将演示文稿投入打印了。

如果要打印演示文稿中的幻灯片、大纲或讲义,可以按照下述步骤进行操作:

(1)单击【文件】选项卡,在弹出的菜单中选择【打印】命令,在中间的窗格中可以设置打印选项。

图 6 - 202 【打印预览】窗口

【份数】框中指定打印的份数。

【设置】选项组中指定演示文稿的打印范围。例如,为了打印所有的幻灯片,请从下拉列表框中选择【打印全部幻灯片】;为了打印选定的幻灯片,请从下拉列表框中选择【打印所选幻灯片】。

【打印内容】列表框中指定打印的内容,如【幻灯片】【讲义】和【备注页】等。当选择【讲义】选项时,可以在【讲义】选项组中指定每页的幻灯片数、排列的顺序等。

【颜色】下拉列表框中选择最适于演示文稿和打印机的颜色模式。

(2)单击【打印】按钮,即可开始打印演示文稿内容。

6.8 演示文稿 PowerPoint 基础知识练习题

一、单选题

1. 如何使用功能区在幻灯片中插入声音文件 ( )

A. 选中幻灯片,然后单击【插入】选项卡,在【媒体】组中,选择【插入音频】图标,浏览计算机查找声音文件

B. 选中幻灯片,然后单击【动画】选项卡,在【媒体】组中,选择【插入音频】图标,浏览计算机查找声音文件

C. 单击幻灯片内容占位符中的【插入媒体剪辑】图标,浏览计算机查找声音文件

D. 选择幻灯片,然后单击【动画】选项卡,在【媒体】组中,选择【插入视频】图标,浏览计

算机查找声音文件

2. 在 PowerPoint 2010 中,如果希望在演示过程中终止幻灯片的放映,则随时可按的终止键为　　　　　　　　　　　　　　　　　　　　　　　　　（　　　）

A.【Delete】　　　　B.【Ctrl + E】　　　　C.【Shift + E】　　　　D.【Esc】

3. 可以控制幻灯片从一张转到另外一张的动画效果被称为什么　　　　　（　　　）

A. 切换　　　　　　B. 高级　　　　　　C. 计时　　　　　　D. 动画

4. PowerPoint 的【主题】功能在哪一个选项卡中　　　　　　　　　　（　　　）

A. 文件　　　　　　B. 页面布局　　　　C. 视图　　　　　　D. 设计

5. 在 PowerPoint 中将一张图片进行水平翻转需要执行的操作是　　　　（　　　）

A. 选中图片,选择【格式】选项卡→【旋转】→【水平翻转】

B. 选中图片,按住鼠标进行拖动

C. 使用【设置图片格式】对话框,设置【三维格式】

D. 选中图片,选择【开始】选项卡→【编辑】→【水平翻转】

6. 下列选项中哪一个是 PowerPoint 专有元素　　　　　　　　　　　（　　　）

A.【开始】选项卡　　　　　　　　　　B.【格式】选项卡

C.【动画】选项卡　　　　　　　　　　D.【页面布局】选项卡

7. 幻灯片中用于形象地展示数据的是　　　　　　　　　　　　　　　（　　　）

A. 图片　　　　　　B. 图表　　　　　　C. 图形　　　　　　D. 表格

8. 幻灯片中可用于直观地展示组织结构的是　　　　　　　　　　　　（　　　）

A. 图片　　　　　　B. 图表　　　　　　C. SmartArt 图形　　D. 形状

9. 可以将一个对象上的动画复制到另一个对象上的是　　　　　　　　（　　　）

A. 动画刷　　　　　B. 格式刷　　　　　C. 复制　　　　　　D. 粘贴

10. 新插入幻灯片的模板是　　　　　　　　　　　　　　　　　　　（　　　）

A. 标题与内容　　　B. 内容与标题　　　C. 两栏内容　　　　D. 比较

11. 在幻灯片中插入日期和时间的对话框是　　　　　　　　　　　　（　　　）

A. 页眉和页脚　　　　　　　　　　　　B. 日期和时间

C. 插入日期和时间　　　　　　　　　　D. 插入页眉和页脚

12. 状态栏上的【幻灯片放映】按钮是　　　　　　　　　　　　　　（　　　）

A. 从头开始放映　　　　　　　　　　　B. 从当前幻灯片开始放映

C. 从指定幻灯片开始放映　　　　　　　D. 从默认幻灯片开始放映

13. 状态栏上不包括　　　　　　　　　　　　　　　　　　　　　　（　　　）

A. 普通视图按钮　　　　　　　　　　　B. 幻灯片浏览视图按钮

C. 备注页视图按钮　　　　　　　　　　D. 阅读视图按钮

14. 在幻灯片中插入幻灯片编号的对话框是　　　　　　　　　　　　（　　　）

A. 页面和页脚　　　　　　　　　　　　B. 幻灯片编号

C. 插入幻灯片编号　　　　　　　　　　D. 插入页眉和页脚

15. 幻灯片的放映类型不包括　　　　　　　　　　　　　　　　　　（　　　）

A. 演讲者放映　　　　　　　　　　　　B. 观众自行浏览

C. 在展台浏览　　　　　　　　　　　　D. 在大厅浏览

16. 新插入幻灯片的组合键是　　　　　　　　　　　　　　　　　　（　　　）

A.【Ctrl + M】　　　　　B.【Ctrl + K】　　　　　C.【Ctrl + A】　　　　　D.【Ctrl + C】

二、多选题

1. PowerPoint 2010 中,对象的超级链接可以链接到 　　　　　　　　　　　　　　（　　）

A. 另一张幻灯片

B. 本地计算机系统中的所以文档

C. 任何一个在 Internet 上可以访问到的 IP 地址

D. 其他计算机系统中的所有文档

E. 以上都可以

2. 在 PowerPoint 2010 中,新建一份演示文稿的方法是 　　　　　　　　　　　（　　）

A. 单击【自定义快速访问】工具栏中的【新建文档】按钮

B. 单击【开始】选项卡中的【新建幻灯片】按钮

C. 利用快捷键【Ctrl + O】组合键

D. 利用快捷键【Ctrl + N】组合键

E. 利用快捷键【Alt + M】组合键

3. 在 PowerPoint 2010 中,放映幻灯片有多种方法,在默认状态下,以下方法中可以从第
1 张幻灯片开始放映的是 　　　　　　　　　　　　　　　　　　　　　　　　　（　　）

A. 单击【幻灯片放映】选项卡中的【从头开始】按钮

B. 按【Shift + F5】组合键

C. 按快捷键【F5】

D. 按【Alt + F5】组合键

E. 使用"视图"选项卡中的【幻灯片浏览】命令

4. 在 PowerPoint 2010 中,有关幻灯片母版中的页眉、页脚下列说法正确的是 　　（　　）

A. 页眉、页脚是加在演示文稿中的注释性内容

B. 可添加典型的页眉、页脚内容日期、时间以及幻灯片编号

C. 在打印演示文稿的幻灯片时,页眉、页脚的内容也可打印出来

D. 页眉和页脚的文本格式不可以任意修改

E. 页眉、页脚的位置固定,不可以移动

5. 演示文稿视图有 　　　　　　　　　　　　　　　　　　　　　　　　　　　　（　　）

A. 普通视图　　　　　　　B. 幻灯片浏览视图　　　　　C. 备注页视图

D. 阅读视图　　　　　　　E. 幻灯片母版视图

6. 自定义幻灯片放映可以定义 　　　　　　　　　　　　　　　　　　　　　　　（　　）

A. 演示文稿中参与放映的幻灯片　　　　　B. 放映幻灯片的顺序

C. 每张幻灯片的放映时间　　　　　　　　D. 幻灯片的切换效果

E. 幻灯片的内容

7. 常用的幻灯片版式有 　　　　　　　　　　　　　　　　　　　　　　　　　　（　　）

A. 标题幻灯片　　　　　　B. 标题与内容　　　　　　　C. 内容与标题

D. 两栏内容　　　　　　　E. 比较

8. 可以对演示文稿的主题设置 　　　　　　　　　　　　　　　　　　　　　　　（　　）

A. 颜色　　　　　　　　　B. 字体　　　　　　　　　　C. 效果

　　D. 背景　　　　　　　　E. 字号
　　9. 母版视图包括　　　　　　　　　　　　　　　　　　　　　　（　　）
　　A. 幻灯片母版　　　　　　B. 备注母版　　　　　C. 讲义母版
　　D. 动画母版　　　　　　　E. 主题母版

三、判断题

1. 幻灯片中的内容叙述越清晰,文字越多越好。　　　　　　　　　　（　　）
2. 幻灯片中动画设置越多,越华丽越好　　　　　　　　　　　　　　（　　）
3. 发布演示文稿只需要复制就可以了。　　　　　　　　　　　　　　（　　）
4. 不同动画的效果选项不尽相同。　　　　　　　　　　　　　　　　（　　）
5. 不能使用第三方的主题修饰演示文稿。　　　　　　　　　　　　　（　　）

四、操作题

1. 建立一个如图所示的演示文稿。要求选择合适的版式,字符格式化,添加项目符号。

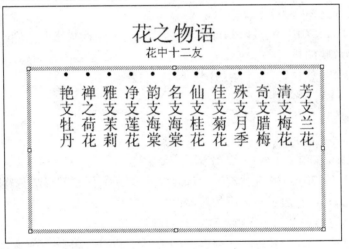

2. 制作如图所示的幻灯片,设置如下。

（1）标题字体:行楷,60 号,加阴影效果。
（2）标题占位符边框,线条颜色设置为黑色,粗细为 6 磅。
（3）标题占位符填充"填充效果"为"渐变",双色任选一色,底纹样式为斜上。

（4）副标题占位符填充"填充效果"为"渐变"，双色任选一色，底纹样式为中心辐射。

3. 制作一张幻灯片，设置如下。

（1）将文稿中的幻灯片标题设置为"项目计划过程"，设置字体字号为黑体、48 磅，背景填充纹理为"羊皮纸"。将幻灯片的副标题设置为"信息技术"，字体设置为红色（注意：请用自定义标签中的红色 255、绿色 0、蓝色 0），40 磅。

（2）将第 2 张幻灯片版面改变为"垂直排列标题与文本"，并将这张幻灯片中的文本部分动画设置为"向内溶解"。

（3）将幻灯片的背景填充预设颜色为"漫漫黄沙"，底纹样式为"斜下"；幻灯片的切换效果都设置成"垂直百叶窗"。

第7章 Outlook 的使用

本章要点

* 掌握配置账户以及收发电子邮件的基本方法。
* 掌握创建邮件的规则和加密待发邮件的方法。
* 掌握新建联系人的方法。
* 掌握利用日历安排计划的方法。

Outlook 2010 是 Office 系列应用软件中用于创建、组织和处理各种信息的软件,其可以处理与工作密切相关的信息,如创建和收发电子邮件、保存通信记录、追踪并安排任务计划、书写便签和日记等。使用 Outlook 2010,能够有效地提高工作效率,方便地实现对各种商务信息的管理。

7.1 收发电子邮件

Outlook 2010 最基本的应用就是收发与管理电子邮件。通过综合应用日历、事务安排等功能,可以帮助完善用户的日常管理工作。

7.1.1 配置账户

要使用 Outlook 2010 收发电子邮件,首先需要创建电子邮件账户。在 Outlook 2010 中,可以使用向导轻松创建电子邮件账户,并对电子邮件账户进行配置。

首次使用 Outlook,会打开 Microsoft Outlook 2010 启动向导,可以选择【是】或【否】来确认启动 Outlook 2010 的方式。

1. 无账户启动 Outlook 2010

(1)单击【开始】菜单按钮,选择【所有程序】,如图 7-1 所示。

(2)单击【所有程序】菜单中【Microsoft Office】菜单项,在打开的下拉菜单中选择【Microsoft Outlook 2010】项启动 Outlook 2010,如图 7-2 所示。

(3)如果是首次使用 Outlook,会打开 Microsoft Outlook 2010 启动向导,单击【下一步】按钮,如图 7-3 所示。

(4)单击【下一步】按钮,弹出【账户配置】对话框,如图 7-4 所示。

(5)在【账户配置】对话框中,向导提示是否配置电子邮件账户,单击【否】单选项,然后单击【下一步】按钮。

(6)在弹出的提示对话框中选择继续后,单击【完成】按钮,即可启动 Outlook 2010。

图 7-1　选择【所有程序】

图 7-2　选择【Microsoft Outlook 2010】

图 7-3　【Microsoft Outlook 2010 启动】对话框

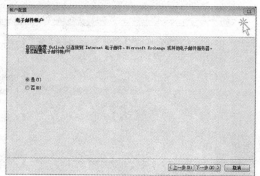

图 7-4　【账户配置】对话框

2. 创建电子邮件账户启动 Outlook 2010

（1）单击【开始】菜单按钮，选择【所有程序】菜单中【Microsoft Outlook 2010】菜单项启动 Outlook 2010。

（2）在弹出的【Microsoft Outlook 2010 启动】对话框（图 7-3）中，单击【下一步】按钮，弹出【账户配置】对话框。

（3）在【账户配置】对话框中，选择【是】单选项，然后单击【下一步】按钮。

（4）弹出【添加新账户】对话框，将对用户姓名、电子邮件地址和电子邮件密码进行设置，完成后单击【下一步】按钮，如图 7-5 所示。

（5）如果需要对电子邮件账户进行更详细的设置，可以选中【手动配置服务器设置后其他服务器类型】单选按钮，然后单击【下一步】按钮根据向导提示来对电子邮件地址、接收邮件服务器和发送邮件服务器进行设置，如图 7-6 所示。

（6）此时，Outlook 将联机搜索邮件服务器，并对账户进行配置。配置完成后，向导会给出提示，如图 7-7 所示。

（7）单击【完成】按钮，即可启动 Outlook 2010 程序。

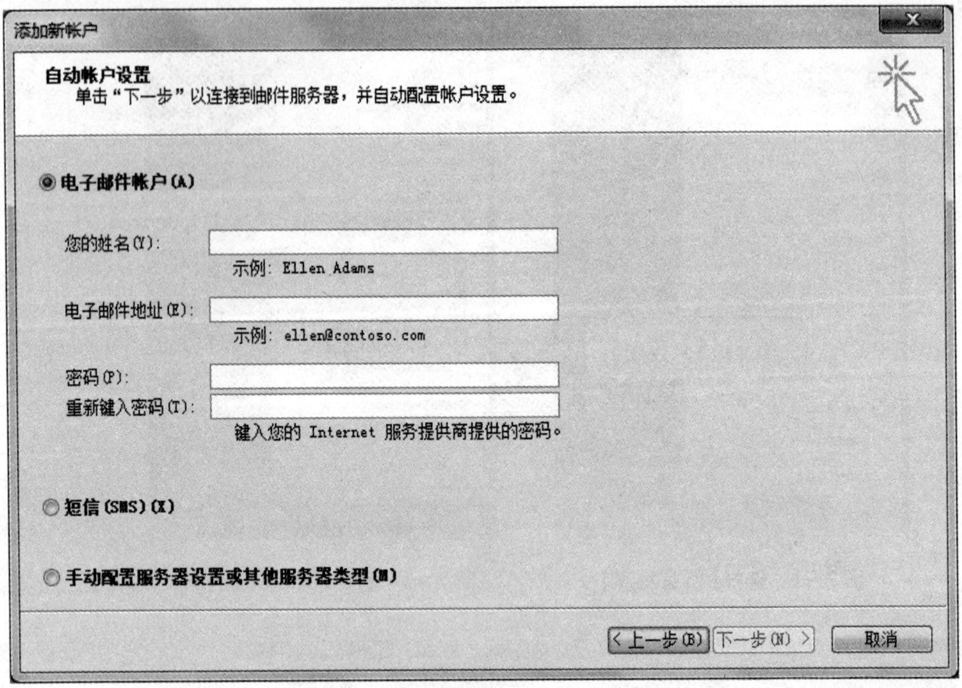

图 7－5 【添加新账户】对话框

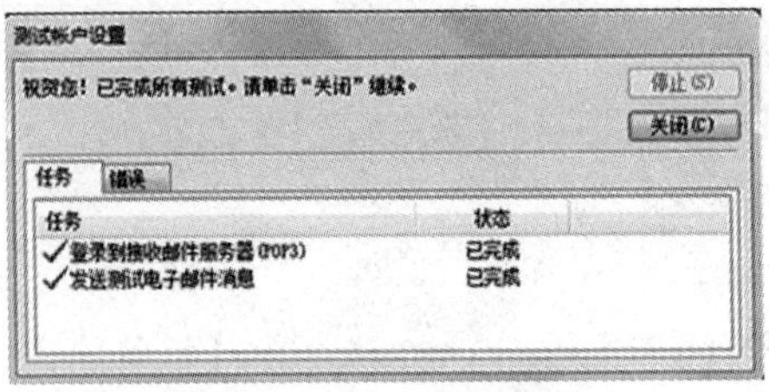

图 7－6 手动配置服务器

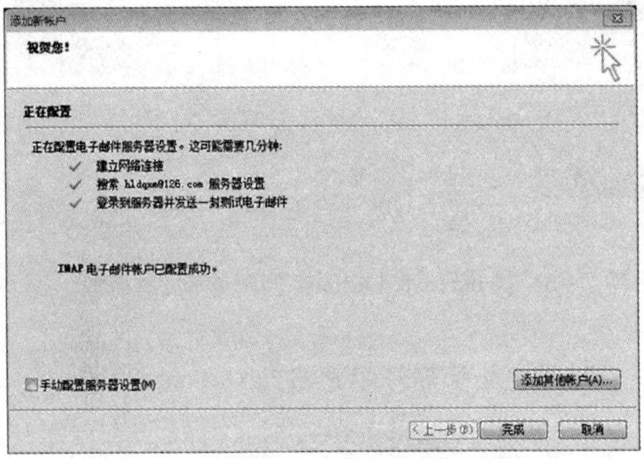

图 7－7 配置完成

3. 认识 Outlook 2010 窗口

启动 Outlook 2010 程序后，将打开 Outlook 2010 窗口，如图 7－8 所示。

(1) 自定义快速访问工具栏

默认情况下，位于窗口最上方，可以为一些常用的操作添加到这里做一个快捷方式，如果我们要创建一个规则，一般需要点击【开始】选项卡，再到【移动】组中找到【规则】，在下拉列表中找到【创建规则】，这需要点击多步操作，我们可以右击该菜单，选择【添加到快速访问工具栏】，如图 7－9 所示。以后就可以直接点击自定义快速访问工具栏上的小图标。

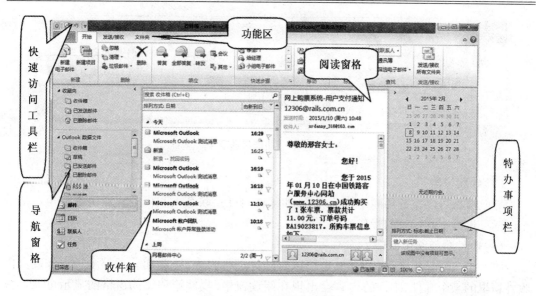

图 7 – 8　Outlook 2010 窗口

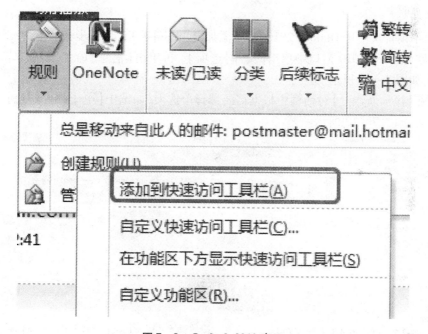

图 7 – 9　Outlook 2010 窗口

（2）功能区选项卡

功能区选项卡可以方便地选择我们所需的常用按钮,可以用【Ctrl + F1】显示或隐藏。在功能区中,功能相似的按钮分成一组,用竖线隔开,每组下方中间显示组名,如果按钮中有倒置的小三角形图标,表示点击将出现下拉列表;如果在一组中看到右下角有小箭头图标,表示点击将弹出对话框,如图 7 – 10 所示。

图 7-10　功能区选项卡

（3）导航窗格

导航窗格可以在各功能中快速切换，如邮件、日历、联系人和任务。点击右上角左括号小图标可进行展开折叠的操作。

（4）收件箱与阅读窗格

收件箱主要是用来存放邮件，也可以对邮件进行收取、处理和分类等多种操作。点击收件箱里的某个邮件，邮件的内容会出现在阅读窗格，收件箱和阅读窗格的显示可通过视图选项卡中进行设置。

4.配置账户

如果不是首次使用 Outlook 2010，需要添加电子邮件账户，具体步骤如下：

（1）在 Outlook 2010 窗口中单击【文件】选项卡，再单击【信息】命令，然后单击【添加账户】按钮，如图 7-11 所示。

（2）在【添加新账户】对话框中根据需要选择单选项，如选中【电子邮件账户】，单击【下一步】按钮，如图 7-12 所示。

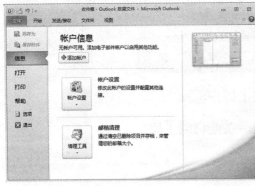

图 7-11　点击【添加账户】

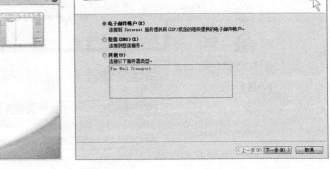

图 7-12　【添加账户】对话框之【选择服务】

（3）在自动账户设置项中选择【电子邮件账户】单选项，按要求填充文本框（图 7-13）后，单击【下一步】按钮，弹出【正在配置】对话框（图 7-14）。

（4）配置完成后，显示 IMAP 电子邮件账户已配置成功（图 7-15）。

（5）如果需要配置其他账户，可以点击【添加其他账户】按钮。最后，单击【完成】按钮，打开 Outlook 2010 窗口，如图 7-16 所示。

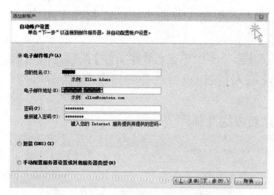

图 7 – 13 【自动账户配置】对话框

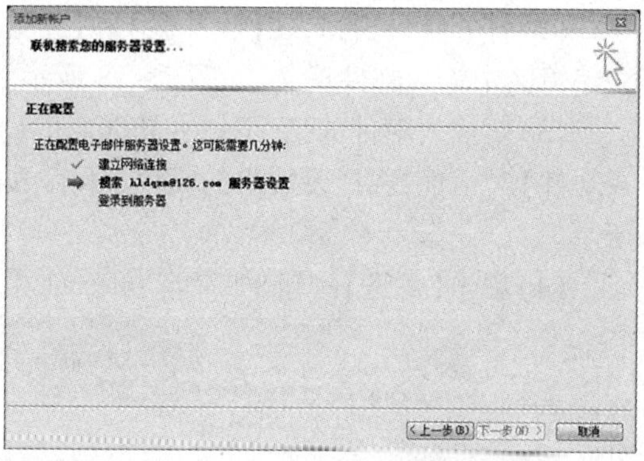

图 7 – 14 【正在配置】对话框

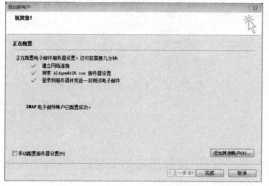

图 7 – 15 配置成功

图 7 – 16 【Outlook 2010】窗口

7.1.2 编写新邮件

编写一封完整的电子邮件包括指定收件人、编写正文和添加附件等,下面介绍 Outlook 2010 编写邮件的过程。

(1)在 Outlook 2010 窗口中,单击【开始】选项卡的【新建】组中的【新建电子邮件】按钮,如图 7 – 17 所示。

图 7 – 17 单击【新建电子邮件】按钮

(2)打开邮件窗口,在【收件人】和【主题】文本框中输入收件人地址和邮件主题,然后在编辑区中输入邮件正文,如图 7 - 18 所示。

(3)要插入附件的话,可以在功能区的【插入】选项卡中单击【附件文件】按钮,弹出【插入文件】对话框,选择要插入的文件,然后单击【插入】按钮返回邮件编辑窗口,如图 7 - 19 所示。

(4)单击【发送】按钮,如果与 Internet 相连,将发送此邮件。

图 7 - 18　书写邮件正文

图 7 - 19　【插入文件】对话框

7.1.3　接收和阅读邮件

电子邮件的收取与以前版本基本相同,可以全部发送/接收所有的邮箱的邮件,也可以接收指定邮箱的邮件。

1. 发送/接收全部邮件

单击【发送/接收】选项卡,然后单击【发送和接收】组中的【发送/接收所有文件】按钮,即可发送/接收全部邮箱的邮件。

2. 接收指定邮箱邮件

如果要接收指定邮箱的邮件,可以按照下述步骤进行操作:

(1)单击【发送/接收】选项卡,单击【发送和接收】组中的【发送/接收组】按钮右侧的向下箭头,在弹出的下拉菜单中选择需要接收邮件的账户,再从其子菜单中选择【收件箱】选项,如图 7 - 20 所示。

(2)此时,将发送与接收该邮箱中的邮件,同时给出【Outlook 发送/接收进度】对话框显示任务完成的进度。

Outlook 2010 增加了读取邮件头的功能,只需从如图 7 - 20 所示的子菜单中选择【下载收件箱邮件头】选项。这种接收邮件的好处是,可以先从邮件头判断邮件的来历和内容,确定是否继续接收或者直接从服务器上删除。

(3)在【收藏夹】中单击【收件箱】,在中间窗格内将显示收件箱中的邮件列表,单击列表中的某个邮件,即可阅读该邮件的内容,如图 7 - 21 所示。

(4)双击收件箱中的邮件,可以打开单独的邮件窗口,在窗口中可以查看邮件的内容,如图 7 - 22 所示。

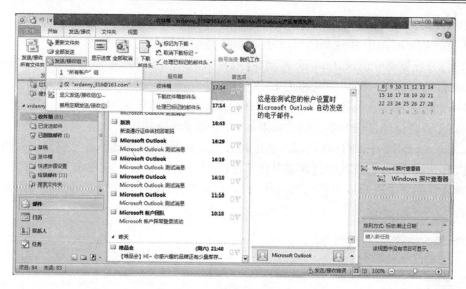

图 7-20　选择【收件箱】选项

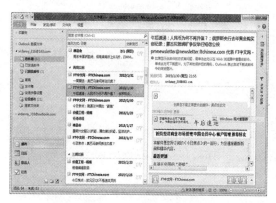

图 7-21　阅读邮件内容

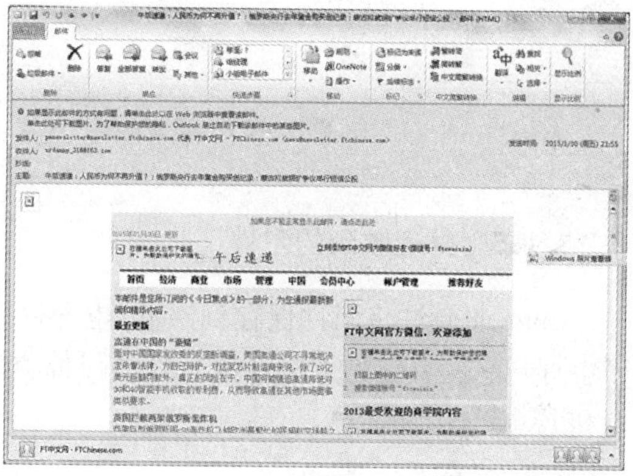

图 7-22　单独阅读邮件

　　在 Outlook 2010 中收到的一些附件类型可以直接从阅读窗格进行预览,只需单击附件图标,即可查看附件的内容。

7.1.4　答复和转发邮件

　　答复和转发邮件是使用 Outlook 时可以对邮件执行两个十分有用的操作。打开邮件后,功能区的【邮件】选项卡响应组包含三个按钮。如果尚未打开邮件窗口,也可在【开始】选项卡的【响应】组找到这三个按钮。

　　【答复】创建新邮件,以发送给最初向您发送邮件的人。默认情况下,新邮件包含完整的原邮件,而且新邮件的主题为【答复:】,后面是原邮件的主题。

　　【全部答复】与【答复】类似,只是新邮件也会发送给原邮件的【收件人】和【抄送】字段中的其他所有收件人。

　　【转发】创建新的、没有收件人地址的邮件。新邮件将引用整个原邮件,包括随原邮件一起发送的附件,并且主题为【转发:】,后面是原邮件的主题。

　　收到邮件后,用户往往需要根据邮件的内容对邮件进行回复。下面介绍在 Outlook

2010 中回复邮件的方法。

（1）在 Outlook 2010 中选择需要回复的邮件，然后在【开始】选项卡中单击【答复】按钮。

（2）打开答复邮件窗口，Outlook 自动在【收件人】和【主题】框中添加了相关的内容，只需在原邮件内容的上方输入回复的正文，然后单击【发送】按钮即可，如图 7-23 所示。

另一个邮件转发选项是在【其他相应操作】菜单中选择【作为附件转发】。按这种方式创建的新邮件将原邮件作为单独的文件附加，而不是将原邮件插入到新邮件正文中。

在 Outlook 2010 中，邮件默认以对话框列表的形式显示。通过单击分类旁边的白色三角，可以展开该分类，查看其中包含的具体邮件，如图 7-24 所示。在单击某个【答复】按钮之前，确认在列表中选择了正确的邮件。然后，可以单击邮件分类旁边的黑色三角形来收起列表。

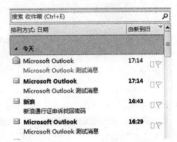

图 7-23　回复邮件　　　　　　　图 7-24　查看对话框

7.1.5　处理收到的附件

Outlook 允许将附件保存到磁盘，也允许查看附件，而不必在创建它们时使用的应用程序中打开它们。这种查看选项对许多附件类型都是可用的，包括大多数图像文件、Word 文档和 Excel 工作簿。

1. 保存附件

当收到的邮件包含一个或多个附件时，邮件旁边会显示一个小的别针图标。可以采用两种方法来保存附件。

第一种方法最简单，在【阅读窗格】中右击附件，选择【另存为】，然后使用打开的【保存附件】对话框保存附件。

第二种方法也可以在不打开邮件的情况下保存附件，操作步骤如下：

（1）在【收件箱】（或任何正在使用的邮件文件夹）中选择邮件，或双击该邮件来打开它。

（2）在功能区中选择【文件】→【保存附件】命令。

Outlook 将打开【保存所有附件】对话框，如图 7-25 所示。

2. 查看附件

当收到的邮件包含一个或多个附件时，邮件标题下方会列出这些附件（在阅读窗格和打开的邮件窗口中都是如此）。附件名称旁边还会显示一个【邮件】按钮。您可以执行以下操作：

（1）单击附件名称以查看附件。

（2）单击【邮件】按钮返回邮件。

图 7 - 26 显示了这些元素和正在查看的一个附件。

图 7 - 25　同时保存所有邮件附件

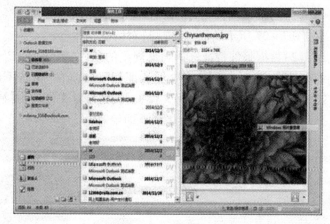

图 7 - 26　查看附件

3. 打开附件

通常,打开附件的方法是附件保存到磁盘(如前所述),然后启动创建该附件的原生应用程序,并像往常一样打开文件。不过,可以通过以下步骤直接在 Outlook 中打开附件:

(1)打开邮件,或者在【阅读窗格】中显示它。

(2)右击附件名称。

(3)从快捷菜单中选择【打开】命令。

对于某些文件类型,Outlook 可能会显示一个警告对话框,询问是打开还是保存文件。单击【打开】按钮,附件将在其原生应用程序中打开。

Outlook 之所以显示这个警告性的对话框,是出于安全考虑。某些类型的文件(例如 Word 文档和 Excel 工作簿)可能会包含损害系统的恶意宏代码。只要不打开文件,这些代码就不会造成损害,因此您可能希望首先将这些文件保存到磁盘,并在打开之前扫描病毒。

如果非要以这种方式打开附件,那么可以像平常那样在 Outlook 中处理它,包括保存到磁盘。

7.2　Outlook 安全

病毒、木马、垃圾邮件、信息行窃等,这些每天都给正常使用的 Internet 带来威胁,而这些威胁中的很多均来自电子邮件系统。

为了防止这一点,Outlook 2010 比以前装备了更多的安全系统。

7.2.1　创建邮件规则

这里所谓的规则就是针对特定条件对电子邮件进行一个或多个自动操作,也称为筛选器。Outlook 2010 能够通过检查邮件是否与特定条件集合相符合来执行特定的操作,从而达到帮助用户管理电子邮件的目的。

用户可以直接在收件箱中针对具有同一特征的垃圾邮件设置邮件规则,具体操作步骤

如下:

(1)右击要设置规则的邮件,在弹出的快捷菜单中选择【规则】→【创建规则】命令,打开如图7－27所示的【创建规则】对话框。

(2)根据邮件特征选择满足规则的条件,例如,在【当收到满足所有选择条件的电子邮件时】组内选中【中国教育文凭认证】复选框;在【执行下列操作】组内选中【将该项目移至文件夹】复选框,单击【选择文件夹】按钮设置文件夹为【已删除邮件】。

(3)单击【确定】按钮,规则立即生效。

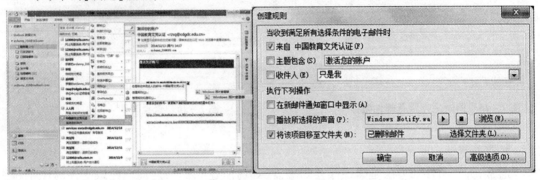

图7－27　【创建规则】对话框

7.2.2　加密所有的待发邮件

默认情况下,Outlook 2010不对等待发送邮件加密,如果有加密的安全要求,可以对所有待发的邮件进行加密,具体操作步骤如下:

(1)单击【文件】选项卡,在弹出的菜单中选择【选项】命令,打开【Outlook选项】对话框,单击左侧窗格中的【信任中心】选项,如图7－28所示。

(2)单击【信任中心设置】按钮,弹出【信任中心】对话框,单击左侧窗格的【电子邮件安全性】选项,然后选中【加密待发邮件的内容和附件】复选框,加密使得只有拥有密钥的用户才能看到邮件或附件的内容,如图7－29所示。

(3)单击【确定】按钮关闭对话框。

图7－28　【Outlook选项】对话框　　　　　　图7－29　【信息中心】对话框

7.2.3　关闭 Outlook 2010 附件预览功能

Outlook 2010 新增了一个附件预览功能,利用该功能直接在邮件显示窗口显示附件内容。但从安全性考虑,可以选择将其关闭。具体操作步骤如下:

(1)单击【文件】选项卡,在弹出的菜单中选择【选项】命令,打开【Outlook 选项】对话框,单击左侧窗格中的【信任中心】选项。

(2)单击【信任中心设置】按钮,弹出【信任中心】对话框,单击左侧窗格的【附件处理】选项,然后选中【关闭附件预览】复选框,如图 7 - 30 所示。

(3)单击【确定】按钮关闭对话框。

图 7 - 30　【附件处理】选项

7.3　管理联系人

Outlook 2010 不仅可以通过通信来记录联系人的姓名、电子邮件地址和电话等信息,还可以对这些联系人的资料进行动态管理,而所有的操作都可以在【联系人】文件夹中进行。

7.3.1　新建联系人

新建联系人就是将该联系人的姓名、电子邮件地址以及电话等信息记录下来,在以后的工作中可以直接使用这些信息。下面介绍新建联系人的操作方法:

(1)在【开始】选项卡中单击【新建项目】按钮,在弹出的下拉列表中选择【联系人】选项,在打开的对话框中输入联系人姓名、单位、部门以及电子邮件地址等信息,如图 7 - 31 所示。

(2)单击【商务】选项框打开【检查电话号码】对话框,输入联系人的电话号码信息,完成后单击【确定】按钮关闭对话框,如图 7 - 32 所示。

(3)在【联系人】选项卡的【动作】组中单击【保存并关闭】按钮,如图 7 - 33 所示。保存当前联系人的信息后,在 Outlook 2010【导航窗格】中选择【联系人】选项即可查看联系人的信息,如图 7 - 34 所示。

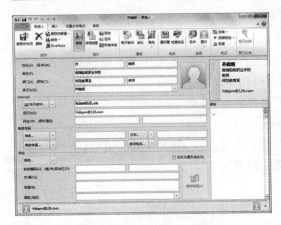

图 7-31 输入联系人信息

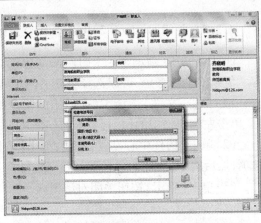

图 7-32 输入联系人的电话号码

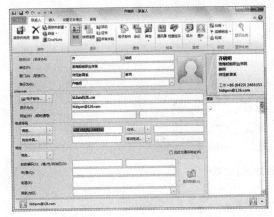

图 7-34 保持联系人

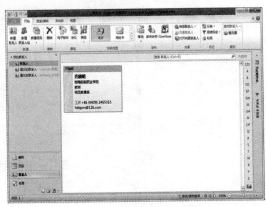

图 7-34 查看联系人

双击 Outlook 中间窗格中的联系人信息框,可以打开【联系人】对话框,对联系人信息进行重新编辑。在【联系人】选项卡的【动作】组中单击【保存并新建】按钮上的向下箭头,选择打开列表中的【同一个单位的新联系人】命令。此时,可以打开一个新的包含当前联系人信息的对话框,对其中的信息进行修改,即可快速创建具有相同单位信息的新联系人。这种操作方式能够避免大量信息重复的输入,以提高工作效率。

7.3.2 将邮件发件人添加为联系人

使用 Outlook 2010 时,经常需要把临时收到邮件的发件人作为联系人保存下来,这就需要将邮件收件人添加到【联系人】文件夹中,下面介绍具体的操作方法:

(1)在 Outlook 2010 的邮件窗格中选择邮件,再在右侧的窗格中右击发件人或收件人地址,然后在快捷菜单中选择【添加到 Outlook 联系人】命令,如图 7-35 所示。

(2)打开【联系人】对话框,其中的姓名和邮件地址已经存在,如图 7-36 所示。根据需要对信息进行修改,并将其他的信息补充齐全。完成后保存并关闭【联系人】对话框,即可实现联系人的添加。

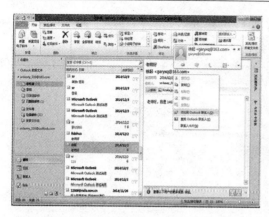
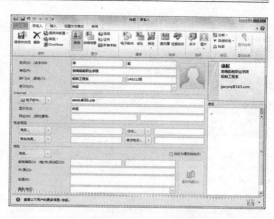

图 7 - 35　选择【添加到 Outlook 联系人】命令　　　　　　**图 7 - 36　【联系人】对话框**

7.4　利用日历安排计划

　　商务人士的工作很繁忙,每天都有很多事情要做,因此需要对每天的动作进行安排,以合理利用时间,高效地完成工作。Outlook 2010 提供了日历功能,使用该功能可以根据需要对一天的工作进行安排,方便制订约会、会议和工作计划。

7.4.1　安排约会

　　在 Outlook 2010 中,安排约会是指在日历中提醒自己在某一时间应该做什么事情;安排会议是提醒参与会议的朋友在某一时间做某件事情。下面以使用 Outlook 2010 安排约会为例介绍具体操作方法:

　　(1)启动 Outlook2010,在【开始】选项卡中单击"新建项目"按钮,在弹出的下拉列表中选择【约会】选项,如图 7 - 37 所示。

图 7 - 37　选择【约会】选项

　　(2)在打开的【约会】窗口的【主题】文本框中输入约会地点,在【开始时间】和【结束时间】右侧的下拉列表框中输入约会开始和结束的时间,在正文文本框中输入约会内容,如图 7 - 38 所示。

（3）在功能区中单击【约会】选项卡，设置提前 1 小时提醒，如图 7 - 39 所示。

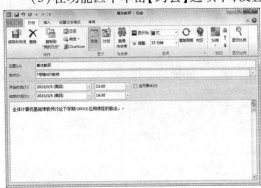 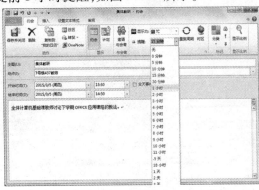

　　　　图 7 - 38　【约会】窗口　　　　　　　　　　　　　图 7 - 39　设置提醒时间

　　（4）在【提醒】下拉列表中选择【声音】选项，打开【提醒声音】对话框，单击【浏览】按钮打开【提醒声音文件】对话框，选择需要使用的提醒声音后单击【打开】按钮，如图 7 - 40 所示。

图 7 - 40　【提醒声音文件】对话框

　　（5）在【约会】选项卡中单击【保存并关闭】按钮，保存创建的约会并返回 Outlook 2010 操作界面。在导航窗格中选择【日历】选项，然后选择日历中的日期，此时可以在中间的窗格中看到日历信息，如图 7 - 41 所示。

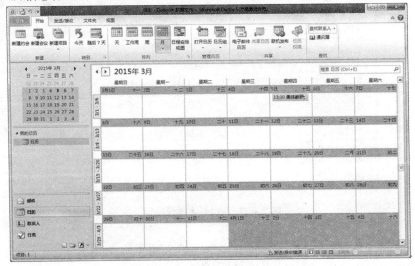

图 7 - 41　查看日历

可以使用多种日历视图来查看约会,其中【天】视图显示一天 24 小时中的约会和会议内容;【周】视图显示一周的约会或会议内容;【月】视图显示一个月的约会或会议内容。

7.4.2　使用日历安排任务

使用 Outlook 2010 能够对自己的工作任务进行安排,通过【任务要求】可以将任务分配给其他人,并对任务进行跟踪处理。下面以新建任务为例介绍具体操作方法。

(1)启动 Outlook 2010,在【开始】选项卡中单击【新建项目】按钮,在弹出的下拉列表中选择【任务】选项,如图 7-42 所示。

(2)此时,打开【任务】窗口,与设置约会一样,在窗口中输入任务内容,如图 7-43 所示。

图 7-42　选项【任务】选项

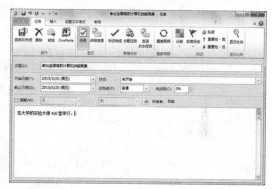

图 7-43　输入任务内容

(3)如果需要把该任务分配给其他人,可以在【任务】选项卡中单击【分配任务】按钮,窗口中将出现【收件人】文本框(图 7-44),单击【通讯簿】按钮打开【选择任务收件人】:【联系人】对话框,然后在对话框中选择任务的收件人,再单击【收件人】按钮将其添加到右侧的文本框中;完成后单击【确定】按钮,如 7-45 所示。

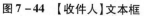

图 7-44　【收件人】文本框

图 7-45　指定收件人

(4)在【任务】选项卡中单击【保存并关闭】按钮,保存创建的任务并返回 Outlook 2010 界面。在导航窗格中单击【任务】选项,可以查看已有的任务,如图 7-46 所示。

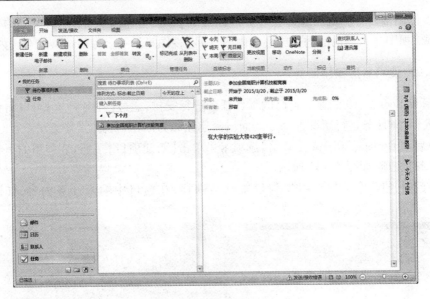

图 7 – 46　查看已有的任务

7.5　Outlook 基础知识练习题

一、单选题

1. 以下哪项允许用户隐藏某个电子邮件地址,使其不被其他收件人看到　　　（　　）

A. 抄送　　　　　　　B. 密件抄送　　　　　　C. 回复　　　　　　　　D. 全部回复

2. 发送电子邮件时,收信人没有开机,则　　　　　　　　　　　　　　　（　　）

A. 电子邮件保存在 ISP 的主机上　　　　　　B. 退回给发信人

C. 电子邮件无法传送　　　　　　　　　　　D. 电子邮件丢失

3. 以下哪项会将收到的电子邮件副本自动发送到指定的电子邮件地址　　　（　　）

A. 回复　　　　　　　B. 外出　　　　　　　　C. 自动转发　　　　　　D. 自动回复

4. SMTP 是以下哪项的英文缩写　　　　　　　　　　　　　　　　　　　（　　）

A. 简单邮件传输协议　　　　　　　　　　　B. 多用途 Internet 邮件扩展协议

C. 邮件协议版本 3　　　　　　　　　　　　D. Internet 信息传输协议

5. 某人的账户名是 JACK,他通过名称为 YOUNDER 的公司使用 Internet,此人的电子邮件地址一般而言应为　　　　　　　　　　　　　　　　　　　　　　　　　（　　）

A. JACK@ YOUDER. COM　　　　　　　　　B. JACK@ YOUDER. EDU

C. YOUDER@ JACK. COM　　　　　　　　　D. YOUDER@ JACK. EDU

6. 以下哪种通信方式,提供的历史记录最为精确　　　　　　　　　　　　（　　）

A. 短信　　　　　　　B. 电子邮件　　　　　　C. 即时消息　　　　　　D. 博客

7. 哪项电子邮件功能可在新撰写的电子邮件底部自动包含预先写好的文本　（　　）

A. 回复　　　　　　　B. 全部回复　　　　　　C. 签名　　　　　　　　D. 转发

8. 用户在发送电子邮件时,如果希望某位接收者的邮件地址不被其他接收者看到,应当执行哪项操作　　　　　　　　　　　　　　　　　　　　　　　　　　(　　)

 A. 回复　　　　　　　　B. 全部回复　　　　　C. 密件抄送　　　　　D. 抄送

9. 使用 Skype 不能完成以下哪项任务　　　　　　　　　　　　　　(　　)

 A. 视频通话　　　　　　　　　　　　B. 在线发送文件

 C. 在线文件对话　　　　　　　　　　D. 在线购物

10. 使用 Web 方式(直接在网站上)收发电子邮件时,以下描述错误的是哪一项(　　)

 A. 不用设置 SMTP 服务器域名　　　　B. 不用设置 POP3 服务器域名

 C. 登录邮箱时不用输入账号和密码　　D. 可以在附件中插入图片文件

11. 在 Outlook 2010 中,已经撰写好但还没有发送的邮件保存在哪个文件夹中　(　　)

 A. 发件箱　　　　　B. 草稿　　　　　　C. 已发送邮件　　　　D. 收件箱

12. 企业对消费者的电子商务简称是以下哪一项　　　　　　　　　　(　　)

 A. B2B　　　　　　B. B2C　　　　　　C. C2C　　　　　　　D. B2G

13. 你的朋友所发来的邮件有时会被邮箱作为垃圾邮件处理,为了避免这种情况,应当如何操作　　　　　　　　　　　　　　　　　　　　　　　　　　(　　)

 A. 将邮件地址添加到白名单　　　　　B. 将邮件地址添加到黑名单

 C. 将邮箱的安全等级设置为最低　　　D. 将邮箱的安全等级设置为最高

二、多选题

1. 一般情况下,回复邮件时,系统会自动显示　　　　　　　　　　　(　　)

 A. 收件者的电子邮件地址　　　　　　B. 抄送者的电子邮件地址

 C. 密件抄送者的电子邮件地址　　　　D. 回复主题

 E. 原始邮件的内容

2. 下列邮件附加文件中,有携带病毒可能的是　　　　　　　　　　(　　)

 A. 名称为"西湖.BMP"的图形文件　　B. 名称为 demo.exe 的应用程序文件

 C. 名称为"欢乐颂.mp3"音乐文件　　　D. 名称为"会议.docm"的 Word 文件

 E. 名称为"纪要.txt"的文本文件

3. 设定电子邮件密码时,应避免的方式是　　　　　　　　　　　　(　　)

 A. 时常更换密码

 B. 密码应当同时包含英文字字母、数字与符号

 C. 为不同的电子邮件账户设置相同的密码

 D. 用姓名、生日或纪念日等好记的字符串作为密码

4. 如果无法连接 Internet,仍然可以使用 Outlook 2010 进行的操作是　　(　　)

 A. 撰写邮件　　　　　B. 发送邮件　　　　　C. 接收邮件

 D. 删除联系人　　　　E. 新建邮件签名

5. 在 Outlook 中,阅读窗格可以　　　　　　　　　　　　　　　(　　)

 A. 显示在视图左侧　　B. 显示在视图右侧　　C. 显示在视图顶部

 D. 显示在视图底部　　E. 不显示

三、判断题

1. 一般而言,电子邮件的格式为域名@用户名。　　　　　　　　（　　　）

2. 在 Outlook 中,用户可以创建文件夹保存某个类别的电子邮件。　（　　　）

3. 在 Outlook 中添加联系人,可以帮助用户节省发送电子邮件时输入收件人邮件地址所花费的时间。　　　　　　　　　　　　　　　　　（　　　）

4. 用户在微博上分享自己某次活动中所拍摄的照片。　　　　　　（　　　）

5. 网上购物的缺点是,不便于消费者比较同类产品的价格。　　　（　　　）

6. 凡是未经用户许可(与用户无关)也就是那些不请自来的电子邮件就称为垃圾邮件。　　　　　　　　　　　　　　　　　　　　　　（　　　）

7. 当前网络技术的发展趋势是从计算机网络发展到互联网、移动互联网到物联网。　　　　　　　　　　　　　　　　　　　　　　　（　　　）

第8章 计算机网络知识

本章要点

* 掌握计算机网络的基础知识。
* 掌握局域网的技术与应用。
* 掌握互联网的技术与应用。

在现代信息社会中,对信息的处理已不再局限于使用单台计算机,对数据进行计算和处理,还需要进行大量的信息传递。由此,计算机网络技术也就应运而生了。

计算机网络是现代通信技术和高速发展的计算机技术完美结合的产物。一方面,通信技术为计算机之间的数据传送提供了重要支持;另一方面,计算机技术渗入通信领域,大大地提高了网络通信的能力。

8.1 计算机网络的基础知识

8.1.1 计算机网络的发展过程

Internet 最早起源于美国国防部高级研究计划署 DARPA(Defence Advanced Research Projects Agency)的前身 ARPAnet,该网于 1969 年投入使用。由此,ARPAnet 成为现代计算机网络诞生的标志。从 20 世纪 60 年代起,由 ARPA 提供经费,联合计算机公司和大学共同研制而发展起来的 ARPAnet 网络。最初,ARPAnet 主要是用于军事研究目的,它主要是基于这样的指导思想:网络必须经受得住故障的考验而维持正常的工作,一旦发生战争,当网络的某一部分因遭受攻击而失去工作能力时,网络的其他部分应能维持正常的通信工作。ARPAnet 在技术上的另一个重大贡献是 TCP/IP 协议簇的开发和利用。作为 Internet 的早期骨干网,ARPAnet 试验并奠定了 Internet 存在和发展的基础,较好地解决了异种机网络互联的一系列理论和技术问题。1983 年,ARPAnet 分裂为两部分,ARPAnet 和纯军事用的 MILnet。同时,局域网和广域网的产生和蓬勃发展对 Internet 的进一步发展起了重要的作用。其中最引人注目的是美国国家科学基金会 NSF(National Science Foundation)建立的 NSFnet。NSF 在全美国建立了按地区划分的计算机广域网并将这些地区网络和超级计算机中心互联起来。NSFnet 于 1990 年 6 月彻底取代了 ARPAnet 而成为 Internet 的主干网。NSFnet 对 Internet 的最大贡献是使 Internet 向全社会开放,而不像以前那样仅供计算机研究人员和政府机构使用。1990 年 9 月,由 Merit,IBM 和 MCI 公司联合建立了一个非盈利的组织——先进网络科学公司 ANS(Advanced Network & Science Inc.)。ANS 的目的是建立一个全美范围的 T3 级主干网,它能以 45 Mb/s 的速率传送数据。到 1991 年底,NSFnet 的全部主干网都与 ANS 提供的 T3 级主干网相联通。Internet 的第二次飞跃归功于 Internet 的商业化,商业机构一踏入 Internet 这一陌生世界,很快发现了它在通信、资料检索、客户服务等方面的巨大潜力。于是世界各地的无数企业纷纷涌入 Internet,带来了 Internet 发展史上的一个新的飞跃。

1. 以单计算机为中心的联机终端系统

计算机网络主要是计算机技术和信息技术相结合的产物,它从 20 世纪 50 年代起步至今已经有 50 多年的发展历程。在 20 世纪 50 年代以前,因为计算机主机相当昂贵,而通信线路和通信设备相对便宜,为了共享计算机主机资源和进行信息的综合处理,形成了第一代以单主机为中心的联机终端系统。

在第一代计算机网络中,因为所有的终端共享主机资源,所以终端到主机都单独占一条线路,所以使得线路利用率低,而且因为主机既要负责通信又要负责数据处理,因此主机的效率低,并且这种网络组织形式是集中控制形式,所以可靠性较低,如果主机出问题,所有终端都被迫停止工作。面对这样的情况,当时人们提出这样的改进方法,就是在远程终端聚集的地方设置一个终端集中器,把所有的终端聚集到终端集中器,而且终端到集中器之间是低速线路,而终端到主机之间是高速线路,这样使得主机只要负责数据处理而不要负责通信工作,大大提高了主机的利用率。

2. 以通信子网为中心的主机互联

随着计算机网络技术的发展,到 20 世纪 60 年代中期,计算机网络不再局限于单计算机网络,许多单计算机网络相互连接形成了有多个单主机系统相连接的计算机网络。

这样连接起来的计算机网络体系有两个特点:

(1)多个终端联机系统互联,形成了多主机互联网络;

(2)网络结构体系由主机到终端变为主机到主机。

后来这样的计算机网络体系慢慢向两种形式演变:第一种就是把主机的通信任务从主机中分离出来,由专门的 CCP(通信控制处理机)来完成,CCP 组成了一个单独的网络体系,我们称它为通信子网,而在通信子网基础上连接起来的计算机主机和终端则形成了资源子网,导致两层结构体现出现;第二种就是通信子网规模逐渐扩大成为社会公用的计算机网络,原来的 CCP 成为了公共数据通用网。

3. 计算机网络体系结构标准化

随着计算机网络技术的飞速发展,计算机网络的逐渐普及,各种计算机网络怎么连接起来就显得相当复杂,因此需要把计算机网络形成一个统一的标准,使之更好地连接,因此网络体系结构标准化就显得相当重要,在这样的背景下形成了体系结构标准化的计算机网络。

为什么要使计算机结构标准化呢? 有两个原因:第一是为了使不同设备之间的兼容性和互操作性更加紧密;第二是为了更好地实现计算机网络的资源共享,所以计算机网络体系结构标准化具有相当重要的作用。

8.1.2　计算机网络的定义

计算机网络是计算机技术与通信技术紧密结合的产物,随着计算机技术和通信技术的发展而发展。从组成结构上来讲,计算机网络是通过外围的设备和连线,将分布在相同或不同地域的多台计算机连接在一起所形成的集合。从应用的角度讲,只要将具有独立功能的多台计算机连接在一起,能够实现各计算机间信息的互相交换,并可共享计算机资源的系统便可称为网络。国际上目前对计算机网络还没有一个统一的严格定义,从网络的形成和发展过程来看,不同阶段网络的具体含义也不一样。

目前通常采用的计算机网络系统可定义为"计算机网络系统是用通信线路将分散在不同地点并具有独立功能的多台计算机互相连接、按照网络协议进行数据通信、实现资源共享的信息系统"。

从上述定义可以看出,计算机网络有五个要素:

(1)互连的计算机是一完整的、独立的系统,拥有自己的软件和硬件,能单独对信息进行处理加工;

(2)互连的计算机之间不存在制约与被制约的关系,各自具有自主性;

(3)附属设备一般情况下只能通过所属的计算机连接到网络上,达到资源共享的目的;

(4)计算机之间的互连是在一定的设备基础上实现的,包括网卡、线缆以及各种通信设备等;

(5)不同的计算机之间互联必须事先约定一套通信协议,而通信协议也是靠软件来实现的。

8.1.3　计算机网络的分类

1.按网络的交换功能分类

按网络的交换功能可把计算机的网络分为电路交换、报文交换、分组交换和混合交换(同时采用电路交换和分组交换)四种。

2.按网络的拓扑结构分类

拓扑结构是指网络中各种设备之间的联结方式。根据拓扑结构的不同,计算机网络一般可分为总线型网络拓扑结构、星型网络拓扑结构和环型网络拓扑结构三种,另外还有一种蜂窝型结构,它是随着无线通信技术的产生而产生的。蜂窝型结构在电信网络(如无线手机接入网、无线寻呼网)中使用得非常广泛,在局域网中也有应用。

(1)总线型网络拓扑结构

总线型网络拓扑结构如图 8 - 1 所示,每一台工作站都共用一条通信线路(总线),如果其中一个结点发送了信息,该信息会通过总线传送到每一个结点上,属于广播方式的通信。每台工作站在接收到信息时,先分析该信息的目标地址是否与本地地址相一致,若一致,则接收此信息,否则拒绝接收。总线型网络有以下几个特点:一是这种网络结构一般使用同轴电缆进行网络连接,不需要中间的连接设备,建网的成本低;二是每一网段的两端都要安装终端电阻器;三是仅适用于连接较少的计算机(一般应少于 20 台);四是网络的稳定性较差,任一结点出现故障将会导致整个网络的瘫痪;五是主要用于 10 Mb/s 的共享网络。

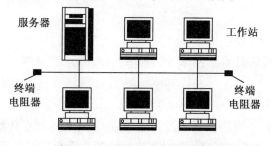

图 8 - 1　总线型网络结拓扑构图

（2）星型网络拓扑结构

星型网络拓扑结构如图 8 - 2 所示，在星型网络中所有的工作站都直接连接到集线器（HUB）或交换机上，当一个工作站要传输数据到另一个工作站时，都要通过中心结点（HUB 或交换机）。在使用星型结构组网时有以下特点：一是 HUB 或交换机可以进行级连，但级连最多不能超过四级；二是工作站接入或退出网络时，不会影响系统的正常工作；三是这种网络一般使用双绞线进行连接，符合现代综合布线的标准；四是这种网络结构可以满足多种带宽的要求，从 10 Mb/s,100 Mb/s 到 1 000 Mb/s。

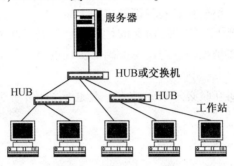

图 8 - 2　星型网络拓扑结构图

（3）环型网络拓扑结构

环型网络拓扑结构如图 8 - 3 所示，它是将每一个工作站连接到一个封闭的环路中，一个信号依次通过所有的工作站，最后再回到起始工作站，每个工作站会逐次接收到环路上传输过来的信息，并对此信息的目标地址进行比较，当与本地址相同时，才决定接收该信息。环型网络具有以下特点：一是每个工作站相当于一个中继器，接收信息后会恢复信号原有的强度，并继续往下发送；二是在环路中新增用户较困难；三是网络可靠性较差，不易管理。环型网络在中小型局域网中很少使用。

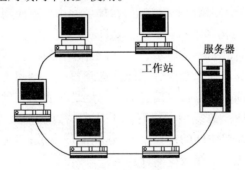

图 8 - 3　环型网络拓扑结构图

3. 按作用范围的大小分类

按作用范围大小，可将计算机网络分为局域网（LAN）、广域网（WAN）和城域网（MAN）三种。

（1）局域网（LAN,Local Area Network）

局域网也叫局部网，一般将微机通过高速通信线路相连（现在传输速度一般在 10 Mb/s 以上），但物理连接的地理范围较小（一般在几百米到几千米），经常运用于一个大楼内部或一组紧邻的建筑群之间,也可小到几间或一间办公室,或一个家庭。

（2）广域网（WAN,Wide Area Network）

广域网也叫远程网,作用距离通常为几十到几千公里,是一种可跨越国家及地区的遍布全球的计算机网络,一般以高速电缆、光缆、微波天线或卫星等远程形式连接。

（3）城域网（MAN,Metropolitan Area Network）

城域网也叫市域网,它的范围介于局域网和广域网范围之间,城域网的传输速率在10 Mb/s以上,作用距离一般为 5~50 km。

4. 内联网和外联网

为了让任何人在任何位置都可以共享信息,必须扩建现有的网络。同时,这种情况也产生了建立内联网及外部通信的需求。

（1）内联网

内联网是某个公司或组织的私有局域网络,使用与因特网相同的协议,即 TCP/IP。网络通常有一个 Web 服务器,其中包含公共文件,如某公司的政策或程序手册,员工应该可以使用网络浏览器访问这些文件。如图 8-4 所示为一个具有代表性的内联网连接到因特网的示意图。这种连接方式的共同点是允许用户访问因特网的资源,并能通过电子邮件与公司的外部进行交流信息。

当企业内联网连接到因特网时,会有一个危险,即机密资料在因特网上可以被外人或其他公司访问。防火墙是设置在内联网和因特网之间并阻止未经授权的人访问内联网的工具。防火墙可以是一个物理设备,也可以是一个专门的软件。防火墙的安装,可以使遭受风险的可能性降到最低。

（2）外联网

外联网是指利用因特网技术,使一家公司可以与另一家公司或组织共享信息。

例如,A 公司的员工在开发一个项目时,分别给他们一个用户名和密码,让他们查阅 B公司内联网中有关的项目档案和资料,如图 8-5 所示。

使用外联网会大大增加未经授权访问的风险,所以通常他们使用更先进的安全保护和复杂的防火墙设备。在建立外联网时最好有网络安全专家给予指导。

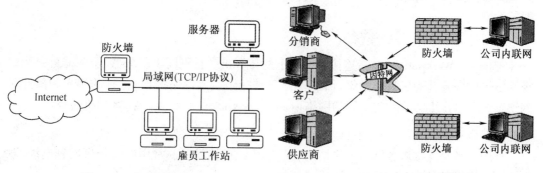

图 8-4　内联网模型　　　　　　　　　图 8-5　外联网模型

8.1.4　计算机网络的功能

随着计算机应用的日益广泛,人们对计算机网络的功能要求也不断提高。同时随着微电子技术的不断进步,计算机网络技术的发展使计算机的应用范围有了突破性进展。虽然

不同网络在数据传送、系统连接及具体用途方面各不相同,但一般计算机网络的功能都可概括为如下几个方面:

1.计算机资源共享

计算机资源包括软件、硬件和数据,如打印机、传真机、调制解调器、存储设备、共享数据和软件等。资源共享是计算机网络最具有吸引力的功能,也是组建计算机网络的重要目的之一。在一个计算机网络中,只要用户有适当的权限,就可以非常方便地使用网络中各计算机提供的各种资源、设备,并且不受实际地理位置的限制。

2.信息综合管理

各个分散的信息要通过网络快速传递到中心,而中心的处理结果也要通过网络传递到各使用点,实现网络中互联计算机之间各种信息的快速可靠传送,以便对系统进行管理,同时也解决了系统在时间和地理空间上的障碍。根据实际需求对这些信息进行分散或集中管理等处理,是计算机网络最基本的功能。

3.分布式任务处理

分布式任务处理是将要处理的大型任务分散到各个计算机上进行,而不集中在一台计算机上完成。它包括分布式输入、分布式处理、分布式输出等。分布式输入指将大量的数据分散在多台计算机上进行输入,解决数据输入的“瓶颈”问题;分布式处理是通过一些模块或算法将一些较复杂的综合性问题分别交给不同的计算机进行处理,使问题快速而经济地得到解决;分布式输出意指对需要输出的大型任务,选择网络中的空闲输出设备进行输出,以提高设备的利用率。

8.1.5　计算机网络的组成

计算机网络一般由服务器、工作站、外围设备和通信协议组成。

1.服务器

服务器(Server)是整个网络系统的核心,它为网络用户提供服务并管理整个网络。根据服务器担负网络功能的不同又可分为文件服务器、通信服务器、备份服务器和打印服务器等类型。

2.工作站

工作站(Workstation)是指连接到网络上的计算机。它不同于服务器,服务器可以为整个网络提供服务并管理整个网络,而工作站只是一个接入网络的设备,它的接入和离开对网络系统不会产生影响。在不同的网络中,工作站又被称为“结点”或“客户机”。

3.外围设备

外围设备是连接服务器与工作站的一些连线或连接设备。常用的连线有同轴电缆、双绞线和光缆等;连接设备有网卡、集线器和交换机等。

4.通信协议

通信协议是指网络中通信各方事先约定的通信规则,可以简单地理解为各计算机之间进行相互会话所使用的共同语言。两台计算机在进行通信时,必须使用相同的通信协议。

8.2　局域网技术

8.2.1　局域网的基础知识

1. 什么是局域网

局域网在功能上可定义为一组计算机和其他设备,在物理地址上彼此相隔不远,以允许用户相互通信和共享诸如打印机和存储设备之类的计算资源的方式互联在一起的系统。

局域网在技术上可定义为由特定类型的传输媒体(如电缆、光缆和无线媒体)和网络适配器(网卡)互联在一起的计算机,并受网络操作系统监控的网络系统。

2. 局域网的工作方式

了解并掌握局域网的工作方式,对网络选型、设备选购、性能和故障分析等方面都有很大的帮助。以太网中采用 CSMA/CD(载波监听多路访问/冲突检测)控制协议工作方式,网络中的所有用户共享传输介质,信息通过广播方式发送到所有端口。网络中的工作站对接收到的信息进行确认,如果是发给自己的便接收,否则不予理睬。从发送端的情况看,当发送端需要发送一个数据信息时,它首先要进行网络工作状况的检测,如果此时线路正好有空,便立即发送,否则继续进行检测,直到线路空闲时再发送。这样的一种工作机制,导致网络在工作时有以下两个问题。

一个是针对发送端的问题。发送端在发送每一个数据信息时都要不断地进行监测,另外并不是一个信息发送出去就算结束了,它还要负责对已发送信息进行确认,确认接收端是否已经接到,如收到说明发送成功,否则还要继续发送。如果网络连接质量不好或线路忙时,要成功地发送一条数据信息要进行很多次的监测、发送和确认过程,在一定程度上影响了网络速度的提高。

另一个是针对接收端的问题。从局域网的工作过程来看,每个工作站可能每时每刻都要不断地接收网上传来的数据信息,但是所接收到的信息并不一定是发给自己的,如果是给自己的才能接收。一方面工作端不断地接收和辨认网络中发送的信息,占用了一定的处理时间;另一方面广播信号占用着大量的网络线路,使实际可用的网络带宽得不到提高。(带宽代表网络的通信能力,是指给定范围的最高频率和最低频率之差,带宽越大,数据传输越快,数据传输的速度单位是 b/s,在计算机网络中也可用 b/s 来间接地表示带宽,如100 Mb/s 等。)

3. 网络中的共享与交换

共享和交换是网络中两个不同的概念,也代表了两种不同的工作机制。共享式网络中,当数据的传输用户数量超出一定的限量时,就会造成碰撞冲突,使网络性能衰退。而交换式网络则避免了共享式网络的不足。交换技术的作用便是根据所传递信息包的目的地地址,将每一信息包独立地从源端口送到目的端口,避免了和其他端口发生碰撞,所以当不同的源端口向不同的目标端口发送信息时,交换机就可以同时互不影响地传送这些信息包,并防止传输碰撞,提高了网络的实际吞吐量。

利用共享式连接设备所建立的局域网称为共享式局域网;利用交换式连接设备建立的局域网称为交换式局域网。共享式局域网中的常用设备主要有共享式集线器(HUB),交换式局域网中常用的设备主要有交换机(交换式 HUB,Switch HUB)。

4.局域网的分类

按网络结构的不同,局域网一般分为令牌网和以太网两种。

(1)令牌网

令牌网主要用于广域网、城域网及大型局域网的主干部分,其操作系统大多使用 Unix,组建和管理都非常烦琐。

(2)以太网

以太网(Ethernet)是当今世界上应用范围最广的一种网络技术。以太网组建较为容易,各设备之间的兼容性较好,同时目前主流的操作系统 NetWare,Windows95/98/NT/2000/XP 都支持它,所以现在 80% 以上的局域网都是以太网。

①标准以太网(10 BASE 5)

标准以太网的传输媒体采用外径为 10 mm 的粗同轴电缆,采用总线型拓扑结构,简记为 10 BASE 5。其中"10"表示信号在电缆上的传输速率为 10 Mb/s,"BASE"表示电缆上的信号为基带信号,"5"表示每一段电缆的最大长度为 500 m。联网时,把网卡插到微机上,通过一条收发器电缆外接一个收发器,再由收发器直接与粗电缆连接。收发器电缆最长可达 15 m。

②细缆以太网(10 BASE 2)

细缆以太网与标准以太网相似,只是信号在细缆中衰减较大,抗扰能力低。细缆以太网采用内部收发器,通过以太网卡上的 BNC 接口和 T 型头把微机连到总线上,细缆以太网的每个段最大长度为 185 m。

③双绞线以太网(10 BASE T)

在 20 世纪 80 年代末出现了以无屏蔽双绞线(0.4 ~ 0.6 mm)为传输介质的以太网,即 10 BASE T,T 表示双绞线星型网,采用星型的拓扑结构,以集线器(HUB,多口转发器,最多级连 4 个)作为中央结点,每个工作站到集线器的距离最大不超过 100 m。

还有 10 BASE F("F"代表光纤)、100 BASE T 的以太网千兆位以太网(1 000 BASE - SX,LX,CX)和无线局域网(电磁波和红外线)等新型局域网。

8.2.2 局域网中的设备

1.服务器

服务器是为所有工作站服务的计算机,机型往往是高配置的,硬盘和光驱的接口大多是 SCSI,大多数服务器是专用的,通常是自动运行的。服务器通常使用网络操作系统,如 NetWare,Windows NT,Windows 2000 等。

2.工作站

工作站是为操作者服务的计算机,与 PC 机的区别在于当计算机启动时,会出现附加信息,使用网络时需登录,可共享网络资源。

3.网络适配器

网络适配器即网卡(NIC),是计算机局域网中最重要的和必不可少的连接设备,计算机主要通过网卡联入网络。网卡的工作是双重的,一方面它负责接收网络上传过来的数据包,解包后,将数据通过主板上的总线传输给本地计算机;另一方面它将本地计算机上的数据打包后送入网络。

（1）网卡的种类和特点

服务器专用网卡是为了适应网络服务器的工作特点而专门设计的。它的主要特征是在网卡上采用了专用的控制芯片,大量的工作由这些芯片直接完成,从而减轻了服务器 CPU 的工作负荷。此类网卡价格较贵,一般只安装在一些专用的服务器上,普通用户很少用到。

普通工作站网卡也称为兼容网卡,适用于普通的计算机使用,价格低,工作稳定,使用率高。按网卡的工作速度分为 10 M 网卡、100 M 网卡、10/100 M 自适应网卡、1 000 M 网卡等几种;按总线类型可分为 ISA 网卡、EISA 网卡和 PCI 网卡三大类,其中 PCI 网卡最为常用;按连接方式可分为 AUI 接口(粗缆接口)、BNC 接口(细缆接口)和 RJ－45 接口(双绞线接口)三种接口类型。

笔记本专用网卡是专为笔记本电脑设计的,即 PCMCIA,所带的转接线分别用于与双绞线和细缆相连,现在的 PCMCIA 由原来的单一功能向多功能应用发展,如集局域网连接、Internet 接入和收发传真为一体的三合一卡。

无线局域网网卡是随着无线局域网技术的发展而产生的,与有线网卡不同的是,无线网卡在传送信息时不需要双绞线或同轴电缆,选择无线网卡时要注意网卡的速度(一般应在 2 Mb/s 以内)、网卡天线的灵敏度、安装的牢固性和可移动性。

（2）网卡的安装

现在多数网卡支持即插即用技术,在 Windows 98 操作系统中,当把网卡插入到主板的扩展槽中,启动系统时会发现新的硬件,把它的驱动程序盘放到驱动器中,按提示即可安装好驱动程序。

4. 中继器

对于连接一般的局域网,联网时经常遇到的问题是如何能够延长网络距离,中继器就是完成这项任务最廉价的也最实用的设备。对网络进行规划时,若网络段已超过规定的最大距离(如使用双绞线最长距离为 100 m)就要用中继器来延伸。一个中继器可以连接两个以上的网络段。用中继器连接起来的各网络段,仍属于一个网络整体,各网络段不单独配置文件服务器,各网络段上的工作站可以共享一个文件服务器。中继器仅有信号放大和再生的功能,它不需要智能和算法的支持,只是将一端口的信号转发到另一端口,或者将来自一个端口的信号转发到多个端口。

5. 集线器

集线器(HUB)是对网络进行集中管理的重要工具,像树的主干一样,它是各分枝的汇集点。HUB 是一个共享设备,其实质是一个中继器。

（1）集线器在网络中的作用

HUB 主要用于共享网络的组建,是解决从服务器直接到桌面的最佳、最经济的方案。使用 HUB 组网灵活,它处于网络的一个星型结点,对结点相连的工作站进行集中管理,不让出问题的工作站影响整个网络的正常运行,并且用户的加入和退出也很自由。

（2）集线器的分类

按照速度的不同,小型局域网的 HUB 可分为 10 M,100 M 和 10/100 M 自适应三种类型。在规模较大的网络中,还使用 1 000 M 和 100/1 000 M 自适应两类 HUB。HUB 的分类与网卡基本相同,因为 HUB 与网卡之间的数据交换是相互对应的。自适应集线器也叫作双速集线器,如 10/100 M,它内置了 10 M 和 100 M 两条内部总线,既可以工作在 10 M 速度下,也可以工作在 100 M 速度下。

根据配置形式的不同,HUB 可分为独立型 HUB、模块化 HUB 以及可堆叠式 HUB 三大类。独立型 HUB 是最早使用于 LAN 的设备,它具有价格低、容易查找故障、管理方便等优点,在小型 LAN 中广泛使用,但其工作性能较差,尤其是速度上无优势。模块化 HUB 一般带有机架和多个卡槽,每个卡槽中可安装一块卡,每块卡的功能相当于一个独立型 HUB,多块卡通过安装在机架上的通信底板进行互联并进行相互间的通信。常用的模块化 HUB 一般具有 4~14 个槽,在大型网络中为便于对用户的集中管理,得到了广泛应用。可堆叠式 HUB 是利用高速总线将单个独立型 HUB“堆叠”或短距离连接的设备,其功能相当于一个模块化 HUB,一般情况下,当有多个 HUB 堆叠时,其中存在一个可管理 HUB,利用可管理 HUB 可对此可堆叠式 HUB 中的其他“独立型 HUB”进行管理,可堆叠式 HUB 非常方便地实现对网络的扩充。

根据管理方式的不同,HUB 可分为非智能型 HUB 和智能型 HUB 两类。智能型 HUB 改进了普通 HUB 的缺点,增加了网络的交换功能,具有网络管理和自动检测网络端口速度的能力(类似于交换机);非智能型 HUB 只起到简单的信号放大和再生作用,无法对网络性能进行优化。早期使用的共享式 HUB 一般为非智能型的,而现在流行的 100 M HUB 和 10/100 M 自适应 HUB 多为智能型的 HUB,非智能型 HUB 不能用于对等网络,而且所组成的网络中必须有一台服务器。

根据端口数目的不同,一般可分为 8 口、16 口、24 口、32 口等几种。

6. 网桥

网桥是用来连接两个相同网络操作系统的设备,当一个网络在距离和功能上不能满足用户需要时,用户可以再配置另一个网络,以扩展距离和功能。网桥有内桥和外桥两种,内桥由文件服务器兼任,外桥是专门的一台微机来做两个网络的连接设备。网桥的功能在延长网络跨度上类似于中继器,但它能提供智能化连接服务,即根据帧的终点地址处于哪一网段来进行转发和滤除,并在一定条件下具有增加网络带宽的作用。

7. 路由器

当有两个以上的同类网络互联时,必须选用路由器,路由器不仅具有网桥的全部功能,还可以根据传输费用、网络拥塞情况以及信息源与目的地距离等不同情况自动选择最佳路径来传送数据包。

8. 网关

网关是用来连接异种网络的设置,它充当了一个翻译的身份,负责对不同的通信协议进行翻译,使运行不同协议的两种网络之间实现相互通信,如运行 TCP/IP 协议的 Windows NT 用户要访问运行 IPX/SPX 协议的 Novell 网络资源时,就必须由网关作为中介,如果两个运行 TCP/IP 协议的网络之间进行互联,则可以使用 Windows NT 提供的“默认网关”。

例如 A 网络的用户要访问 B 网络上的资源,则必须在 A 网络上设置一个网关,该网关的地址应为 B 网络服务器的 IP 地址,若 A 网络的用户还要访问 C 网络上的资源,只需添加 C 网络服务器的 IP 地址到 A 网络的网关中即可。

9. 调制解调器

调制解调器是调制器和解调器的合称,它是一种能够使计算机通过电话线同其他计算机进行通信的设备,它所做的工作就是把存储在计算机中的二进制格式信息转换为能够在电话线传输的模拟信号格式(称为调制),或把电话线上的模拟信号还原为计算机能够识别的二进制数(称为解调)。

8.2.3 局域网中的传输介质

1. 局域网中的双绞线

(1)双绞线的简介

双绞线是局域网布线中最常用的一种传输介质,尤其在星型网络拓扑结构中,双绞线是必不可少的布线材料。双绞线电缆中封装着一对或多对双绞线,为了降低信号的干扰程序,每一对双绞线一般由两根绝缘铜导线相互缠绕而成,每根铜导线的绝缘层上分别涂有不同的颜色,以示区别。如图 8-6 所示就是一根常见的双绞线。

双绞线可分为非屏蔽双绞线(UTP)和屏蔽双绞线(STP)两大类。其中 STP 分为 3 类和 5 类两种;UTP 分为 3 类、4 类、5类、超 5 类四种;同时,6 类、7 类双绞线也会在将来应用于计算机网络的布线中。

图 8-6 双绞线图

屏蔽双绞线电缆最大的特点在于封装其中的双绞线与外层绝缘胶皮之间有一层金属材料,能减少辐射,防止被窃听,有较高的数据传输率(5 类 STP 在 100 m 内可达到 155 Mb/s,而 UTP 只能达到 100 Mb/s),但价格相对较高,安装时较困难,需用特殊的连接器,技术要求高。非屏蔽双绞线电缆的外面只有一层绝缘胶皮,质量轻,易弯曲,易安装,组网灵活,在无特殊要求的计算机网络中,常使用非屏蔽双绞线电缆。

3 类双绞线的最高传输频率为 16 MHz,最高传输速率为 10 Mb/s,用于语音和最高传输速率为 10 Mb/s 的数据传输,3 类双绞线正逐渐从市场上消失;4 类双绞线的最高传输频率为 20 MHz,最高传输速率为 16 Mb/s,用于语音和最高传输速率为 16 Mb/s 的数据传输,4 类双绞线在局域网中很少用到,市场上基本看不到;5 类双绞线电缆使用了特殊的绝缘材料,最高传输频率为 100 MHz,最高传输速率为 100 Mb/s,用于语音和最高传输速率为 100 Mb/s的数据传输,是目前网络布线的主流;超 5 类双绞线的传输特性与普通 5 类线相同,近来又有了带宽为 125 MHz 和 200 MHz 的超 5 类双绞线,传输距离超过了 100 m,主要用于千兆位以太网;6 类双绞线的带宽将达到 200 MHz,可以传输语音、数据和视频;7 类双绞线的标准还没有制定出来,建议带宽为 600 MHz。

在小型局域网中,一般使用非屏蔽 5 类或超 5 类双绞线进行网络的连接。

(2)双绞线的连接方法

网线由一定长度的双绞线和 RJ45 水晶头组成,做好的网线要将 RJ45 水晶头接入网卡或 HUB 等网络设备的 RJ45 插座内。RJ45 水晶头由金属片和塑料构成,制作网线所需要的RJ45 水晶接头前端有 8 个凹槽,凹槽内的金属触点共有 8 个,如图 8-7 所示。要注意 RJ45 水晶头引脚序号,当金属片面对我们的时候从左至右引脚序号是 1~8,序号对于网络连线非常重要,不能搞错。双绞线由 8 根不同颜色的线分成 4 对绞合在一起,最大传输距离为 100 m,如果要加大传输距离,在两段双绞线之间可安装中继器(一般用 HUB 或交换机实现),最多可

图 8-7 水晶头

安装 4 个中继器,如安装 4 个中继器连接 5 个网段,则最大传输距离可达 500 m。

EIA/TIA 的布线标准中规定了两种双绞线的线序 568A 与 568B,如表 8 - 1 所示。

表 8 - 1　568A 与 568B 的线序

线序	1	2	3	4	5	6	7	8
标准 568A	绿白	绿	橙白	蓝	蓝白	橙	棕白	棕
标准 568B	橙白	橙	绿白	蓝	蓝白	绿	棕白	棕

为了保持最佳的兼容性,普遍采用 EIA/TIA 568B 标准来制作网线。但两端都有 RJ45 插口的网络连线无论是采用 568A 标准,还是 568B 标准,在网络中都是可行的。双绞线的顺序与 RJ45 头的引脚序号一一对应。10 M 以太网的网线使用 1,2,3,6 编号的芯线传递数据,而 100 M 网卡需要使用四对线。由于 10 M 网卡能够使用按 100 M 方式制作的网线,并且双绞线又提供四对线,因而即使使用 10 M 网卡,一般也按 100M 方式制作网线。

①双绞线连接网卡和集线器(交换机)

PC 等网络设备连接到 HUB 时,用的网线为直通线,双绞线的两头连线要一一对应,10 Mb/s 网线只要双绞线两端一一对应即可(1,2 脚用一对线,3,6 脚用一对线),不必考虑不同颜色的线的排序,而如果使用 100 Mb/s 速率相连的话,则必须严格按照 EIA/TIA 568A 或 568B 布线标准制作。

②双绞线连接两个 HUB(交换机、两台计算机)

在 HUB 间进行级连时,如果 HUB 上标有"Uplink""MDI""Out to HUB"等字样的端口,利用这些端口进行级连,使用直通线即可,否则要进行错线,即 A 端的 1 脚、2 脚连到 B 端的 3 脚、6 脚,B 端的 1 脚、2 脚连到 A 端的 3 脚、6 脚上。

最后须对线路进行通断测试,用电缆测试仪测试时,绿灯都应依次闪烁,软件调试最常用的办法就是采用 Windows 自带的 Ping 命令。

2. 局域网中的同轴电缆

(1)同轴电缆的分类

同轴电缆是由一层网状铜导体和一根位于中心轴线位置的铜导线组成,铜导线、网状导体和外界之间分别用绝缘材料隔开。同轴电缆的抗干扰能力强,屏蔽性能好,常用于设备与设备之间的连接,或用于总线型网络拓扑结构中。根据直径的不同,同轴电缆又分为细缆和粗缆两种。因粗缆的安装和接头的制作较为复杂,在中小型局域网中很少使用。

(2)细同轴电缆的连接

细同轴电缆在连接处切断,在两端安装 BNC 连接头,如图 8 - 8 所示。BNC 连接头之间通过专用的 T 型连接器相连,如图 8 - 9 所示。T 型连接器再与网卡相连,凡是使用同轴电缆连接的网络,在总线的两端都应安装相匹配的终端电阻器。终端电阻器的作用是削减信号的反弹,防止网络中无用信号的堵塞。如图 8 - 10 所示,即是细缆中所使用的 50 Ω 终端电阻器。细同轴电缆安装简单、造价低,在小型局域网中使用较多。

在使用细同轴电缆进行布线时,如果不使用中继器等设备(用于信号放大),其整个网络的总长度(网段)最大为 185 m,当网络中存在中继器时,最多可使用 4 个中继器连接 5 个网段,使网络总长度达到 925 m,同时,每段细缆最短不能小于 0.5 m,而且同一网段中连接的计算机应在 20 台以下。

图 8-8 BNC 连接头　　　　图 8-9 T 型连接器　　　　图 8-10 终端电阻器

3. 局域网中的光纤

光纤即光导纤维,是一种细小、柔韧并能传输光信号的介质,一根光缆中包含有多条光纤。20 世纪 80 年代初期,光缆开始进入网络布线,与铜缆(双绞线和同轴电缆)相比较,光缆适应了目前利用网络长距离传输大容量信息的要求,在计算机网络中发挥着十分重要的作用,成为传输介质中的佼佼者。

(1)光纤是如何通信的

光纤通信的主要组成部件有光发送机、光接收机和光纤,当进行长距离信息传输时还需要中继机。通信中,由光发送机产生光束,将表示数字代码的电信号转变成光信号,并将光信号导入光纤,光信号在光纤中传播;在另一端由光接收机负责接收光纤上传来的光信号,并进一步将其还原成为发送前的电信号。为了防止长距离传输而引起的光能衰减,在大容量、远距离的光纤通信中每隔一定的距离需设置一个中继机。在实际应用中,光缆的两端都应安装有光纤收发器。光纤收发器集合了光发送机和光接收机的功能,既负责光的发送,也负责光的接收。

(2)局域网中的光纤结构和分类

光纤的分类方法较多,目前在计算机网络中常根据传输模数的不同来分类。根据传输点模数的不同,光纤分为单模光纤和多模光纤两种("模"是指以一定角速度进入光纤的一束光)。单模光纤采用激光二极管 LD 作为光源,而多模光纤采用发光二极管 LED 为光源。多模光纤的芯线粗,传输速度低,距离短,整体的传输性差,但成本低,一般用于建筑物内或地理位置相邻的环境中;单模光纤的芯线相应较细,传输频带宽、容量大,传输距离长,但需激光源,成本较高,通常在建筑物之间或地域分散的环境中使用。单模光纤是当前计算机网络和应用的重点。

与铜质电缆相比较,光纤通信具有其他传输介质无法比拟的优势,传输信号的频带宽,通信容量大,信号衰减小,传输距离长,抗干扰能力强,应用范围广,抗化学腐蚀能力强,适用于一些特殊环境下的布线。当然,光纤也存在着一些缺点,如质地脆,机械强度低,切断和连接技术要求高等。

(3)光纤在局域网中的应用

因光纤的数据传输率高(可达几千(Mb/s))、传输距离远(无中继器传输距离可达几十到上百千米)等特点,在远距离的网络布线中得到了广泛应用,目前光缆主要用于集线器到服务器的连接以及集线器到集线器的连接,随着千兆位局域网应用的不断普及和光纤产品及其设备的价格不断下降,光纤到桌面也将成为网络发展的一个趋势。局域网中布线一般使用 62.5 μm/125 μm,50 μm/125 μm,100 μm/140 μm 规格的多模光纤和 8.3 μm/125 μm

规格的单模光纤。

(4)光纤的制作和连接

因为每条光纤的两端都要经过磨光、电烧烤等工艺过程才能确保正常使用,而且相关设备的价格也很昂贵,所以光纤的制作目前只能由一些专业公司来完成,一般小公司和计算机用户是不具备制作光纤的条件的,但光纤的安装如需要时普通用户也能自己完成,只要连接的设备(集线器和网卡)具有光纤接口,就可用一段已制作好的光纤进行连接,连接方法与使用双绞线相同。

8.2.4 局域网的软件准备

1. 操作系统

网络操作系统是计算机网络软件的核心,目前使用在计算机网络中的操作系统主要有以下几种:

(1)NetWare

该操作系统是由 Novell 公司开发的,目前已经有 NetWare 4.1 版本,并正在开发与 Internet 集成的 Web 功能,只能运行在 Intel 芯片的计算机上。

(2)Windows NT for Workgroup 和 Windows 95/98

提供了共享文件和共享打印机等简单网络功能。对于不需要设置用户权的局域网络,采用这两种操作系统对计算机硬件要求不高,并且具有操作简单、组网容易等特点。

(3)Windows NT/2000/XP/2003/2008

Windows NT/2000/XP/7 是美国微软(Microsoft)公司推出的 PC 操作系统,它把联网能力内置其中,提供了分布式和点对点两种网络环境。由于它把计算机操作系统和网络操作系统合二为一,所以基于 Windows NT 的计算机既可以是客户(工作站),又可以是服务器,因而对等通信是它们的一个主要特色,Windows Server 2008 64 位版是服务器版本的操作系统。

(4)Unix

目前 Unix 操作系统在金融业、Internet 等方面使用较广,主要有 IBM,SUN,HP,AT&T 和 SCO 公司等不同版本。

(5)OS/2

IBM 公司开发的 OS/2 操作系统,使用在 Intel 和 PowerPC 平台上。

2. 常用软件

局域网中的计算机除了安装 IE 浏览器、FoxMail 邮件收发软件外,还要有一些常用的工具软件和应用软件,如文件压缩与解压缩软件(WinRAR)、网络下载软件(迅雷)等。

8.2.5 局域网的结构

根据连接结构、工作方式和网络操作系统的不同,局域网中常用对等式、专用服务器和主从式三种结构。

1. 对等式网络结构

对等式网络(Peer to Peer)结构就是在网络中不需要专用的服务器,每一台接入网络的计算机既是服务器,也是工作站,拥有绝对的自主权,同时,不同的计算机之间可以实现互访,进行文件的交换和共享其他计算机上的打印机、光驱等硬件设备。

对等式网络的拓扑结构大多采用总线型和星型结构,操作系统主要有 DOS, Windows 95/98/NT/2000/XP/7 等。其主要优点是组建和维护容易,不需要专用的服务器,价格低和使用简单方便;但它有数据的保密性差和文件的存放分散等缺点。

2.专用服务器式结构

专用服务器(Server Based)结构的特点是网络中必须要有一台专用的文件服务器,而且所有的工作站都必须以服务器为中心,工作站与工作站之间无法直接进行通信。当工作站之间进行通信时,需要通过服务器作为中介,工作站端所有的文件读取和数据传送,全部都在服务器的掌管中。NetWare 网络操作系统是工作于专用服务器结构中的代表,专用服务器的拓扑结构可以是总线型的,也可以是星型的。优点在于数据的保密性很强,可以严格地对每一台工作站用户设置访问权限,可靠性强;但也有网络的工作效率低、工作站上的软硬件资源无法实现共享、网络的安装和维护较困难等缺点。

3.主从式结构

主从式(Server/Client)网络结构解决了专用服务器结构中存在的不足,客户端既可以与服务器端进行通信,同时客户端之间也可以直接对话,而不需要服务器的中介和参与。客户端和服务器端的关系是相对的,将提出服务请求的一方称为客户,把提供服务的一方称为服务器。它与对等网的工作方式相似,在主从式结构中同时会存在对等网的工作模式。

Windows NT Server,Windows 2000 Server,Windows 2003 和 Windows Server 2008 64 位版网络操作系统是工作于主从式网络结构中的主要代表,采用总线型和星型的拓扑结构。主要优点是可以有效地利用工作站端的资源,减轻服务器上的工作量,网络的工作效率较高;缺点是对工作站的管理较为困难,数据的安全性比不上专用服务器结构。

8.2.6 局域网中的通信协议

网络协议其实就是一种约定、一种规则。它规定了计算机在网络中进行通信的方式,包括一套完整的语句和语法规则。计算机间传送信息必须按照这种特殊的约定方式,否则所传信息不能被相互理解。一般说来,网络协议可以理解为网络中计算机间相互通信的"语言"。

有了共同遵循的网络协议,计算机就能相互通信,计算机联网的目的就能达到。网络协议是不能随心所欲的,它要大家必须都遵守,这就需要给它制定一个标准,以使不同网络协议之间能够协调配合。

1.OSI 参考模型

由于网络中容许不同的计算机连接,通信组织就十分复杂,任何改变都要修改整个软件包。为此,国际标准化组织极力提倡把网络结构和协议的层次标准化,并提出了一个网络分层的模型。这个模型称为开放系统互联参考模型 OSI(Open System Interconnection),由国际标准化组织于 1983 年颁布,以促进所有的计算机通信网络都具备互联能力,并最终开发成全球性的网络结构。

OSI 模型共分七层(表 8 - 2),这七层中的每一层都具有独立的功能,最低层为物理层,最高层为应用层,下层为上层服务,上层不必知道下层是如何工作的,只要知道两层间的接口提供的服务是什么即可。

表 8 - 2　OSI 七层模型图

应用层(Application Layer)	提供应用程序包
表示层(Presentation Layer)	语法转换语法选择
会话层(Session Layer)	控制传输
传输层(Transport layer)	数据传输
网络层 (Network Layer)	路由选择
数据链路层(Date Link Layer)	数据纠错或正确的数据包
物理层(Physical Layer)	机械传送连接以及介质的信号特征

该模型只是对层次划分和各层次的协议作了一些原则性说明,而不是具体的网络协议。目前在网络互联中应用的网络协议都是各个计算机厂商以前开发的,比较流行的网络协议有 TCP/IP,SPX/IPX 协议等。

2. TCP/IP 协议

TCP/IP(Transmission Control Protocol/Internet Protocol,传输控制协议/网际协议)是目前最常用的一种通信协议,它是计算机世界里的一个通用协议。在局域网中,TCP/IP 协议最早出现在 Unix 系统中,现在几乎所有的厂商和操作系统都开始支持它,同时,TCP/IP 协议也是因特网的基础协议。

TCP/IP 协议具有很强的灵活性,支持任意规模的网络,几乎可连接所有的服务器和工作站,但其灵活性也为它的使用带来了许多不便,另外,TCP/IP 协议也是一种可路由的协议。

3. 配置网络协议

(1)安装通信协议

在正常情况下,安装了网卡的驱动程序后,系统会自动为该网卡安装 TCP/IP 通信协议,如果没有安装 TCP/IP 协议,可按下列步骤安装:

右键单击桌面上的【网上邻居】,从打开的快捷菜单中选【属性】,弹出【网络连接】窗口,再右键单击【本地连接】图标,从打开的快捷菜单中选取【属性】,弹出【本地连接属性】对话框,在【此连接使用下列项目】列表框中可看到已安装的网络组件。单击对话框中的【安装】按钮,弹出【选择网络组件类型】对话框,单击【协议】选项,单击【添加】按钮,弹出【选择网络协议】对话框,选择要添加的协议,如选择 Internet 协议(TCP/IP),单击【确定】按钮,在【本地连接属性】对话框中可看到新添加的协议。

(2)设置 TCP/IP 协议

安装完协议后,要对其中的 TCP/IP 进行设置,在【本地连接属性】对话框中,用鼠标单击选定【Internet 协议(TCP/IP)】项,单击【属性】按钮,弹出【Internet 协议(TCP/IP)属性】对话框,可用【自动获取 IP 地址】或选定【使用下面的 IP 地址】单选按钮,在【IP 地址】【子网掩码】和网关文本框中输入相应的 IP 地址和子网掩码,单击【确定】按钮,完成设置。

(3)标识计算机

在局域网中,为使网络上的用户能识别用户的计算机,每一台计算机都要有一个独立不重复的名字来标识计算机,便于在网络中互相访问。

在【控制面板】中双击【系统】图标,或右键单击桌面上的【我的电脑】图标,从快捷菜单中选取【属性】,打开【系统属性】对话框,选择【计算机名】选项卡,单击【更改】按钮,弹出【计算机名称更改】对话框,在【计算机名】框中输入本机的计算机名,选择【工作组】单选按钮,输入要加入的工作组,单击【确定】按钮,一般计算机会要求重新启动。

8.2.7　局域网内共享文件资源

1. 设置目录共享

将计算机中的文件设为共享,供其他计算机使用,步骤如下:

(1)在【我的电脑】或【资源管理器】中选中要共享的目录,单击鼠标右键或【文件】菜单中的【共享和安全】命令,选择【共享"选项卡。

(2)在【网络共享和安全】中,勾选【在网络上共享这个文件夹】复选框,在【共享名】中输入共享的名称,WindowsXP 连接用户数限制最多为 10 人,可设置共享权限。

(3)设置完成后,单击【确定】按钮。

2. 访问网络上的共享目录文件

在一个对等网络中,当完成了共享资源的设置后,就可以通过双击 Windows XP 桌面上的【网上邻居】的图标,点击【查看工作组中的计算机】,可显示【整个网络】和工作组中的计算机名称,双击计算机的名称,可看到该计算机所提供的共享资源。

另一种访问网络上的共享目录文件的方法是做【映射网络驱动器】,右击 Windows XP 桌面上的【网上邻居】的图标,点击【映射网络驱动器】,在对话框中,为共享的文件夹选择一个驱动器号,通过【浏览】按钮找到其他机器上的共享文件夹,点击【确定】按钮,以后在【我的电脑】中就可以使用这个驱动器。

8.2.8　组建家庭小型局域网

1. WLAN 和 WIFI 的区别

WLAN(无线局域网),顾名思义,若干台无线设备通过某个或数个基站(通常称为热点或 AP,一般使用无线路由器实现)达到互联,通过无线连接构成一个内部局域网,实现内部资源共享。如果 AP 能够访问 Internet,局域网内的无线设备也可以共享。

WIFI 是实现无线组网的一种标准(协议),WIFI 网络工作在 2.4 G 或 2.5 G 的频段(接近直线传播),作用距离不远,有利于频率复用,这就是其与预先局域网 WLAN 的区别。

2. 常见无线路由器的基本功能

(1)提供覆盖一定范围的无线局域网接入服务。

(2)提供多个有线网络接口,可组建有线局域网。

(3)提供广域网(WAN)或 Internet 接口,并且内置拨号程序,可根据用户需求连接 ADSL Modem、小区宽带等网络。

(4)简单的网络管理功能。

3. 网络故障处理基本命令

在 Windows 中使用命令可以轻松地查看网络配置情况和测试链路是否接通,最常用的命令有两个,即 Ipconfig 和 Ping。

(1) Ipconfig

该命令用于查看 Windows 下的网络配置,具体操作方法是打开 Windows 命令处理程序,在窗口中直接输入。

(2) Ping

该命令用于验证两个网络是否联通,具体操作方法是在 Windows 命令处理窗口输入 Ping 对方 IP 地址。

8.3 Internet 及其功能

8.3.1 Internet 的发展历程

1. Intent 的发展

Internet 即国际互联网,又称为环球网和因特网等。实际上 Internet 就是由符合 TCP/IP 协议的多个计算机网络组成的一个覆盖全球的计算机网。

Internet 的前身是美国国防部高级研究计划管理局在 1969 年作为军事实验网络建立的 APPANET,建立的初期只有四台主机,采用 NCP(网络控制程序)作为主机的通信协议。1980 年,由美国国防部通信局和高级研究计划管理局研制成功的 TCP/IP 协议正式投入使用,此后又由美国加州大学伯克莱分校把协议作为他们开发的 BSD UNIX 的一部分,使得该协议得到广泛的流传。1983 年初,国防部高级研究计划管理局要求所有与 APPAnet 相连的主机采用 TCP/IP 协议。

1985 年,美国国家科学基金会(NSF)以六个为科研教育服务的超级计算机中心为基础,建立了 NSFNET 网,并联到 Internet 上。1987 年,NSF 开始进行 NSFNET 的升级工作,与 MERIT,IBM 和 MCI 公司合作,把 NSFNET 的骨干网的传输速度从原来的 64 Kb/s 提高到 1.44 Mb/s,该广域网在 1988 年夏季成为 Internet 的主干网。1992 年,这三家又建立了广域网 ANSNBT,其传输速度从 1.44 Mb/s 提高到 45 Mb/s。1995 年,NSF 把 NFSNET 的经营权交给美国三家最大的电信公司(Sprint, MCI, ANS),NSFNET 也分成 SprintNET, MCInet 和 ANSnet,由三家公司分别管理和经营。当时的 Internet 主要是供科研和教学使用,最初上网的计算机才不过 30 万台左右。

20 世纪 90 年代以来,随着 Internet 商业化以及万维网(WWW)的出现,Internet 逐渐走向民用。今天,Internet 成为一种通过服务器将小型网络连接起来的错综复杂的网络结构。大部分情况下,服务器通过电话和调制解调器连接到这些服务器上。直接线路一般是高速的电信线路,专门用于在建筑物之间传送数据。而标准的电话线路,或者被称为 ISDN 及可进行虚拟拨号的 ADSL 等特殊数字线路,则通常用于连接个人计算机。

Internet 是一个包含丰富资料的联机服务网络,能提供包括电子公告牌、网络新闻组、电子邮件和最新消息在内的各种信息。随着 Internet 的迅速发展,联网用户也在不断增加,目前全球用户已过亿。

2. 中国状况

经过十多年的发展,中国互联网已经形成规模,互联网应用走向多元化。互联网越来越深刻地改变着人们的学习、工作和生活方式,甚至影响着整个社会进程。据《2013—2017年中国互联网产业市场前瞻与投资战略规划分析报告》数据显示,截至 2013 年 9 月底,中国网民数量达到 6.04 亿,互联网普及率达到 45%,超过世界平均水平;移动互联网用户达8.28 亿,3G 用户达 2.5 亿,互联网已经覆盖到中国所有县级以上城市和超过 99% 的乡镇,86.7% 的行政村开通了宽带。截至 2013 年 11 月,中国共有 68 家互联网企业在境内外上市,其中 46 家在美国上市,10 家在中国香港上市,12 家在内地上市。

3. 互联网、因特网、万维网三者的关系

互联网包含因特网,因特网包含万维网,凡是能够彼此通信的设备组成的网络就叫互联网。所以,即使仅有两台计算机,不论用何种技术使其彼此通信,也叫互联网。国际标准的互联网写法是 internet,字母 i 一定要小写。因特网是互联网的一种,国际标准的因特网写法是 Internet,字母 I 一定要大写。它不是仅由两台计算机组成互联网,而是由上千万台设备组成的互联网。因特网使用 TCP/IP 让不同的设备可以彼此通信。但使用 TCP/IP 的网络并不一定是因特网,一个局域网也可以使用 TCP/IP。判断自己是否接入的是因特网,首先是看自己计算机是否安装了 TCP/IP,其次看是否拥有一个公网地址(所谓公网地址,就是所有私网地址以外的地址)。

因特网是基于 TCP/IP 实现的,TCP/IP 由很多协议组成,不同类型的协议又被放在不同的层,其中位于应用层的协议有很多,如 FTP,SMTP,HTTP 等。只要应用层使用的是 HTTP,就成为万维网(World Wide Web)。之所以在浏览器里输入百度网址时,能看见百度网提供的网页,就是因为用户的个人浏览器和百度网服务器之间使用的是 HTTP。

8.3.2　域名及 URL

一台计算机或局域网中的任一台计算机与 Internet 互联,用户必须向网络信息中心 NIC申请 IP 地址(自动分配或固定分配)。在 Internet 中,每个独立存在的计算机都拥有唯一的IP 地址。IP 地址是一个 32 位(bit)的二进制数,通常写成用"."分隔的十进制数的形式,例如 128.14.16.1,每个十进制数对应一个字节(Byte)。IP 地址的类型(或格式)有 A,B,C 三类,它们所能表示的范围分别如下:

A 类　0.0.0.0—127.255.255.255;

B 类　128.0.0.0—191.255.255.255;

C 类　192.0.0.0—233.255.255.255。

IP 地址为 Internet 内部提供一种全局性通用地址,Internet 主机的应用程序可以方便地使用 IP 地址通信,但是它对于一般用户来说还是太抽象了。IP 地址结构是数字形,用户难以记忆。

为了向一般用户提供一种直观、明了、容易记忆的主机标志符,TCP/IP 专门设计了一种字符型的主机名字机制,这就是 Internet 域名系统 DNS。Internet 服务提供者(ISP)按照下列方式之一给用户分配了一个 Internet 地址:

(1)用户获得了一个专用的数字地址,此地址是当配置 TCP/IP 时,在 IP 地址域中键入的值。

(2)Internet 服务提供者在每次用户登录时自动分配一个 IP 地址,并让用户设置一个名叫 DHCP 的选项。这是一种常用的方法,因为这使得用户注销时,该地址可被其他用户使用,这样也节约了地址。

所有的 Internet 名字有两个元素,如 local. domain。

这里,local 是一个识别用户所在领域的名字,而 domain 常常是一个标志用户服务器的名字,但它也常常会标志某所大学、公司或其他机构。如果用户公司拥有一个 Internet TCP/IP 网络,则域名是网络中每台主机地址的一部分,并组合成一个类别代码以表示机构类别。表 8 - 3 列出了最常用的类别代码。

当创建个人用户名时,常常将名字放在 Internet 主机名前,如 username@ host, username 是用户的标识符或邮箱,host 是计算机,或者是主机,或者是域名。例如下面地址:abcd12@ neu. edu. cn,标识出了用户名、主机网络、机构类别、国别。

表 8 - 3 常用类别代码

代码	所代表的组织	代码	所代表的组织
com	商业组织	mil	军事
edu	教育机构	net	网络组织
gov	政府部门	org	非盈得组织
Int	国际组织		

8.3.3 连入 Internet 的方式

计算机连入 Internet 有多种方式,可以通过调制解调器拨号上网、ISDN 拨号上网、ADSL 虚拟拨号上网、DDN 专线上网或通过代理服务器、路由器接入互联网。

8.3.4 Internet 的基本服务

Internet 有着强大的服务功能,常用的服务有信息搜索、新闻浏览、电子邮件、远程登录、文件传输、网上电话、电子公告和聊天等。

1. Web 浏览

(1)Internet Explorer 9 功能简介

微软公司开发的 Internet Explorer 是综合性的网上浏览软件,是使用最广泛的一种 WWW 浏览器,也是用户访问 Internet 必不可少的一种工具。

微软在 2011 年 3 月 14 日正式发布了 IE9。浏览器作为上网冲浪的必要途径,其稳定性、兼容性、安全性以及快捷性优良与否直接决定着它在用户心中的地位,微软以前版本的 IE 浏览器虽然在稳定性、兼容性与安全性占有很大优势,但速度慢的问题已经严重影响着 IE 浏览器的竞争力,所以微软在 Windows 7 系统成熟后紧接着推出了全新一款浏览器 IE9。可以说这款浏览器除了保持了原有优势外,在速度上做了很大提升。IE9 采用全新的 Chakra Java Script 引擎,能充分利用当下的主流计算机配置多核心 CPU,还将全面支持 HTML5 CPU 硬件加速,借助 CPU 的能效来渲染标准的 Web 内容。此外,IE9 还带来了全新的用户界面,简单、清晰、有效快捷,并且提高了安全性和稳定性。下面将介绍 IE9 的部分常用功能及使用技巧。

①网页保存一键搞定

在以前的 IE 版本中,要将网页保存到硬盘中,只能在【页面】菜单中找到【另存为】命令,并没有快捷键可以操作,比较不便。但在 IE9 中,只需按下通用的【Ctrl + S】组合键,就可以将网页保存,不需要进行层层的菜单选择。

②导航网址快捷输入

类似的改进还有一个,那就是【Ctrl + L】组合键,在 IE9 之前的版本中可以弹出【打开】对话框。IE9 开发团队对此进行了改进,在 IE9 中按下【Ctrl + L】组合键,可以直接将光标转到地址栏,让用户输入网址,原有的【打开】对话框可以通过【Ctrl + O】组合键弹出。

这样,不同浏览器之间的用户体验就更加统一了,因此在 IE9,Firefox 和谷歌浏览器中按下【Ctrl + L】和【Ctrl + D】组合键,都可以实现相同的功能——将光标转到地址栏。

③导航历史快捷访问

在 IE8 的前进和后退按钮旁边有个小箭头,通过它可以查看并快速跳转到之间访问的网页,而不需要一次又一次地点击前进或后退按钮。

在 IE9 经过精简的界面中,已经看不到旁边的箭头按钮,访问导航记录变得比以前更方便,一共有三种方法:

将前进或后退按钮(如果可用)按住不放,持续 1 s;

在前进或后退按钮(如果可用)上右击;

在前进或后退按钮(如果可用)上点击,同时向下拖动,这种方法是专业触摸操控所设计的。

④访问所有菜单功能

在 IE8,随着许多功能的加入,菜单命令数量也变得前所未有地丰富,达到了一个顶峰。而 IE9 的设计理念恰恰是精简,对菜单进行了大量的删减,除了合并为一个齿轮按钮之外,留下的命令也非常少。

⑤精简后的菜单

在窗口空白处右击,【菜单栏】的踪影也消失了。

⑥菜单栏彻底“消失”

为了保证功能的完整,新版软件是不会无缘无故删除以前版本的功能。在 IE9 中只需按下【Alt】键,菜单栏就会临时出现,就可以像 IE8 一样在其中找到需要的命令。

⑦搜索快捷键

在 IE9 中,搜索框和地址栏进行了整合,地址栏完全具有了搜索栏的功能,能自动判断输入的是网址还是搜索关键词。

⑧快捷搜索

只要在地址栏前面加上问号和空格,浏览器就会对任何文字采取搜索操作,而不会将其识别为网址。

(2)IE9 主要的功能按钮

①【主页】按钮　单击【主页】按钮可返回到每次启动 Internet Explorer 时显示的网页。

②【返回】按钮　单击【返回】按钮可返回到刚刚查看过的网页。

③【前进】按钮　单击【前进】按钮可查看在单击【后退】按钮前查看的网页。

④【停止】按钮　如果查看的网页打开速度太慢,可单击【停止】按钮。

⑤【刷新】按钮　如果看到网页无法显示的内容,或者想获得最新状态的网页,可单击【刷新】按钮。

⑥【收藏夹】按钮　单击【收藏夹】按钮可以从收藏夹列表中选择站点。

⑦【工具】按钮　单击【工具】按钮可以很方便地进行 Internet 选项的设置及打印等操作。

2. 电子邮件(E-mail)

(1)什么是电子邮件

电子邮件(E-mail)是由英文单词 Electronic(电子)和 mail(邮件)组合而成的。在局域网、因特网以及企业内部网中,E-mail 是用户之间进行相互通信、相互交流的一种手段。在 Internet 中传送的电子邮件都必须遵循统一的规范,这就是 SMTP(Simple Message Transfer Protocol,简单报文传送协议)。各个计算机系统上的 E-mail 软件都是按照该协议相互交换电子邮件的。

电子邮件是一种独立于操作系统的电子邮件客户软件,它可以在 Windows XP 或者其他平台,如各种 Unix 操作系统上进行。电子邮件的发送方和接收方的计算机中都必须安装有 E-mail 软件。

E-mail 地址由字符组成,该字符串被字符@ 分为两部分。如 abc@163.com,就是用户"abc"在互联网的 E-mail 地址,它由用户名"abc"和用户信箱所连接的计算机的域名"163.com"组成,这个电子邮箱是因特网上唯一的一个地址,它不会与他人的 E-mail 地址发生冲突。

(2)E-mail 的功能

①接收电子邮件　包括连接和阅读、打印收到的电子邮件等。

②发送电子邮件　包括发送电子邮件、回答一个电子邮件等。

③其他功能　产生一个通信录、参加一个专题讨论组等。

目前,编辑、发送和接收电子邮件既可以在网页上登录邮箱后进行,也可以使用专用的软件来进行,如 IE 中的 Outlook Express 和 Microsoft Office 中的 Outlook 等。

3. 远程登录(Telnet)

远程登录是为某个 Internet 主机中的用户与其他 Internet 主机建立远程连接而提供的一种功能服务。它使用户坐在与计算机相连接的键盘旁并且经由网络与一个远程计算机相连接,一旦用户使用 Telnet 与主机建立连接后,该用户就可以利用远程主机的各种资源和应用程序了,就好像用户的键盘直接连到远程计算机上了。Telnet 采用的是命令行的方式,邮件以文本和二进制方式接收和传送。

单击【开始】按钮,选择【运行】命令,输入欲连接的远程计算机的名字或 IP 地址,如图 8-11所示,在随后出现的窗口中【User Name:】下输入登录用户名,在【User Password】下输入用户的密码。

图 8-11　Telnet 远程登录

4. 文件传输(FTP)

Internet 上有着丰富的信息资源,其中包含了数以万计的各种共享软件供用户免费使用。除此之外,用户还可以将自己的得意之作放在网上与大家一道交流。

网上的文件传输,简称 FTP。只要用户连通这些 FTP 服务器,就可以将服务器上的资源下载到自己的计算机上。

在网上传输文件,需要相应的 FTP 软件,包括 Windows 平台下的 FTP 以及最广泛使用的 FTP 软件——WS – FTP Pro 及 Netant(网络蚂蚁)。

Windows 附带一个简单的 FTP 软件。单击【开始】按钮,选择【运行】。弹出【运行】命令,在【运行】对话框中输入 FTP 服务器的 IP 地址或域名,例如"ftp 202. 118. 0. 83",屏幕出现 DOS 提示符。在【User】后面填写用户的 FTP 账号,对于一般的用户,填写"anonymous"(匿名),口令输入自己的电子邮件地址即可,这时可进入子目录并查看文件。

FTP 的常用命令见表 8 – 4。

表 8 – 4　FTP 的常用命令

Ascii	进入 ASCII 方式
Binary	进入二进制方式
Cd	改变远程机器上的工作目录
lcd	将本地机器上的缺省目录改成由目录名所指定的目录
ls	显示远程机器上的目录列表
Get	下载文件
Put	传送文件到远程计算机上
Bye	退出 FTP 服务

5. 电子公告板(BBS)

BBS 是 Internet 提供的一种服务,用户在 BBS 中可以通过阅读各种文章获取丰富的知识;可以获取各种软件资源;可以在聊天室中与远在万里之外的人交谈;可以通过电子邮件互递的方式在公众论坛中就某个问题与众人展开讨论。

Telnet 是 Windows 提供的终端仿真软件,如果想进入 BBS 站,要用 Telnet 登录到 BBS 服务器上,在 Windows XP 的【命令提示符】下输入"Telnet BBS 站址",如图 8 – 12 所示。

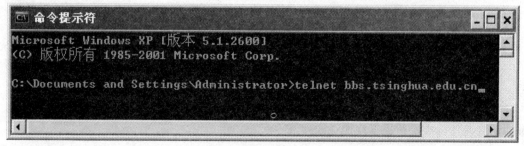

图 8 – 12　登录 BBS

回车之后,Telnet 连通了 BBS 服务器,窗口中出现了 BBS 站的主画面,如图 8 – 13 所示,用户可以输入账号,用 guest 名可以参观 BBS 站,用 new 命令注册新的用户。

图 8 – 13   BBS 的主界面

由于 BBS 站采用高度公开化的信息发布方式,任何 BBS 正式的注册成员都可以在上面发表言论,而阅读言论的人来自世界各地,所以 BBS 站必须有一个良好和健康的讨论环境,对于不健康的言论,BBS 站是坚决反对的,用户在 BBS 站中是有信任级的,用户即使进入 BBS 站,其权限也是有限的,尤其是新注册的用户,可能没有发表文章的权利,但是用户可以通过努力来增加 BBS 站对自己的信任度。

BBS 站不支持鼠标,必须用键盘输入命令。用户在 BBS 上可以选择讨论区、阅读文章、发表文章、回复文章和收发电子邮件。

BBS 上一般都有一个精华区,集中了 BBS 中最精彩的部分,这些精彩的信息包括用户最常问的问题、讨论区中最有价值的信息、某个阶段最热门的话题以及 BBS 站的一些重要的统计数据。如果用户是 BBS 站的新手或希望节约时间,那么请先到 BBS 精华区中查询有关信息,帮助用户迅速精通 BBS 或高效率地找到有价值的东西。

8.4   网 络 礼 仪

8.4.1   通信标准设置

在线通信的拼写规范及礼仪是成为合格数字公民的基础。需要在了解网络通信礼仪、掌握网络通信标准的前提下完成在线通信。

1. 拼写规范

在线通信时,应注意拼写错误和错别字,应使用拼写检查。这是对别人的尊重,也是对自己的态度的体现。例如,当使用 E-mail 进行公文发送或日常交流时,需要注意如果是英文 E-mial,最好把拼写检查功能打开;如果是中文 E-mail,注意拼音输入法时同音错别字。在邮件发送前,务必自己仔细阅读一遍,检查行文是否通顺,拼写是否有错误。

2. 全部大写与标准大写的区别

相比首字母大写,全部大写有时候可起到突出强调的作用,防止更改。特别是重要的文件一类。再有就是特殊名字必须大写。不要过多使用大写字母对信息进行提示。合理的提示是必要的,但过多的提示则会让人抓不住重点,影响阅读速度。

3. 职场与私人通信的区别

现如今,可能已经找不到没有电子邮箱的网民了,特别是职业人士,还拥有使用公司域名的邮箱。职业人士利用公司邮箱发送邮件与私人邮件有着很大区别,存在着职场邮件礼仪方面的新问题。

据统计,如今互联网每天传送的电子邮件已达数百亿封,但有一半是垃圾邮件或不必要的邮件。在商务交往中要尊重一个人,首先要懂得替他人节省时间。电子邮件礼仪的一个重要方面就是节省他人的时间,只把有价值的信息提供给需要的人。

写 E-mail 就能看出其人为人处世的态度。作为发信人写每封 E-mail 的时候,要想到收信人会怎样看这封 E-mail,要时刻站在对方立场考虑。同时,勿对别人的回答过度期望,当然更不应对别人回答不屑一顾。

4. 电子邮件与网络礼节

(1)关于主题

主题是接收者了解邮件的第一信息,因此要提纲挈领,使用有意义的主题行,这样可以让收件人迅速了解邮件内容并判断其重要性。

一定不要空白标题,这是最失礼的。标题要简短,不宜冗长,不要让电子邮箱用省略号才能显示完标题。

(2)关于称呼与问候

恰当地称呼收件人,拿捏好尺度。邮件的开头要称呼收件人,这既显得礼貌,也明确提醒某收件人,此邮件是面向他的,要求其给出必要的回应;在多个收件人的情况下可以称呼大家(英文邮件可以使用 All)。

(3)E-mail 正文要简明扼要,行文通顺

E-mail 正文应简明扼要地说清楚事情。如果具体内容确实很多,正文应只做摘要介绍,然后单独写个文件作为附件进行详细描述。正文行文应通顺,多用简单词汇和短句,准确清晰地表达,不要出现让人晦涩难懂的语句。

(4)附件

如果邮件带有附件,应在正文里面提示收件人查看附件,附件文件应按有意义的名字命名。特别是带有多个附件时,正文中应对附件内容做简要说明。

(5)回复技巧

收到他人的重要电子邮件后,即刻回复对方,这是对他人的尊重。理想的回复时间是 2 h 内,特别是对一些紧急重要的邮件。对每一份邮件都立即处理是很占用时间的,对于一些优先级别低的邮件可集中在一特定时间处理,但一般不要超过 24 h。

（6）转发邮件要突出信息

在转发消息之前，首先确保所有收件人需要此消息。除此之外，转发敏感或者机密信息要小心谨慎，不要把内部消息转发给外部人员或者未经授权的接受人。如果有需要，还应对转发邮件的内容进行修改和整理，以突出信息。

8.4.2　掌握在线互动中的适当行为

目前利用网络恶意中伤、肆意编造谣言、进行人身攻击、恐吓等违法行为屡见不鲜。网上谣言的危害是多方面的，这些恶意中伤或谣言颠覆了新闻真实性的原则，使事情真假难辨，甚至黑白颠倒，不仅会给网民造成巨大的思想混乱，还会给个别组织、个人的名誉造成严重不良影响。对于这些行径，除了强烈谴责之外，还可以采用相应的法律措施维护自身权益。

1．网络诽谤与中伤

现在可以说是一个网络的时代，只要有计算机、手机联通到网上就可以发布消息。网络赋予人们更多的言论自由空间。发布消息不再是电视台、报纸、广播电台的专利。当然，网络在给人们带来便利的同时，也面临许多问题，最主要的是网络诽谤与中伤。诽谤和中伤是指有些人制造不真实的公开声明以损害别人的人格和声誉。实际上每天都看到的各种各样吵架的微博、评论等都是诽谤和中伤的表现形式。受到诽谤和中伤的人可以控告诽谤或中伤者，不管这些侮辱性的陈述是口头的还是书面的，同样要承担法律责任。在聊天室或者邮件中，人们很容易坠入言论自由的陷阱，伦理上讲，在任何环境下，诽谤和中伤都是错误的。

网络诽谤与中伤需要每个参与者自觉维护这个平台，但这几乎是不可能的，因为不可能要求大家一致来遵守这个秩序。虽然登录网站的管理者让大家签名表示遵守规则条文，但是绝大多数人没有读那些条文就按了"同意"或"我接受"按钮。网络使用者可以按照有关条文来保护自己。有关网络诽谤的问题各个国家都有，当受害者身心受到伤害的时候，会付诸于法律程序来索赔。但是网络有匿名性，很多时候会费很多周折。尽管登录时没有采用真实的姓名和地址，但是仍然可以从 IP 地址知道该中伤或诽谤的言论是从哪里发出来的。所以，对待诽谤和中伤的方法与对待流言蜚语的方法一样，就是不传播，听而不闻，不做任何反应。对于造成严重影响的，可以付诸法律。

2．网络论战

网络论战是指网络使用者出现争执，属于虚拟社群内的冲突。这个词从 The Hacker's Dictionary 出现，形容愤怒或无理的文字在对此主题有兴趣的社群成员中传递，目的在于推翻或者触怒其他成员的观点，以此追求个人认同或彰显自我优越。由于匿名而缺乏真实线索，加上文化差异以及新手不遵守网络规范，网络论战的确比真实生活的论战来得频繁。

网络论战对于社群影响可分为社群认同的影响以及议题内容的影响。在社群认同部分，大多数认为网络论战会导致无意义的谩骂，破坏社群成员的社群认同，但也有相关研究指出，论战也有利于社群意识的加强。网络论战在个人层次的影响，可能会加强或者降低虚拟社群成员的向心力。

管理员的态度会影响成员的态度或者内容的提升。对于冲退的处理方式，若站长或者版主经常采用压制的手段解决，无协调或是通过公平投票的过程，往往导致社群成员的向心力降低,该议题的内容也无提升的可能。但若是管理员能秉持中立性,适当依照版规来纠正论战观点,或者惩罚谩骂的网友,则有助于论战的进行以及内容的提升。

网络论战对于虚拟社群的议题及内容带来的影响。有学者认为,论战会使得讨论失去焦点,偏离当初的主题。所以,论战对于议题内容而言,可能会产生不良的影响。但若是论战本身可以通过管理者的修正,以及专业者和高度信誉者的参与,使论战脱离人身攻击以及议题发散的结果,将有助于论战对于内容层次的提升。

3. 在线互动中的适当行为

网络世界包罗万千,有的黑白分明,也有的鱼龙混杂;网络的发展惠及每个人,也影响大众的生活交流方式。网络,为人们创造了自由交流的空间,它是人们生活的　部分。但是长期以来不难发现,一些造谣生事的、人身攻击的、污言秽语的不文明行为,也在伤害和误导着我们。下列这些行为是在线互动中的适当行为:

(1)主题或标题明确,不要让别人猜测信息内容。

(2)使用恰当的语言,如果当时可能有些情绪化,那么不要发信息,等过后再审查一下信息。

(3)信息不能全用大写字母,否则等于喊叫或尖叫。

(4)信息简明,人们将更乐于读。

(5)给对方留下好印象。信息的用词和内容代表着你,所以发送前要检查用词。

(6)有选择性地将有关信息资料放进邮箱或网站。因为网上的信息是公开的,谁都可以看到。

(7)只有得到发送者的同意,才可以转发收到的信息。

(8)永远记得你不是匿名的,在邮箱或网站所写的东西都可以追踪到你。

(9)如果引用别人的作品,要确保引用格式正确。

(10)考虑别人的状况。如果因为看到或读到网上的一些内容而不安,请原谅对方的拼写错误和愚蠢。如果认为它违反了法律,就举报它。

(11)遵守《知识产权法》。不要未经允许使用别人的图片、内容等。

(12)在获得允许的情况下,适当地使用分配名单。

(13)不要发送垃圾邮件。

(14)不要发送连锁信。如果收到,通知网络管理员。

(15)不要回应人身攻击。

8.4.3　合法尽责地使用计算机

因特网的发展对于在传统媒体环境下建立起来的《著作权法》产生了前所未有的冲击,《著作权法》的修订远远落后于因特网的飞速发展,网上信息资源的利用成了一场"没有规则的游戏"。但是,网络空间绝不是非法使用版权作品的天堂。

1. 知识产权

知识产权是指公民或法人等主体依据法律的规定,对其从事智力创作或创新活动所产生的知识产品享有专有权利,又称"智力成果权"或"无形财产权",主要包括发明专利、商标以及工业品外观设计等方面组成的工业产权和自然科学、社会科学以及文学、音乐、戏剧、绘画、雕塑、摄影灯方面的作品的版权(著作权)两部分。知识产权是基于人们对自己的智力活动创造的成果和经营管理活动中的标记、信誉依法享有的权利。它是一种私权,本质上是特定主题依法专有的无形财产权,其客体是人类在科学、技术、文化等知识形态领域所创造的精神产品。保护知识产权的目的,是为了鼓励人们从事发明创造,并公开发明创造的成果,从而推动整个社会的知识传播与科技进步。

知识产权包含如下领域:

(1)传统领域(线下),如商标权、专利权和著作权等。

(2)互联网领域的地址资源(线上),如英文域名、中文域名、通用网址和无线网址等。

2. 网络知识产权

网络知识产权就是由数字网络发展引起的或与其相关的各种知识产权。网络知识产权除了上面所介绍的传统知识产权的内涵外,还包括数据库、计算机软件、多媒体、网络域名、数字化作品以及电子版权等。因此,网络环境下的知识产权的概念的外延已经扩大了很多。在网络上经常接触的电子邮件,在电子布告栏和新闻论坛上看到的信件,网上新闻资料库,资料传输站上的计算机软件、照片、图片、音乐、动画等,都可能作为作品受到著作权的保护。

3. 侵权方式

网络资源相对于传统的文字资源有着自己独有的特征:一是数字化、网络化,这是网络信息资源的基本特征;二是信息量大,种类繁多,每天的网络浏览量堪称天文数字;三是信息更新周期短,网络信息节省了印刷、运输等环节,数据可以及时上传;四是资源庞大,开放性强,信息资源不受地域限制,任何联网的计算机都可以上传和下载信息;五是组织分散,没有统一的管理机制和机构。

网络信息资源的这些特征决定了网络知识产权具有与传统知识产权完全不同的特点,如知识产权具有专有性,而网络知识产权的保护则是公开、公共的信息;知识产权具有地域性,而网络知识产权则是无国界的。

网络知识产权的侵权行为方式按照传统的知识产权的分类方式,可以分为以下几种:

(1)网上侵犯著作权的主要方式

根据我国《著作权法》第46条、第47条规定,凡未经著作权人许可,又不符合法律规定的条件,擅自利用受《著作权法》保护的作品的行为,即为侵犯著作权的行为。网络著作权内容侵权一般分为三类:一是对其他网页内容完全复制;二是虽对其他网页的内容稍加修改,但仍然严重损害被抄袭网站的良好形象;三是侵权人通过技术手段偷取其他网站的数据,非法做一个和其他网站一样的网站,严重侵犯其他网站的权益。

(2)网上侵犯商标权的主要方式

随着信息技术的发展,网络销售也成为贸易的手段之一,在网络交易中,了解网络商品的唯一途径就是浏览网页、点击图片,而网络的宣传通常难以辨别真假,而对于明知是假冒注册商标的商品仍然进行销售,或者将注册商标用于商品、商品的包装、广告宣传或者展览自身产品,即以偷梁换柱的行为增加自己的营业收入,这是网上侵犯商标权的典型表现。网购行为的广泛性,使得网店经营者越来越多,从电器到家具,从服装到配饰,应有尽有。而一些网店经营者更是公然在网络中低价销售假冒注册商标的商品,有的销售行为甚至触犯刑法,构成犯罪。

（3）网上侵犯专利权的主要方式

互联网上侵犯专利权主要有下列四种表现行为：未经许可，在其制造或者销售的产品、产品的包装上标注他人专利号的；未经许可，在广告或者其他宣传材料中使用他人的专利号，使人将所涉及的技术误认为是他人专利技术的；未经许可，在合同中使用他人的专利号，使人将合同涉及的技术误认为是他人专利技术的；伪造或者变造他人的专利证书、专利文件或者专利申请文件的。

（4）盗版

盗版是指在未经版权所有人同意或授权的情况下，对其拥有著作权的作品、出版物等进行复制在分发的行为。在绝大多数国家和地区，此行为被定义为侵犯知识产权的违法行为，甚至构成犯罪，会受到所在国家的处罚。盗版出版物通常包括盗版书籍、盗版软件、盗版音像作品以及盗版网络知识产品。其中，当前比较流行的基于 P2P 分享的正式或非正式的、匿名或非匿名的软件共享行为都属于盗版。

4. 知识共享，合理使用

开放和共享是因特网的主要特性，因特网的这一特征使得网络作品有别于传统作品。对网络作品的作者而言，其作品一旦上载，传播范围将很难确定，同时网上作品确实也应该会被更多的网络使用者阅读。如果将网络作品的保护与传统作品的保护一视同仁，不仅在技术上难以操作，更有可能遏制中国网络业发展，这就需要在网上作品的保护和社会公共利益之间重新寻求平衡点。因此，适当扩大网络作品的合理使用范围显得十分必要。

所谓知识共享，根据我国《著作权法》第 22 条的精神，是指可不经著作权人许可而使用已发表的作品，无须付费，但应指明作者姓名、作品出处，并不得侵犯著作权人享有的其他权利。网络作品的合理使用应包括现行《著作权法》第 22 条的规定以及针对网络作品的特征所增加的特别规定，例个人浏览时在硬盘或 RAM 中的复制；用脱线浏览器下载；下载后为阅读的打印；网站定期制作备份；远距离图书馆网络服务；服务器间传输所产生的复制；网络咖啡厅浏览等。这里特别值得一提的是发表于电子布告栏（BBS）上的作品，将作品上载于 BBS 上的作品粘贴于其他 BBS 上的行为认定为合理使用。当然，如果将作品删改或更换署名后再送到 BBS 就属于侵权了。

网络作品合理使用范围的扩大并不意味着网络作品是公有财产。在这里，必须区分"合理使用"与"自由使用"的界限。判断合理使用的关键是作品使用目的，即为商业营利还是供个人欣赏。同理，网络使用者免费阅读和下载网站享有著作权的作品属于合理使用，但下载后自行复制出售复制品则属于侵权行为。

5. 互联网审查制度

我国政府在网络内容审查的范围和力度标准等与绝大多数国家有极大的差别，其在客观上为中国网民创造了一个绿色、健康的网络环境。

在逐步发达，提倡物质文化与精神文化、科技文化共同发展进步的今天，互联网在人们日常生活中的普及程度之大毋庸置疑。

近年来，为互联网制定的法律也开始在我国实行，我国政府对网络内容进行审查的原因和方式是多样、多层次、跨部门的，对网络的审查是从"互联网接入服务提供者"到"各级人民政府及有关部门"的责任。

8.5　计算机网络基础知识练习题

一、单选题

1. 以下哪项是不同位置的用户进行实时音频和视频通信的示例　　　　　　（　　）

A. FTP　　　　　　　B. VoIP　　　　　　　C. 播客　　　　　　　D. 视频会议

2. 以下哪项是人们可以通过发帖进行对话的在线讨论网站　　　　　　（　　）

A. 广告　　　　　　　B. VoIP　　　　　　　C. 论坛　　　　　　　D. 聊天室

3. 在选择 Web 浏览器时要考虑下列哪项　　　　　　　　　　　　（　　）

A. 速度、搜索和保存　　　　　　　　B. 简单、保存和安全

C. 安全、速度和站点地图　　　　　　D. 简单、速度和安全

4. 以下哪项产品或发明属于创造性的成果,且发明人具有所有权并以此申请专利

　　　　　　　　　　　　　　　　　　　　　　　　　　　　　　（　　）

A. 商标(LOGO)　　　B. 口号　　　　　　　C. 授权　　　　　　　D. 知识产权

5. 搜索引擎所搜寻的信息通常存放在　　　　　　　　　　　　　　（　　）

A. 文本文件　　　　　B. 数据库　　　　　　C. 表格文件　　　　　D. 网页

6. HTTP 的中文意思是　　　　　　　　　　　　　　　　　　　（　　）

A. 布尔逻辑搜索　　　　　　　　　　B. 电子公告牌

C. 文件传输协议　　　　　　　　　　D. 超文本传输协议

7. 应该在文本字符串前后使用哪项以便在搜索引擎中可以进行精确匹配的查找

　　　　　　　　　　　　　　　　　　　　　　　　　　　　　　（　　）

A. 括号　　　　　　　　　　　　　　B. 方括号

C. 双引号　　　　　　　　　　　　　D. 大于号和小于号

8. 因特网采用的核心技术是　　　　　　　　　　　　　　　　　（　　）

A. TCP/IP　　　　　　B. 局域网技术　　　　C. 远程通信技术　　D. 光纤技术

9. FTP 指的是　　　　　　　　　　　　　　　　　　　　　　（　　）

A. 文件传输协议　　　　　　　　　　B. 用户数据报协议

C. 简单邮件传输协议　　　　　　　　D. 域名服务协议

10. URL 是什么　　　　　　　　　　　　　　　　　　　　　　（　　）

A. 统一审查定位器　　　　　　　　　B. 统一审查定位

C. 统一资源定位器　　　　　　　　　D. 统一资源定位

11. 保证网络安全最重要的核心策略之一是　　　　　　　　　　　（　　）

A. 身份验证和访问控制

B. 身份和加强教育、提高网络安全防范意识

C. 访问控制和加强教育、提高安全防范意识

D. 以上答案都不对

12. 在 IE 浏览器中要保存网址使用的功能是　　　　　　　　　　（　　）

A. 历史　　　　　　　B. 搜索　　　　　　　C. 收藏　　　　　　　D. 转移

13. 在常用的传输介质中,带宽最小、信号传输衰减最大、抗干扰能力最弱的一类传输介质是　　　　　　　　　　　　　　　　　　　　　　　　　　　　　（　　）

   A. 双绞线　　　　　　B. 同轴电缆　　　　　　C. 光纤　　　　　　　D. 无线信道

14. 某一速率为 100 Mb/s 的交换机有 20 个端口,则每个端口的传输速率为　（　　）

   A. 100 Mb/s　　　　　B. 10 Mb/s　　　　　　C. 5 Mb/s　　　　　　D. 2 000 Mb/s

15. 计算网络是一门综合技术,其主要技术是　　　　　　　　　　　　　　（　　）

   A. 计算机技术与多媒体技术　　　　　　B. 计算机技术与通信技术

   C. 电子技术与通信技术　　　　　　　　D. 数字技术与模拟技术

16. 互联网与物联网的区别是　　　　　　　　　　　　　　　　　　　　　（　　）

   A. 互联网是提供全球性公共信息的服务;物联网不能提供行业性、区域性的服务

   B. 互联网是提供全球性公共信息的服务;物联网是提供行业性、区域性的服务

   C. 互联网不能提供全球性公共信息的服务;物联网不能提供行业性、区域性的服务

   D. 互联网不能提供全球性公共信息的服务;物联网是提供行业性、区域性的服务

17. specialevents.org 是指　　　　　　　　　　　　　　　　　　　　　（　　）

   A. ISP 的名称　　　　　　　　　　　　B. 组织的名称

   C. 组织的活动名称　　　　　　　　　　D. 某组织的网站域名

18. 用户使用的因特网协议集被称为　　　　　　　　　　　　　　　　　　（　　）

   A. DNS　　　　　　　B. SMTP　　　　　　C. TCP/IP　　　　　　D. FTP

19. 什么是 ISP　　　　　　　　　　　　　　　　　　　　　　　　　　　（　　）

   A. 可能的网络服务　　　　　　　　　　B. 因特网服务提供商

   C. 因特网安全项目　　　　　　　　　　D. 国际系统提供者

20. 什么是 DNS　　　　　　　　　　　　　　　　　　　　　　　　　　　（　　）

   A. 将域名变成 IP 地址　　　　　　　　B. 把 IP 地址变成域名

   C. 数据名称服务　　　　　　　　　　　D. 文件传输服务

21. 下列 IPv4 地址中合法的是　　　　　　　　　　　　　　　　　　　　（　　）

   A. 192.168.0.100　　　　　　　　　　B. 127.0.0.1

   C. 123.222.12.256　　　　　　　　　　D. 300.200.100.10

22. 下列设备中常用于连接两种不同网络的网络连接设备是　　　　　　　　（　　）

   A. 交换机　　　　　　B. 网卡　　　　　　　C. 路由器　　　　　　D. 网关

23. 常用于测试网络链路连通与否的命令是　　　　　　　　　　　　　　　（　　）

   A. cd　　　　　　　　B. dir　　　　　　　　C. tracert　　　　　　D. ping

24. 常用于查看网络配置信息的命令　　　　　　　　　　　　　　　　　　（　　）

   A. ipconfig　　　　　B. dir　　　　　　　　C. tracert　　　　　　D. ping

25. 无线路由器的 WAN 口一般连接　　　　　　　　　　　　　　　　　　（　　）

   A. 计算机　　　　　　B. 外围设备　　　　　C. 电话　　　　　　　D. 内网设备

26. 使用内网地址的计算机如果事先访问 Internet,需要完成的操作是　　　（　　）

   A. NAT　　　　　　　B. DNS　　　　　　　C. 拨号　　　　　　　D. ftp

27. 在 IE 浏览器中要保存网址使用的功能是　　　　　　　　　　　　　　（　　）

   A. 历史　　　　　　　B. 搜索　　　　　　　C. 收藏　　　　　　　D. 转移

28. 下面属于网页浏览器的软件是　　　　　　　　　　　　　　　　　　　（　　）

A. Google   B. Outlook Express   C. Internet Explorer   D. Office

29. 下列各项中,属于教育机构域名的是   (   )

A. yoyo. com. cn   B. tsinghua. edu. cn

C. sava. gov. cn   D. sxtl. net. cn

30. http://www. cas. ac. cn 中 http 表示   (   )

A. 中国   B. 因特网

C. 万维网   D. 超文本传输协议

31. 根据域名代码规定,gov 代表   (   )

A. 教育机构   B. 网络支持中心   C. 商业机构   D. 政府部门

32. 查找中国财政金融方面的一些统计资料,以下哪个网站的资源最符合需求 (   )

A. 新华网   B. 中刊网   C. 人民网   D. 国研网

33. 查找国内外时事新闻资料,应该选用的网站是   (   )

A. 新华网   B. 中刊网   C. 人民网   D. 国研网

34. 下面哪项不是 Web 浏览器   (   )

A. Linux   B. Internet Explorer

C. Netscape Navigator   D. Opera

35. 浏览器用户最近刚刚访问过的若干 Web 站点及其他 Internet 文件的列表称作

                                              (   )

A. 地址簿   B. 历史记录

C. 收藏夹   D. 以上三项都不对

36. 在"百度图片"中搜索图片,默认搜索到的图片格式是   (   )

A. JPEG   B. TIF

C. BMP   D. 以上所有格式

37. 以下行为没有侵犯别人的知识产权的是   (   )

A. 将别人创作的内容拿来用于商业行为而不付报酬

B. 在网上下载盗版软件、影片等免费使用

C. 将别人的作品稍加修饰当作自己的

D. 和著作权人协商一致免费使用对方的作品

38. 下列行为中哪项一般不涉及网络环境下的知识产权保护   (   )

A. 域名抢注   B. 信息网络传播行为

C. 技术规避   D. 浏览网页

39. 著作保护的技术措施有以下哪项   (   )

A. 反复制设备   B. 电子水印

C. 数字签名或数字指纹技术   D. 电子版权管理系统

40. 什么是抄袭   (   )

A. 使用别人的原著并为此获奖   B. 修改重述别人的原著并为此获奖

C. 引用别人的原著   D. A 和 B

41. 以下不属于网络诽谤的是   (   )

A. 利用信息手段,捏造虚假事实

B. 通过网络传播损害他人名誉的行为

C. 通过网络传播恐怖图片

D. 在聊天室里发布侮辱他人人格的虚假事实

42. 以下不属于网络不文明现象的是　　　　　　　　　　　　　　（　　）

　A. 论坛、聊天室侮辱、谩骂　　　　　　　B. 传播谣言、散布虚假信息制作

　C. 网络色情聊天　　　　　　　　　　　　D. 通过网络发布违法乱纪的真相

二、多选题

1. 下列哪项是实时通信方式　　　　　　　　　　　　　　　　　　（　　）

　A. 电了邮件　　　　B. 文本消息　　　　C. 视频会议

　D. 即时消息　　　　E. 信件

2. 强密码应该包含下列哪几个元素　　　　　　　　　　　　　　　（　　）

　A. 单词"password"　　　　　　　　　　B. 某个单一的字典单词

　C. 至少 8 个字符　　　　　　　　　　　D. 用户名与密码相关联

　D. 字母、数字和符号的组合

3. 关于防火墙控制的叙述正确的是　　　　　　　　　　　　　　　（　　）

　A. 防火墙是发展起来的一种保护计算机网络安全的技术性措施

　B. 防火墙是一个用以阻止网络中的黑客访问某个机构网络的屏障

　C. 防火墙主要用于防止病毒

　D. 防火墙也可称之为控制进/出两个方向通信的门槛

4. 以下哪两种叙述正确地描述了因特网和万维网的区别　　　　　　（　　）

　A. 因特网仅是整个万维网的一部分

　B. 万维网仅是整个因特网的一部分

　C. 万维网是先创造出来的,比因特网历史要长

　D. 因特网是先创造出来的,比万维网的历史要长

　E. 万维网不连接到因特网,但它是其他网络的一部分

5. 下面哪些现象暗示你的计算机已经感染了病毒或恶意软件　　　　（　　）

　A. 显示额外的工具　　　　　　　　　　B. 防病毒程序在运行

　C. 收到可疑的邮件　　　　　　　　　　D. 程序经常被锁定

　E. 不常见的图标显示在桌面上

6. 下列哪些项目是计算机网络提供的优点　　　　　　　　　　　　（　　）

　A. 通过网络授权的方式节省软件购置成本

　B. 能够快速分享彼此的文件

　C. 提升每台计算机的处理速度

　D. 通过网络分享设备(如打印机)方式节省硬件成本

　E. 提升每台计算机的存储容量

7. 关于 WWW 的描述正确的是　　　　　　　　　　　　　　　　（　　）

　A. WWW 是网络存取超文本文件的系统　　B. WWW 是超文本信息检索工具

　C. WWW 就是 Word Wide Web 的缩写　　　D. WWW 使用 HTTP 协议

　E. WWW 的网页文件是用超文本置标语言编写

8. 下列属于网络系统安全的是　　　　　　　　　　　　　　　　（　　）

A. 防火墙　　　　　　　B. 加密狗　　　　　　C. 认证

D. 防病毒　　　　　　　E. 以上全对

9. 局域网中可以共有的资源是　　　　　　　　　　　　　　　　（　　　）

A. 文件夹　　　　　　　B. 打印机　　　　　　C. 拉奇硬盘

D. 视频捕获卡　　　　　E. 网卡

10. 下列选项中主要用于在 Internet 上交流信息的是　　　　　　（　　　）

A. DOS　　　　　　　　B. Word　　　　　　　C. Excel

D. E – mail　　　　　　E. Skype

11. 下列不属于计算机网络通信设备的是　　　　　　　　　　　　（　　　）

A. 显卡　　　　　　　　B. 网线　　　　　　　C. 声卡

D. 音箱　　　　　　　　E. 网卡

12. 下列属于无线介质的是　　　　　　　　　　　　　　　　　　（　　　）

A. 激光　　　　　　　　B. 电磁波　　　　　　C. 光纤

D. 微波　　　　　　　　E. 同轴电缆

13. 在不同计算机之间传递文件时,通过网络比用磁盘的优点是　　（　　　）

A. 许多计算机没有能够读取光盘的磁盘驱动器

B. 通过网络可以传递大于磁盘容量的文件

C. 用网络传递文件不会暴露在病毒中或其他危险的软件中

D. 用网络传送文件可保证网络上其他计算机也可读取

E. 用网络传递文件用户不需要传送实物媒介(如闪存盘或移动磁盘)

14. 要将一台 PC 连接到局域网,需要哪些设备　　　　　　　　　（　　　）

A. 网络接口卡　　　　　　　　　　B. 正确的电缆

C. 适当的网络软件　　　　　　　　D. 因特网服务提供商

E. 调制解调器

15. 为了连接到因特网,需要有什么标准设备(　　　　　)。

A. 调制解调器　　　　　　B. 网卡　　　　　　　C. 电缆

D. 因特网账户　　　　　　E. 浏览器　　　　　　F. 电信软件

16. 网络的缺点有什么　　　　　　　　　　　　　　　　　　　　（　　　）

A. 建立和维护网络的成本高　　　　B. 外部资源所带来的潜在安全风险

C. 组织的活动依赖于网络的正常运行　D. 容易受到病毒的攻击

E. 共享资源

17. 常见无线路由器的基本功能包括　　　　　　　　　　　　　　（　　　）

A. 提供 WAN 接口

B. 提供覆盖一定范围的无线局域网接入服务

C. 提供多个有限网络接口,可组件有线局域网

D. 提供 PPPoE 拨号功能

E. 提供防病毒功能

18. 下面关于域名内容不正确的是　　　　　　　　　　　　　　　（　　　）

A. HK 代表英国,COM 代表商业机构　B. CN 代表中国,EDU 代表科研机构

C. UK 代表美国,GOV 代表政府机构　D. UK 代表英国,EDU 代表教育机构

E. TW 代表中国台湾,NET 代表网服务机构

19. 下面正确的域名是　　　　　　　　　　　　　　　　　　　　（　　　）

A. http://www. people. com. cn
B. ftp://tsinghua. com. cn/pub

C. http://www. sohu. com:8080
D. http:/people. com. cn

E. http:\www. people. euu. cn

20. URL 的一般形式包括　　　　　　　　　　　　　　　　　　　（　　　）

A. 访问方式　　　　　B. 主机　　　　　　C. 端口

D. 路径　　　　　　　E. 子网掩码

21. 下列选项中,属于网络在实际生活中的应用包括　　　　　　　（　　　）

A. 邮件快递　　　　　B. 电子商务　　　　C. 远程教育

D. 电子政务　　　　　E. 交通监控系统

22. 以下属于网络著作权内容侵权的有　　　　　　　　　　　　　（　　　）

A. 对于网页内容完全复制

B. 对网页内容稍加修改,但仍然严重损害被抄袭网站良好形象

C. 通过技术手段偷取其他网站数据

D. 做一个和其他网站一样的网站,严重侵犯其他网站的权益

E. 转载他人 QQ 空间中的文章或评论

F. 写文章时,引用名人名句

三、判断题

1. 在地址栏中可以输入用户想要访问的网站的地址。　　　　　　（　　　）

2. 通常,当鼠标指针移到某个“超链接”时,鼠标指针一般会变成手型,此时单击,便可激活链接并打开另一网页。　　　　　　　　　　　　　　　　　　　（　　　）

3. 用于衡量电路或通道的通信容量或数据传输率的单位是 bit/s。（　　　）

4. HTML 是 WWW 的描述语言。　　　　　　　　　　　　　　　　（　　　）

5. 进行精确搜索需要为关键词加上单引号符号。　　　　　　　　（　　　）

6. 局域网的安全措施首选防火墙技术。　　　　　　　　　　　　（　　　）

7. UNIX 和 Linux 操作系统均适合作为网络服务器的基本平台工作。（　　　）

8. 互联网中所有端系统和路由器都必须实现 IP 协议。　　　　　（　　　）

9. 信息传输速率的单位是 bit/s,码元传输速率的单位是 Bd。　　（　　　）

10. 数据通信可分为同步通信和异步通信两大类。　　　　　　　（　　　）

11. 网络是将两台或两台以上的计算机连接在一起,其目的是共享资源和信息。
　　　　　　　　　　　　　　　　　　　　　　　　　　　　　　　（　　　）

12. 10 Mbit/s 和 10 MB/s 是一样的。　　　　　　　　　　　　　（　　　）

13. 计算机必须有合法的 IP 地址才可访问网络。　　　　　　　　（　　　）

14. 集线器和交换机都是网络设备,没有什么区别。　　　　　　　（　　　）

15. 在地址栏中可以输入用户想要访问的网站的地址。　　　　　　（　　　）

16. 通常,当鼠标指针移到某个“超链接”时,鼠标指针一般会变成手形,此时单击,便可激活链接并打开另一网页。　　　　　　　　　　　　　　　　　　　（　　　）

17. 进行精确搜索需要为关键词加上单引号符号。　　　　　　　　（　　　）

18. WWW 服务软件与 WWW 浏览器是配合使用的，WWW 服务软件安装在客户机上，WWW 浏览器安装在服务器端。　　　　　　　　　　　　　　　　　　（　　）

19. IE 的临时文件夹中的文件一旦重新启动计算机就会自动删除。　　　（　　）

20. 版权用于保护由个人创作的作品，无论其是否出版。　　　　　　　　（　　）

21. 编造谣言、恶意诽谤、进行人身攻击、恐吓等网络行为都是违法的。　（　　）

22. 网络知识产权就是由数字网络发展引起的或与其相关的各种知识产权。（　　）

四、排序题

1. 对用户从 Internet 上某个链接下载和打开文件有可能采用的步骤进行排序　（　　）

①右击该链接。

②使用适当的程序打开文件。

③找到该文件在本地计算机的位置。

④将目标文件保存至本地计算机。

⑤验证链接是否连接到正确的文件。

2. 对路由器在分组交换时执行的步骤进行排序　　　　　　　　　　　　（　　）

①确定数据包的目标地址。

②将数据包发送至到达最终目的地途中的下一站。

③确定哪个路由器拥有最快的传输速度。

④检查路由表。

3. 用户要为运行 Microsoft Windows 7 的计算机确定 IP 地址，请对该用户应采取的步骤进行排序　　　　　　　　　　　　　　　　　　　　　　　　　　　　　　（　　）

①单击"网络和共享中心"。

②单击"查看活动网络"中的相对链接。

③单击"启动"按钮。

④单击"详细信息"。

⑤单击"网络和 Internet"（如果在分类视图中）。

⑥单击"控制面板"。

第9章 计算机安全保护与病毒防治

本章要点

* 掌握计算机病毒的定义、发展、特点、分类、症状等基础知识。
* 掌握计算机病毒的检测方法及如何清除的有效措施。
* 掌握常用的反病毒软件的使用。
* 了解计算机使用的安全保护方法。

9.1 计算机病毒的基础知识

9.1.1 计算机病毒的定义

计算机病毒(Computer Virus)在《中华人民共和国计算机信息系统安全保护条例》中被明确定义为:"指编制或者在计算机程序中插入的破坏计算机功能或者破坏数据,影响计算机使用并且能够自我复制的一组计算机指令或者程序代码"。

计算机病毒是一个程序,一段可执行代码,通过某种途径潜伏在计算机存储介质(或程序)里,当达到某种条件时即被激活,对计算机的资源进行破坏,计算机病毒有独特的复制能力,把自身附着在各种类型的文件上,通过磁盘、磁带和网络等媒介传播扩散,又常常难以根除。

9.1.2 计算机病毒的发展过程

在计算机病毒的发展史上,病毒的出现是有规律的,一般情况下一种新的病毒技术出现后,病毒迅速发展,接着反病毒技术的发展会抑制其流传。操作系统进行升级时,病毒也会调整为新的方式,产生新的病毒技术。

1983年11月3日,南加州大学的学生弗雷德·科恩(Fred Cohen)在 UNIX 系统下,写了一个会引起系统死机的程序,让电脑病毒具备破坏性的概念具体成形。到了1987年,第一个电脑病毒 C-BRAIN 诞生,业界都公认这是真正具备完整特征的电脑病毒始祖。这个病毒程序是由一对巴基斯坦兄弟巴斯特(Basit)和阿姆捷特(Amjad)所写的,只要有人盗拷他们的软件,C-BRAIN 就会发作,将盗拷者的硬盘剩余空间给吃掉。

相对于操作系统的发展,计算机病毒大致经历了以下阶段。

1. DOS 引导阶段

1987年,计算机病毒主要是引导型病毒,具有代表性的是"小球"、2708病毒和"石头"病毒。那时的电脑硬件较少,功能简单,经常使用软盘启动和用软盘在计算机之间传递文件。而引导型病毒正是利用了软盘的启动原理工作,修改系统引导扇区,在电脑启动时首先取得控制权,减少系统内存,修改磁盘读写中断,在系统存取磁盘时进行传播。

2. DOS 可执行阶段

1989 年,可执行文件型病毒出现,它们利用 DOS 系统加载执行文件的机制工作,如"耶路撒冷""星期天"等病毒。可执行型病毒的代码在系统执行文件时取得控制权,修改 DOS 中断,在系统调用时进行传染,并将自己附加在可执行文件中,使文件长度增加。1990 年,这种病毒发展成复合型病毒,可同时感染 COM 和 EXE 文件。

3. 伴随型阶段

1992 年,伴随型病毒出现,它们利用 DOS 加载文件的优先顺序进行工作。具有代表性的是"金蝉"病毒,它感染 EXE 文件的同时会生成一个和 EXE 同名而扩展名为 COM 的伴随体;它感染 COM 文件时,改为原来的 COM 文件为同名的 EXE 文件,再产生一个原名的伴随体,文件扩展名为 COM。这样,在 DOS 加载文件时,总是先加载扩展名为 COM 的文件,病毒文件会取得控制权,优先执行自己的代码。该类病毒并不改变原来的文件内容、日期及属性,解除病毒时只要将其伴随体删除即可,非常容易。其典型代表是"海盗旗"病毒,它在得到执行时,询问用户名称和口令,然后返回一个出错信息,并将自身删除。

4. 变形阶段

1994 年,汇编语言得到了快速的发展。要实现一种功能,通过汇编语言可以用不同的方式来实现,这些方式的组合使一段看似随机的代码产生相同的运算结果。而典型的变形病毒"幽灵病毒"就是利用了这个特点,每感染一次就产生不同的代码。例如,"一半"病毒就是产生一段有上亿种可能的解码运算程序,病毒体被隐藏在解码前的数据中,查解这类病毒就必须能对这段数据进行解码,因此加大了查毒的难度。变形病毒是一种综合性病毒,它既能感染引导区,又能感染程序区,多数具有解码算法,一种病毒往往要两段以上的子程序方能解除。

5. 变种阶段

1995 年,在汇编语言中,一些数据的运算放在不同的通用寄存器中可运算出同样的结果,随机插入一些空操作和无关命令,也不影响运算的结果。这样,某些解码算法可以由生成器生成不同的变种。其代表是"病毒制造机"VCL,它可以在瞬间制造出成千上万种不同的病毒,查解时不能使用传统的特征码识别法,而需要在宏观上分析命令,解码后方可查解病毒,大大提高了复杂程度。

6. 蠕虫阶段

蠕虫是无须计算机使用者干预即可运行的独立程序,它通过不停地获得网络中存在漏洞的计算机上的部分或全部控制权来进行蠕动。1995 年,随着网络的普及,病毒开始利用网络进行传播,它们只是以上几代病毒的改进。在 Windows 操作系统中,"蠕虫"是典型的代表,它不占用除内存以外的任何资源,不修改磁盘文件,利用网络功能搜索网络地址,将自身向下一地址进行传播,有时也存在于网络服务器和启动文件中。

7. PE 文件病毒

从 1996 年开始,随着 Windows 的日益普及,利用 Windows 进行工作的病毒开始发展,它们修改 LE,PE 文件。其典型的代表是 1999 年出现的 CIH,这类病毒利用保护模式和 API 调用接口工作。

8. 宏病毒阶段

1996 年以后,随着 MS Office 功能的增强及流行,使用 Word 宏语言也可以编制病毒,这种病毒使用 VBasic Script 语言,编写容易,感染 Word 文件和模板。同时也出现了针对 Excel 和 Lotus 中的宏的宏病毒。

9. 互联网病毒阶段

1997 年以后,因特网发展迅速,各种病毒也开始利用因特网进行传播,一些携带病毒的数据包和邮件越来越多,如果不小心打开了这些邮件或登录了带有病毒的网页,计算机就有可能中毒。典型代表有"尼姆达""欢乐时光"和"欢乐谷"等病毒。

以 2003 年出现的"冲击波"病毒为代表,出现了以利用系统或应用程序漏洞,采用类似黑客手段进行感染的病毒。

9.1.3 计算机病毒的特性

计算机病毒是人为编写的,具有自我复制能力,是未经用户允许而执行的代码。一般正常的程序是由用户调用,再由系统分配资源,完成用户交给的任务,其目的对用户是可见的、透明的。而计算机病毒具有正常程序的一切特性,它隐藏在正常程序中,当用户调用正常程序时,它窃取到系统的控制权,先于正常程序执行,病毒的动作、目的对用户是未知的和未经用户允许的。它主要有如下特征。

1. 传染性

正常的计算机程序一般是不会将自身的代码强行连接到其他程序之上的。而病毒却能够使自身的代码强行传染到一切符合其传染条件的未受到传染的程序之上。计算机病毒可以通过各种可能的渠道,如软盘、光盘和计算机网络去传染给其他的计算机。当你在一台机器上发现了病毒时,往往曾经在这台计算机上使用过的软盘也已感染上了病毒,而与这台机器相联网的其他计算机或许也被该病毒侵染了。是否具有传染性是判别一段程序是否为计算机病毒的最重要条件。

2. 隐蔽性

病毒一般是具有很高编程技巧、短小精悍的一段程序,通常潜入在正常程序或磁盘中。病毒程序与正常程序不容易被区别开来,在没有防护措施的情况下,计算机病毒程序取得系统控制权后,可以在很短的时间内感染大量程序。而且受到感染后,计算机系统通常仍能正常运行,用户不会感到有任何异常。试想,如果病毒在传染到计算机上之后,机器会马上无法正常运行,那么它本身便无法继续进行传染了。正是由于其隐蔽性,计算机病毒得以在用户没有察觉的情况下扩散到其他计算机中。大部分病毒的代码之所以设计得非常短小,也是为了隐藏。多数病毒一般只有几百或几千字节,而计算机对文件的存取速度比这要快得多。病毒将这短短的几百字节加入到正常程序之中,使人不易察觉。

3. 潜伏性

大部分病毒在感染系统之后不会马上发作,可以长时间隐藏在系统中,只有在满足其特定条件时才启动其表现(破坏)模块。只有这样它才可以进行广泛的传播。如"PETER - 2"在每年 2 月 27 日会提三个问题,答错后将会把硬盘加密。著名的"黑色星期五"在逢 13 号的星期五发作。国内的"上海一号"会在每年 3,6,9 月的 13 日发作。当然,最令人难忘的便是 4 月 26 日发作的 CIH 病毒。这些病毒在平时会隐藏得很好,只有在发作日才会露出本来面目。

4. 破坏性

任何病毒只要侵入系统,都会对系统及应用程序产生不同程度的影响。良性病毒可能只显示些画面或发出点音乐、无聊的语句,或者根本没有任何破坏动作,只是会占用系统资源。恶性病毒则有明确的目的,或破坏数据、删除文件,或加密磁盘、格式化磁盘,有的甚至对数据造成不可挽回的破坏。

5. 不可预见性

从对病毒的检测方面来看,病毒还有不可预见性。不同种类的病毒,其代码千差万别,但有些操作是共有的,如驻留内存,改中断。有些人利用病毒的这种共性,制作了声称可以查找所有病毒的程序。这种程序的确可以查出一些新病毒,但由于目前的软件种类极其丰富,而且某些正常程序也使用了类似病毒的操作甚至借鉴了某些病毒的技术。使用这种方法对病毒进行检测势必会产生许多误报。而且病毒的制作技术也在不断提高,病毒对反病毒软件永远是超前的。

在上述特性中,传染性是病毒最重要的一条特性。

9.1.4　计算机病毒的分类

从第一个病毒问世以来,病毒的种类多得已经难以准确统计。时至今日,病毒的数量仍在不断增加。据国外统计,计算机病毒数量正以 10 种每周的速度递增。另据我国公安部统计,国内以 4~6 种每月的速度在递增。

计算机病毒的分类方法有很多种。因此,同一种病毒可能有多种不同的分法。

1. 按照计算机病毒侵入的系统分类

(1)DOS 系统下的病毒。这类病毒出现最早,泛滥于 20 世纪八九十年代,如"小球"病毒、"大麻"病毒、"黑色星期五"病毒等。

(2)Windows 系统下的病毒。随着 20 世纪 90 年代 Windows 的普及,Windows 下的病毒便开始广泛流行。CIH 病毒就是一个经典的 Windows 病毒。

(3)UNIX 系统下的病毒。当前,UNIX 系统应用非常广泛,许多大型系统均采用 UNIX 作为其主要的操作系统,所以 UNIX 下的病毒也就随之产生了。

(4)OS/2 系统下的病毒。

2. 按照计算机病毒的链接方式分类

(1)源码型病毒。这种病毒主要攻击高级语言编写的程序,该病毒在高级语言所编写的程序编译前插入到原程序中,经编译成为合法程序的一部分。

(2)嵌入型病毒。这种病毒是将自身嵌入到现有程序中,把病毒的主体程序与其攻击的对象以插入的方式链接。

(3)外壳型病毒。这种病毒将其自身包围在被侵入的程序周围,对原来的程序不做修改。这种病毒最为常见,易于编写,也易于发现,一般测试文件的大小即可查出。

(4)操作系统型病毒。这种病毒用它自己的程序代码加入或取代部分操作系统代码进行工作,具有很强的破坏力,可以使整个系统瘫痪。圆点病毒和大麻病毒就是典型的操作系统型病毒。

3. 按照计算机病毒的破坏性质分类

按照计算机病毒对计算机破坏的严重性可分为两类。

（1）良性计算机病毒。良性计算机病毒是指其不包含对计算机系统产生直接破坏作用的代码。这类病毒为了表现其存在，只是不停地进行扩散，从一台计算机传染到另一台，并不破坏计算机内的数据。有些只是表现为恶作剧。这类病毒取得系统控制权后，会导致整个系统的运行效率降低，系统可用内存总数减少，使某些应用程序暂时无法执行。

（2）恶性计算机病毒。恶性计算机病毒是指在其代码中包含损伤和破坏计算机系统的操作，在其传染或发作时会对系统产生直接的破坏作用。这类病毒有很多，如米开朗基罗病毒。当米开朗基罗病毒发作时，硬盘的前 17 个扇区将被彻底破坏，整个硬盘上的数据无法被恢复，造成的损失是无法挽回的。有的病毒甚至还会对硬盘做格式化等破坏操作。

4. 按照计算机病毒的寄生部位或传染对象分类

传染性是计算机病毒的本质属性，根据寄生部位或传染对象分类，也就是根据计算机病毒的传染方式进行分类，有以下几种。

（1）磁盘引导型病毒。磁盘引导区传染的病毒主要是用病毒的全部或部分逻辑取代正常的引导记录，而将正常的引导记录隐藏在磁盘的其他地方。由于引导区是磁盘能正常使用的先决条件，因此这种病毒在运行的一开始（如系统启动时）就能获得控制权，其传染性较大。由于在磁盘的引导区内存储着需要使用的重要信息，因此，如果对磁盘上被移走的正常引导记录不进行保护，在运行过程中就会导致引导记录的破坏。引导区传染的计算机病毒较多，例如，"大麻"和"小球"病毒就是这类病毒。

（2）操作系统型病毒。操作系统是计算机应用程序得以运行的支持环境，由 . SYS，. EXE 和 . DLL 等许多可执行的程序及程序模块构成。操作系统型病毒就是利用操作系统中的一些程序及程序模块寄生并传染的病毒。通常，这类病毒成为操作系统的一部分，只要计算机开始工作，病毒就处在随时被触发的状态。而操作系统的开放性和不完善性给这类病毒出现的可能性与传染性提供了方便。"黑色星期五"就是这类病毒。

（3）感染可执行程序的病毒。通过可执行程序传染的病毒通常寄生在可执行程序中，一旦程序被执行病毒就会被激活，病毒程序首先被执行，并将自身驻留在内存，然后设置触发条件进行传染。

（4）感染带有宏的文档。随着微软公司 Word 自处理软件的广泛使用和计算机网络尤其是 Internet 的推广普及，病毒家族又出现了一个新成员，这就是宏病毒。宏病毒是一种寄存于文档或模板的宏中的计算机病毒。一旦打开这样的文档，宏病毒就会被激活并转移到计算机上，且驻留在 Normal 模板中。从此以后，所有自动保存的文档都会感染上这种宏病毒，而且如果其他用户打开了已感染病毒的文档，宏病毒又会转移到该用户的计算机中。

对于以上三种病毒，实际上可以归纳为两大类：一类是存在于引导扇区的计算机病毒；另一类是存在于文件的计算机病毒。

5. 按照传播介质分类

按照计算机病毒的传播介质可分为单机病毒和网络病毒。

（1）单机病毒

单机病毒的载体是磁盘，一般情况下，病毒从 USB 盘、移动硬盘传入硬盘，感染系统，然后再传染其他 USB 盘和移动硬盘，接着传染其他系统，如 CIH 病毒。

（2）网络病毒

网络病毒的传播介质不再是移动式存储载体，而是网络通道，这种病毒的传染能力更强，破坏力更大，如"尼姆达"病毒。

当前，病毒通常是以网络方式感染其他系统。病毒也可能综合了以上的若干特征，这样的病毒常被称为混合型病毒。

9.1.5　感染病毒计算机的常见症状

计算机病毒虽然很难检测，但是留心计算机的运行情况还是可以发现计算机感染病毒的一些异常症状的。计算机感染病毒后，主要表现在以下几个方面：

（1）系统无法启动、启动时间延长、重复启动或突然重启。

（2）出现蓝屏、无故死机或系统内存被耗尽。

（3）屏幕上出现一些乱码。

（4）出现陌生的文件、陌生的进程。

（5）文件时间被修改，文件大小变化。

（6）磁盘文件被删除、磁盘被格式化等。

（7）无法正常上网或上网速度很慢。

（8）某些应用软件无法使用或出现奇怪的提示。

9.1.6　病毒对系统的破坏机制

计算机病毒要占用系统资源，病毒触发后要占用内存，干扰系统的正常使用，甚至破坏系统。系统感染病毒后，可能会引起下列的变化：

（1）硬盘主引寻扇区、Boot 扇区、FAT 表、文件目录的数据被修改。

（2）修改文件。病毒对文件的攻击方式很多，如删除、改名、替换内容、丢失部分程序代码、修改写入时间、丢失文件簇、丢失数据文件等。

（3）占用内存。内存是计算机的重要资源，也是病毒的攻击目标。病毒额外地占用和消耗系统的内存资源，将导致其他程序无法正常使用内存。

（4）干扰其他进程的正常运行。病毒可能会修改进程内存数据、插入进程空间，引起某些进程溢出，造成某些服务程序崩溃等。病毒激活后，其运行将占用系统时间，造成其他程序运行速度变慢。

（5）系统功能被修改。病毒可能接管某些系统功能，导致正常的功能不能使用。

（6）扰乱屏幕显示。病毒扰乱屏幕显示的方式很多，如字符跌落、倒置、显示前一屏、光标下跌、滚屏、抖动、乱写等。

（7）干扰键盘操作。目前已发现有下述方式，如响铃、封锁键盘、换字、抹掉缓存区字符、重复、输入紊乱等。

（8）某些病毒运行时，会使计算机的喇叭发出响声。有的病毒设计者让病毒演奏旋律优美的世界名曲，在高雅的曲调中去杀戮人们的信息财富。有的病毒作者通过喇叭发出种种声音。已发现的方式有演奏曲子、警笛声、炸弹噪声、鸣叫、咔咔声、嘀嗒声等。

（9）修改 CMOS。在机器的 CMOS 区中，保存着系统的重要数据，如系统时钟、磁盘类型、内存容量等。有的病毒激活时，能够对 CMOS 区进行写入操作，破坏 CMOS 中的系统数据。

（10）干扰打印机。例如，产生假报警、间断性打印、更换字符。

9.1.7　病毒的发展趋势

在网络技术飞速发展的今天，病毒的发展呈现出以下趋势：

1. 病毒与黑客技术相结合

随着网络的普及与网速的提高，计算机之间的远程控制越来越方便，传输文件也变得非常快捷，正因如此，病毒与黑客技术结合以后的危害更为严重，病毒的发作往往在侵入了一台计算机后，又通过网络侵入其他网络上的机器。

2. 蠕虫病毒更加泛滥

其表现形式是邮件病毒、网页病毒，利用系统存在漏洞的病毒会越来越多，这类病毒由受到感染的计算机自动向网络中的计算机发送带毒文件，然后执行病毒程序。

3. 病毒破坏性更大

计算机病毒不再仅仅以侵占和破坏单机的资源为目的。木马病毒的传播使得病毒在发作的时候有可能自动联络病毒的创造者（如爱虫病毒），或者采取 DoS（拒绝服务）的攻击（如"红色代码"病毒）。一方面可能会导致本机机密资料的泄露；另一方面会导致一些网络服务的中止。而蠕虫病毒则会抢占有限的网络资源，造成网络堵塞（如 Nimda 病毒），如有可能，还会破坏本地的资料（如针对 911 恐怖事件的 Vote 病毒）。

4. 制作病毒的方法更简单

网络的普及，使得编写病毒的知识越来越容易获得。同时，各种功能强大而易学的编程工具使用户可以轻松编写一个具有极强杀伤力的病毒程序。用户通过网络甚至可以获得专门编写病毒的工具软件，只需要通过简单的操作就可以生成具有破坏性的病毒。

5. 病毒传播速度更快，传播渠道更多

目前上网用户已不再局限于收发邮件和网站浏览，此时，文件传输成为病毒传播的另一个重要途径。随着网速的提高，在数据传输时间变短的同时，病毒的传送时间会变得更加微不足道。同时，其他的网络连接方式如 ICQ，IRC 也成了传播病毒的途径。

6. 病毒的检测与查杀更困难

病毒可能采用一些技术防止被查杀，如变形、对原程序加密、拦截 API 函数，甚至主动攻击杀毒软件等。

9.2　计算机病毒的预防与清除

9.2.1　计算机病毒的预防

计算机感染病毒以后用反病毒软件检测和消除病毒是被迫的处理措施。况且已经发现相当多的病毒在感染之后会永久性地破坏被感染程序，如果没有备份将无法恢复。因此，对计算机病毒采取"预防为主"的方针也是合理、有效的。人们从工作实践中总结出一些预防计算机病毒的简易可行的措施，这些措施实际上是要求用户养成良好的使用计算机的习惯。具体归纳如下：

1. 专机专用

制定科学的管理制度，对重要任务部门应采用专机专用，禁止与任务无关的人员接触该系统，防止潜在的病毒罪犯。

2. 利用写保护

对那些保存有重要数据文件且不需要经常写入的软盘应使其处于写保护状态，以防止病毒的侵入。

3. 固定启动方式

对配有硬盘的机器应该从硬盘启动系统，如果非要用软盘启动系统时，则一定要保证系统软盘是无病毒的。

4. 慎用网上下载的软件

Internet 是病毒传播的一大途径，对网上下载的软件最好检测后再用。也不要随便阅读素不相识人员发来的电子邮件。

5. 分类管理数据

对各类数据、文档和程序应分类备份保存。

6. 建立备份

对每个购置的软件应拷贝副本，定期备份重要的数据文件，以免遭受病毒危害后无法恢复。

7. 采用防病毒卡或病毒预警软件

在计算机上安装防病毒卡或病毒预警软件。

8. 定期检查

定期用反病毒软件对计算机系统进行检查，发现病毒后及时消除。

计算机病毒的防治宏观上讲是一系统工程，除了技术手段之外还涉及诸多因素，如法律、教育、管理制度等。尤其是教育，它是防止计算机病毒的重要策略。通过教育，使广大用户认识到病毒的严重危害，了解病毒的防治常识，提高尊重知识产权的意识，增强法律法规意识，不随便复制他人软件，最大限度地减少病毒的产生与传播。

9.2.2 计算机病毒的清除

一旦发现电脑染上病毒后，一定要及时清除，以免造成损失。清除病毒的方法有两类：一是手工清除；二是借助反病毒软件清除病毒。

用手工方法清除病毒不但烦琐，而且对技术要求很高，只有具备较深的电脑专业知识的人员才能采用。

用反病毒软件消除病毒是当前比较流行的方法，它既方便又安全。通常，反病毒软件只能检测出已知的病毒并消除它们。此外，用反病毒软件消除病毒，一般不会破坏系统中的正常数据。特别是优秀的反病毒软件都有较好界面和提示，使用相当方便，随着新病毒的出现而不断升级。目前较著名的反病毒软件都具有实时检测系统驻留在内存中，随时检测是不是有病毒入侵。

9.2.3 常用反病毒软件

1. 瑞星杀毒软件

瑞星杀毒软件是由北京瑞星电脑科技开发公司研制开发的计算机病毒清除程序,瑞星全功能安全软件 v16 是其最新版本,它基于瑞星"云安全"技术开发,实现了彻底的互联网化,是一款超越了传统"杀毒软件"的划时代安全产品。该产品集三大拦截(木马入侵拦截(网站拦截+U 盘拦截)、恶意网址拦截、网络攻击拦截)、两大防御(木马行为防御,出站攻击防御)、查杀、保护多重防护功能于一身,并将杀毒软件与防火墙的无缝集成为一个产品,实现两者间互相配合、整体联动,同时极大地降低了电脑资源的占用。

2. 卡巴斯基反病毒软件

卡巴斯基反病毒软件总部设在俄罗斯首都莫斯科,是国际著名的信息安全领导厂商。公司为个人用户、企业网络提供反病毒、防黑客和反垃圾邮件产品。经过与计算机病毒的战斗,卡巴斯基获得了独特的知识和技术,使得卡巴斯基成为了病毒防卫的技术领导者和专家。卡巴斯基反病毒软件被众多计算机专业媒体及反病毒专业评测机构誉为病毒防护的最佳产品。卡巴斯基反病毒软件 2015 新版启用 Win8 扁平化主页,动画翻页功能。软件原生支持 Win7、Win8、Win8.1、Win8.1 Update 等平台。卡巴斯基反病毒软件 2015 是一套全新的安全解决方案,可以保护计算机免受病毒、蠕虫、木马和其他恶意程序的危害,它将实时监控文件、网页、邮件、ICQ/MSN 协议中的恶意对象,扫描操作系统和已安装程序的漏洞,阻止指向恶意网站的链接,强大的主动防御功能将阻止未知威胁。

3. 百度杀毒软件

百度杀毒软件是百度公司与计算机反病毒专家卡巴斯基合作出品的全新杀毒软件,集合了百度强大的云端计算、海量数据学习能力与卡巴斯基反病毒引擎专业能力,一改杀毒软件卡机臃肿的形象,竭力为用户提供轻巧不卡机的产品体验。

4. 腾讯电脑管家

腾讯电脑管家是国内首款集成"杀毒+管理"2 合 1 功能的免费网络安全软件,腾讯管家电脑版包含杀毒、实时防护、漏洞修复、系统清理、电脑加速和软件管理等功能。

5. 360 杀毒软件

360 杀毒采用第三代 QVM 人工智能引擎技术,将人工智能技术应用于病毒识别过程中,具备"自学习、自进化"能力,无须频繁升级特征库,就能检测到 90% 以上的新病毒。同时配合"云查杀"技术和"白名单"机制,能够在识别未知恶意程序的同时,降低误报。

9.3 计算机使用安全保护知识

9.3.1 计算机使用安全常识

计算机及其外部设备的核心部件主要是集成电路,由于工艺和其他原因,集成电路对电源、静电、温度、湿度以及抗干扰都有一定的要求。正确安装、操作和维护不但能延长设备使用寿命,更重要的是可以保障系统正常运转,提高工作效率。下面从工作环境和常用操作等方面提出一些建议。

1. 电源要求

微型机一般使用 220 V,50 Hz 交流电源。对电源的要求主要有两个:一是电压要稳;二是微机在工作时供电不能间断。为获得稳定的电压,最好根据机房所用微机的总功率,配接功率合适的交流稳压电源。为防止突然断电对计算机工作的影响,使在断电后机器还能继续工作一小段时间,以便操作员能及时保存好数据和进行必要的处理,最好配备不间断供电电源 UPS,其容量可根据微机系统的用电量选用。此外,要有可靠的接地线,以防雷击。

2. 环境洁净要求

微机对环境的洁净要求虽不像其他大型计算机机房那样严格,但是保持环境清洁是必需的。因为灰尘可能造成磁盘读写错误,还会减少机器寿命。机房应保持洁净和配备除尘设备。

3. 室内温度、湿度要求

微机的合适工作温度在 15~35°C。低于 15°C 可能引起磁盘读写错误,高于 35°C 则会影响机内电子元件正常工作。为此,微机所在之处要考虑散热问题。

相对湿度一般不能超过 80%,否则会使元件受潮变质,甚至会漏电、短路,以致损害机器。相对湿度若低于 20%,则会因过于干燥而产生静电,引发机器的错误动作。

4. 防止干扰

计算机应避免强磁场的干扰。计算机工作时,应避免附近存在强电设备的开关动作,因为那样会影响电源的稳定。

5. 开、关机顺序

对微型机来说,正确的开机(加电)顺序是先开外部设备电源,再开主机电源;关机顺序则相反,当系统软件正常结束后,应先关主机,后关外部设备。另外,不要频繁开关电源,即使在使用过程中不得已关机后,也要间隔 10 s 左右后再重新加电。这样做是为了避免电源装置产生大的冲击电流而损坏电源装置中的器件,也为了避免由于磁盘驱动器突然加速使磁头划伤磁盘。

特别要提醒注意的是在关机(指关电源)之前,一定要按正常关闭应用软件和系统软件的步骤关闭各种正在运行的软件,只有当软件正常结束后,才能关机。随意突然关机会引起数据的丢失和系统的不正常,初学者一定要养成良好的计算机操作习惯。

另外,计算机不要长时间搁置不用,尤其是雨季。磁盘应存放在干燥处,不要放在潮湿处,也不要放在接近热源、强光源或强磁场处。

9.3.2　计算机系统的安全保护

由于计算机系统是一个开放的系统,尤其是公用计算机,用户在使用计算机的过程中,误操作、病毒破坏、黑客入侵等经常会导致死机、重要数据丢失和计算机不能正常使用,计算机的系统维护任务就变得非常繁重,为此,如何保护计算机的系统安全变得非常重要。目前,可用硬件和软件的方法来保护计算系统。

1. 硬件保护方法

用硬件的方法来保护计算机系统,安全、可靠、方便,但加大了计算机的成本。目前,市场上相关产品较多,功能、质量也不尽相同,如北京正龙的 NewClass 新卡、联想的硬盘保护系统都可即时复原硬盘数据和分区保护,且占用硬盘空间少。

2.软件保护方法

用软件的方法也能保护计算机系统,可以自己编制、购买,也有免费的软件,成本低,也较安全可靠,如美萍安全卫士软件,具有硬盘保护、安全设置、隐藏限制等功能;也可以使用"一键还原"软件或 Windows 7 系统自带的"系统还原"功能。

9.4　计算机安全保护与病毒防治基础知识练习题

一、单选题

1.举例说明限制访问因特网的应用有哪些　　　　　　　　　　　　　　(　　)
A.限制学生或年级低的孩子上网　　　　　B.限制员工上网
C.防止下载文件　　　　　　　　　　　　D.以上各项

2.网上购物时如何保护自己　　　　　　　　　　　　　　　　　　　(　　)
A.检查以确保电子商务网站是安全的　　　B.不要将您的登录 ID 或密码告知他人
C.时常更改网上购物的密码　　　　　　　D.以上各项

3.下列对计算机的网络攻击中,不属于主动攻击的是　　　　　　　　(　　)
A.无线截获　　　　B.搭线监听　　　　C.拒绝服务　　　　D.流量分析

4.用于实现身份鉴别的安全机制是　　　　　　　　　　　　　　　　(　　)
A.加密机制和数字签名机制　　　　　　　B.加密机制和访问控制机制
C.数字签名机制和路由控制机制　　　　　D.访问控制机制和路由控制机制

5.身份鉴别是安全服务中的重要一环,以下关于身份鉴别叙述不正确的是　(　　)
A.身份鉴别是授权控制的基础
B.身份鉴别一般不用提供双向的认证
C.目前一般采用基于对称密钥加密或公开密钥的方法
D.数字签名机制是实现身份鉴别的重要机制

6.访问控制是指确定_____以及实施访问权限的过程。　　　　　(　　)
A.用户权限　　　　　　　　　　　　　　B.可给予哪些主题访问权利
C.可被用户访问的资源　　　　　　　　　D.系统是否遭受入侵

7.SSL 产生会话密钥的方式是　　　　　　　　　　　　　　　　　(　　)
A.从密钥管理数据库中请求获得　　　　　B.每一台客户机分配一个密钥的方式
C.随机由客户机产生并加密后通知服务器 D.由服务器产生并分配给客户机

8.一般而言,Internet 防火墙建立在一个网络的　　　　　　　　　　(　　)
A.内部子网自检传送信息的中枢　　　　　B.每个子网的内部
C.内部网络与外部网络的交叉点　　　　　D.部分内部网络与外部网络的结合处

9.计算机病毒是计算机系统中一类隐藏在_____上蓄意破坏的捣乱程序。(　　)
A.内存　　　　　　B.软盘　　　　　　C.存储介质　　　　D.网络

10.为防止计算机被病毒侵扰,以下哪一项不符合计算机安全操作　　　(　　)

A. 随时留意在网上下载的文档

B. 在计算机上安装防火墙和杀毒软件

C. 带有.exe 和.com 扩展名的文件是安全的,可以随时打开

D. 不要向任何人通过邮件透露你的银行账户密码

11. 下列关于计算机病毒知识的叙述中,正确的一条是　　　　　　　　（　　　）

A. 反病毒软件可以查杀任何种类的病毒

B. 计算机病毒是一种被破坏了的程序

C. 反病毒软件必须随着新病毒的出现而升级,提高查杀病毒的功能

D. 感染过计算机病毒的计算机具有对该病毒的免疫性

12. 下列关于计算机病毒的说法中,正确的一条是　　　　　　　　　（　　　）

A. 计算机病毒是一种有损计算机操作人员身体健康的生物病毒

B. 计算机病毒发作后,计算机硬件将造成永久性的物理损坏

C. 计算机病毒是一种通过自我复制进行传染的,破坏计算机程序和数据的小程序

D. 计算机病毒是一种有逻辑错误的程序

二、多选题

1. 当计算机病毒发作时,主要造成的损坏是　　　　　　　　　　　　（　　　）

A. 对磁盘片的物理损坏　　　　　　　　B. 对磁盘驱动器的损坏

C. 对 CPU 的损坏　　　　　　　　　　　D. 对计算机系统进行损坏

E. 对存储在外部存储器上的数据和程序进行损坏

2. 下列选项中,属于计算机病毒特征的是　　　　　　　　　　　　　（　　　）

A. 破坏性　　　　　　　　B. 潜伏性　　　　　　　　C. 可读性

D. 免疫性　　　　　　　　E. 传染性

3. 下列哪几项情况表明计算机可能感染病毒　　　　　　　　　　　　（　　　）

A. 发现计算机运行速度变慢或程序突然出现问题

B. 计算机启动后,自动弹出 QQ 登录界面

C. 某些应用软件程序不能继续正常工作

D. 计算机有比原来更多的文件

E. 发现计算机突然不能上网

4. 以下哪几项是病毒的基本类型　　　　　　　　　　　　　　　　　（　　　）

A. 引导扇区类病毒　　　　B. 程序或文件病毒　　　　C. 宏病毒

D. 多方病毒　　　　　　　E. 熊猫烧香

5. 硬盘数据安全的防护技术有　　　　　　　　　　　　　　　　　　（　　　）

A. 机械防护　　　　　　　B. 数据转移　　　　　　　C. 硬盘杀毒

D. 数据校验　　　　　　　E. 磁盘碎片整理

6. 过度分享信息会造成个人数据的泄露,如何减少过度分享　　　　　（　　　）

A. 不要在社交媒体渠道上发布一些敏感信息

B. 不要随便注册用户账号

C. 注重分享那些有趣、易于阅读的内容

D. 经常在论坛上发表个人意见

E. 减少参与网上聊天的时间

7. 常见的网络安全技术有哪几项　　　　　　　　　　　　　　　　　(　　)

A. 防火墙技术　　　　　B. 杀毒软件技术　　　　　C. 认证技术

D. 数字签名技术　　　　E. 磁盘格式化

三、判断题

1. 隐私涉及用户的个人信息,通过在线 Cookie、临时文件等也不能获得。　　(　　)

2. 网络滤波器软件通过输入要限制访问的网站,从而达到限制访问的目的。　(　　)

3. 防火墙软件用于控制公司网络之外的用户访问公司内部资源,但是不可以控制公司内部员工访问因特网资源。　　　　　　　　　　　　　　　　　　　　(　　)

4. 备份是指将数据保存在其他常用文件夹或硬盘驱动器上的操作。　　　　(　　)

5. 一旦计算机感染了病毒,即使用防病毒程序检测到它,如果不进行计算机的全部扫描,也不可能做到完全无毒。　　　　　　　　　　　　　　　　　　　　(　　)

第 10 章　小学信息技术教学方法研究

本章要点

* 了解我国小学信息技术教学的发展与现状。
* 熟悉小学信息技术教育的特点和教学原则。
* 掌握小学信息技术教学策略、常见的教学方法。
* 熟练掌握小学信息技术的教学设计方法。

10.1　我国中小学信息技术教学发展与现状

中小学信息技术课程在我国最早叫计算机课程。二十多年来,教育部为中小学计算机课程制定过四个版本的计算机"教学大纲", 2000 年教育部下发了《关于加快中小学信息技术课程建设的指导意见》。因此,根据计算机教学的目的和内容的演变,计算机课程的发展大致可分为以下五个阶段:

第一个阶段(1981—1986 年)

1981 年,在瑞士召开了第三次世界计算机教育大会,由于受原苏联学者伊尔肖夫"计算机程序设计是第二文化"观点的影响,我国的一些试验学校在高中以选修课的形式开展了计算机课程试验,从此拉开了我国中小学计算机教育的序幕。1983 年,教育部主持召开了"全国中学计算机试验工作会议",制定了高中计算机选修课的教学大纲,其中规定计算机选修课的内容和目的为:(1)初步了解计算机的基本工作原理和对人类社会的影响;(2)掌握基本的 BASIC 语言并初步具备读、写程序和上机调试的能力;(3)初步培养逻辑思维和分析问题与解决问题的能力。其课时规定为 45 ~ 60 h,其中要求至少要有三分之一的课时保证上机操作。

第二个阶段(1986—1991 年)

1986 年,国家教委召开了"第三次全国中学计算机教育工作会议",本次会议由于受 1985 年在美国召开的第四次世界计算机教育大会"工具论"观点的影响,在 1983 年制定的教学大纲中增加了三个应用软件的内容,如字处理、数据库和电子表格,课程的目的也相应地包括了计算机的应用。对这些应用软件,各地可根据自身的师资设备条件选用,不做统一要求。根据当时的国情,还不能把计算机课程作为中学的基础性学科,只能作为具有较大灵活性的辅助性学科,在具备计算机专兼职教师、有十台以上微机并有专用机房和必要的活动经费等基本条件时,在高中作为选修课,在初中可作为课外活动、兴趣小组或劳技课的学习内容,并初步在小学和初中开展 LOGO 语言教学的试验。

第三个阶段(1991—1997 年)

1991 年 10 月,国家教委召开了"第四次全国中小学计算机教育工作会议",这次会议是我国中小学计算机教育发展中的一个重要的里程碑,国家教委非常重视中小学计算机教育,并成立了"中小学计算机教育领导小组",颁发了"关于加强中小学计算机教育的几点意见"的纲领性文件,整个社会也开始重视计算机普及教育,为学校开展计算机教育提供了良好的社会环境。

根据本次会议精神,全国中小学计算机教育研究中心制定了《中小学计算机课程指导纲要》,并由国家教委基础教育司于 1994 年 10 月正式下发。《中小学计算机课程指导纲要》对中小学计算机课程的地位、性质、目的和内容有了比较详细的要求,首次提出了计算机课程将逐步成为中小学的一门独立的知识性与技能性相结合的基础性学科的观点。其中规定中小学计算机课程内容共包含五个模块,作为各地编写教材、教学评估和考核检查的依据。

1.计算机的基础知识,包括信息社会与信息处理、计算机的诞生与发展、计算机的主要特点与应用、计算机的基本工作原理介绍、微型计算机系统及类型的介绍、我国计算机事业的发展。

2.计算机的基本操作与使用,包括联机、开机与关机、系统设置、键盘指法训练、汉字编码方案及汉字输入方法介绍、APPLE 机及中华学习机 CEC－Ⅰ操作系统的简单介绍、PC 机操作系统介绍。

3.计算机几个常用软件介绍,包括字处理软件、数据库管理系统软件、电子数据表格软件、教学软件与益智性游戏软件。

4.程序设计语言,包括 BASIC 语言程序设计基础和 LOGO 语言等。

5.计算机在现代社会中的应用以及对人类社会的影响。

这五个模块都是中小学计算机课程中最基本的教学内容,各地在编选教材时,可根据本地区的机器设备、师资水平、课时安排、学生素质等条件在内容的选取和顺序的编排上有所选择。

第四阶段(1997—2000 年)

在这一时期,计算机技术的发展和应用已有了很大的变化,在保留计算机学科的一些相对稳定的教学内容的基础上,为适应计算机技术新的发展和应用,对"指导纲要"做了一些修改和调整,譬如增加一些新的教学内容,如 WINDOWS、网络通信、多媒体、常用工具软件等,对有些教学内容和教学要求,如程序设计语言模块、计算机在现代社会中的应用和对人类社会的影响模块,以及对整个指导纲要的结构,也需要做些修改和调整。所以,根据这种要求,又制定了《中小学计算机课程指导纲要(修订稿)》(下称《修订稿》),在广泛征求意见的基础上,已通过国家教委中小学教材审定委员会中小学计算机学科审查委员会的审议,并于 1997 年 10 月由国家教委正式颁发,在 1998 年秋季正式实施。

《修订稿》进一步明确了中小学计算机课程的地位、目的、教学内容和教学要求等。

第五阶段(2000 年至今)

2000 年 11 月,教育部制定了《中小学信息技术课程指导纲要(试行)》,对中小学信息技术课程进行了新的调整。

1.制定了中小学信息技术课程的主要任务

培养学生对信息技术的兴趣和意识,让学生了解和掌握信息技术基本知识和技能,了解信息技术的发展及其应用对人类日常生活和科学技术的深刻影响。通过信息技术课程使学生具有获取信息、传输信息、处理信息和应用信息的能力,教育学生正确认识和理解与信息技术相关的文化、伦理和社会等问题,负责任地使用信息技术;培养学生良好的信息素养,把信息技术作为支持终身学习和合作学习的手段,为适应信息社会的学习、工作和生活打下必要的基础。

2. 确定了教学内容和课时安排

中小学信息技术课程教学内容目前要以计算机和网络技术为主。教学内容分为基本模块和拓展模块,各地区可根据教学目标和当地的实际情况在两类模块中选取适当的教学内容。

课时安排:

小学阶段信息技术课程,一般不少于 68 学时;

初中阶段信息技术课程,一般不少于 68 学时;

高中阶段信息技术课程,一般为 70 ~ 140 学时。

上机课时不应少于总学时的 70% 。

3. 提出了教学评价的基本要求

教学评价必须以教学目标为依据,本着对发展学生个性和创造精神有利的原则进行。

教学评价要重视教学效果的及时反馈,评价的方式要灵活多样,要鼓励学生创新,主要采取考查学生实际操作或评价学生作品的方式。

这标志着信息技术教育已经驶向了快车道,进入了循序渐进、稳步发展的新时期。

思考与练习

1. 怎样看待我国中小学信息技术教学的发展?
2. 你认为当前我国中小学信息技术教学的主要问题在哪里? 试做简要分析。

10.2　小学信息技术课程的特征和教学原则

10.2.1　小学信息技术课程的特征

1. 综合性

小学信息技术课程与小学其他学科相比,具有较强的综合性,它涉及众多的边缘和基础学科,比如信息论、控制论、系统论、美学、数学、语文等,它不是单纯的计算机学科,而是兼有基础文化课程、劳动技术教育和职业教育的特点。由于受传统的“应试教育”的影响,在实际教学中,往往片面地强调信息技术课程的“计算机学科教学”,只注重学生计算机技能的培养而忽略了“信息素养”教育。

2. 发展性

由于现代信息技术发展日新月异,IT 行业不断开辟新的领域,提出新的观点,这就使得小学信息技术课程具有明显的时代发展性特点。现实表明,以计算机和网络为核心的信息技术的发展速度是当今任何一门学科都未曾有过的。计算机硬件技术高速发展的同时也带来了计算机软件的不断更新换代,这样就使得小学信息技术课程的教学内容将处于一种高速更新的发展状况。

3. 工具性

信息技术是"人类通用的智力工具",因而小学信息技术课程具有工具性的特点。小学信息技术教育是一项面向未来的现代化教育,它对于转变教育思想和观念,改革教学方法、教学内容、教学体系和教学模式,加速教育和管理手段的现代化,培养学生良好的信息素养有重要意义。

4. 实验性

小学信息技术课程是一门实验性很强的学科,《中小学信息技术课程指导纲要》明确指出:上机课时不应少于总学时的 70%。小学信息技术课程的教学必须突出实验性的特点,教师应安排充足的时间鼓励学生上机操作,培养他们的动手能力。从某种意义上说,上机实验操作直接关系到小学信息技术课程的教学质量。

5. 层次性

小学信息技术课程的教学层次主要表现在两个方面:一是教学内容的层次性,体现为教学内容分为基本模块和拓展模块;二是学生认知结构水平的层次性。学生是社会中的人,他们受生活环境方面的影响形成了自己独特的认知特性,尤其是他们在兴趣、意志等非智力因素上呈现出不同的层次。针对学生原认知水平的层次差异,我们应该遵循"因材施教"的原则,依据学生的个性特征,采取分层教学的策略。

6. 趣味性

小学生的学习往往与其对所学的内容的兴趣相关,兴趣越大,则学习的动力越大,学习的效果也就越好。基于这个规律,信息技术课程应从教学内容的教学形式上让"趣味"贯穿于教学的整个过程。因此,在教学过程中,教师应该充分利用课程趣味性,重视激发、培养和引导学生学习信息技术的兴趣。

10.2.2　小学信息技术教学原则

信息技术教学原则是指为培养学生的信息素养、提高教学效果、反映信息技术教学规律而制定的指导信息技术教学工作的基本要求。

1. 任务驱动与问题激励相结合

在信息技术教学过程中,既要注意学习任务的设计与布置,又要注重学生学习的主动性与思维能力的培养;既要重视学习结果,又要重视学习过程;既要追求知识与技能的掌握,又要追求学生创新意识等心理素质的培养;既要运用接受性学习,又要加强理解性学习。努力使学习的外在驱动力与内在驱动力共同发挥作用。

2. 直观性与抽象性相结合

要充分发挥实物直观与语言直观的综合作用,加强形象思维与抽象思维能力的综合培养。利用多媒体网络教学的直观形象性,可以化解教学难点,减少教学坡度,提高记忆效果。

3. 理论学习与实践活动相结合

在信息技术教学中,既要重视对基本概念、基本原理、基本规律的学习,也要重视具体操作、工具运用的学习;既要重视知识体系的建构,也要重视能力体系的形成;既要重视书本知识、间接经验的掌握,也要重视实践创造与直接经验的积累。

4.知识、情感、技能相结合

信息教学目标的设计与选择中,要处理好知识目标、情感目标、技能目标的关系,使多种目标统一到信息素质培养这一根本目标之中。同时,在信息技术教学实施中,要注意每一教学活动的多功能性和各教学环节组合的科学性,使知、情、技多种目标都能有效地实现。

5.虚拟教学与现实教学相结合

在信息技术教学中要利用多媒体与网络学习环境进行虚拟教学,拓展教学时空,要发挥人工智能技术的作用,节省教育成本。同时,也要重视教师面授、学生间的直接讨论与综合实践等现实的教学,加强直接交流与及时反馈。要避免虚拟学习中的情感冷漠与情景变异,也要避免传统教学中的"少""慢""差""费"。

6.开放学习与班级学习相结合

在信息技术教学的实施模式与评价管理中,既要注重学生的自主学习、自由创造、自愿参与、自我评价,也要重视教师的具体指导与教育管理部门对教学绩效考评的统一要求。

7.信息技术与课程整合相结合

在信息技术教学中,要避免信息技术与学科课程脱节的现象,使信息技术渗透到课程目标、课程内容、课程资源、课程结构、课程实施方法和课程评价等各个方面。要把教学改革建立在信息技术平台上,同时信息技术教学要主动适应课程改革的需要。

思考与练习

1.参阅现编小学《信息技术课程》,找出能体现我们在本节课所学的"小学信息技术课程的特征"的实例,并加以说明。

2.你觉得哪些小学信息技术课程的教学原则具有实用性? 试对自己的想法加以阐述、分析和论证。

10.3　信息技术课程的教学策略

10.3.1　小学信息技术课教学策略的制定依据

教学策略的制定和实施就是为了更好地促进教学任务的完成,同时在制定和实施的过程中,要注意激发学习者的积极性、主动性。在小学信息技术课的教学中,制定教学策略要考虑到以下几个方面:

1.要依据一定的学习理论和教学理论

教学活动的开展是在一定的教学理论和学习理论指导下进行的,是教师头脑中的教与学思想和观念的反映。教师开展的一切教学活动都在某种程度上受到了自身的学与教理论水平影响,教学策略的制定更是依据了各种学习理论和教学理论。

行为主义学习理论认为,人的学习是由经验的反复练习而引起的行为的持久的变化。学习的关键是对学习的行为后果的强化,把"强化"看作是增强学生学习的外力。因此,在制定教学策略时特别强调教师教的策略。提倡的教学环节是:呈现内容(刺激)—接受信息—做出反应—及时强化(评价)。结合小学信息技术课,不难看出,行为主义的小步子教学、积极反应、及时反馈等原则对制定信息技能的教学策略有指导意义。

和行为主义学习理论不同,认知学习理论认为,学习过程是一个大脑对信息的接受、加工、处理及传输的过程。教学不是简单的知识"传递"过程,而是学生积极主动的"获取"知识、发展能力的过程。认为教学的关键是考虑学习者内部所发生的学习过程以及对这一过程的因素的研究与分析。因此,在制定教学策略时,主张要为学生创造良好的学习条件和环境,激发学生内在的学习动机,从而促进学生的学习。认知建构主义理论认为每一个学生都是在自己已有经验的基础上,在特定的情境下以其独特的方式实现对知识的意义建构。每一个人对事物都有自己独特的理解,不同人之间的交流可以影响学习者的意义建构,并提出了四个论断:第一,知识不能由教师教(传授),只能由学习者自己去主动建构;第二,知识不能用符号表征,而要把它情境化;第三,知识只有在复杂的学习情境中交流,才能被学习者全面理解掌握;第四,用传统的评价标准及方法无法评定学习。因此,认知建构主义提倡在教学策略制定中要注重对教学情境的构建,倡导在一定的情境中,让学习者完成对知识的意义建构。在制定小学信息技术课教学策略时,要为学生的意义建构创设各种必要的条件和情境,以激发起他们的学习动机,让他们积极地参与到教学过程中,真正地实现情境化教学。

人本主义学习理论认为教学的最终目标是实现学生的个性发展,使其成为有主见、适应性强、具有鲜明个性的人。并指出发展学生个性的途径:应该让学生在学习过程中发挥自己的选择和创新能力,亲自体验各种经验,形成正确的自我概念和独立自主的个性。因此,在制定教学策略的过程中,要强调培养学生的积极主动精神,充分调动各种情感因素,建立和谐、融洽的师生关系和生生关系。人本主义的理论观点,如它所提倡的重视学生的个性和情感因素思想,对我们制定有关培养小学生信息伦理道德方面的教学策略具有很好的指导意义。

2. 要依据小学信息技术课的教学目标

依据布卢姆的教学目标分类方法,可将小学信息技术课的教学目标具体分为三种,即认知目标、情感目标、技能目标。各种不同领域教学目标,对教学策略的制定提出了不同的要求。

(1)认知目标

小学信息技术课的认知目标是让小学生了解并掌握有关信息技术的基础知识,培养其最基本的应用信息技术的能力和相关的信息文化素养。因此,教师在制定该方面的教学策略时要注意以下几点:①依据信息技术课内容的侧重点,对知识点进行系统的优化组织,实现最优化的教学设计,力求能最大限度地缩短学生从较低认知水平到较高认知水平的认知发展历程;②要注意区分各知识点单元目标和终点目标,要依据学生的接受能力,在教学过程中把握尺寸,适度地加深与提高,循序渐进地完成教学任务,促进学生能力的发展;③在教学中要配以针对性的测验,以检验学生学习的认知目标是否达到,并且测验要充分反映出学生学习水平的高低和教学目标的达成度;④在教学过程中要注意加强对学生学习方法的引导,尽可能教授学生认知的方法,使学生学会认知。

(2)情感目标

小学信息技术课的情感思想目标是通过使小学生了解社会生活中信息的一些表现形

式和信息技术的应用,了解计算机和网络在信息处理和传输过程中的作用,帮助学生初步建立起对信息的感性认知,形成良好的信息技术道德和素养。教师在进行有关的教学策略设计时应注意:①充分地挖掘教材本身蕴含着的情感因素,恰当地插入一些能激发学生情感的事例,使学生能从中受到熏陶,逐渐从被动地接受做出反应到主动地追求,形成价值观,至"内化"成品质。例如,在讲述计算机发展史的过程中,可适当地加入一些有关我国计算机发展的情况,从中找到我国与国外信息技术发展差距,从而激起学生的爱国热情,培养他们的爱国主义精神。②在教学过程中充分发挥教师自身的情感优势。言传身教,从而感染学生,使他们形成良好的态度、思想品德和个性。如在有关计算机网络信息安全的教学中,教师就应该以身作则,通过自身正确的计算机网络安全素养来感化学生,使他们从思想的高度上认识到遵守计算机网络操作准则的必要性。

(3)技能目标

小学信息技术课的技能目标是使学生通过学习计算机的简单操作方法和计算机网络初步使用方法,掌握基本的计算机文字、图形输入输出等信息处理技术的技能,发展学生的想象力和创造力。教师在设计教学策略时要注意以下几点:①注重对学习策略方法的教授,帮助学生明确"为什么要这样做",让学生学会边动手、边观察、边分析,启迪他们在实践中进行科学的思维;②在"怎么做"即技能的培养程序上要精心策划,使学生易懂、易掌握;③结合信息技术课的具体要求,加强上机实习环节,给学生提供尽可能多的动手实践机会,让学生能够在做的过程中认识和掌握新知识。

3.要依据具体的教学内容要求

无论是在课堂的实际教学中还是在课外活动的开展过程中,教学内容都会制约着教师对教学策略的制定和对教学过程的总体设计。小学信息技术课的教学内容充分体现了信息社会的要求:以计算机信息处理的基本知识和技能为重点,从实施素质教育、培养创新人才的创新精神和创新能力出发,要求每个学生都能了解多媒体计算机、计算机网络的发展与应用,要求每个学生都具有获取、传递、检索、发布、处理和应用信息初步能力。教学策略的制定要充分依据这些具体的教学内容要求。在具体制定教学策略时要了解该项教学内容要求培养学生的什么能力,考虑通过哪些活动可以达到,如何组织这些活动等。根据教学内容中对学生应用计算机处理信息方面的内容要求,在制定教学策略时,要有意识地加大对学生动手能力的培养,合理地安排制作图文并茂的小文稿、上网阅览、接收和发送电子邮件等活动。

4.要依据小学生的学习特点

小学生是信息技术课的教育对象,对他们初始能力及其特点的分析是设计和制定教学策略的重要依据。他们对制定教学策略的影响主要表现在学生个体心理特点和学习群体特点两个方面。

(1)学生的个体心理特点对教学策略制定的影响

首先,学生的认知特点决定教师要选择什么样的教学策略以及教给学生什么样的学习策略。因此,在制定教学策略时应充分考虑学生自身思维结构和心理发展的阶段性,采取相应的形式和策略进行教学。例如,小学信息技术课中,利用小学生的好奇特点,介绍电脑的奇特功能,激发他们的学习兴趣;用小学生的好玩特点,指导他们在玩中学,在学中玩,扩展他们学习电脑的兴趣;利用小学生好胜的特点,结合教学内容,经常组织竞赛活动,巩固小学生学习电脑的兴趣。其次,学生其他心理品质如情感、意志、个性倾向等也影响着教师教学策略的制定。比如学生的自身约束力差,学习的意志力低。这就要求教师在教学策略的制定过程中注重对教学技能的灵活应用,通过各种各样的教学形式来引导学生的学习活动。

(2)学生群体的特点影响教学策略的制定

学生群体在教学活动过程中发挥着非常重要的作用,学生在很大程度上是通过班级群体活动来完成学习任务的。目前,在信息技术课的教学过程中,学生学习群体主要有以下三种情况,针对这三种情况应该采取不同的教学策略。①对优等生居多,学生整体水平高的班级或小组,教学策略的制定就应该放在培养他们的思维敏捷性、独创性和解决问题的能力上。教学策略的制定过程中要有意识地提供一些高难度的问题,让他们有动手、有表现的机会。同时,还要对他们之间的竞争加以正确地引导。②对学生基础和发展水平居中的班级或小组,在制定教学策略时要注重教学内容的有序组织,注意知识线索和知识网络的引导,加强学生学习方法的指导,注意培养学生的自学能力,避免出现两极分化现象,努力使所有学生有不同程度的发展。③对于整体水平较低的班级或小组,在制定教学策略时要注意三点:一是要通过各种手段激发学生的学习兴趣;二是对教学内容进行精加工,采用"小步子"方式循序渐进,经常复习,及时调整教学进度和内容难易程度,使之符合学生的认知结构;三是教师应有针对性地实行"个别化"指导,为落后生制定一些专门的针对性学习策略。

5.要依据教师的教学风格

每一位教师都有其独特的风格,制定的教学策略只有适应教师的素质条件,才能为教师所掌握,才能发挥出应有的作用。有的策略虽好,但是教师缺乏必要的素养条件,达不到实施策略所需的要求,这样就会导致策略的实施受阻,即使用了也达不到所期望的教学效果。教师既是教学策略的直接制定者,又是教学策略的实施者,由于他们彼此间的差异,形成了不同风格的教学活动序列和组织形式,形成了不同特色的教学策略。因此在教学策略的制定过程中应充分吸取不同的教学风格,做到博采众取。

6.要依据学校现有教学环境与条件

教学策略的制定过程是一个受多方面因素影响的过程,它不仅需要一定的教学软件,还需要许多硬件设备的支持。学校的教学环境、教学设施以及现有的教学资源等客观因素在很大程度上都会对其产生一定的影响和制约。例如,开展信息技术课最起码需要配备一定数量的计算机和一些最基本的信息处理工具,如果缺少这些必要的基本条件,就很难谈信息技术课教学策略的制定。开展信息技术课,一方面要加强软、硬件的建设,配置必要硬件设备和软件资源,进行信息资源库的建设;另一方面还要加强教师教学思想和教学观点等理论方面的学习,使之能驾驭现代化的媒体手段,能与现代化教育的发展相适应。

10.3.2　信息技术课程的教学策略

教学策略是对完成特定的教学目标而采用的教学顺序、教学活动程序、教学方法、教学组织性及教学媒体等因素的总体考虑。教学策略主要是解决教师"如何教"和学生"如何学"的问题,是教学设计研究的重点。

1.从培养学生的兴趣入手

以往的教育活动常把具体、严谨、一步一个脚印等实在的东西看成是教育,而潜移默化的影响常常被忽视。从根本上说学生们对信息技术表现出了一定的兴趣,一旦把信息技术作为一门学科时,学生又感到抽象。针对这种情况,我们可以换一种方式来进行信息技术的教学,让他们在"玩"中学,在"玩"中使用计算机,这是一种愉快的学习方式。应把计算机视为一个工具,只要掌握了工具的使用方法并能适时地灵活运用就可以了。如学生运用计算机绘制一幅图画、写出一篇文章、制作一个网页,这些看得见的自己的成果,会极大地激发他们学习信息技术的兴趣。

2. 从学生产生的疑问入手

心理学家鲁宾斯坦说过:"思维通常总是开始于疑问或者问题,开始于惊奇或者疑惑,开始于矛盾。"疑问是置疑、激疑、制造矛盾达到引思的一种方式。学生在学习中肯定会产生疑问,这些疑问有时是学生自发产生的,有时要靠教师有意识地启发引导。教师要抓住机会,帮助学生思考问题,在关键处点拨,有意识地扩展问题,拓宽学生的知识面;也可以通过一些竞赛性质的活动来促使学生思考问题,为学生学习提供良好的环境。

3. 从"任务驱动"原则入手

信息技术课程标准中确立了"任务驱动"的教学原则,即知识及技能的传授应以完成典型"任务"为主。这个原则突出了"在做中学"的思想。在实际教学中,可以根据教材很好地利用"任务驱动"的原则,充分发挥学生的主观能动性。任务是课堂教学的"导火索",教师应根据教学目标将要讲授的内容巧妙地隐含在一个个任务当中,使学生通过完成任务达到激发求知欲望和学习兴趣、掌握所学知识的目的。

利用"任务驱动"原则进行教学,要求教师或从实际问题出发,或从某一现象出发,提出学习任务,引发学生的认知冲突,激发学生的学习兴趣,使学生产生一种内在的学习需求。在这种需求的驱动下,运用网络上丰富的信息资源对问题进行积极思考、分析,形成解决问题的思路。例如:为让学生掌握 Windows 基本操作要领,可以布置任务,如规定一定样式的墙纸、屏保程序、机器日期等让学生进行设置,也可以设定一些软故障让学生修复;讲字处理软件时,为学生布置写作任务、制作课程表;讲程序设计时,联系实际的编程题目就是很好的任务等。

4. 从游戏引路法入手

游戏引路法是指教师利用健康、益智性游戏软件来激发学生对信息技术课程知识的求知欲望,通过游戏操作提高学生的计算机操作技能、技巧。具体方法有以下两种:

(1)采用游戏教学激发学生兴趣,进行中华民族的传统文化教育。近年来,游戏制作水平越来越高,特别是国产游戏软件的发展,更加注重文化内涵,带有浓浓的中国传统文化色彩。例如:利用"三国志"游戏软件,可以讲关云长千里走单骑的忠勇仁义,官渡之战曹操的雄才大略,等等。

(2)通过游戏教学法训练和培养学生操作计算机的技能技巧,使之熟悉各种类型的软件界面。软件的界面虽千变万化,但各种"界面元素"基本一样,在学生操作游戏过程中,教师只要适时引导,学生就可以不断积累经验,快速提高操作的熟练程度。

5. 从树立学生的全球意识入手

随着信息技术的发展、网络的普及,人与人交流的距离在缩短。学生接触的信息不再单纯地局限于一定的范围之内,世界上任何一个角落的信息对于学生来说都是开放的,学生在获取信息时,就应从全球的角度出发,对信息加以综合利用。另外,随着经济全球化的推进,特别是中国加入 WTO 以后,培养具有全球意识的人才也应是教育目标的重要组成部分。

如美国俄勒冈州的一所小学教师让学生记录不同时期太阳照射自己产生的影子的变化情况,把记录数据用电子表格(Excel)做成图形,看影子在一天中有什么变化,比较春天记录的影子和其他季节记录的影子的区别,学生可以用 E - mail 与同学交流各自的结果。学生从中体验到人与自然、人与技术、人与人的和谐关系,感受到大自然的美好、科技的先进和伙伴的友谊,整个学习过程充满了人文价值的科学精神。更重要的是,学生们可以通过网络与世界各地的学生进行研究,分析探究这种差异的原因所在,从小建立起一种全球的观念,体验到全球对自我的一种帮助和自我对全球的一种责任和贡献。

思考与练习

1. 联系你学习的教育学和心理学知识,继续深入学习理解小学信息技术课教学策略的制定依据,体会各学科之间的融会贯通,做好学习笔记。

2. 信息技术课程的教学策略都有哪些? 假设你是一名小学信息技术课的任课教师,那么你对信息技术课程的教学策略还有哪些补充?

10.4　小学信息技术课程常见的教学方法

课堂教学是实施素质教育的一条主要渠道,要取得良好的教学效果,除了确立与素质教育要求相适应的教学目标、教学原则外,最根本的就是采用与教学原则相适应的教学方法。好的教学方法确实可以改变课堂气氛,提高课堂教学效果。当然"教无定法",随着时代的发展、软件的更新、教学对象的差异,教学改革将永无止境,新的教学方法也将不断产生。下面介绍几种常用的课堂教学方法。

10.4.1　情境教学法

情境教学法要求教师在教学中创设情境,激发学生的求知欲望。在计算机教学中,教师要常利用学科中丰富的内容,为学生展开一些新知悬念,激发出学习的强烈好奇心,使学生学习计算机的兴趣得到提高,并在此氛围下,指导着他们去求知探索。例如,在教学Windows 98 中的写字板时,先展示一块用写字板编写的图文并茂的黑板报,然后告诉学生,我们看到的这块版面就是用写字板编写的,非常漂亮,你们学了这一章内容后也能编写出这样漂亮的版面来。于是学生在好奇心的驱使下,能够主动积极地参与到学习活动中去。

10.4.2　比喻法

由于计算机有许多生硬、枯燥的电脑专用术语,这对于以形象思维为主的小学生,往往理解起来似懂非懂,教学效果欠佳。如果教师在教学中能根据学生年龄特点,适时运用一些形象化的语言,化抽象为具体,化枯燥为生动,就能收到事半功倍的效果。如在教学"复制"这一操作时,可以把"复制"的功能比作"复印机"的功能;在讲解"输入、输出设备"时,根据孩子们的经验告诉他们,遥控器就是电视机的输入设备,可以向电视机发命令,这时屏幕就是输出设备。输入就是发命令,输出就是机器对命令的响应结果。

10.4.3　主动尝试法

主动尝试法就是在教学中根据小学生好奇、好动、爱问究竟以及计算机学科操作性强的特点,鼓励学生大胆尝试,主动参与。在教学中教师可以根据学生已有认知水平,或提供一定的学习材料,让学生能够"跳一跳,摘果子"。这些既有"可接受性"又有挑战性的内容,可以充分激发学生的求知欲,培养探索、研究精神。例如,在教学"让文章规范起来"这一课时,教师事先制作好这一课知识点相关的学习材料,通过学生自主学习后,进行练习,尝试设置字的大小、颜色、形状、字体等,再归纳小结,问学生什么是字体? 在设置字体前第一步先做什么? 等等。在这里,坚持以学生为中心,教师是教学过程的指导者、帮助者,教学中充分发挥学生的主观能动性,着力培养他们独立获取知识,探求新知,勇于创新的主体意识,促进学生的主体发展,使计算机教学活动成为生动活泼、学生乐于从事的学习实践活动。

10.4.4　问题学习法

教学中教师要善于创设问题情境,使学生产生疑问,有想解决问题的冲动,动手试试的想法。例如,在教学"日历/时钟"时,设计几个小问题:(1)不看手表,想知道现在的时刻,你有办法吗? (2)你的电脑时钟不准了,你能调准它吗? (3)有的时钟调好之后,为什么它的时针、分针、秒针不走动? (4)用计算机查一查,你出生那天是星期几? 这样,学生在问题的驱使下,操作练习就有了方向,思维就有了动力。在整堂课的教学过程中,使学生有"一波未平,一波又起"之感,自始至终主动尝试地参与学习活动。教师还可以在教学中故意设置认知冲突,引起问题争论,激发学生思维碰撞的火花。在教学"清除图像"功能时,问学生能不能不用"橡皮"工具把画布擦干净? 这时,学生遇到了一个新的课题,对新知识充满了向往,会全身心投入到学习中来。

让学生带着"问题"来学习,他们学到的不仅仅是新知识,更重要的是让学生亲自去体验这种发现问题、解决问题的过程,让他们在这一过程中学会独立思考,善于独立思考。

10.4.5　任务驱动法

任务驱动法,指在教学过程中,以完成一个个具体的任务为线索,把教学内容巧妙地隐含在每个任务之中。学生在教师的引导下,通过完成一个个任务逐步掌握所学的知识与技能,在一个寓学于实践的教学情境里,充满兴趣愉快地进行学习。例如,在教学"制作美丽的贺卡"一课时:(1)教师出示贺卡的样板,再组织学生讨论,分析怎样来制作贺卡;(2)询问学生在任务中碰到的问题,教师讲解这些问题;(3)学生上机实践,完成任务;(4)教师检验学生所完成的任务,并做记录。

任务驱动法主要是把教学内容、知识点等作为一个目标任务,经过这样安排,学生的活动就有了明确的指向性,注意力集中到整个目标的完成上,学生就会在目标任务的指引下,不知不觉地掌握了教学内容。

10.4.6　成功体验法

教师不仅要激发学生心灵深处那种强烈的探求欲望,还要让学生在自主学习中获得成功的情感体验。因为只有让学生在自主学习中获得成功,才会有真正的、内在的、高层的愉悦,产生强大的内部动力,以争取新的更大的成功。

1. 即学即用

在教学过程中,采用边学边用的方法,学一点就让学生把知识马上应用起来,立竿见影,不但可以满足学生的好奇心,而且在应用的过程中,可以充分肯定学生自身的能力,增强学生的自信心,使学生总感觉到有新的兴奋点。这样既保持和促进了学生的学习积极性,又可以进一步激发学生学习计算机的兴趣,形成一个良性循环,同时会给他带来一种发自内心的喜悦,一种冲击力,这种力量不仅增强了一个人的自信心,同时也激发了他继续学习的兴趣,即间接学习兴趣。

2. 激励评价

教学中针对学生反馈情况,及时进行评价,评价出正确与否,更在于评出自信,产生激励效应,使学生更加积极主动地参与学习活动。

3. 经验介绍

给一部分学有余力的学生提供一个展示才华的机会,把学生所知道的电脑的高招、窍门、"新发现"等介绍给大家,以此来肯定学生的价值,体验获得成功感、自豪感心态,更树立了自信心。

10.4.7　协作学习法

教学中可以采用小组合作学习的方法,促进学生之间的沟通合作。如在进行"排版"教学时,要求以小组为单位出一份"队报"。可以这样安排:
(1)课前进行组内讨论交流,确定主题;
(2)每个组员都收集资料;
(3)组内合作,共同解决制作过程中的问题;
(4)书写编写、美工、编辑等人员名单,一份集体创作的"队报"就诞生了。
协作学习法,不仅培养了学生的合作能力,还树立了团队精神。

10.4.8　游戏学习法

对于游戏,学生是最喜欢、最热衷的,在教学中如果能因势利导,把"游戏"适时引入课堂,把学生潜在的学习势能转化为动能,就会取得较好的学习效果。如在教鼠标的基本操作时(指向、单击、拖动、释放),可结合 Windows 98 附件中"纸牌"游戏来开展。

思考与练习

1.通过本节课的学习,请你谈谈对"教学有法,教无定法"这一观点的理解。
2.比较教材中列出的小学信息技术课程常见的教学方法与传统的基本教学方法(如讲解法、范例教学法、目标教学法等),试总结两者的相同和不同之处。

10.5　小学信息技术教学设计

10.5.1　教学设计的基本内容

在实施课堂教学以前,教师为了达到一定的教学目标,都会自觉不自觉地依据一定的教育思想或教育观念,以各种方式对教与学的双边活动进行考虑和安排。也就是说,教师的教学工作在走进教室之前就已经开始了,而且在结束课堂教学之后还有一系列的教学工作(如测验、判作业等)要做。由此可以说,教师的教学活动过程是各项教学要素组成的一个有机系统,这个系统主要包括三个要素,即教学的设计、教学的实施和教学的评价。在进行实际教学和对教学进行评价之前,教师首先应对即将实施的教学活动进行周密的思考和精心的安排,要考虑教什么、怎么教、如何评价教学效果等问题;要研究教学对象的特点、教学目标、教学内容、教学策略、教学媒体的选择以及教学评价等问题,最终得出一个教学工作的方案。许多教师为提高教学质量而付出不懈的努力,但有时教学效果并不理想,究其原因,主要是教学中涉及的因素是多方面的、变化的,因而教学问题是很复杂的,只凭经验做出判断来制订教学计划并不能解决所有问题,往往会顾此失彼,从而不能获得有效的教学效果。

教学设计理论为教育工作者的教学准备以及解决各类教学问题,提高教学质量,提供了一个科学的系统方法和程序,把通常所说的备课、制定解决问题的方案等活动纳入了科学的轨道。

所谓设计,就是为了实现预定的目标,预想今后可能会出现的情况,并观念性地操作事物的构成要素,明确整体和部分之间关系的行为。教学设计是以获得优化的教学效果为目的,以学习理论、教学理论及传播理论为理论基础,运用系统方法分析教学问题、确定教学目标、建立解决教学问题的策略方案。具体来说,可以从以下几个方面认识和理解教学设计。

1.教学设计的目的和研究对象

目的性越强的活动对设计的需求就越强烈。教学是一项具有极强目的性的工作,其目的是促进学生的良好发展。为了达到此目的,就需要进行教学的设计。因此,教学设计的最终目的就是为了提高教学水平,单元教学计划、课堂教学过程、教学媒体材料等都视为不同层次的教学系统,并把教学系统作为它的研究对象。对于教师而言,整个教学过程是教学设计的对象,即运用教学设计的理论与方法,是为了更好地进行课前准备工作和更好地解决教学过程中遇到的问题。

2.教学设计强调运用系统方法

教学设计是把教学的各个环节看作是相互联系、相互作用的系统。因此,需要用系统的方法和观点对教学中的各个要素及其相互关系进行分析和操作。这些要素包括教师、学生、教学内容、教学条件以及教学目标、教学方法、教学媒体、教学组织形式、教学活动等。教学设计作为一个系统计划的过程,通过一套具体的操作程序来协调、配置,使各要素有机结合,完成教学系统的功能。

教学设计的系统方法就是指教学设计要从"为什么教"入手,确定学生的学习需要和教学的目的;根据教学目的,进一步确定通过哪些具体的教学内容和教学目标才能达到教学目的,从而满足学生的学习需要,即确定"教什么";要实现具体的教学目标,使学生掌握需要的教学内容,应采用什么策略,即"如何教";最后,要对教学的效果进行全面的评价,根据评价的结果对以上各环节进行修改,以确保促进学生的学习,获得成功的教学。

3. 教学设计必须以学生特征为出发点

在教学活动中,学生是学习的主体,学习不是被动地接受知识,而是一个依据原有的知识和能力,以自己的特点,对新知进行积极主动的建构过程。无论何种教学形式,学习最终是通过学生自己完成的,学习的结果将最终体现在学生身上。因此,教学设计必须防止以假设的学生作为教学对象,重教轻学,而应真正地以学生的具体情况为出发点,重视对学生公共特征和个性的分析,重视激发、促进、辅助学生内部学习过程的发生和进行,从而使有效的学习发生在每个学生身上,保证不让一个学生处于教学的劣势,要创造有利的学习环境,让每个学生都享有同等的机会。可以说,教学设计具有个别化的教学特征。

10.5.2　教学设计的前期分析

前期分析的任务是深入教学工作的实际,通过细致地调查研究,来确定学习需要、学习内容和学生的特征,并以此作为教学设计的依据。前期分析包括对学生学习需要分析(即指学生目前的学习状况与期望他们达到的学习状况之间的差距)、学习内容分析(即根据总的教学目标,去规定学习内容的范围和深度,并揭示出学习内容中各个组成内容之间的联系,实现教学效果的最优化)、学生特征分析等。通过上述分析,可以使我们了解教学设计的背景情况,搞清楚影响教学效果的各种因素之间的关系。只有这样才能做到有的放矢地进行教学设计,真正提高教学效率,使教学效果达到最优化。

10.5.3　小学"信息技术"教学案例

1. 依据纲要立目标

《中小学信息技术指导纲要》明确指出,信息技术教育的任务是培养学生对信息技术的兴趣和意识,使之拥有先进的技术理念,让学生掌握信息技术基本知识和技能、熟悉信息技术操作过程和方法,培养学生良好的信息素养。为了加强信息技术和教学内容的整合,结合学生的认知水平,确定了"网上购物"课的三个教学目标。

（1）知识目标

①使学生进一步熟悉 IE 浏览器的使用,学会输入网址、使用链接浏览网页。

②通过虚拟网上购物活动,使学生初步学会网页中表单(文本框、下拉菜单、单选框、复选框、提交按钮)的填写和发送。

③学生在"网上购物"的虚拟生活情境中进行简单的数据收集和整理,加深对简单的数学统计知识的认识,进一步学习填写简单的数学统计表。

（2）能力目标

①培养学生获取信息、传输信息/加工信息、应用信息的能力。

②培养学生的自主学习能力。

③培养学生与他人协作共事的能力。

（3）情感目标

①利用情境、协作、会话等学习环境,充分发挥学生的主动性和积极性,激发其学习兴趣,增强其自主探究的学习精神和解决问题的能力。

②通过对购物信息的分析整理推测市场走向,培养学生的主人翁精神。

③鼓励学生积极承担小组任务"分工合作、荣辱与共",培养其团队精神。

2.分析教材定内容

根据上述教学目标,我们确定本节课的教学内容:使学生学会进入购物网站查阅有关的商品信息、了解购物网站的结构和功能;分析市场走向,了解网络对人的日常生活的影响。

3.研究学生定方法

"网上购物活动"确定了游戏教学方法,教学方法的选择是一个重要环节。教学方法是在教学过程中,教师和学生为了达到教学目标而采取的教与学相互作用的活动方式,使学生在虚拟的网上仿真购物活动中初步学习一些有关网络知识,促进信息技术教育,通过游戏活动培养学生学习和运用信息技术的兴趣,提高学生运用信息技术解决问题的能力。

4.根据需要选媒体

本教学设计的实施依赖于多媒体网络教学和基于虚拟 Internet"课件"。需要设计并制作"虚拟网上购物"教学课件。

5.组织教学达目标

（1）情景导入,激发兴趣

根据学生的认识特点,教师设置情景导入新课。

教师:同学们,你们去过超市吗? 你在超市是怎样购物呢? 随着现代信息技术的发展,网上商店、网上购物已走入了我们的生活。你想知道网上购物是怎么回事吗? 你想了解一些网络方面的知识吗? 好,这节课就让我们在虚拟网上做一次网上购物游戏,通过游戏来学习一些网络方面的知识。

教师在上课伊始即创设了轻松的氛围,把学生带进了生活情景中。有趣的问题吸引了学生的注意力、激发了学生的兴趣,同时布置了任务,使学生明确了本节课的教学目标。

（2）新课教学

新课教学分三个阶段进行。

第一阶段:用 IE 浏览网页,获取信息。

①教师示范指导:打开浏览器窗口,在地址栏中输入网址;网页包括与其他网页的链接。要跳转到哪一页,只要单击鼠标,即可实现链接。

②学生上机熟悉输入网址、使用链接的操作,浏览网页,获取网上信息。

③反馈学生获取信息情况:你在这里选中了哪些商品?

第二阶段:学生应用交互式网页,填写表单,发送信息。

这个网上购物网站作为一种交互式网站,允许用户作为站点的访问者向网络发送信息,而站点获得这些信息的渠道就是表单的填写,这是本节课的重点,也是难点。为此采用"任务驱动—自主探究(个别辅导)—任务完成—反馈评价"四步教学模式。教师在引导学生网上购物、填写表单、发送信息的活动过程中学会复选框、文本框、下拉菜单、提交按钮的填写和应用,最后通过查看学生购物情况表反馈学生发送信息情况,并掌握个人购物信息。

第三阶段:填写统计表,进一步巩固前面的操作,培养学生应用信息、加工信息的能力。

教师要求学生用学过的统计知识把前面的购物数据进行收集、整理,填写一份统计表,使学生在巩固前面操作的同时加深认识简单的数学统计知识,完成学科的整合。

第四阶段:交流讨论。

教师提出问题:"通过这份统计表的数据,你了解了本班同学哪些方面的信息? 如果你是商场经理,看了这份统计表后,在进货时会有一些什么想法?"通过对上述问题的交流讨论,学生进一步加工、应用了信息,了解了网络对人类日常生活的影响。

(3)分组购物比赛,进行效果评价

比赛规则:全班 40 名学生分为五个学习小组,要求每组购买 100 元商品,没有余额也不许超过。每种商品限购一件,所购商品总数不得超过 4 件,商品种类(文具类、书籍类、玩具类)要齐全。看看哪一组完成得最快? 哪一组形成的购物方案最多?

教师要求各小组仔细阅读、讨论比赛规则,合作完成任务,并以小组为单位提交信息。最后对各组提交的信息进行评价,依据游戏规则及完成的速度、方案的数量评出优胜小组。这样在培养学生齐心合力、协作共事的能力的同时,使之熟练网络操作的基本方法,养成良好的学习习惯,从而使知识和操作进一步内化为自身的技能。

(4)全课总结

对本课内容进行总结,回顾所学知识,理清学生思路,完善整个课堂结构。对学生在学习过程中表现出来的主人翁责任感和团队合作精神给予肯定,并说明本次购物活动只是在虚拟网上进行的一次游戏活动,鼓励学生在今后的生活中与家人一道到真正的国际互联网上去购物。

6. 全程跟踪、反馈

本教学设计中,强调以学生为中心、学生是学习的主体。在整个教学过程中,教师只对学生的意义建构起组织、指导、协助和促进的作用。由于教学活动是围绕学生日常生活中十分熟悉的事情开展活动,容易调动学生学习的热情、积极主动地在虚拟网上仿真购物情境中自主探究、交流讨论。

10.5.4　教学评价

信息技术教学评价和一般的教学评价一样,可判断教师的教学设计是否可行,教学过程的组织和实施是否正确,教学的目标是否达到,从中获取反馈信息,总结经验教训,调节和改进教学。评价可以在一个单元、一篇文章或一节课的教学之后进行,也可以在学期中间进行,还可以在学期末或学年末进行。下面是一个课堂教学的评估表。

1. 信息技术教学评估表说明(表 10-1)

(1)教学目的和要求

①教学目的明确、集中,符合信息技术课程标准,对相应的教学内容提出准确的教学目的和要求。

②教学要求合理、科学。信息技术教育重在教会学生学会计算机基础知识,切忌过多过深的知识讲解。

③软件使用方法的教学中处理好 20% 和 80% 的关系。由于大多数使用者都只用到一个软件的 20% 的功能,因此要避免在软件使用方法的教学中面面俱到。

表 10 - 1　信息技术教学评估表

学校	课题		项目分数
班组	执教人		
评估项目	评估要素		
教学目的及要求	教学目的明确、集中		5
	教学要求合理、科学		5
教学内容	教学设计符合学生的认识规律和课型特点		15
	教材处理恰当		10
	注重学生自学能力培养		10
教学方法	注重培养学生实践能力、解决问题能力		10
	精讲多练		10
	注重新知识的渗透		10
教师能力	语言规范、准确		5
	教学组织能力强		5
教学效果	完成教学任务		5
	大多数学生学会操作		5
	多数学生感觉学得轻松		5
教学特色(加分)			
评估总分			
简评			

评估人：

（2）教学内容

①教学设计要符合学生的认识规律和课型特点。教育部的课程指导意见中对于不同年龄段的学生提出了不同的要求，由于信息技术课的特点，决定了教师上课应该教会学生操作为主，在教学上一定要体现学生实践的特点。

②教材处理恰当。在把握教学重点、难点的前提下，处理好教材中的内容哪些要多讲，哪些可讲可不讲，做到精讲多练。

③注重学生实践能力的培养。在教学设计上要留出足够的时间给学生练习，并且要设计好练习的内容。

（3）教学方法

①精讲多练。信息技术课一定要体现出精讲多练，切忌教师满堂灌，应安排给学生足够的上机操作时间。

②注意培养学生自学能力和解决问题能力。学习信息技术课程的目的就是培养学生的自学能力和解决问题的能力。

③注重新知识的渗透。注意在信息技术课中渗透新知识、新观点，解决课本内容往往落后于信息技术发展的问题。

（4）教师能力

①教师教学语言要规范、准确。由于信息技术课的特点，要求教师一定要用规范、准确

的术语,流利地讲解操作流程。

②教师有较强的组织能力。教师事前布置一些任务,让学生带着任务上机操作,同时要特别注意课堂教学的组织。

(5)教学效果

①圆满完成教学任务。

②大多数学生都能够学会本课要求的基本操作。

③学生感觉学得较为轻松。

2. 信息技术教学评估等级标准

(1)本表的内容是针对一节课的教学进行评估。评估方法以表中五个项目进行评分。

(2)评估等级分为最优、优秀、良好、中等、及格、差、很差七个等级。分值范围分别是:最优 96 ~ 100 分、优秀 90 ~ 95 分、良好 80 ~ 89 分、中等 70 ~ 79 分、及格 60 ~ 69 分、差 30 ~ 59 分、很差 0 ~ 29 分。

3. 对课堂教学评价标准进行量化

教师一节课上得如何? 评价具有一定的模糊性。对同一节课,不同的人去评价,结果很可能不同。量化统计有多种方式,如直接相加法、加权统计法、模糊评价法等,可根据不同的情况选择计算方式,实现定性描述定量化,形成科学、合理的评估结果。

思考与练习

1. 教学设计都包含哪些基本内容? 从教学设计的含义中,你能否引申出对小学信息技术课程进行教学设计的重要性?

2. 请你浅谈如何做好教学设计的前期分析。(要求举例论述)

第 11 章　信息技术与课程整合

本章要点

* 研究信息技术与课程整合的意义及相互关系。
* 研究信息技术与课程整合的原则与途径。
* 进行信息技术与课程整合模式实验。

11.1　信息技术与课程整合的意义

11.1.1　信息技术与课程整合的内涵

1. 课程整合

(1)课程整合的内涵

所谓课程整合,就是把各种技术手段完美地融合到课程中,超越不同知识体系而以关注共同要素的方式来安排学习的课程开发活动。课程整合的目的是减少知识的分割和学科间的隔离,把受教育者所需要的不同的知识体系——联结起来,传授对人类和环境的连贯一致的看法。课程整合将信息技术看作是各类学习的一个有机组成部分,它主要在已有课程的学习活动中有机结合使用信息技术,以便更好地完成课程目标。

(2)课程整合的教学特点

①内容综合性:信息技术与学科、自然、社会、个体情感等综合。

②环境开放性:网络环境,资源共享,情感交融,成果共创。

③资源共享性:师生对信息资源的共建共享贯穿教学全过程。

④学习自主性:教师指导,学生自主学习,相互交流,共同探究。

⑤过程交互性:师生交互,人机交互,跨越时间和空间的交互。

⑥个性发展性:激发和培养学生的兴趣爱好,使学生在学习知识和锻炼能力的同时,得到心智的全面发展。

⑦评价全程性:注重过程,注重进步,及时鼓励,成果共享。

(3)课程整合的基本策略

①创设情境,培养学生观察思维能力。

②借助其内容丰富、多媒体呈现、具有联想结构的特点培养学生自主发现、探索学习的能力。

③借助人机交互技术和参数处理技术,建立虚拟学习环境,培养学生积极参与、不断探索的精神和科学的研究方法。

④借助通信技术,组织协商活动,培养合作学习精神。

⑤创造机会让学生运用语言、文字表述观点、思想，形成个性化的知识结构。

⑥借助信息工具平台，尝试创造性实践，培养学生信息加工处理和表达交流能力。

⑦提供学习者自我评价反馈的机会等。

2. 信息技术和课程整合

信息技术与课程整合是指在课程教学过程中把信息技术、信息资源、信息方法、人力资源和课程内容有机结合，共同完成课程教学任务的一种新型的教学方式。信息技术与课程整合的本质是要求在先进的教育思想、理论的指导下，把计算机及网络为核心的信息技术作为促进学生自主学习的认知工具与情感激励工具、丰富的教学环境的创设工具，并将这些工具全面地应用到各学科教学过程中，使各种教学资源、各个教学要素和教学环节，经过整理、组合，相互融合，在整体优化的基础上产生聚集效应，从而促进传统教学方式的根本变革，达到培养学生创新精神与实践能力的目标。

信息技术教育与其他学科的课程整合，是培养具有创新精神和学习能力人才的有效方法。信息技术提供了极丰富的信息资源和时时更新的各类知识，任学生自由地邀游在知识的海洋中，使他们的想象力插上翅膀，有足够的信息支持他们的探索和设想，能力和创造力在探索的过程中悠然而生。信息技术与学科教学的整合，是提高教学效率的根本途径。整合是教学资源和教学要素的有机集合，是运用系统方法，在教育学、心理学和教育技术学等教育理论和学习理论的指导下，协调教学系统中教师、学生、教育内容和教学媒体等教学诸元素的作用、联系和相互之间的影响，使整个教学系统保持协调一致，维持整体的过程或结果，产生聚集效应。把信息技术与学科教学进行整合，可以充分地利用现有资源，发挥设备的最大潜力，在有限的物质基础上，实施高质量和高效率的教育。整合不等于混合，它强调在利用信息技术之前，教师要清楚信息技术的优势和不足以及学科教学的需求，设法找出信息技术在哪些地方能提高学习效果，使学生完成那些用其他方法做不到或效果不好的事。整合的关键是教师观念的转变和信息技术能力水平的提高，信息技术与学科课程整合中遇到的最大问题是新型教学结构和传统教育思想理念的冲突，更需要全体教师的参与和社会的广泛支持才能做好。

3. 信息技术与课程整合基本要素

(1)学科之间的整合

在传统的课程体系中，对人的学习而言，知识之间的关系主要有知识的"外在"与"内化"的关系、不同知识系列之间关系以及知识的"准备"与"获取"的关系。所以，知识学习包括三个方面：一是分科知识学习；二是知识之间联系的学习；三是获取新知识的"学习能力"的学习。学习实质上是行为持续而较为稳定的变化，行为变化只有在实际生活情境里运用知识解决问题的过程中才能实现。在实际的问题解决过程中，人们很少仅仅应用某一学科的知识，而更多的是超越学科界限，综合应用各方面知识，这就需要把握知识之间的关系和联系；如果问题或情境超越了人们已经具有的知识并且十分重要，人们就会尝试着寻找和掌握未具备的必要知识，这就需要具有新知识的学习能力。

(2)学习经验的整合

学习经验强调学生与学习环境的相互作用，强调学生在学习过程中具有主动性和能动性，强调活动中学习心理与经验世界的双向互动。人们对于自己和世界的观念来自经验的建构，所以对于学习者学习实现来说，课程就必须经验化。为了使学生的学习成为一种主动过程,就需要使课程成为学生亲身经历的经验,使学生的学习养成为一种永远的经验。

(3)时空统一的整合

一是对不同空间里的学习资源的整合。应用信息技术设计和创新学习环境,通过精选有时代价值的教育内容并将其转化为学生学习的经验世界,创设出具有信息文化的典型性和全息性的学习环境,使之具备学生学习的敏感性。

二是学习中已有经验和现在经验在时间进程上的整合。要使信息技术成为学生学习的工具,使内化的新经验以多媒体为载体,成为融合了知、情、义的活经验,并顺畅地融汇到已有经验的意义系统之中。

三是时空统一的整合。应用多媒体技术,在已有经验与现有经验的时间整合基础上,开辟未来的时间向度,促使内在经验的再组织,去主动寻找和应对外在的新问题情境,将源于外部空间的新经验整合到内在的经验系统之中。

11.1.2　信息技术与课程整合的原则

1.注重过程的原则

教师不要给学生准备好很多解决问题的方案,不要忽略了对这种追求而产生的负面效应,应在教学过程中让学生根据各自的能力,通过自己艰辛的劳动,在实践中找到解决问题的方法。

2.主动性原则

强调在学习过程中充分发挥学生的主动性,让学生在学习过程中发现问题,提出解决问题的思路,阐述并写出解决问题的方案,按照方案解决问题,改变传统的以教师的"教"为主的教学模式,营造一种主动探究式学习的学习环境,建构一种新型的教学模式。

3.个别化学习和协作学习相结合的原则

网络环境下的个别化学习是指学生在集体环境下,运用计算机等多媒体资源进行自学,自主地选择学习内容、学习方法和学习进度的一种现代教学模式,它不受时间和空间的约束,对于发挥学生的主动性无疑是大有好处的,而协作学习对学习能力的培养和良好人际关系的形成有明显的促进作用。所以在课堂整合中,把个别化学习和协作学习相结合就能取得最好的教学效果。

4.注重创新思维和实践能力培养的原则

强调发展学生的创新能力,创新并不是学有余力的学生的专利,应在教学中设计一些有难度的环节,让学生积极探究,构建成功的框架,提出创新的设想,提高实践的能力。

11.1.3　信息技术与课程整合途径

1.创设学习情境,实现自主学习

信息技术以其独特的交互性、趣味性和丰富的表现力、感染力,为课程整合的实施开拓了广阔的天地,为学生的自主学习创设了良好的学习环境。教学中,学生自己动手,查找资料,分析归纳,得出结论,有利于实现因材施教的个别化教育,能充分体现"以教师为主导,学生为主体"的教学思想,促进教学方法和教学模式的改革。教师可以在课堂教学中创设"识字宝库""三国风景""情趣学古诗""我的小花园""生日屋""智力陷阱""快乐大寻宝"

"大象的生日""动物音乐会""天线宝宝""小小设计师""蓝猫百货商店"等大量生动有趣的学习情境,吸引学生,以极大的热情参与到学习的过程中。

学习情景的创设,主要依靠基于 WEB 的网络课件。由于网页具有多媒体超文本实现能力,并且有良好的交互和动态特性,所以借助 Internet 或 Intranet 来实现信息技术与课程整合。网络课件运行在服务器上,学生只需用浏览器访问就行了。网络课件还实现了超媒体结构,超媒体是基于超文本支持的多媒体,多媒体的表现可使超文本的交互界面更为丰富,由多媒体和超文本结合发展而成的超媒体系统目前已成为一种理想的知识组织结构和管理方式。网络课件强调发挥教师的教学主动性和学生的积极参与性,主张给教师提供教学"组件"而不是提供成品。在内容上,每个部分都设计了几套方案供教师和学生选择;在功能上,强调交互性,教师可以根据自己的特长选择教学内容,或重组,或下载,还可以利用系统提供的自制课件平台将各种素材合成,创造出自己的课件。网络课件的高度模块化,使教师用它可以灵活地组织教学,学生用它可以灵活地选择学习,是信息技术与课程整合创设学习情境的有力工具。

2. 利用合作学习,提高学习效率

当学生在探索过程中遇到问题时,教师就要提供给他们合作交流的机会,通过向老师、同伴表达想法,倾听别人的意见,实现发展。教师利用网络教室的功能,展示学生的各种解决问题的方法,留出充足的时间和空间,学生去讨论、去争辩、去探索。这样的教学不仅使学生的主体地位得到充分的体现,达到资源共享,也使学生的创新思维得到发展,容易突破教学难点。

学生与他人的交互作用,对学生理解掌握所学内容能起到重要作用。教师要强调学生的参与意识,培养他们的合作精神。在教学活动中通过师生、生生的互动与合作,建立合作学习共同体。所谓生生互动即学生之间的相互作用和相互影响,主要是通过小组讨论、互相评价、互相反馈、互相激励、互帮互学、互为师生等合作互动的活动实现。在这种学习共同体中,学生共同探讨各种理论、观点和假说,进行辩论和对话,通过观点的交锋和思想的碰撞,最终达成思想上的共识。同时有利于扩大参与面,能有效地促进学生主体作用的发挥和促进互帮互学、共同提高。学习较差的学生有更多的机会借鉴学习好的同学的策略,学习的主动性和责任感增强,学习兴趣得以提高。

3. 改变评价方式,促进主动发展

教师要重视对学生学习评价的改革,以过程评价为主,通过师生评价、生生评价、小组评价等多种形式,促进学生发展。在课堂上教师利用信息技术优势,对学生的学习和练习做出正确判断,如用学生喜欢的卡通人物评价,用声音评价,用笑脸评价,用绽开的花朵评价,用五颜六色的礼花评价……有的甚至用一段精彩的动画片作为对学生学习获得成功的奖励。友好的人机交互方式,可以让学生及时了解自己的情况,达到自我反馈的目的。教学评价展现开放性,学生在鼓励和赞扬声中,真正体验到自己的进步和获得知识的喜悦。教师一个赞赏的眼神,同伴一句肯定的话语,卡通人物一次有趣的出现,都极易使学生产生积极向上的动力,体验成功的乐趣,树立学习的信心。评价的目的不仅是为了考查学生实现课程目标的程度,更重要的是为了检验和改进学生的语文学习和教师的教学,改善课程设计,完善教学过程,从而有效地促进学生的发展。

4. 运用信息技术,拓宽学习领域

新形势下的教学要沟通课堂内外,充分利用一切教育资源,开展综合性学习活动,拓宽学生的学习空间,增加学生动手实践的机会。信息技术在教学中的应用能很好地实现这一目标。如教学"数星星的孩子"一课,在学习完课文内容后,利用网络及时拓展,将"张衡小故事""星空直播站"介绍给学生,一个更加广阔的世界展现在学生的面前,激发学生了解历史人物、学习天文知识的兴趣。在学习中又进一步提高了学生的操作能力和查找资料的能力。这种教育观强调课堂与生活同在,要求打破封闭单一的课堂教育模式,建立开放式、多渠道、全方位的大课堂教育体系。从目标、内容、手段等方面实现综合性学习,做到课内与课外相结合,校内与校外相结合,学科与学科相结合,为学生学习开辟广阔的时空领域,全面提高学生的综合素质。

5. 建设教学资源,推进整合发展

没有丰富的高质量的教学资源,就谈不上让学生自主学习,更不可能让学生进行自主发现和自主探索,课程整合就会落空。在教学资源建设上,可以通过完善教育信息网站,加强基础栏目与特色栏目的建设,使之内容更全、更新,形式灵活多样,更好地服务于教育教学工作;加强教学资源库的建设,也可以通过课件评比等形式,收集一线教师制作的课件,实现教育教学资源的共享;还可以组织骨干教师,搜集整理教学资源,完善各学科资源库,包括教学素材、课件教案、各种类型和水平的试题、复习指导等。逐步将已有录像资源数字化,充实到资源库当中,也是资源建设的一条有效途径。

11.1.4　信息技术与课程整合的实验模式

1. 信息技术作为演示工具

信息技术作为演示工具是信息技术用于学科教学最初的表现形式,是信息技术与课程整合的最低层次。在这种形式下,教师可以将现成的辅助教学软件或多媒体素材库中的资源用于教学中;可以利用 PowerPoint 或者其他多媒体制作工具,综合各种教学素材,编写演示文稿或多媒体课件来说明、讲解知识结构,形象地演示难以理解的内容,或用图表、动画等展示其变化过程或理论模型等。另外,教师也可以用模拟软件或者外接传感器来演示某些实验,帮助学生理解所学的知识。

2. 信息技术提供资源环境

用信息技术提供资源环境就是要突破书本是知识主要来源的限制,用各种相关资源来丰富封闭的、孤立的课堂教学,极大扩充教学知识量,使学生不再只是学习课本上的内容,而是能开阔思路,看到百家思想,让学生在对大量信息进行筛选的过程中,实现对事物的多层面了解。教师可以在课前将所需的资源整理好,保存在某一特定文件夹下或做成内部网站,让学生访问该文件夹来选择有用信息;也可以为学生提供适当的参考信息,如网址、搜索引擎、相关人物等,由学生自己去 Internet 或资源库中去搜集素材。相比较来说,后者比前者更能培养学生获取信息、分析信息的能力。但是,由于现实环境的限制,如上网速度慢、学生信息处理能力低、无法上 Internet 等原因,也可以采用第一种方式,不过要求教师提供尽可能多的资源,让学生有对信息进行"筛选"的可能。

3. 信息技术作为信息加工工具

信息技术与课程整合注重培养学生获取信息和分析信息的能力,强调学生在对大量信

息进行筛选过程中对事物综合的了解和学习。该层次主要培养学生信息能力中分析信息、加工信息的能力,强调学生在对大量信息进行快速提取的过程中,对信息进行重整、加工和再应用。如果没有可供探索的资源,无法实现对信息的获取,就根本无法进行信息的分析和加工。

在教学过程中,教师要密切注意学生整个的信息加工处理过程,在其遇到困难的时候给予及时的辅导和帮助。

4. 信息技术作为协作工具

协作学习有利于促进学生高级认知能力的发展,有助于学生协作意识、技巧、能力、责任心等方面的素质的培养,因而受到广大教育工作者的普遍关注。但是,在传统的课堂教学中,由于人数、教学内容等种种因素的限制,常常使得教师有心无力。计算机网络技术为信息技术和课程整合、实现协作式学习提供了良好的技术基础和环境支持。计算机网络环境大大扩充了协作的范围,减少了协作的非必要性精力的支出。

5. 信息技术作为情境探究和发现学习的工具

一定的社会行为总是伴随行为发生所依赖的情境,如果要求学习者理解某种社会行为,最好的办法是创设同样的情境,让学生具有真实的情境体验,并在特定的情境中理解事物本身。根据一定的课程学习内容,利用多媒体集成工具或网页开发工具将需要呈现的课程学习内容以多媒体、超文本、友好交互等方式进行集成、加工处理转化为数字化学习资源,根据教学需要,创设一定的情境,让学生在一定的情境中进行探究、发现,可以提高其学习能力。

11.2　信息技术与课程整合实践

11.2.1　信息技术与小学语文课程结合

《海底世界》教学设计

1. 教学目标

(略)

2. 知识与技能

(1)学会本课 19 个生字,会写其中的 10 个生字。能读准多音字"参"。理解"依然""窃窃私语"等词语,能结合重点词语理解句意。

(2)在多媒体网络环境的作用下,帮助学生了解景色奇异、物产丰富的海底世界。

(3)能正确、流利、有感情地朗读课文,背诵自己喜欢的部分。

3. 过程与方法

(1)通过班级网站、互联网络自主查寻、收集资料,拓宽学生视野,让学生了解丰富多彩的海底世界。

(2)培养高级思维能力和信息搜集、处理和加工的能力。

(3)在"班级网站"这个学习平台上进行小组合作,展开探究性学习。

4. 情感、态度、价值观

激发学生热爱自然、探索自然的兴趣。在网络环境的帮助下，激发学生自主学习的兴趣，逐步培养学生运用现代信息技术帮助学习的意识。

5. 教学内容及重难点

本文生动有趣地介绍了海底的景色奇异、物产丰富。第一段提出问题，激起读者的兴趣；第二至六段，紧扣第一段提出的问题，具体而生动地描述了海底的景象；最后一段是全文的总结。

引导学生了解、感受海底的景色奇异、物产丰富是本课的重点，也是难点。教学时可利用网络为学生提供丰富的学习资源，引导学生自主阅读、自主感悟，积累和运用语言。

6. 教学理念

《语文课程标准》指出："语文课程应积极倡导自主、合作、探究的学习方式，语文课程应该是开放而有活力的。"这节课的设计，以学生原有知识经验为基础，利用网络，为学生提供多样化学习资源，创设良好的自主学习环境，引导学生积极、主动参与学习，真正成为学习的主人。

7. 学情分析和学法指导

三年级的学生对海底世界的有关知识知道得不多，但求知欲强，容易对《海底世界》这篇课文充满浓厚的兴趣。为了满足学生的学习需求，本课采用了在网络环境下学生自主探究的学习方式，让学生自主学习，获取知识。

在理解课文内容、体会课文情感的基础上，学生根据课文内容质疑，提出自己还不太理解的地方，然后带着问题利用专题网站进行关于海底植物、海底动物、海底矿产等方面的探究，解决自己的疑问。最后在交流汇报的过程中进一步理解课文内容，并受到语言文字方面的训练。

8. 教学媒体设计

建立班级主页，利用网络，为学生、家长、老师搭建一个全新的、宽广的交流、学习平台，也带领孩子们走进网络。学生写得好的日记、作文在网站上发表以示鼓励；家长有什么意见和建议尽可在留言板上与教师倾谈；孩子们有什么困惑和快乐，也可以发布在网站里与教师交流和分享。同时，结合语文教学的实际，在网站中添加一些相关的学习资料，设置一些寓教于乐的小栏目，调动学生学习的兴趣，让网络真正走近学生的学习生活。

我国古代大教育家荀子早已提出："不闻不若闻之，闻之不若见之"。由此可见，闻、见是教学不可或缺的手段。本课的难点之一是要使学生了解海底景色"奇异"在什么地方。为了平缓教学的坡度，突破这个难点，在教学中，采用多媒体网络技术，有效地化抽象为具体，把难以理解的内容或者对理解课文起重要作用的内容，通过各种手段直观地展现出来，调动学生视觉功能，通过形象、生动的感官刺激，让学生最大限度地发挥潜能，在有限的时间里，全方位感知更多的信息，提高教学效率，激活学习的内因。同时，也为学生创设自主学习环境，充分调动各类情感因素，促使学生形成最佳的情绪状态，从而积极、有效地投入学习。

11.2.2　信息技术与小学数学课程结合

通过运用信息技术中图形的移动、闪烁、色彩变化等手段来表达抽象的教学内容，可以让枯燥的教材变成生动可爱的形象,激发学生学习的兴趣。例如,在讲解《年、月、日》时,利用自制的 CAI 课件,通过动画模拟地球的公转和自转,再结合优美的背景音乐和有关的科学解说,让学生在轻松愉快的气氛中了解到:为什么有的年份是 365 天,而有是 366 天。又如,在推导平行四边形面积公式的时候,通过多媒体技术利用图形的剪、移、拼等多种形式的动画模拟,使学生形象直观地看到可以把平行四边形"变"成我们原来所学过的长方形来求出它的面积。在教师的引导、启发下,学生通过观察发现这两种图形间的内在联系,产生了自主推导出平行四边形面积的计算公式的动机。动画模拟能彻底打破课堂教学中教师口述学生凭空想象的局面,同时还能充分激发学生学习的兴趣和积极性,化被动为主动,产生它特有的教学效果。

利用多媒体技术编写有针对性的练习题,让学生在带有娱乐性的练习中轻松地巩固已学的知识是提高数学教学质量的有效途径。在练习中,可以设计各种形式的选择题、填空题、判断题等,由计算机来判断学生解答的正确与否,并给予必要表扬鼓励或重复练习,效果非常好。现在不少的家庭都有电脑,设计一些学以致用的数学练习让学生通过操作电脑,解决一些实际问题,使学生真正做到学以致用,还可以激发学生学习的积极性、主动性和创造性。例如,在教学简单的数据整理后,让学生利用电子计算机制作统计图表,表格的内容除了课本里的题目外,学生可以设计出自己每个月花的零用钱的统计;自己各科成绩的统计;自己每年的身高、体重。表格的类型可以有条形图、折线图、扇形图、雷达图等。

例如,在教学"圆的面积"时,教材虽然提供了实验方法,但实验过程复杂,难以具体操作,且费力费时。教学中,充分运用多媒体演示:用红色曲线表示圆的周长,用蓝色线段表示半径,用黄色表示面积部分,多层次地将一个圆等分成 2 份、4 份、8 份、16 份、32 份……使学生直观感受到,一个圆分成很多的扇形,等分的份数越多,小扇形就越接近于等腰三角形,围成的那条封闭曲线就越接近直线,并启发学生想象,分组剪拼操作:怎样把圆转化成一个已学过的图形? 同学们有的把圆剪拼成近似长方形;有的把圆剪拼成近似平行四边形;有的把圆剪拼成近似三角形;还有的把圆剪拼成梯形。在此基础上,引导学生探究:所拼成的图形的面积与圆面积有什么关系? 它们的长(底)、宽(高)与圆的周长、半径是什么关系? 学生迅速就抽象概括出了圆面积计算公式。这样,既有效地解决了教学中的重点,突破了难点,又优化了教学过程,提高了教育质量。

11.2.3　信息技术与小学科学课程结合

《生物的启示》教学设计

1. 教材说明

共分四部分内容:
第一部分,飞机与鸟——引入对"生物的启示"的研究。
第二部分,奇妙的仿生学——了解人们在启示下进行的发明创造。
第三部分,人类的朋友——根据生物的特点提出一些小发明设想。
第四部分,仿生学的未来——鼓励学生不断探索,勇于创新。

2. 教学说明

(1)教材特点:"生物的启示"网站
本课教学在教材上使用无纸课本——"生物的启示"网站作为学生研究学习的主要内

容,丰富的网页内容、生物形象的图文视频信息、宽松交互的网络环境,可以使学生的研究学习活动更精彩,更能激发学生的求知欲和创造欲。

(2)教学方法:研究性学习

本课教学以实验研究和网络研究相结合的方式进行,学生的学以研究性学习为基本形式,同学们根据自己的兴趣爱好,自由结合成学习小组开展研究性学习活动,充分发挥学生学习的主动性和创造性。

(3)教学目标

①知识目标:了解人们在生物启示下的发明创造。

②情感目标:

a. 在研究性学习中培养学生良好的协作学习精神;

b. 培养学生勇于创造的科学态度。

③能力目标:

a. 提高学生信息能力(分析信息、处理信息、运用信息能力);

b. 培养学生的创新能力;

c. 培养学生自学能力。

(4)教学准备

①教师准备:

a. 了解学生对本课相关知识的掌握情况;

b. 从因特网、书籍、录像、光碟上搜集有仿生学的知识、图片、视频信息,组建成网站——"生物的启示";

c. 寻找与仿生学有关的生物(鸡蛋、龙虾、树丫、鱼等),以备实验研究时使用。

②学生准备:了解在生物启示下人们的一些发明创造。

(5)教学过程

①激趣导入:展示生物实物,观看"鸟与飞机"片断影片。

②学习研究:人们在生物启示下进行的发明创造。

a. 实验研究:在生物启示下人类进行的发明创造(分组研究)。

b. 浏览网页:奇妙的仿生学。

③探索创新:根据生物的本领提出一些小发明设计(分组研究)。

④评价总结:鼓励学生不断探索创新。

⑤布置作业:课后继续研究,努力将设计方案变为现实。

⑥板书。

11.3 信息技术与课程整合能力的培养

11.3.1 小学教师信息技术与课程整合的能力目标

1. 理论知识方面

深刻理解小学新课程标准的内容、要求,深刻理解信息技术与课程整合的内涵和概念,熟悉信息技术与课程整合的整合模式。

2. 信息技术方面

熟练掌握计算机、计算机网络的基本操作,熟练掌握多媒体课件制作的相关软件。

3. 教学设计方面

能够设计出符合新课程标准的、以信息技术促进学生自主学习的教案。

4. 教学实施方面

在教学中,倡导主导 – 主体相结合的新型教学结构,能合理地将信息技术融入学科教学,并达到促进学生自主学习,调动学生的主动性、积极性,使学生的创新思维与实践能力在整合过程中得到有效的锻炼的效果。

5. 经验方面

应有比较丰富的新课程标准实施体验。

11.3.2　小学教师信息技术与课程整合能力培养方案

1. 小学教师信息技术与课程整合能力的培养要实现四个转变

(1)教育观念从传统教学观向新课程标准倡导的教育观转变。

(2)教学方式从传统的"老师讲、学生听"为主的教学方式向新型的"老师指导学生自主学习"的教学方式的转变。

(3)教学目标从学科本位向综合课程、提高学生学习能力方面转变。

(4)评价从传统只注重识记的终结性评价向新型的关注高级思维发展的过程性评价转变。

2. 培养方案

(1)优秀案例观摩和理论学习相结合

新课程标准倡导的是全新的教学过程,对课堂的改变是很大的,一定要提供丰富的优秀案例让学生去观摩。在听其他老师的公开课中,让学生自己去体会新课程标准、信息技术和课程整合对教学的改变。在讲授理论知识中一定要注意理论和实际问题相结合。

(2)在培养过程中体验新型的学习过程

培养首先要符合新课程标准的理念,要使信息技术和培养有机结合。应采用结对互助、小组协作学习、师生角色互换和讨论交流等策略。在整个培养过程中,要充分体现信息技术对学生学习的影响。比如培养的拓展资料尽量放在网络中,让学生通过网络获取,既训练和提高学生使用网络的能力,又加深学生对网络在学习过程中的作用的体验。所以培养过程首先应该是信息技术和课程整合的过程。

(3)提供及时、科学的指导,用形成性评价让学生自我评价,自我反馈,自我纠正

对于学生的疑问要给予即时的指导,而对于普遍反映的问题则要组织讨论和专家解答。

思考与练习

1. 谈谈你对课程整合的认识。

2. 信息技术与课程整合有哪些特点?

3. 如何理解信息技术与课程整合的"四原则"?

4.你认为信息技术与课程整合还有哪些方法？

综合实践

1.目的：将信息技术与各学科课程整合进行到底；培养学生应用信息技术的执教能力。

2.要求：综合所学的各项知识，体现自己的创新性理念。

3.步骤：

(1)选取小学教学中的任意学科任意一节课(例如，语文课中的一篇课文、数学课中的一类运算、信息技术课中的一项操作等)。

(2)备课阶段，完成对教学内容的设计，设计过程中要活学活用各种教学方法，充分发挥与体现把信息技术应用于教学的优越性。

(3)应用你学过的 PowerPoint 知识把你所选取的教学内容做成课件，课件中要把握好教学内容中的知识点，抓住小学生的兴趣点和求知心理，从而优化教学效果。

(4)对你准备好的上述内容在你的班级中进行试讲，得到其他同学和教师的认可后，带到你实习的小学进行教学。

(5)总结这次实践性教学的收获，深入体会信息技术与各学科课程整合的必然趋势。

部分参考答案

第2章　计算机的基础知识

一、单选题

1. C　2. B　3. C　4. D　5. A　6. C　7. D　8. C　　9. A　10. B　11. A　12. C　13. B
14. D　15. C　16. B　17. C　18. D　19. B　20. B　21. A　22. B　23. B　24. C　25. C
26. D　27. A　28. B　29. A　30. A　31. A　32. B　33. C　34. B　35. B　36. D　37. D
38. B　39. B　40. B　41. D　42. D　43. D　44. A　45. D　46. D　47. D　48. B　49. A
50. B　51. A　52. B　53. A　54. C　55. C　56. A　57. B　58. D　59. A　60. B　61. C
62. A　63. A　64. B　65. B　66. C　67. A　68. D　69. B　70. A　71. C　72. B　73. D
74. C　75. D　76. B　77. D　78. B

二、多选题

1. BC　2. AD　3. CE　4. ABCE　5. ACDE　6. ABC　7. BD　8. ABCE
9. ABC　10. ABCD　11. ADE　12. AB　13. AB　14. AB　15. ABCDE

三、判断题

1. ×　2. √　3. √　4. ×　5. √　6. ×　7. √　8. ×　9. √　10. ×　11. √
12. √　13. ×　14. √　15. √　16. √　17. √　18. √

第3章　操作系统的基础知识

一、单选题

1. C　2. B　3. C　4. B　5. A　6. C　7. B　8. D　9. C　10. A　11. A
12. B　13. D　14. D　15. D　16. A　17. B　18. C　19. A　20. A　21. A　22. A
23. B　24. A　25. A　26. A

二、多选题

1. BC　2. ABC　3. BCE　4. ACD　5. ABCD　6. ABC　7. AB　8. ABC
9. ABCDE　10. ABC　11. AB　12. ABCD　13. ABC　14. ABC　15. BE

三、判断题

1. √　2. ×　3. √　4. ×　5. ×　6. √　7. ×　8. ×　9. √　10. √　11. ×
12. ×　13. ×　14. ×

四、排序题

1. ③→①→④→②　2. ②→⑤→①→③→④　3. ②→④→⑤→①→③

第4章　文字编辑 Word 2010 基础知识

一、单选题

1．C　2．C　3．C　4．D　5．A　6．B　7．D　8．A　9．B　10．C　11．A
12．B　13．A　14．D　15．D　16．C　17．C　18．C　19．D　20．B　21．A　22．D
23．C　24．A　25．A　26．B

二、多选题

1．BCE　2．AC　3．AC　4．BD　5．BD　6．BCD　7．ABDE　8．BE　9．ABC
10．ABCD　11．ABC　12．ACDF　13．ABEFDC　14．BCD　15．CD　16．BCDE
17．ABCEF　18．DBACE　19．BCDE　20．ABC　21．ABC　22．ABCD

三、判断题

1．×　2．×　3．×　4．×　5．×　6．√　7．√　8．×　9．×　10．×　11．√
12．×　13．×　14．√　15．√

第5章　电子表格 Excel 2010 基础知识

一、单选题

1．A　2．C　3．B　4．A　5．C　6．C　7．B　8．B　9．A　10．A　11．C
12．A　13．D　14．C　15．A　16．C　17．A　18．C　19．C　20．B

二、多选题

1．BE　2．CE　3．AD　4．AC　5．BC　6．ABD　7．ABC　8．ABD

三、判断题

1．√　2．×　3．×　4．√　5．×　6．√　7．×　8．√　9．√　10．√　11．×

第6章　演示文稿 PowerPoint 基础知识

一、单选题

1．A　2．D　3．A　4．D　5．A　6．C　7．B　8．C　9．A　10．A　11．A
12．B　13．C　14．A　15．D　16．A

二、多选题

1．ABC　2．AD　3．AC　4．BC　5．ABCD　6．AB　7．ABCDE　8．ABC　9．ABC

三、判断题

1．×　2．×　3．×　4．√　5．×

第7章　Outlook 基础知识

一、单选题

1．B　2．A　3．C　4．A　5．A　6．B　7．C　8．C　9．D　10．C　11．B
12．B　13．A

二、多选题

1．ADE　2．BD　3．CD　4．ADE　5．BDE

三、判断题

1．×　2．√　3．√　4．×　5．×　6．√　7．√

第8章　计算机网络知识练习题

一、单选题

1．D　2．C　3．D　4．D　5．B　6．D　7．C　8．A　9．A　10．C　11．A
12．C　13．B　14．A　15．B　16．B　17．D　18．C　19．B　20．A　21．A　22．C
23．D　24．A　25．B　26．A　27．C　28．C　29．B　30．D　31．D　32．A　33．A
34．A　35．B　36．A　37．D　38．D　39．A　40．D　41．C　42．D

二、多选题

1．CD　2．CE　3．ABE　4．BD　5．ADE　6．ABD　7．ACDE　8．ACD　9．ABC
10．DE　11．ACD　12．ABD　13．BE　14．ABC　15．ABCDF　16．ABCD　17．ABCDE
18．ABCE　19．ABC　20．ABCD　21．BCDE　22．ABCD

三、判断题

1．√　2．√　3．√　4．×　5．×　6．√　7．√　8．×　9．√　10．√　11．√　12．×
13．√　14．×　15．√　16．√　17．×　18．√　19．×　20．√　21．√　22．√

四、排序题

1．⑤→①→④→③→②　2．①→④→③→②　3．⑥→⑤→①→②→④→③

第9章　计算机病毒基础知识

一、单选题

1．D　2．D　3．D　4．A　5．B　6．A　7．C　8．C　9．C　10．C　11．C　12．C

二、多选题

1．DE　2．ABE　3．ACDE　4．ABCD　5．ABD　6．AC　7．ABCD

三、判断题

1．×　2．√　3．×　4．√　5．√

参 考 文 献

[1]侯冬梅.计算机应用基础[M].2 版.北京:中国铁道出版社,2007.

[2]刘永刚.计算机技术 & 应用[M].沈阳:辽宁教育出版社,2010.

[3]龙飞.Windows 7 完全自学手册[K].北京:北京希望电子出版社, 2010.

[4]王诚君.新编 Office2010 高效办公完全学习手册[M].北京:清华大学出版社,2011.